HISTOIRE NATURELLE

DES

CRUSTACES.

I.

PARIS. — IMPRIMERIE ET FONDERIE DE FAIN,

RUE RACINE, Nº. 4, PLACE DE L'ODÉON.

HISTOIRE NATURELLE

DES

CRUSTACÉS,

COMPRENANT

L'ANATOMIE, LA PHYSIOLOGIE ET LA CLASSIFICATION
DE CES ANIMAUX ;

Par M. MILNE EDWARDS,

DOCTEUR EN MÉDECINE, PROFESSEUR D'HISTOIRE NATURELLE AU COLLÉGE
ROYAL DE HENRI IV ET A L'ÉCOLE CENTRALE DES ARTS
ET MANUFACTURES.

TOME PREMIER.

OUVRAGE ACCOMPAGNÉ DE PLANCHES.

PARIS.
LIBRAIRIE ENCYCLOPÉDIQUE DE RORET,
RUE HAUTEFEUILLE, N°. 10 BIS.

—

1834.

INTRODUCTION.

L'Entomologie, ou l'histoire des animaux articulés, est sans contredit une des sciences dont les naturalistes se sont le plus occupés; mais toutes les branches dont elle se compose n'ont pas été cultivées avec le même soin. Les Insectes ont été le sujet des travaux les plus nombreux et les plus minutieux; les Crustacés, au contraire, n'ont fixé l'attention que d'un petit nombre d'observateurs, et c'est de nos jours seulement que datent la plupart des recherches suivies qui ont été faites sur cette classe d'animaux.

Divers Crustacés, reconnaissables par leur forme, ont été représentés par les anciens sur leurs médailles, sur leurs pierres gravées; ces animaux jouent aussi un rôle dans les Mythes des Grecs. Mais, bien que plusieurs espèces communes dans la Méditerranée fournissent un aliment agréable, et que d'autres présentent des particularités de structure et d'habitudes également curieuses, on ne trouve dans les écrits des anciens que peu de lumière sur leur histoire. Hippocrate, qui vivait cinq cents ans avant Jésus-Christ, fait mention de certains Crustacés qu'il regardait comme pouvant être employés avec succès dans le traitement de diverses maladies; mais c'est tout au plus si on peut se former une opinion arrêtée sur les espèces dont il voulait parler (1). ARISTOTE, au contraire, nous a laissé sur ces animaux plusieurs pages remplies de faits importans, et pour la plupart très-exacts; un des chapitres du quatrième livre de son Histoire des animaux leur est consacré, et on y trouve des détails sur leur anatomie, aussi bien que sur leurs formes et sur leurs mœurs.

Ce grand zoologiste distingue les Langoustes, les Homards et quelques autres espèces de Décapodes Macroures, ainsi que les Décapodes à courte queue; mais il ne donne pas, des diverses espèces qu'il mentionne, une description assez précise pour qu'il ait été toujours possible, même à un des naturalistes et des critiques les plus habiles, M. Cuvier, de les reconnaître avec quelque certitude (2). Dans un autre chapitre du même

---

(1) Dans son traité *de Morbis mulierum*, livre Ier., par exemple, il recommande l'usage des *Caucres fluviatiles* (qui sont probablement des *Telpheuses*), comme facilitant l'accouchement dans le cas où le fœtus serait déjà mort. (Tex. 128, p. 519, vol. 2 de l'édition de Vander Linder.)

(2) Aristote divise ses Malacostracés ou Crustacés (μαλακοςράκων) en quatre genres principaux, savoir : les *Carabos* (καραβῶν), les *Astacos* (ἀςακῶν), les *Karides* (καριδιῶν), et les *Carcinous* (καρκίνων) Les *Carabos*, qui dans la traduction de Gaza prennent le nom de *Locusta*, sont évidemment des Langoustes, et ses *Astacos* (ou *Gammarus* de Gaza) des Homards. Quant aux Karides, il les divise à leur tour en trois groupes : les Bossues, les Cranges et les Karides de la petite espèce; leur synonymie est plus difficile à établir; mais, d'après les recherches critiques de M. Cuvier, il paraît très-probable que les premiers sont des Palémons ou des Pénées, et les

livre, Aristote décrit sous le nom de Karcinion, ou petit Crabe, le Bernard l'Ermite, qu'il regarde comme appartenant en même temps aux Crustacés et aux Testacés, à cause de la coquille dans laquelle ce singulier Crustacé établit sa résidence, mais qui ne lui appartient réellement pas. Enfin, il parle ailleurs d'une espèce de Crabe de la Phénicie, qui marche si vite qu'on l'appelle *Hippæ*, ce qui paraît indiquer qu'il est question de l'Ocypode.

PLINE ne nous apprend rien de plus sur l'histoire de ces animaux, ce qu'il en dit étant copié des écrits d'Aristote. Un passage de la vaste compilation d'ÆLIEN montre que l'espèce de Scyllare, que dans le Languedoc on nomme Cigale de mer, était connue des anciens et appelée de même qu'aujourd'hui *Cicada*. Il est probable que c'est aussi à certaines Scyllares que doit être appliqué ce qu'Athénée

---

seconds des Squilles mantes, tandis que les petites Karides sont peut-être d'autres Salicoques communes dans ces mers, mais trop petites pour occuper beaucoup les anciens zoologistes. Enfin, les *Carcinons* sont les Crabes ou Décapodes à courte queue. Aristote observe que les espèces qui se rapportent à cette division sont très-nombreuses, et en signale trois qu'il appele Maïa, Pagures et Héracléotiques ; mais il ne les décrit pas avec assez de détail pour qu'on puisse les reconnaître avec quelque certitude. Les Crabes Héracléotiques me paraissent être des Telpheuses, qu'on reconnaît souvent sur les médailles grecques ; on s'accorde généralement à penser que les Maïa sont les Crustacés qui aujourd'hui encore portent ce nom, et les Pagures sont probablement les Tourteaux de nos côtes. (Voyez, pour plus de détails, la *Dissertation critique sur les espèces d'Écrevisses connues des anciens, et sur les noms qu'ils leur ont donné*, par M. G. Cuvier, publié dans son recueil de Mémoires pour servir à l'Histoire des Mollusques, et le *Tableau de l'histoire de l'entomologie*, placé en tête du *Cours d'entomologie*, par M. Latreille.)

dit des grandes Karides. Enfin, il est aussi question du Pinnotère dans les ouvrages, non seulement des naturalistes, mais aussi dans ceux des littérateurs anciens, car Cicéron en parle aussi bien que Pline et Apien ; mais c'est en général pour prêter à ce petit Crabe, qui vit entre les valves des Pinnes et des Moules, des ruses et des usages qu'il est loin d'avoir.

En résumé, nous voyons que la branche de la zoologie, qui a pour objet les Crustacés, était très-peu avancée, chez les anciens, et que ce n'est guères que dans les ouvrages d'Aristote qu'on trouve une ébauche de l'histoire de ces animaux.

Pendant les siècles d'ignorance et de barbarie qui précédèrent immédiatement et qui suivirent la destruction de l'empire romain, l'histoire des Crustacés, comme toutes les branches de la zoologie, resta stationnaire, car Albert le Grand, et les autres écrivains (en très-petit nombre) qui, à cette époque, consacrèrent leur plume aux sciences naturelles, ne firent que copier et commenter les anciens. Mais, vers le milieu du seizième siècle, on commença de nouveau à observer et à acquérir par conséquent des connaissances positives ; trois naturalistes célèbres, Belon, Rondelet et Salviani, publièrent alors sur l'ichtyologie des ouvrages justement estimés, et les deux premiers s'occupèrent en même temps des Crustacés.

Belon, né en 1517, dans un village près du Mans, employa une partie de sa vie à voyager en Italie, en

Grèce, dans l'Asie, etc., et sut profiter de cette circonstance heureuse pour recueillir de grandes richesses scientifiques, qu'il publia ensuite, soit dans ses ouvrages sur les animaux aquatiques ou sur les oiseaux, soit dans la relation de ses voyages. Son livre *de Aquatilibus*, imprimé en 1553, et traduit en français deux ans après, renferme des figures grossières, mais cependant reconnaissables, de douze espèces de Crustacés, à la plupart desquels sont rapportés, avec plus ou moins de bonheur, les noms donnés par les anciens, plus spécialement par Aristote, à celles dont il avait fait mention. A ces planches, gravées sur bois, Belon a ajouté aussi les noms vulgaires employés tant en France qu'en Italie, et quelques détails sur les formes, les mœurs ou les usages de ces animaux, mais sans les décrire et sans indiquer les caractères à l'aide desquels on peut les distinguer. Les espèces qu'il a le mieux représentées sont la Squille mante, qu'il nomme Cigale de mer, la Langouste, le Homard, l'Écrevisse et le Scyllare; on reconnaît aussi les figures d'un Palémon, de la Telpheuse ou Cancre de rivière, du Maïa squinade, etc.

Rondelet, professeur d'anatomie à Montpellier, et contemporain de Belon, consacra aussi à l'histoire des Crustacés une partie de son livre sur les Poissons, publié en 1554 et 55. Les figures qui ornent cet ouvrage sont gravées en bois comme celles de Belon, mais elles sont beaucoup plus exactes, et donnent en général une idée assez pré-

cise des espèces qu'elles sont destinées à faire connaître ; plusieurs des Crustacés, représentés par
Rondelet, l'avaient déjà été, quoique beaucoup
moins bien, par Belon ; de ce nombre sont la
Langouste, le Homard, le Scyllare large, la Squille
mante, le Maïa squinade, etc. ; mais d'autres, tels
que le Scyllare ours, la Galathée rugueuse, le Penée
caramote, le Bernard l'Ermite, le Homole front épineux, le Platyonique dépurateur, l'Inachus, etc.,
étaient complétement nouveaux pour la science ;
le nombre total des espèces qu'il figure est de 26 ;
les noms anciens qu'il y rapporte sont quelquefois
mal appliqués, et les descriptions aussi incomplètes
que celles de Belon ; mais néanmoins on est encore
obligé de consulter son ouvrage, et on y trouve,
ainsi que dans celui de son contemporain, des détails qui ont été souvent négligés par les auteurs
les plus modernes.

Peu de temps après l'époque où parurent les
ouvrages dont nous venons de parler, Conrad
Gesner publia une espèce d'encyclopédie, dans
laquelle il rassembla tout ce qu'on savait de son
temps sur l'histoire naturelle des animaux, et
consigna plusieurs observations nouvelles (1). On
y trouve un assez grand nombre de figures de
Crustacés, mais la plupart d'entre elles sont copiées d'après celles dont Belon et Rondelet venaient

---

(1) Gesneri, *Historia animalium*, *liber IV*, *de Aquatilibus*, in-fol.

d'enrichir la science. L'ouvrage de même nature, que l'on doit à ALDROVANDE (1), est en général moins estimé sous le rapport de l'érudition et de la méthode. Le volume qui renferme l'histoire des Crustacés ne parut qu'en 1606, après la mort de son auteur. La plupart des figures sont grossières et bien plus inexactes que celles de Rondelet; mais deux d'entre elles étaient très-intéressantes, car elles faisaient connaître une espèce géante de Crabe qui habite la Méditerranée, et que M. Risso a décrite dernièrement comme nouvelle sous le nom de Homole de Cuvier.

Pendant le cours du dix-septième siècle, des voyageurs et quelques anatomistes contribuèrent aussi à étendre nos connaissances relatives aux animaux dont nous faisons ici l'histoire. Parmi les premiers on doit d'abord citer Marggraf, naturaliste plein de zèle pour la science, qui accompagna Pison au Brésil, et qui y mourut avant que d'avoir publié le résultat de ses observations; il nous a laissé la description succincte et les figures d'un assez grand nombre de Crustacés du nouveau continent, et entre autres des Crabes terrestres ou Tourlouroux, qui vivent loin de la mer, et font chaque année un long voyage pour venir y déposer leurs œufs (2). L'ouvrage sur les Antilles,

(1) ULYSSIS ALDROVANDI, *de Reliquis animalibus exsanguibus, libri quatuor*, Bononia, 1606, in-fol.

(2) Les observations que Marggraf a laissées sur l'histoire naturelle ont été publiées par J. de Laet, dans le même volume que celles de

publié vers la même époque, par Rochefort, fit aussi connaître quelques particularités nouvelles des mœurs de ces Crustacés curieux (1).

Deux ouvrages de pure compilation, dans lesquels on traite de l'histoire naturelle des Crustacés, parurent encore pendant le dix-septième siècle ; l'un est spécialement consacré à ces animaux, sous le triple rapport de la zoologie, de la physiologie et de la pharmacologie (2). L'autre (3) embrasse tout le règne animal, et a eu pour modèle les recueils de Gesner et d'Aldrovande; mais, ainsi que le premier, il n'ajoute rien aux connaissances déjà acquises à ce sujet.

Les premières recherches suivies que les anatomistes modernes aient faites sur l'organisation des Crustacés, sont dues au savant et laborieux Swammerdam ; cet habile observateur disséqua avec soin le Pagure ou Bernard l'Ermite, qui vit en parasite dans les coquilles de diverses mollusques; il reconnut l'existence d'un cœur et de vaisseaux san-

---

Pison, sous ce titre : G. Pisonis *de Medicina Brasiliensis, libri quatuor*; G. Maggravii, *Hist. rerum naturalium Brasiliæ, libri octo,* in-fol. Amsterd. 1648. Pison fondit ensuite l'ouvrage de Marggraf avec le sien. (Voyez *de Indiæ utriusque, etc.* in-fol. 1658.)

(1) Rochefort, Histoire naturelle des Antilles, etc. in-4. Rotterdam, 1665, liv. Ier. chap. 22.

(2) Sachs a Lewenheimb, *Gammarologia sive gammarorum vulgo cancrorum consideratio physico-philologico-historico-medico-chimica.* Un vol. petit in-8. Franckf. 1665. (Les planches qui l'accompagnent sont très-mauvaises, et copiées pour la plupart d'après Marggraf et Belon.)

(3) Jonston, *Historia naturalis de exsanguibus aquaticis, libri quatuor,* in-fol. Amsterd. 1165, fig. en bois.

guins chez les animaux que l'on rangeait parmi les Exsangues, parce qu'ils n'ont pas de sang rouge semblable à celui de l'homme ; il fit aussi plusieurs autres remarques importantes ; mais la science n'en profita pas de suite, car lors de sa mort, en 1680, ses principaux écrits étaient encore manuscrits, et peut-être auraient-ils été perdus si le célèbre médecin hollandais Boerhave n'eût généreusement consacré une partie de ses richesses à la publication des ouvrages qu'il jugeait devoir être les plus utiles; le vaste recueil d'observations de Swammerdam, sur l'anatomie des Insectes, etc., fut de ce nombre, et vit le jour en 1737 et 38 (1).

Un médecin anglais, Willis, fit vers la même époque des recherches semblables sur l'Écrevisse commune, et, comme elles parurent long-temps avant celles de Swammerdam, il a également le mérite de la découverte pour plusieurs points qu'il a signalés, aussi bien que son devancier, à l'attention des anatomistes (2). Enfin, un autre médecin, Porzio ou Portius, de Naples, étudia avec plus de soin qu'on ne l'avait fait encore l'appareil de la génération chez le Homard (3).

Pendant la première moitié du dix-huitième

---

(1) *Biblia naturæ.* 2 vol. in-fol. latin et hollandais, 1737 et 1738 ; traduit en français dans la *Collection académique*, partie étrangère, t. V.

(2) *De Anima brutorum.* Oxford, 1672.

(3) *Observations sur les parties de la génération des Ecrevisses d'eau douce.* — Collection académique, t. IV.

siècle, on ajouta beaucoup à nos connaissances sur les Crustacés des pays lointains ; mais les zoologistes ne suivirent pas, dans l'étude de ces animaux, une marche meilleure que celle adoptée par leurs devanciers ; ils publièrent des espèces nouvelles et en donnèrent des figures plus ou moins exactes ; mais ils continuèrent à les décrire d'une manière trop superficielle pour les faire reconnaître, et ils n'indiquèrent jamais les particularités d'organisation ou caractères zoologiques propres à les distinguer des autres espèces. Il en résulta que ces travaux ne contribuèrent pas autant aux progrès de la science qu'on aurait pu s'y attendre, et qu'aujourd'hui la plupart d'entre eux ne sont de presque aucune utilité pour l'entomologiste. Nous ne pouvons cependant les passer sous silence.

Rumph, qui habita Java pendant une longue suite d'années, et qui y perdit la vue en se livrant sans ménagement à l'étude de l'histoire naturelle, publia en 1705 un ouvrage assez étendu sur la zoologie et la minéralogie de cette partie des grandes Indes. Il y figura une trentaine de Crustacés que l'on peut en général très-bien reconnaître, et qui, pour la plupart, étaient tout-à-fait nouveaux pour les naturalistes ; de ce nombre était le Birgus latro des zoologistes modernes et plusieurs autres espèces curieuses (1).

---

(1) *D'Amboinsche Rariteitkamer*, etc. (Cabinet de curiosités d'Amboine), par G.-E. Rumphius, 1 vol. in-fol. Amster. 1705.

PETIVER reproduisit bientôt après les figures publiées par Rumph, et fit connaître aussi plusieurs Crustacés des Antilles (1). Sloane, dans son voyage à Madère, a donné la figure de quelques autres espèces du même pays, et notamment de la petite Grapse qu'on voit si fréquemment en mer flottant sur des fucus, et dont la rencontre a été pour Colomb un indice utile du voisinage des terres lorsque son équipage était sur le point de le forcer de retourner en Espagne et de renoncer à la découverte du nouveau monde (2).

On voit aussi des figures assez bonnes de plusieurs animaux de cette classe dans le grand ouvrage de Catesby sur l'histoire naturelle de la Caroline du sud (3).

Un recueil de figures d'animaux divers, bien plus riche que ceux dont il vient d'être question, fut publié, vers le milieu du dix-septième siècle, par Seba, pharmacien hollandais, qui employa de grandes richesses à former des collections immenses et à en donner la description. Cet ouvrage forme quatre gros volumes in-folio et renferme un très-

---

Après la mort de l'auteur, on publia les mêmes planches avec un texte plus abrégé, en latin, sous le titre de *Thesaurus imaginum*, etc. 1 vol. in-fol. Leyde, 1711, et La Haye, 1739.

(1) *Gazophylacii naturæ et artis. — Musei Petiveriani ; de animalibus Crustaceis*, etc.

(2) *A voyage to Madera Barbadoes Jamaica, etc.* by Hans Sloane, 2 vol. in-fol. Londres 1707-1727.

(3) *The natural history of Carolina, Florida and the Bahama Islands,* 2 vol. in-fol. Londres, 1731-1743.

grand nombre de belles planches, mais le texte qui les accompagne ne peut être consulté avec fruit, car non-seulement il est écrit sans jugement et sans critique, mais aussi il donne quelquefois sur la patrie des espèces figurées les renseignemens les plus erronés. Dans le troisième volume on trouve un assez grand nombre de Crustacés, dont quelques-uns n'ont encore été représentés que là; aussi ne peut-on se dispenser d'y avoir quelquefois recours.

Tel était l'état de nos connaissances relativement aux animaux dont nous faisons l'histoire, lorsque le célèbre Linné (1) imprima une nouvelle impulsion aux études zoologiques, et changea, sous certains rapports, la marche qu'on avait suivie jusqu'alors. Comprenant toute l'utilité des classifications, il fixa l'attention sur les caractères propres à faire distinguer les différens groupes formés par les animaux, et à faire reconnaître chacune des espèces qui s'y rapportent. Le service qu'il rendit ainsi à la science fut immense, car, lorsqu'on ne possède pas de moyens pour arriver facilement à la détermination des êtres que l'on veut étudier, l'histoire naturelle devient presque inabordable, et une foule d'observations curieuses se trouvent perdues, parce qu'il

---

(1) Seba Locupletissimi rerum naturalium Thesauri accurata descriptio, 4 vol. grand in-fol. Amsterd. 1734-1765. C'est le troisième volume qui renferme les Crustacés. Une nouvelle édition de cet ouvrage se publie actuellement à Paris par les soins de M. Guérin.

est souvent impossible de connaître avec certitude quelle est l'espèce qui y a donné lieu. La classification de Linné était artificielle, c'est-à-dire fondée seulement sur certains caractères choisis arbitrairement, et n'ayant point pour base l'ensemble de l'organisation et les affinités naturelles des animaux, aussi a-t-elle subi de grandes et d'heureuses modifications; mais il n'en est pas moins vrai qu'on doit y attribuer en majeure partie les progrès immenses que la zoologie a faits depuis un demi-siècle.

C'est principalement sous ce rapport que Linné contribua à l'avancement de la Carcinologie; dans son catalogue systématique des animaux, il indiqua les traits distinctifs les plus remarquables de la plupart des espèces de Crustacés alors connus, et cet exemple fut suivi par presque tous les naturalistes qui, depuis la publication du *Systema naturæ* (1), ont écrit sur ce sujet. Quant à la manière dont il classa ces animaux, elle était très-défectueuse; mais, comme nous aurons l'occasion d'en parler dans la suite de cet ouvrage, nous ne nous y arrêterons pas ici.

Les travaux de Linné sur les Crustacés ne furent

______

(1) La première édition du *Systema naturæ* de Linné parut à Leyde en 1735. Pendant la vie de l'auteur, cet ouvrage eut douze éditions, dont la dernière fut imprimée à Holme en 1766.
Après la mort de Linné, Gmelin en publia une treizième édition (Leipsic, 1788).

pas bornés à la classification de ces animaux ; on lui doit aussi la description détaillée d'un assez grand nombre d'espèces, soit nouvelles, soit peu connues (1).

Un autre naturaliste, dont les travaux généraux sur l'histoire naturelle des Crustacés contribuèrent aussi d'une manière puissante aux progrès de cette branche de la zoologie, fut Jean-Chrétien Fabricius, élève et émule de Linné. Ses travaux sur l'organisation de la bouche des Crustacés et des Insectes enrichirent la science d'une foule de faits importans, et fournirent un des élémens dont on s'est servi plus tard pour la classification naturelle de ces animaux. Enfin, c'est à lui que l'on doit l'établissement de la plupart des divisions encore admises aujourd'hui parmi les Crustacés, soit comme genres, soit comme tribus ou familles. Divers de ses ouvrages traitent de la classification de ces animaux, et renferment l'indication des caractères d'un grand nombre d'espèces nouvelles, mais elles ne sont désignées que par une phrase linnéenne dont l'application est souvent très-incertaine, comme nous aurons plus d'une fois l'occasion de le montrer (2).

---

(1) *Museum Ludovicæ Ulricæ reginæ* (in-8º. 1764) ! *Museum Adolphi Frederici regis* (in-fol. 1754); etc.

(2) Voici la liste de ces ouvrages :

Systema entomologiæ, un vol. in-8. 1775.

Species insectorum, un vol. in-8. 1781.

Pendant que Linné et Fabricius s'occupaient ainsi de l'ensemble de la science, d'autres naturalistes avançaient également nos connaissances sur divers points plus ou moins spéciaux de l'histoire naturelle des Crustacés.

Pallas, qui s'est occupé avec succès de toutes les branches de la zoologie, étudia en détail quelques espèces nouvelles de cette classe propres à l'Asie ou à la Baltique (1).

Le célèbre entomologiste Degeer consacra aussi quelques chapitres de son grand ouvrage sur les Insectes à l'histoire de l'Écrevisse et de quelques autres Crustacés (2).

Forskal, ayant voyagé en Égypte et en Syrie, fit connaître avec assez de détail la plupart de ceux propres à ces pays (3).

Pennant, zoologiste laborieux, donna d'assez bonnes figures d'un certain nombre des Crustacés des côtes de l'Angleterre (4).

Othon Fabricius, excellent naturaliste, qui ré-

Mantissa insectorum, 2 vol. in-8. Copenhague, 1787.

Entomologia systematica, 4 vol. in-8. Copenhague, 1793, et un volume de supplément publié en 1798, d'après les travaux de Daldorff.

(1) *Spicilegia zoologica*, un vol. in-4. Berlin. Le 9ᵉ. fascicule de cet ouvrage renfermant les Crustacés, etc. parut en 1772.

(2) *Mémoire pour servir à l'histoire des Insectes.* 7 vol. in-4 : Stockholm, 1778. (C'est dans le 7ᵉ. volume que se trouve l'histoire de l'Écrevisse, etc.)

(3) *Descriptiones animalium quæ in itinere orientali observavit* P. FORSKÆL ; *post mortem auctoris edidit* C. NIEBUHL. *Havniæ*, 1775, un vol. in-4.

(4) *British zoology*, 4 vol. in-4. Londres, 1777. C'est dans le dernier volume que se trouvent les Crustacés.

sida pendant long-temps dans le Groënland, comme pasteur, publia en 1780 une Faune de ces régions glaciales, et décrivit avec soin les Crustacés qu'on y rencontre (1).

Olivi entreprit, sur les bords de la mer Adriatique, une tâche analogue, et accompagna ses descriptions de quelques bonnes figures, chose dont on regrette l'absence dans l'ouvrage d'Othon Fabricius (2).

Muller fit connaître quelques espèces de Décapodes et d'Amphipodes des mers de la Norwège (3); mais son principal titre à la reconnaissance des entomologistes est son ouvrage sur les Entomostracés (4), animaux de la même classe, qui sont d'une petitesse microscopique, et qui néanmoins ont été étudiés par ce savant, non-seulement sous le rapport de leur forme et de leur caractère zoologique, mais aussi sous celui de leurs mœurs et de leurs habitudes.

La seconde moitié du dix-huitième siècle vit aussi paraître plusieurs autres ouvrages d'une moindre importance pour la branche de la zoologie dont l'histoire nous occupe ici. Les opuscules de Baster (5), le voyage de Phipps (6), l'ouvrage

---

(1) *Fauna Grœnlandica.* Hafniæ et Lipsiæ, 1780, un vol. in-8.

(2) *Zoologia Adriatica.* Bassano, 1792, un vol. in-4.

(3) *Zoologia Danica.* 4 vol. in-fol.

(4) *Entomostraca, seu Insecta testacea quæ in aquis Daniæ et Norwegiæ reperit.* Un vol in-4.

(5) *Opuscula Subcesiva.* 2 vol. in-4 ; Harlem, 1762-1765.

(6) Phipps, *Voyage au pôle boréal fait en* 1773 Un vol. in-4.

imprimé à la Havane par Parra (1), sont de ce nombre ; mais le travail purement descriptif le plus utile pour la science, qu'on ait publié pendant ce laps de temps, est sans contredit celui de Herbst (2); cet auteur n'aborde aucune des questions élevées de la zoologie, il ne s'occupe pas de la classification des Crustacés, comme le faisaient Linné et Fabricius, mais il donne des figures assez exactes de plus de deux cent cinquante espèces, et son recueil est indispensable pour l'intelligence de la plupart des ouvrages méthodiques; plusieurs des planches de Herbst sont copiées d'après celles de ses prédécesseurs; mais il possédait lui-même une belle collection de Crustacés, et a fait connaître un grand nombre d'espèces nouvelles.

Les naturalistes, qui ont étudié les Crustacés sous le rapport de l'anatomie ou de la physiologie, sont bien moins nombreux que ceux dont l'attention s'est portée presque exclusivement sur les formes extérieures de ces animaux. Pendant le dix-septième siècle nous avons vu Swammerdam, Willis et quelques autres anatomistes se livrer à des recherches de cette nature ; le siècle suivant ne produisit également qu'un petit nombre de travaux

---

(1) Parra, *Descripcion de differentes piezas de historia natural*, etc. Havana, 1787.

(2) Herbst. *Versuch einer naturgeschichte der Krabben und Krebse.* 3 vol. in-4, avec un atlas in-fol. de 62 planches; Berlin, 1790-1804.

entrepris dans la vue de mieux faire connaître la structure intérieure des Crustacés, le jeu de leurs organes, ou les particularités de leur manière de vivre ; et encore est-il arrivé que quelques-unes des découvertes qui en ont résulté sont restées ignorées de la plupart des naturalistes, et n'ont pas profité à la science.

Vers le commencement de l'époque dont nous faisons ici l'histoire, l'habile et infatigable observateur Réaumur publia une série d'expériences curieuses sur la mue des Écrevisses et sur la reproduction des membres de divers Crustacés (1). Rœsel étudia avec beaucoup plus de détails qu'on ne l'avait fait encore les parties internes de l'Écrevisse ; son travail renferme, quant à la détermination des organes, quelques erreurs graves ; mais ses descriptions et ses figures sont très-exactes (2). Schœffers publia vers la même époque des détails intéressans sur l'anatomie des Apus (3). Enfin un naturaliste très-habile de Naples, Cavolini, donna un traité sur la génération des Crustacés, dans le-

---

(1) Sur les diverses reproductions qui se font dans les Écrevisses, les Homards, les Crabes, etc., et entre autres sur celles de leurs jambes et de leurs écailles ; Mémoires de l'Académie des sciences de Paris, 1712.

Addition aux observations sur la mue des Écrevisses ; mémoires de l'Académie des sciences de Paris, 1718.

(2) *Die Insecten Belustigung*, in-4.

Ses observations sur les Crustacés se trouvent dans le troisième volume de ce recueil, publié à Nuremberg en 1755.

(3) Schœffers, *Abhandlungen von Insecten*, in-4. Kegensburg, 1764, 2ᵉ volume.

quel on trouve une foule d'observations de la plus haute importance sur l'organisation de ces animaux en général, mais qui n'a point fixé l'attention des auteurs plus récens (1).

A la fin du dix-huitième et au commencement du dix-neuvième siècle, il s'opéra dans toutes les branches de la zoologie une réforme importante dont les effets contribuent puissamment aux progrès de la science. Au lieu de n'employer pour la classification des animaux que des divisions purement artificielles et basées sur tel ou tel caractère, choisi arbitrairement, on chercha à établir des méthodes sur l'ensemble de l'organisation, et à mettre, autant que possible, ces mêmes divisions en harmonie avec les divers types autour desquels les êtres divers semblent se grouper dans la nature. C'est à M. Cuvier que l'on doit en majeure partie cette innovation heureuse; mais, pour ce qui concerne les Insectes et les Crustacés, il a été devancé par M. Latreille.

Dès l'année 1796, ce dernier savant avait publié les premiers essais d'une classification naturelle de ces animaux, dont il a depuis lors poursuivi sans relâche l'étude (2). Quelques années après, M. Cuvier fit apprécier les différences qui éloignent les Crus-

---

(1) Cavolini, *Memoria sulla generazione die pesci e dei granchi*. Un vol. in-4. Naples, 1787.

(2) Précis des caractères génériques des Insectes par M. Latreille, un vol. in-8. Brives, 1796.

tacés des Insectes, parmi lesquels Linné les avait placés, et en forma deux classes distinctes, dont les caractères sont puisés dans une organisation différente des organes les plus importans de l'économie. Par la suite nous aurons l'occasion de revenir sur ce sujet; mais il nous faut ajouter ici que les observations de M. Cuvier, sur la structure intérieure des Crustacés, dévoilèrent une foule de particularités curieuses qui n'étaient pas encore entrées dans la science (1).

Depuis l'époque dont nous venons de parler, la carcinologie a été enrichie d'un assez grand nombre d'ouvrages plus ou moins généraux, et de plusieurs écrits sur des points spéciaux de zoologie, d'anatomie et de physiologie.

Parmi les premiers viennent se ranger le petit traité de l'*Histoire naturelle des Crustacés*, par Bosc, ouvrage que l'on regarde avec raison comme étant au-dessous de la réputation de son auteur (2), et le *Système des animaux sans vertèbres* de Lamarck (3), dans lequel ce savant proposa quelques modifications dans la classification des

____

(1) Tableau élémentaire de l'histoire naturelle des animaux, par M. Cuvier, un vol. in-8. Paris, 1798.

Leçons d'anatomie comparée de M. Cuvier, rédigées par MM. Duméril et Duvernoy, 5 vol. in-8. Paris, 1799-1805.

(2) Histoire naturelle des Crustacés, par Bosc, 2 vol. in-18, faisant suite à l'édition de Buffon de Castel. Paris, an X.

(3) Système des animaux sans vertèbres, par de Lamarck, un vol. in-8. Paris, 1801.

Crustacés. Peu de temps après la publication de ces deux traités, M. Latreille fit paraître, sur l'histoire naturelle des Crustacés et des Insectes, un ouvrage très-étendu et justement estimé, où l'on trouve exposé avec méthode l'ensemble des connaissances déjà acquises sur ces deux classes d'animaux (1). D'autres écrits généraux du même auteur succédèrent à celui-ci ; mais nous aurons trop souvent occasion d'en parler dans la suite de cet ouvrage, pour qu'il soit nécessaire de nous y arrêter dans ce moment, et nous nous bornerons à les indiquer nominativement. Le premier fut publié en 1807, et est devenu extrêmement rare ; il est en latin, et a pour titre : *Genera Crustaceorum et Insectorum* (2). En 1810, M. Latreille publia un volume de *Considérations générales sur l'ordre naturel des animaux composant les classes des Crustacés, des Arachnides et des Insectes* (3) ; et en 1817 il donna, dans le règne animal de M. Cuvier (4), un tableau des groupes naturels formés par ces différens êtres, avec l'indication des principales espèces qui se rapportent

---

(1) Histoire naturelle générale et particulière des Crustacés et Insectes, ouvrage faisant suite aux œuvres de Buffon, et partie du cours complet d'histoire naturelle rédigé par Sonnini, par M. Latreille, 14 vol. in-8. Paris, 1802-5, avec fig. (L'histoire des Crustacés se trouve dans les troisième, quatrième, cinquième et sixième volumes.)

(2) 4 vol. in-8. Paris, 1806-1807, avec fig.

(3) Un vol. in-8. Paris, 1810.

(4) Le règne animal distribué d'après son organisation, par M. Cuvier, 4 vol. in-8. Paris, 1817. Le troisième volume, renfermant l'histoire des Crustacés, Insectes, etc., est de M. Latreille.

à chacune de ces divisions; à une époque plus récente, il a enrichi la science d'un ouvrage général sur la zoologie, dans lequel il propose plusieurs modifications heureuses dans la classification naturelle des Crustacés (1); en 1829 il fit paraître, conjointement avec M. Cuvier, une nouvelle édition du Règne animal (2); enfin, en 1831, il revint encore sur le même sujet (3), et, outre ces écrits nombreux, il a donné dans divers recueils une foule d'articles détachés sur l'histoire naturelle des animaux qui nous occupent ici (4).

La classification des Crustacés a été également traitée, dans ces dernières années, par MM. Duméril, Leach, Risso, de Blainville, Lamarck et Desmarest. Le premier de ces zoologistes ne s'en est occupé que dans des ouvrages généraux d'histoire naturelle (5); mais M. Leach en a fait l'objet d'une étude spéciale. Sa méthode de classification, comme nous le verrons par la suite, est loin

---

(1) Familles naturelles du règne animal, par M. Latreille, un vol. in-8. Paris, 1825.

(2) Le règne animal, par M. Cuvier, 2ᵉ. édition, 5 vol. in-8. Paris, 1829, avec fig. La partie entomologique, par M. Latreille, occupe le quatrième et le cinquième volumes.

(3) Cours d'Entomologie.

(4) Voyez la seconde édition du Dictionnaire d'histoire naturelle, publiée par Déterville, et l'Histoire naturelle des Crustacés, Arachnides et Insectes de l'Encyclopédie méthodique; les premiers volumes de cet ouvrage (jusqu'à la lettre P) sont d'Olivier, et la rédaction d'une partie des articles carcinologiques du dernier volume a été confiée à M. Guérin.

(5) Zoologie analytique, 1 vol. in-8º. Paris, 1800.

d'être à l'abri de la critique; néanmoins il a introduit dans l'arrangement systématique des Crustacés une foule de modifications réellement utiles, et dont les naturalistes lui sauront toujours gré. Ses premiers écrits à ce sujet parurent dans l'Encyclopédie d'Édinbourg (1), et plus tard il donna, dans un recueil scientifique publié à Londres, un mémoire très-étendu sur les mêmes questions (2). M. Leach a été chargé de la rédaction des articles carcinologiques insérés dans les premiers volumes du *Dictionnaire des Sciences naturelles*, et on trouve dans ses *Mélanges zoologiques* la description et la figure de quelques espèces curieuses (3); mais l'ouvrage le plus important qu'il ait publié sur l'histoire naturelle des Crustacés est sans contredit sa description des Malacostracés podophthalmes de la Grande-Bretagne, qui est accompagné d'un grand nombre de belles planches; malheureusement la publication en a été interrompue à cause de la mauvaise santé de l'auteur (4).

---

(1) Article CRUSTACEOLOGY, dans *Brewster's*, *Edinburgh encyclopedia*, 7 vol. in-8. *Edenburgh*, 1813-14.

(2) *A general arrangement of the classis Crustacea, Myriapoda and Arachnides, with descriptions of some new genera and species*, by W. E. Leach; *Transactions of the Linnean Society*, vol. XI, Londres, 1814. (Voyez aussi le Bulletin de la société philomatique de Paris, 1816.)

(3) *Zoological miscellany*, by W. E. Leach, 3 vol. in-8. Londres 1817. (Cet ouvrage fait suite au recueil de Shaw, intitulé *The naturalist's miscellany*.)

(4) *Malacostraca podophthalma Britanniæ*, or *Description of tho*

Dans un Prodrome d'une nouvelle distribution systématique du Règne animal, M. de Blainville a proposé quelques modifications dans la classification générale des Crustacés, mais il ne s'y occupe que des grandes divisions (1). M. Risso aborda en 1816 le même sujet; mais le but de son ouvrage était seulement de faire connaître les Crustacés qui habitent le voisinage de Nice (2); il a appelé l'attention des zoologistes sur plusieurs espèces très-curieuses; mais on regrette en général de ne pas trouver dans ses descriptions plus de détails, plus de précision; c'est aussi un défaut que l'on reproche à l'*Histoire naturelle de l'Europe méridionale* qu'il vient de publier, et dans laquelle il a fait, pour ce qui concerne les Crustacés, quelques additions à ce qu'il avait déjà dit dans son premier ouvrage (3).

Peu de temps après la publication du Règne animal de M. Cuvier, Lamarck fit paraître le cinquième volume de son *Histoire des animaux sans vertèbres*, dans lequel il traite des Crustacés. On

bretish species of Crabs, etc. by W. E. Leach, in-4. Londres, 1815-1817. (Il n'a paru que 17 livraisons renfermant 47 planches coloriées.)

(1) Essai sur une nouvelle classification des animaux, par M. de Blainville; Bulletin de la société philomatique, 1816, et Principes d'anatomie comparée, t. I. Paris, 1823.

(2) Histoire naturelle des Crustacés des environs de Nice, par M. Risso, un vol. in-8. Paris 1816 (3 planches).

(3) Histoire naturelle des principales productions de l'Europe méridionale, par M. Risso, 5 vol. in-8. Paris 1826.

C'est dans le cinquième volume qu'il est question des Crustacés auxquels l'auteur consacre cinq planches.

y retrouve, à quelques changemens près, la classification de M. Latreille, et à la description de chaque genre est jointe l'indication des caractères distinctifs d'un certain nombre d'espèces (1).

Enfin, M. Desmarest a eu l'heureuse idée de rassembler en un corps d'ouvrage les divers articles de carcinologie qu'il avait insérés dans le *Dictionnaire des Sciences naturelles*, et d'en former une espèce de manuel (2). Dans ce traité il adopte les mêmes bases de classification que M. Leach, dont la méthode, comme nous l'avons déjà dit, est complétement artificielle, et il ne donne pas un catalogue complet des espèces connues; mais ses descriptions sont claires et précises, les figures qui les accompagnent sont copiées d'après de bonnes gravures de M. Leach, etc., ou faites d'après nature par des artistes habiles, et l'ouvrage est, somme toute, un des meilleurs qu'on ait publiés sur ce sujet.

Les travaux qui ont été faits sur des points spéciaux de carcinologie sont bien plus nombreux. Les voyages lointains ont grossi considérablement le ca-

---

(1) Histoire naturelle des animaux sans vertèbres, par **De Monet de Lamarck**, 7 vol. in-8. Paris, 1815-1822.

(2) Considérations générales sur la classe des Crustacés, et description des espèces de ces animaux qui vivent dans la mer, sur les côtes, et dans les eaux douces de la France, par M. Desmarest, un vol. in-8. Paris, 1825. (Accompagné de 56 planches, qui font également ment partie de l'atlas du Dictionnaire des sciences naturelles, imprimé par Levrault.)

talogue des espèces, et des recherches sur l'anatomie et la physiologie ont jeté de nouvelles lumières sur la structure et l'histoire des Crustacés. Lors de l'expédition de l'armée française en Égypte, M. Savigny recueillit dans ce pays un grand nombre de ces animaux dont il a étudié l'organisation extérieure avec le plus grand soin ; les planches du grand ouvrage sur l'Égypte, où il les a fait représenter, sont admirables, mais malheureusement la santé de ce savant ne lui a pas permis d'en publier la description (1). Du reste, cette perte a été réparée en partie par un autre naturaliste, M. Ruppell, qui a visité les mêmes parages, et qui vient de publier un fascicule sur les Crustacés de la mer Rouge (2). Les Crustacés de l'Amérique du nord ont été étudiés par M. Say (3); Montagu a fait connaître un assez grand nombre de ceux qui habitent les côtes d'Angleterre (4), et M. Roux, dont les travaux ont été interrompus par sa mort prématurée, a décrit et

---

(1) **Voyez** le deuxième volume de l'histoire naturelle du grand ouvrage sur l'Égypte, grand in-fol.; on doit une explication sommaire de ces planches à M. Audouin.

(2) *Beschreibung und abbildung von 24 arten Kurzschwänzigen Krabben als beitrag zur naturgeschichte der rothen meeres*, von E. Ruppell, in-4, Franck. 1830, avec 6 pl.

(3) *An account of the Crustacea of the united states*, by T. Say; *Journal of the academy of natural Sciences of Philadelphia*, vol. I, 1817.

(4) *Description of several marine animales*, etc., by G. Montagu. Linn. Trans. vol. IX and vol. XI (1808-1813).

figuré une partie de ceux de la Méditerranée (1). Les voyages de MM. Freycinet (2), Marion de Procé (3). Cranck (4), Parry (5) Reynaud (6), etc., ont également contribué à étendre nos connaissances sur cette classe d'animaux, et lorsque les belles collection rapportées par MM. Lesson et Garnot, Quoy et Gaymard, Mertens, Dorbigny, auront été publiées, il est probable qu'elles procureront à cette branche de la zoologie de nouvelles richesses.

Les petits Crustacés qui habitent les eaux douces, et que l'on connaît sous le nom d'Entomostracés, ont aussi été le sujet des recherches les plus curieuses; Ramd'hor (7), Herman (8), les deux Jurine (9),

---

(1) Crustacés de la Méditerranée, in-4 avec figures. Il n'en a paru que les cinq premières livraisons.

(2) Description des animaux recueillis dans l'expédition autour du monde, commandée par M. de Freycinet, par MM. Quoy et Gaimard, in-fol. Paris, 1825.

(3) Note sur plusieurs espèces nouvelles de Poissons et de Crustacés observés dans un voyage à Manille, par M. Marion de Procé. Bulletin de la société philomatique, 1822.

(4) *Appendice* n°. X ; *a general notice of the animals taken*, by M. G. Crank, *during the expedition to explore the sources of the Zaire*, by W. Leach. br. in-4. Londres.

(5) *An account of the animals seen by the late northern expedition, etc.* by C. Sabine, br. in-4. Londres, 1821.

(6) *Voyez* Annales des sciences naturelles, t. XIX, etc.

(7) Matériaux pour servir à l'histoire de quelques Monocles de l'Allemagne ; in-4. Halle, 1805.

(8) Mémoires aptérologiques, par Hermann, un vol. in-fol. Strasbourg, 1804, avec figures coloriées.

(9) Histoire des Monocles qui se trouvent aux environs de Genève, par Louis Jurine, un vol. in-4. Genève, 1820, avec figures coloriées.

Benedict Prevost (1), M. Straus (2), et M. Ad. Brongniart (3), ont publié sur les Cyclops, les Daphnis, les Cypris, les Branchippes, etc., des mémoires pleins d'intérêt, et ont porté cette partie de l'histoire naturelle des Crustacés à un degré de perfection tel qu'on n'aurait pu d'abord l'espérer. Enfin M. Nordmann vient d'enrichir la science d'une foule de découvertes importantes relatives aux Lernées (4).

M. Savigny a étudié avec autant de précision que de philosophie le système buccal des Crustacés des ordres supérieurs, et a fait voir comment certains membres se modifient pour servir tantôt comme instrumens de mastication, tantôt comme organes de locomotion (5). Quelques lumières nouvelles ont été jetées sur l'organisation

---

Note sur le *Monoculus castor, etc.*, par le même; Bulletin de la Société philomatique, t. I et II.

Mémoire sur l'Argule foliacée, par Jurine fils, Annales du muséum d'histoire naturelle de Paris, t. VII, p. 431.

(1) Mémoire sur le Chirocéphale, par M. Prevost; Journal de Physique, t. 54.

(2) Mémoire sur les Daphnies, par M. Straus; Mémoires du muséum, t. V.

Mémoire sur le genre Cypris, par le même, même recueil, t. VII.

(3) Mémoire sur le Limnadia, nouveau genre de Crustacé, par M. Ad. Brongniart; même recueil, t. VI.

(4) *Mikographische beitrage zur naturgeschichte der Wirbellosen thiere.* In-4, second volume. Berlin, 1832.

(5) Mémoire sur le système de la bouche; Mémoires sur les animaux sans vertèbres, par M. Savigny, 1re. partie, 1re. fascicule, in-8. Paris, 1816.

intérieure de ces animaux, par les recherches que nous avons faites, soit en particulier, soit en commun, avec M. Audouin, sur divers points de leur anatomie et de leur physiologie (1). Un naturaliste allemand, M. Rathkie, vient de publier, sur le développement de l'œuf des Écrevisses, etc., plusieurs ouvrages dignes des plus grands éloges (2). Enfin, les débris que les Crustacés ont laissés dans diverses couches de l'écorce du globe, et qui s'y conservent à l'état fossile, ont été étudiés d'une manière spéciale par MM. Al. Brongniart et Desmarest (3).

Tels sont les principaux ouvrages dont se compose la bibliothéque *carcinologique*. La science a été enrichie depuis peu d'un grand nombre de travaux spéciaux dont il n'a pas été fait mention ici, et dont nous aurons occasion de parler par la suite; mais les limites de ce traité élémentaire ne nous permettent pas de nous arrêter davantage sur ce sujet; et ce que nous en avons dit suffira, à ce que nous croyons, pour atteindre le but que nous nous étions proposé, c'est-à-dire pour donner une idée exacte de la marche de cette branche de l'histoire

(1) Voyez les Annales des sciences naturelles, etc.

(2) *Untersuchungen uber die bildung und entwickelung der Fluss-Krebses.* In-fol. Leipzig, 1829.

Abhandlungen zur Bildungs aut entwicklung-geschichte der menschen und der thiere. In-4, deux fascicules. Leipzig, 1832 et 1833.

(3) Histoire naturelle, Crustacés fossiles, savoir : les Trilobites, par M. Al. Brongniart, et les Crustacés proprement dits, par M. Desmarest. Un vol. in-4. Paris, 1822.

naturelle, depuis son origine jusqu'à l'époque actuelle.

D'après cette esquisse, on a pu voir que l'étude des Crustacés a fait, depuis quelque temps, des progrès rapides. Il y a peu d'années encore, cette branche de la zoologie était dans sa première enfance; on ne connaissait qu'un très-petit nombre de ces animaux; leur classification manquait de ce cachet de précision si nécessaire pour la détermination des espèces, et on ne possédait sur leur anatomie et leur physiologie que des notions vagues et incomplètes. Aujourd'hui il en est tout autrement; mais les travaux auxquels on doit ce résultat heureux sont épars, et l'état actuel de la science ne se trouve exposé, avec les développemens nécessaires, dans aucun ouvrage général. Là, où la partie méthodologique a été traitée avec plus de soin et de talent, on ne trouve guères qu'un catalogue de genres; celui des espèces n'est qu'ébauché, et l'examen de l'organisation a été presque entièrement négligé : ailleurs on a consacré quelques pages de plus à l'anatomie et à la physiologie, mais ces esquisses sont loin d'être au niveau de l'état actuel de nos connaissances et dans la partie méthodologique, on y cherche en vain ce qui fait le principal mérite des ouvrages de pure compilation, savoir, un tableau complet de toutes les richesses de la science.

Occupé depuis long-temps d'une manière spéciale

de l'étude des Crustacés, j'ai senti, plus peut-être que tout autre, le besoin d'un traité complet sur cette branche de la zoologie, et, encouragé par les conseils d'un de nos plus habiles entomologistes, M. Latreille, je me suis décidé à chercher à combler la lacune que je viens de signaler. Dans cette vue, je me suis appliqué à rassembler des matériaux pour servir à une *histoire générale et particulière des Crustacés*; j'ai étudié, soit isolément, soit en commun avec mon ami M. Audouin, tous les points les plus importans de l'organisation de ces animaux; et afin de compléter, autant qu'il m'était possible, le catalogue des espèces indigènes, j'ai exploré avec soin diverses parties de nos côtes : plusieurs des résultats obtenus par cette investigation de la nature sont déjà connus des zoologistes, mais ces travaux préliminaires étaient loin de suffire; pour atteindre le but que je me proposais, il me fallait aussi connaître les Crustacés qui peuplent les mers éloignées, et, pour cela, je ne pouvais mieux m'adresser qu'à la riche collection du Muséum du Jardin du Roi, fruit d'une multitude de voyages lointains, et l'un des plus beaux monumens de la munificence nationale. Elle m'a été ouverte de la manière la plus généreuse par M. Audouin, professeur d'entomologie dans cet établissement; et, ce secours, je ne le dois pas seulement à l'amitié qui nous unit, car il se plaît à fournir, à tous ceux qui cherchent à approfondir une partie de la science que lui-même cultive d'une manière si distinguée, tous les matériaux de travail dont sa position lui permet de disposer. Profitant de cette circonstance heureuse, je me suis livré à une révision générale de la classification des Crustacés : j'ai examiné toutes les espèces accumulées, sans examen, depuis bien des années dans les magasins du Muséum, et je les ai distribuées dans les galeries de cet établissement d'après la méthode qui m'a paru la plus naturelle. Enfin, pendant que je me livrais à ce travail, qui n'est pas encore complétement terminé, la série déjà si belle des Crustacés du Muséum a été successivement augmentée par les nombreuses collections de M. Reynaud, aujourd'hui professeur d'anatomie à Toulon, de MM. Quoy, Gaymard et de quelques autres voyageurs, et ces naturalistes ont bien voulu mettre à ma disposition ces nouvelles richesses, service dont je les prie de recevoir le témoignage public de ma sincère reconnaissance.

Grâce à ce concours de circonstances, j'espère pouvoir compléter un traité général sur l'histoire de ces animaux, dont je me propose de figurer en totalité ou en partie presque toutes les espèces. Mais un ouvrage de ce genre est un long et pénible travail, et je vois encore trop de points qui nécessitent des recherches approfondies pour que je puisse songer à en commencer déjà la publication. Mes projets ne pourront, par conséquent, recevoir leur exécution qu'à une époque plus ou moins éloignée, et j'ai pensé qu'en attendant il ne serait pas inutile de donner au public, sous la forme d'un manuel, un résumé de mon travail : cela aura pour moi l'avantage d'appeler, en temps utile, la critique des naturalistes sur les innovations que je propose, et peut-être aussi de fixer l'attention des observateurs sur quelques points obscurs de la science, et de provoquer des recherches dont plus tard je profiterai à mon tour.

Pour donner à ce *Prodrome* le genre d'utilité que je viens de signaler, il m'a fallu, tout en me restreignant dans des limites très-étroites, le rendre aussi complet que possible, et en faire, non pas un *genera* seulement, mais un *species*.

Dans la première partie, je traite de l'anatomie et de la physiologie des Crustacés ; on y trouvera l'exposé succinct de toutes les recherches les plus récentes sur l'organisation de ces animaux, ainsi que les résultats de plusieurs travaux encore inédits sur le même sujet.

Dans le second livre, je m'occupe de la partie méthodologique de l'histoire des Crustacés ; je décris les genres et les espèces, en me restreignant toutefois aux caractères les plus saillans de celle-ci ; dans cette énumération, j'ai cherché à n'omettre aucune espèce déjà publiée avec assez de détails pour être reconnaissable ; et, afin de faciliter les déterminations, j'ai cherché aussi à combiner les avantages des classifications artificielles à celles que présentent les méthodes naturelles. Dans cette vue, j'ai présenté, sous la forme de tableaux synoptiques, les caractères comparatifs à l'aide desquels on peut, dans l'état actuel de la science, reconnaître tous les genres dont se compose cette classe d'animaux articulés : j'ai établi, dans les groupes génériques un peu nombreux en espèces, des divisions et des subdivisions ; enfin, dans la description des espèces, j'ai indiqué en *lettres italiques* les caractères comparatifs qui suffisent pour la distinction de toutes celles actuellement connues. Je n'attache à ces tableaux d'autre importance que celle d'une utilité pratique ; et, à mesure que l'on découvrira de nouvelles espèces, il faudra nécessairement les modifier ; mais l'expérience m'a appris qu'elles facilitent considérablement le travail des déterminations.

Afin de rendre plus facile la comparaison des phrases caractéristiques des espèces, j'ai rejeté en notes les synonymies, innovation qui ne me semble avoir aucun inconvénient. Enfin, j'ai eu soin d'indiquer par les lettres (C. M.) toutes les espèces qui existent au Muséum d'histoire naturelle, où l'on pourra les trouver rangées dans le même ordre que dans ce traité.

Dans les planches qui accompagnent cet ouvrage, j'ai représenté quelques types qui pourront servir de points de comparaison ; et, afin de les rendre aussi utiles que possible, je me suis attaché à ne figurer surtout que des espèces qui jusqu'alors ne l'avaient pas été, et à multiplier les détails de parties caractéristiques. Je regrette que la nature de la collection, dont ce résumé fait partie, ne m'ait point permis d'en augmenter le nombre.

HISTOIRE NATURELLE

DES

CRUSTACÉS.

PREMIÈRE PARTIE.

ANATOMIE ET PHYSIOLOGIE.

CHAPITRE PREMIER.

CONSIDÉRATIONS GÉNÉRALES. — TÉGUMENS. — SQUELETTE
TÉGUMENTAIRE.

§ Ier. *Considérations générales.*

Les animaux que les naturalistes désignent sous
le nom de Crustacés sont tous ceux qui présentent
les mêmes caractères généraux d'organisation que
les Crabes ou les Écrevisses, et qui forment un groupe
naturel dont ceux-ci constituent le type. L'absence
d'un système nerveux cérébro-spinal, et d'un squelette intérieur, les place à une distance considérable
des Mammifères, des Oiseaux, et des autres animaux
vertébrés; sous ce rapport, les Crustacés ne diffèrent
pas des Mollusques, des Insectes des Zoophytes, etc.,

mais il suffit d'un examen superficiel pour ne pas les confondre avec eux. Leur corps, entouré par une sorte de squelette extérieur, se compose d'un certain nombre de segmens ou d'anneaux placés bout à bout, et présente toujours une double série de membres articulés ; une disposition semblable ne se rencontre que chez les Insectes, les Arachnides ou les Myriapodes, et caractérise, dès le premier abord, la grande division du règne animal qui renferme ces divers animaux, que l'on appelle Condylopes (1). Enfin les Insectes, les Myriapodes et les Arachnides, s'éloignent à leur tour des Crustacés par la nature de leur appareil respiratoire ; ils sont constitués pour vivre dans l'air, et les organes destinés à agir sur ce fluide ont la forme de canaux rameux qui se distribuent dans toutes les parties du corps, et qui portent l'oxigène jusque dans le tissu des viscères les plus éloignés de la surface du corps, ou bien celle de petites poches pulmonaires. Les Crustacés, au contraire, sont presque tous essentiellement aquatiques, et ils ne présentent jamais ni trachées, ni poumons ; leurs organes respiratoires, au lieu d'avoir la forme de cavités internes, sont toujours en relief ; et à moins qu'il n'y ait pas d'appareil spécial destiné à agir sur l'oxigène, et que la surface générale du corps n'en remplisse les fonctions, ces organes consistent en branchies plus ou moins nombreuses. Ces animaux ne présentent aussi aucun instrument de locomotion aérienne, ils sont toujours dépourvus d'ailes, et leurs pates ambulatoires sont presque toujours au nombre de cinq ou de

____

(1) Pieds à jointures ; Latreille, *Familles naturelles*, page 248.

sept paires; leur tête est, à un petit nombre d'exceptions près, munie d'appendices nommés antennes; leur
sang circule dans des vaisseaux plus ou moins complets, et est mis en mouvement par un cœur artériel;
les sexes sont séparés, et les organes de la génération sont doubles; enfin, la reproduction s'effectue au
moyen d'œufs qui éclosent après la ponte, et les
jeunes qui en sortent ont, en général, la forme
qu'ils doivent, à quelques modifications près, conserver pendant toute la durée de leur existence;
mais quelquefois ils subissent des changemens des
plus remarquables.

Les Crustacés, comme on a pu le voir d'après le
peu de mots que nous venons d'en dire, ressemblent
aux Poissons par leur manière de vivre et par la nature de leur appareil respiratoire; mais, sous tous les
autres rapports, ils se rapprochent bien davantage
des Insectes; aussi, dans les classifications naturelles
où la place assignée à chaque être est destinée à faire
connaître les caractères les plus importans de son organisation, et à indiquer les divers degrés d'affinité
qui l'unissent à tous les autres animaux; dans ces classifications, dis-je, ce n'est pas à côté des Poissons
que l'on range les Crustacés, mais bien auprès des
Insectes, des Arachnides et des Myriapodes, dans le
groupe des ANIMAUX ARTICULÉS.

Les divers actes dont se compose la vie des
Crustacés et de tous les autres animaux peuvent être
rapportés à trois grandes divisions; les uns ont pour
but la conservation de l'espèce, ou la génération;
d'autres constituent les fonctions de nutrition à l'aide
desquelles l'individu assimile à sa substance les corps
étrangers nécessaires à l'entretien de sa vie, et

rejette au dehors les particules que ceux-ci viennent remplacer; enfin, il est aussi d'autres fonctions qui ne se lient d'une manière directe ni à la reproduction, ni à la nutrition, et qui servent seulement à établir des rapports entre l'animal et tout ce qui l'entoure. Ce dernier ordre de phénomènes, qui appartient exclusivement au règne animal, constitue ce que les physiologistes appellent la vie sensitive ou les fonctions de relation; les premiers, que l'on retrouve aussi dans le règne végétal, ont été désignés sous le nom collectif de vie végétative. Il n'existe pas toujours une ligne de démarcation bien tranchée entre ces diverses fonctions et tel acte ou telle faculté : ainsi l'organe qui en est le siége peut tour à tour servir à chacune d'elles; mais cette classification des phénomènes vitaux permet d'introduire dans les études physiologiques et anatomiques une méthode qui, lorsqu'on n'y attache pas trop d'importance, est réellement utile; aussi l'adopterons-nous dans la description que nous allons donner de la structure des Crustacés et du jeu de leurs organes. Seulement, nous croyons utile de présenter d'abord quelques considérations sur la forme extérieure de ces animaux et sur leur squelette tégumentaire, appareil dont les usages se rattachent plus ou moins intimement à presque toutes les fonctions.

§ II. *Des tégumens.*

Chez les êtres dont la structure est la plus simple, la texture de la surface extérieure du corps ne paraît pas différer de celle des autres parties qui le constituent; leur composition est partout homogène, et, l'identité de l'organisation entraînant un mode d'action semblable, l'économie intérieure de ces animaux peut être comparée à un atelier où chaque ouvrier serait employé à l'exécution de travaux semblables, et où, par conséquent, leur nombre influerait sur la somme, mais non sur la nature des produits ; chacune des parties de leur corps concourant à l'entretien de la vie, à la manière de toutes les autres, la perte de l'une d'elles n'entraîne la cessation d'aucun des résultats produits par l'ensemble de toutes ; la vie générale de l'individu ne se compose que d'un nombre plus ou moins grand de séries semblables de phénomènes plus ou moins variés ; aussi l'expérience a-t-elle démontré qu'en divisant un de ces êtres on ne change point sa manière d'agir, et que chaque fragment de son corps continue de vivre comme auparavant.

Les polypes d'eau douce, devenus célèbres par les expériences de Trembley et de quelques autres physiologistes, nous offrent des exemples de ce mode de structure homogène ; mais à mesure que l'on s'élève dans l'échelle des êtres, on voit l'organisation se compliquer davantage : le corps de chaque être se compose de parties de plus en plus dissemblables entre elles, tant par leurs formes et leur structure que par les fonctions dont elles sont le siége, et la vie de l'individu résulte de l'ensemble d'élémens hétérogènes tous plus ou moins dépendans les uns des autres. C'est d'abord le même organe qui sent, qui se meut, qui respire, qui absorbe du dehors les substances nutritives, et qui assure la conservation de l'espèce ; mais peu à peu les diverses fonctions ont chacune des instrumens qui leur sont propres, et les divers actes dont elles se composent s'exécutent dans des parties distinctes. En un mot, le principe suivi par la nature dans le perfectionnement des êtres est le même que celui si bien développé par les économistes modernes, et, dans ses œuvres aussi bien que dans les produits de l'art, on voit les avantages immenses qui résultent de la division du travail (1).

La surface extérieure du corps, de même que les parties situées plus profondément, présentent une série de modifications dont la clef nous est fournie par le principe dont nous venons de parler. Ainsi que nous l'avons déjà dit, elle est d'abord semblable au reste du parenchyme, mais bientôt elle acquiert des propriétés différentes et constitue une membrane distincte dont la face interne donne attache à tous les organes actifs de la locomotion, et dont la superficie est le siége des sens, de la respiration et de plusieurs autres fonctions.

Dans les classes plus élevées, la faculté de percevoir la lumière se localise davantage et devient en même temps plus parfaite, la respiration devient aussi l'apanage d'une partie spéciale de l'appareil tégumentaire ; il en est de même pour les sens de l'ouïe et de l'odorat ; mais l'enveloppe générale sert encore comme organe du mouvement et du tact, en même temps qu'elle détermine la forme du corps et protége les organes internes de l'influence nuisible des agens extérieurs. Enfin, vers le sommet de la série des animaux, cette division du travail est portée encore plus loin ; un système particulier, destiné spécialement à la défense des parties molles aussi bien qu'aux

---

(1) Voyez les articles *organisation*, *nerfs*, etc., du Dictionnaire classique d'histoire naturelle, et nos Élémens de Zoologie, où nous avons développé ce principe.

fonctions locomotrices, se montre dans l'économie, et la membrane tégumentaire, au lieu de servir à des usages si divers, n'est plus appelée qu'à agir comme organe du tact, à s'opposer à l'évaporation des liquides renfermés dans le corps et à remplir un petit nombre d'autres fonctions.

Les Crustacés occupent pour ainsi dire le milieu de cette chaîne. Chez les uns, l'enveloppe générale du corps sert à en déterminer la forme, à en protéger les parties intérieures, et à fournir aux muscles de locomotion des leviers et des points d'appuis, en même temps qu'elle remplit les fonctions d'organe de respiration et du tact; chez d'autres, des organes spéciaux sont chargés de l'absorption de l'oxigène et de l'exhalation de l'acide carbonique, ou, en d'autres mots, des actes respiratoires, et on trouve dans l'intérieur du corps certaines parties solides auxquelles viennent se fixer les muscles de la locomotion; mais ces organes ne sont que des dépendances de l'appareil tégumentaire, et c'est lui qui remplit encore toutes les fonctions dont le squelette intérieur devient le siége chez les animaux vertébrés.

La nature de l'enveloppe extérieure des Crustacés est, comme on le pense bien, en rapport avec les usages qu'elle est appelée à remplir; devant déterminer la forme du corps, protéger les organes intérieurs et fournir des points d'attache, ainsi que des leviers, aux muscles de la locomotion, sa consistance est nécessairement toujours assez grande. Mais, d'un autre côté, lorsque la respiration n'est pas encore localisée, et s'exécute par tous les points de la superficie du corps, trop d'épaisseur et de dureté dans les tégumens s'opposeraient à l'exercice de cette fonction; aussi, dans les Crustacés qui ne sont pas pourvus d'organes respiratoires spéciaux, tels que les Phyllosomes et les Mysis, la peau est-elle seulement semi-cornée, tandis que dans les espèces dont l'appareil branchial est très-développé, comme les Crabes et les Écrevisses, elle s'encroûte de matière calcaire et constitue un test d'une solidité remarquable qu'on peut comparer aux os des animaux supérieurs.

Pour se former une idée exacte de la composition anatomique de ces tégumens, il faut les étudier d'abord à l'époque de la mue sur des individus qui sont sur le point de se dépouiller de leur enveloppe extérieure. On voit alors que la peau de ces animaux se compose de trois couches membraneuses principales. La plus profonde ressemble aux tuniques séreuses des animaux supérieurs; dans certaines parties du corps, dans les membres par exemple, elle est à peine visible; mais autour des grandes cavités du tronc, elle constitue une membrane bien distincte et se continue sur tous les viscères de manière à former autour de chacun d'eux une gaîne particulière, en même temps qu'elle leur fournit une enveloppe commune. La face interne de cette tunique mince et transparente est libre et lisse, mais sa face externe est au contraire unie à la couche tégumentaire moyenne. Cette dernière membrane est molle, plus ou moins spongieuse, en général assez épaisse et très-vasculaire; sa surface est ordinairement colorée et on pourrait la comparer au *Chorion* ou *Derme*. Enfin, la couche la plus externe est formée par une membrane mince, mais dense et consistante, qui ne présente pas de ramifications vasculaires; elle enveloppe le corps de toute part et forme dans divers endroits des replis qui pénétrent

plus ou moins profondément entre les organes intérieurs.

Cette tunique superficielle se trouve, entre le chorion et la carapace, prête à tomber, et elle est évidemment sécrétée par la première de ces enveloppes, car
à toute autre époque qu'à celle de la mue on n'en voit
aucune trace; et en effet c'est elle qui doit former le
nouveau test. Bientôt après la chute de l'ancienne
carapace, on la voit acquérir une consistance plus
grande : dans certaines espèces elle reste toujours dans
un état semi-corné; mais dans d'autres elle s'épaissit
davantage et s'encroûte de particules calcaires, de façon à devenir très-solide et très-dure. Lorsqu'on l'examine là où elle a déjà pris cette consistance osseuse,
on voit que son épaisseur est assez grande, et que sa
surface interne est revêtue d'une couche mince de tissu
cellulaire membraneux; dans une partie de son épaisseur, et à sa face externe, elle est en général plus ou
moins colorée; enfin, on y remarque souvent des prolongemens piliformes, qu'au premier abord on prendrait pour des poils semblables à ceux des Mammifères, mais qui en diffèrent entièrement par leur
structure, et qui ne sont autre chose que des appendices de cette tunique épidermoïde.

La nature chimique de ce squelette tégumentaire
varie suivant qu'il présente une consistance semi-cornée ou osseuse. Dans le premier cas, cette tunique est
composée presque en entier d'albumine et d'une substance particulière, nommée *chitine*, qui forme également la base des parties dures des Insectes; dans le
second, on y trouve aussi beaucoup de carbonate et
de phosphate de chaux, etc., sels qui entrent aussi

dans la composition des os formant le squelette intérieur des animaux vertébrés (1).

---

(1) Pendant long-temps on croyait que l'enveloppe tégumentaire
des Insectes était fournie par une substance analogue à la corne ; et
en effet, d'après l'analyse qui en avait été faite par Hachette, elle
paraissait être composée principalement d'albumine modifiée ; mais
M A. Odier a fait voir, il y a quelques années, qu'il existait dans
ces tuniques une substance particulière qui paraît en former la base,
et qui possède des propriétés toutes différentes de celles de la corne.
Il l'a nommée *chitine*, et en a constaté la présence dans le test des
Crustacés. (*Mém. de la Soc. d'hist. nat. de Paris*, t. 1.)
Ayant également soumis le test des Crustacés à un examen chimique, je me suis assuré qu'effectivement il y existe une matière
particulière que les alcalis ne dissolvent pas, et qui jouit de la plupart
des propriétés indiquées par M. Odier, comme étant caractéristiques
de la chitine. Elle constitue en quelque sorte la charpente de la membrane tégumentaire externe; car celle-ci conserve sa forme lorsqu'elle
a été dépouillée de toute autre substance ; mais cependant sa proportion est souvent assez faible. Dans la carapace du *Carcin menade*, par
exemple, j'ai trouvé environ 11 pour 100 de chitine, 18 d'eau, 63 de
sels mêlés à un peu de matière animale soluble à froid dans l'acide
hydrochlorique faible, et environ 8 d'albumine. Dans les segmens
dorsaux des anneaux abdominaux du même animal, j'ai trouvé
20 pour 100 de chitine et 54 de matières salines. Dans la carapace du
Homard, M. Chevreuil a trouvé : eau et matière organique, 44, 76 ;
sels, 55, 24 pour 100 ; et dans celle du tourteau, seulement 28, 60
de matière animale et d'eau pour 77, 40 de sels.
D'après le même chimiste, ces sels sont principalement du carbonate de chaux ; voici les résultats de son analyse faite sur 100
parties de test.

	Carapace de Homard.	Carapace de Tourteau.
Carbonate de chaux.	47,26.	62,80
Phosphate de chaux.	5,22.	6,00
Phosphate de magnésie et de fer.	1,20.	1,00
Chlorure de sodium et sels de soude	1,50.	1,60

Parmi les sels de soude, il a parfaitement bien reconnu une petite
quantité d'hydriodate, tandis que l'Écrevisse de rivière n'en a présenté aucune trace; différence remarquable en ce qu'elle tend à
montrer l'influence que la nature du lieu habité par ces animaux
exerce sur la composition chimique de leur enveloppe tégumentaire.
(Voyez *Troisième mémoire sur une colonne vertébrale et ses côtes dans les
Insectes apiropodes*, par M. Geoffroy-Saint-Hilaire. Journal complémentaire du Dictionnaire des sciences médicales, avril 1820.)

Les couleurs qu'offrent ces parties sont souvent très-remarquables et dépendent de l'existence d'un pigment de nature particulière qui paraît avoir beaucoup d'analogie avec la matière colorante des pates des Pigeons et du bec des Oies ; elle est soluble dans l'alcool et dans l'éther ; quelquefois elle est rouge, mais le plus ordinairement elle est brune ou verdâtre, et alors elle passe au rouge à une température d'environ 70°, ainsi que par l'action des acides ou même de l'alcool (1). Du reste, sa nature paraît varier suivant les espèces, car il est des Crustacés dont la couleur ne change point par la cuisson. Cette matière colorante est sécrétée par le derme, et s'y montre souvent avec une teinte différente de celle qu'elle présente dans le test, dans la couche superficielle de laquelle on la trouve en plus grande abondance que partout ailleurs.

En général la face dorsale du corps des Crustacés est la seule colorée ; en dessous, leur test est ordinairement blanchâtre ; mais quelquefois cependant on ne remarque à cet égard aucune différence.

La lumière et le climat paraissent exercer une influence sur la vivacité des couleurs que présente l'enveloppe tégumentaire de ces animaux, et même sur la nature de leurs teintes. Ce sont les espèces propres aux pays chauds qui offrent les nuances les plus variées et les plus brillantes, et nous avons cru remarquer qu'il y a des différences analogues entre les individus d'une même espèce, suivant la latitude ou les localités qu'ils habitent (2).

---

(1) Voyez à ce sujet les recherches de M. Lasseigne, *Journal de Pharmacie*, t. 6, p. 174.

(2) Ce qui a d'abord appelé notre attention sur ce sujet, est la

Enfin lorsqu'on fait bouillir dans une dissolution alcaline une carapace de Crabe préalablement dépouillée des sels dont sa substance était encroûtée, on voit qu'elle se compose de trois couches bien distinctes, dont la moyenne est de beaucoup la plus épaisse, et dont l'externe paraît contenir la majeure partie de la matière colorante.

Le système tégumentaire des Crustacés constitue la charpente du corps de ces animaux et peut, ainsi que nous l'avons déjà dit, être regardé comme une espèce de squelette extérieur ; mais il n'est pas également dur et épais dans tous ses points et présente toujours une série de parties alternativement solides et flexibles. Il en est de même pour les Insectes, les Arachnides, etc., et l'on comprend facilement la nécessité de cette disposition au défaut de laquelle tout mouvement aurait été impossible. La différence entre ces parties molles et dures de la peau est en général très-grande, et les dernières forment toujours des pièces assez bien circonscrites qui sont unies entre elles soit par soudure, soit par l'intermédiaire d'une portion de peau qui a conservé sa souplesse primitive. Leur étude semble au premier abord extrêmement difficile à cause de leur nombre et de leur diversité ; mais en la rendant comparative et en y appliquant les principes suivis par M. Audouin, dans l'examen

---

différence de couleurs que nous avons remarquée dans les Ériphies front épineux que nous avions observées sur les côtes de la Bretagne, et celles que nous avions recueillies dans la baie de Naples ; les premières étaient toutes d'une teinte olivâtre, tandis que les dernières étaient d'une couleur tirant sur le rouge. En général, il y a aussi beaucoup de différence pour la vivacité des couleurs entre les Cloportes qui vivent sur les toits et ceux qui habitent les caves.

du thorax des Insectes et des autres animaux articulés, nous espérons en aplanir considérablement les
difficultés.

§ III. *De la composition anatomique du squelette
tégumentaire des Crustacés.*

Le corps des Crustacés, de même que celui de tous
les autres animaux articulés, se compose d'une série
de segmens homologues qui sont tous la répétition
plus ou moins exacte les uns des autres, mais qui
peuvent être plus ou moins modifiés dans leur structure, suivant que la division du travail physiologique a été portée plus loin, et que les diverses fonctions
se sont localisées davantage. Chez les Annélides et les
larves de beaucoup d'Insectes, un mode de conformation analogue se reconnaît dans la plupart des appareils de l'économie ; mais chez les Crustacés il n'est
bien évident que pour les divers systèmes appartenant
à la vie animale, tels que les systèmes nerveux,
musculaire, appendiculaire, etc.

Chaque segment du corps de ces animaux ne se
compose quelquefois que d'une portion centrale ou
tronc, qui est renfermée dans un anneau solide, mais
en général il présente aussi des parties appendicu-
laires ou membres. Un certain nombre de ces anneaux sont toujours mobiles les uns sur les autres et
parfaitement distincts entre eux , mais il n'en est pas
de même pour tous, et, si l'on se contentait d'une
étude superficielle du squelette tégumentaire, on
pourrait croire que rien n'est plus variable que le
nombre de ces anneaux, et le nombre des membres
appartenant à chacun d'eux.

En effet, si l'on examinait ainsi un Crabe ordinaire

ou une Langouste (1), on reconnaîtrait bien que la portion postérieure de leur corps se compose de cinq ou six anneaux portant chacun une paire de membres, mais on croirait certainement que toute la partie antérieure, qui est recouverte par une carapace épaisse, n'est formée que d'un seul segment dont les membres seraient en nombre extrêmement considérable. Observée d'une manière également superficielle, une Crevette (2) ne paraîtra composée que de quatoze segmens, dont l'antérieur aurait encore un grand nombre de membres, tandis que dans la Squille (3) on en distinguerait aisément quinze, dont les deux premiers n'ont chacun qu'une seule paire de membres ou appendices, tandis que le troisième en porte neuf paires.

Il en est cependant tout autrement : car ces différences apparentes ne dépendent que de la réunion d'un nombre plus ou moins considérable de segmens en un seul tronçon, et il nous paraît **facile** de démontrer que, chez les Crustacés, le même segment ne porte jamais plus d'une paire de membres. Sous ce rapport, ils s'éloignent extrêmement des insectes qui, pour la plupart, ont un ou deux segmens de leur corps pourvus chacun de deux paires de membres, les ailes et les pates.

On peut poser en principe que le nombre normal de segmens, dont le corps des Crustacés se compose, est de vingt et un ; on connaît, il est vrai, deux ou trois de ces animaux où il en existe un plus grand nombre, et souvent il n'a pas, à beaucoup près,

---

(1) *Voyez* Pl. 3, fig. 1 et 5 ; Pl. 22, fig. 1.
(2) Pl. 1, fig. 2.
(3) Pl. 1, fig. 1.

autant d'anneaux distincts ; mais dans l'immense majorité des cas, à moins qu'une portion du corps ne soit réduit à l'état rudimentaire, comme cela a lieu chez les Lœmipodes, on retrouve toujours des signes de nature à révéler l'existence de vingt et un segmens. L'étude que nous allons faire du squelette tégumentaire, dans les différens groupes de Crustacés, nous en fournira la preuve. Du reste, la soudure des anneaux entre eux est souvent facile à constater de la manière la plus irrécusable ; lorsque cette union n'est pas très-intime, elle est indiquée par des lignes, et lorsqu'on traite le squelette tégumentaire par de l'acide hydrochlorique faible pour en retirer les sels calcaires, on désunit de ces diverses pièces long-temps avant que de les avoir rendues à leur état membraneux primitif.

La Squille est, de tous les Crustacés, celui où les vingt et un segmens du corps sont les plus distincts (1). Le premier anneau, que nous appellerons l'*ophtalmique*, parce qu'il porte les pédoncules oculaires, est parfaitement séparé du second, et celui-ci est simplement articulé avec le troisième. Le troisième et le quatrième segmens sont confondus, et les anneaux suivans sont très-incomplets ; mais on peut néanmoins les séparer par la dissection. Les onze derniers sont au contraire complets et parfaitement séparés les uns des autres. Enfin tous ces anneaux, à l'exception du dernier qui est toujours privé d'appendices, portent une paire de membres dont les formes varient suivant les usages auxquels ils sont destinés.

____

(1) Pl. 1, fig. 1, et Pl. 2, fig. 1-8.

Dans les autres Crustacés , la soudure des premiers
anneaux du corps augmente de plus en plus , et quelquefois on voit une fusion analogue s'effectuer également vers l'extrémité opposée du corps. Ainsi , dans
la plupart des amphipodes, les sept premiers segmens
sont confondus en un seul tronçon , et chez quelques-
uns de ces petits Crustacés le huitième anneau ne se
distingue plus des suivans. Chez quelques Isopodes ,
plusieurs des anneaux de l'abdomen sont également
unis entre eux (1) ; et enfin , dans la plupart des Décapodes, les quatorze premiers segmens ne forment plus
qu'un seul tronçon , et, dans quelques Brachyures,
trois des anneaux de la portion postérieure du corps,
présentent une union non moins intime.

Chacun des anneaux de ce squelette paraît se com-
poser de deux moitiés latérales , semblables entre
elles ; on peut aussi y distinguer deux arceaux , l'un
supérieur et l'autre inférieur (2). Le premier résulte de
l'assemblage plus ou moins intime de quatre pièces ,
disposées par paires de chaque côté de la ligne médiane ; les pièces mitoyennes portent le nom de *tergum* , et les latérales celui de *flancs* ou d'*épimères*.
L'arceau inférieur se compose du même nombre de
pièces ; les deux médianes se réunissent pour former
le sternum , et les latérales peuvent porter le nom
d'*Épisternum,* à raison de leur analogie avec celles que
M. Audouin a désignées sous le même nom chez les In-

. (1) Pl. 1, fig. 4.
(2) *Voyez* la figure théorique de la composition de l'anneau
tégumentaire des Crustacés, Pl. 1. fig. 3 : — *t, t,* pièces tergales;
— *em, em,* pièces épimériennes ; — *es, es,* pièces épisternales; — *s, s,*
pièces sternales.

sectes (1) ; elles s'unissent toujours au sternum, mais il existe en général, entre l'arceau inférieur et l'épimère placé au-dessus, un espace vide destiné à l'articulation du membre correspondant.

Nous ne connaissons pas d'exemple d'un anneau où l'on puisse distinguer à la fois toutes les pièces que nous venons d'énumérer ; tantôt les unes manquent complétement, et il existe un vide à la place qu'elles devraient occuper (2) ; tantôt elles sont soudées entre elles d'une manière si intime, qu'on ne voit aucune trace de leur séparation ; mais, en étudiant chacune d'elles là où elle est le plus distincte, on peut s'en former une idée précise et la reconnaître ensuite malgré son union avec les pièces voisines. Du reste, quoique cette

---

(1) Dans un travail approfondi et comparatif sur *la structure du thorax des Insectes*, présenté à l'Académie des sciences le 15 mai 1820 et imprimé en partie dans les Annales des sciences naturelles, t. I, M. Audouin, après avoir déterminé quelles sont les parties constituantes d'un anneau quelconque du corps de ces animaux, et quelles sont les lois qui président à l'arrangement de ces mêmes élémens organiques, a fait d'une manière générale l'application de sa théorie au squelette tégumentaire des crustacés. Cette partie de ses recherches n'a pas encore été publiée ; mais, d'après le rapport de M. Cuvier, on voit qu'il pose en principe que les pièces constituantes du squelette des Crustacés se retrouvent toutes dans les Insectes, mais que ces derniers ont de plus des pièces que les premiers ne présentent pas ; il est même arrivé à cette conclusion générale, que *ce n'est que de l'acroissement semblable ou dissemblable des segmens, de la réunion ou de la division des pièces qui les composent, du maximum de développement des uns, de l'état rudimentaire des autres, que dépendent toutes les différences qui se remarquent dans la série des animaux articulés.* (Annales des sciences naturelles, t. I, p. 116.) Il n'est pas de notre sujet de démontrer ici l'analogie de structure qui existe entre le squelette extérieur des Crustacés et celui des Insectes ; mais l'étude comparative que nous allons faire de cet appareil dans les premiers fournit un grand nombre de faits à l'appui de ce corollaire.

(2) Pl. 3, fig. 3, et Pl. 23, fig. 3.

analyse de l'anneau ne soit pas toujours praticable, il n'en est pas moins vrai qu'elle facilite beaucoup l'étude du squelette extérieur des animaux articulés, et qu'elle nous permettra souvent de constater des analogies frappantes dans ce qui semblait au premier abord n'offrir que des dissemblances.

Pour terminer l'énumération des parties constituantes des anneaux tégumentaires des Crustacés, il nous reste encore à parler des lames que l'on voit souvent s'élever de leur face interne et former dans leur intérieur des cellules et des canaux. Ces cloisons naissent toujours des points de soudure de deux anneaux, ou de deux pièces voisines d'un même segment, et cette disposition leur a valu le nom d'*apodèmes* (Audouin). Elles résultent d'un repli de la membrane tégumentaire qui plonge plus ou moins profondément entre les organes et qui s'encroûte de matière calcaire comme le reste du test; aussi sont-elles toujours formées de deux lames adossées et soudées entre elles (1).

§ IV. *De la portion centrale ou annulaire du squelette tégumentaire.*

Voyons maintenant quelles sont les principales modifications que subit l'anneau tégumentaire du Crustacé, soit dans les espèces différentes, soit dans les diverses parties du corps d'un même individu.

On distingue en général chez ces animaux une *tête*, un *thorax*, et un *abdomen* (2); mais les limites de ces

---

(1) Voyez la figure théorique des apodèmes, Pl. 1, fig. 6; et leur disposition chez le Maïa squinado, Pl. 2, fig. 9-11; et chez la Langouste, Pl. 23, fig. 3.

(2) Quelquefois on désigne cette dernière partie du corps sous le

régions ne sont pas toujours bien fixées par la nature, et il ne convient pas d'attacher à ces distinctions une trop grande importance, car elles ne correspondent pas, comme chez les Mammifères, les Oiseaux, etc., à autant de cavités distinctes, destinées à loger des organes différens ; l'intérieur du corps des Crustacés n'est occupé que par une seule grande cavité viscérale, et les organes qui s'y trouvent s'étendent ordinairement dans toute sa longueur. Quoi qu'il en soit, la tête est la partie du corps qui porte les yeux, les antennes et la bouche (1) ; le thorax est celle qui donne naissance aux pates ambulatoires et qui renferme la plus grande portion des viscères (2) : il est souvent confondu avec la tête (3) et ne se distingue quelquefois de l'abdomen que par la position des organes générateurs qui chez le mâle en occupent ordinairement le dernier segment. Enfin, l'abdomen fait suite au thorax pour se terminer par l'anneau qui porte l'anus (4) ; cette partie du corps est aussi, dans la plupart des cas, pourvue de membres comme le thorax, mais leur forme est presque toujours très-différente.

---

nom de *queue*, mais c'est à tort ; car on ne doit appeler ainsi que les prolongemens qui naissent en arrière de l'anus. Guidés par la situation des principaux viscères, quelques auteurs ont donné le nom d'abdomen au thorax, et de post-abdomen à ce que nous appelons abdomen ; mais, d'après ces principes, il faudrait considérer aussi la tête comme un pré-abdomen ; car elle loge les mêmes viscères que le thorax et l'abdomen. Du reste, peu importe les dénominations employées, pourvu que l'on ne perde jamais de vue que les limites de ces diverses parties ne sont pas constantes, et que des anneaux qui appartiennent au thorax de telle espèce peuvent entrer dans la composition de la tête de telle autre, *et vice versa.*

(1) Pl. 1, fig. 2, *a.*
(2) Pl. 2, fig. 2, b — *h.*
(3) Pl. 3, fig. 1 et 2.
(4) Pl. 1, fig. 1, *f, h* ; fig. 2, *i, o* ; Pl. 3, fig. 2, *k,* et fig. 5 et 6.

D'après ce que nous avons dit au commencement de ce chapitre, relativement à la marche suivie par la nature dans le perfectionnement des êtres, on pourrait s'attendre à trouver, à l'extrémité inférieure de la série formée par les animaux dont nous nous occupons ici, des espèces dont tous les anneaux constituans du corps seraient semblables entre eux, tant par leur forme et leur structure que par leurs fonctions; puis à les voir devenir de plus en plus disparates, et servir chacun à des usages particuliers. C'est, en effet, la tendance que l'on remarque lorsqu'on compare entre eux les divers Crustacés; mais ces animaux ne nous offrent d'exemple, ni de cette extrême uniformité, ni de ce maximum de complication.

Les Edriophthalmes sont du nombre de ceux dont les divers anneaux du corps, en même temps que leur volume et leur texture nous permettent de les étudier facilement, présentent le plus de similitude et de simplicité. Si l'on examine certaines espèces de Crevettes (1), on voit à l'extrémité antérieure du corps une tête que l'analogie nous porte à regarder comme étant formée de plusieurs anneaux soudés et confondus en un seul tronçon, puis une série de quatorze segmens, articulés bout à bout de manière à pouvoir exécuter certains mouvemens, assez semblables entre eux, et portant tous, à l'exception du dernier, qui est rudimentaire, une paire de membres. Les sept anneaux qui suivent la tête constituent ici le thorax, et les sept derniers l'abdomen; tous sont étroits d'avant en arrière, un peu comprimés latéralement, et formés

____

(1) Pl. 1, fig. 2.

d'un arceau supérieur et d'un arceau inférieur séparés par l'insertion des membres. L'arceau ventral est peu développé, et ne montre aucune trace de division ; mais le dorsal est plus grand, et on y distingue, en général, trois pièces, l'une médiane formée par la réunion des deux pièces tergales, et deux latérales qui constituent des espèces de lames clypéiformes, et ne sont autre chose que les épimères(1). Enfin, à l'intérieur, ces anneaux ont une structure aussi simple qu'à l'extérieur, et ne présentent aucune trace d'apodèmes. Quant à la tête, elle ne constitue qu'un seul tronçon et ne laisse apercevoir aucune trace de division ; mais néanmoins on doit, ainsi que nous espérons le démontrer plus tard, la considérer comme composée de sept anneaux confondus entre eux, de manière à n'être reconnaissables que par les membres qui en naissent.

Dans tous les autres Édriophthalmes la structure de l'enveloppe tégumentaire du corps est essentiellement la même que chez les Crevettes ; les divers anneaux qui la composent présentent la même uniformité et autant de simplicité ; mais leur nombre apparent et leur forme varient un peu. Ainsi, chez la plupart d'entre eux le septième segment de l'abdomen disparaît et semble manquer plutôt que d'être confondu avec l'anneau précédent. Chez un grand nombre d'Isopodes ce sixième anneau abdominal prend un grand développement, et ceux qui sont situés au devant se soudent entre eux, de façon à ne paraître constituer que trois, deux ou même un seul segment (2) ; chez les Læ-

---

(1) Pl. 1, fig. 2, *b*, tergum, et *b'* flanc.
(2) Pl. 1, fig. 4.

mipodes tous les anneaux de l'abdomen deviennent rudimentaires et ne forment plus qu'une espèce de tubercule, tandis que les six derniers segmens thoraciques sont grands, semblables entre eux et bien distincts; mais l'anneau qui chez la plupart des Amphipodes et des Isopodes s'articulait avec la tête, se soude ici complétement avec elle et ne peut plus en être distingué. Chez quelques Isopodes et Amphipodes on ne trouve aussi que six anneaux thoraciques distincts; et la tête, qu'on peut regarder alors comme étant formée par les huit premiers anneaux, porte tous les membres qui leur correspondent. Enfin il est des Cyclopes et quelques autres Crustacés où cette fusion est portée encore plus loin, et où le thorax ne semble être formé que de cinq, quatre ou même trois tronçons, tous les anneaux qui les précèdent étant confondus dans la tête ou unis entre eux.

Quant à la forme et la structure des anneaux, ces divers Crustacés ne présentent rien de très-remarquable; chez les Læmipodes, toutes les pièces qui les composent sont confondues au point de ne pouvoir être distinguées, et chaque segment a la forme d'un cylindre; chez les Isopodes et les Amphipodes le corps est tantôt déprimé, tantôt aplati latéralement, et les anneaux qui en forment la partie abdominale laissent apercevoir seulement des traces de l'union des deux arceaux dont ils sont composés, tandis que dans les anneaux thoraciques on distingue aussi le tergum des épimères.

Enfin nous ajouterons que dans certaines espèces d'Amphipodes les deux moitiés latérales du septième anneau abdominal ne se réunissent pas sur la ligne médiane comme dans les autres segmens du corps, et qu'il prend alors la forme de deux petites lames cornées ou de deux appendices styliformes, disposition très-curieuse en ce qu'elle offre un exemple frappant de la division d'un anneau en deux moitiés symétriques et latérales (1).

Telles sont les principales modifications de l'enveloppe tégumentaire du corps dans les Crustacés où elle présente en même temps le plus de simplicité et d'uniformité. Si nous allons maintenant à l'extrémité opposée de la série formée par ces animaux, nous rencontrerons une disposition toute différente, et au premier abord on pourra croire que le squelette tégumentaire des espèces les plus élevées est composé d'élémens tout autres que ceux que nous venons de signaler ; mais une étude plus approfondie de ces parties conduit à l'opinion contraire, et montre que les principales différences dépendent du développement excessif de quelques-unes de ces pièces, tandis que d'autres sont devenues rudimentaires.

Dans les Crâbes, par exemple, le corps, au lieu d'être formé par une longue série d'anneaux assez semblables entre eux, mais bien distincts et articulés bout à bout, ne paraît composé, presqu'en entier, que d'une seule masse céphalo-thoracique, recouverte d'une grande voûte qui descend jusqu'à la base des pates, et qui constitue une espèce de carapace (2); l'abdomen est encore divisé en segmens, comme chez les Édriophthalmes (3), tandis qu'au premier abord le reste

---

(1) Cela se voit dans la Crevette d'Othon E, la Crevette locuste L, etc. ; mais, dans la plupart des Amphipodes, ces rudimens des septièmes segmens abdominaux manquent complétement. (*Voy.* Pl. 1, fig. 5.)

(2) Pl. 3, fig. 1.

(3) Pl. 3, fig. 5.

du corps ne semble former qu'un seul tronçon ; mais, si on l'examine avec plus de soin, on s'aperçoit que ces différences sont moins grandes qu'on ne l'avait pensé, car au-dessous de cette enveloppe clypéiforme on distingue une série d'anneaux thoraciques, à la vérité soudés entre eux, mais néanmoins bien distincts et visibles à la face inférieure des corps (1). Ces anneaux sont en grande partie recouverts par la carapace, et leur paroi supérieure est complétée par elle au lieu d'être fermée par le tergum qui viendrait se souder aux bords supérieurs des épimères, comme cela a lieu dans l'abdomen de ces animaux et dans toutes les parties du corps chez les Édriophthalmes (2).

Lorsqu'on étudie d'une manière comparative le squelette extérieur des Crustacés, on doit donc se demander si ce grand bouclier dorsal, dont on n'aperçoit aucune trace chez les Amphipodes, les Isopodes, etc., est un organe particulier aux Décapodes et à quelques autres Crustacés, et une création toute nouvelle, ou bien si les pièces dont il est formé existent, mais moins développée chez tous les animaux de cette classe ; et, dans ce dernier cas, on devra chercher si la carapace est le résultat de la soudure et de l'extension latérale des pièces dorsales de tous les anneaux qu'elle recouvre, ou si elle n'est composée que de l'arceau supérieur des anneaux céphaliques, qui aurait acquis un développement extraordinaire, et se serait prolongé jusqu'à l'origine de l'abdomen.

D'après l'étude des Crabes et des autres Décapodes, il serait peut-être impossible d'arriver avec quelque

---

(1) Pl. 3, fig. 2 *j*.
(2) Pl. 3, fig. 3.

certitude à la solution de cette question ; mais l'examen comparatif de quelques autres Crustacés nous
paraît y conduire.

En effet, chez les Nébalies et les Apus, par exemple, on voit aussi un grand bouclier dorsal qui recouvre toute la partie antérieure et moyenne du corps,
de manière à confondre la tête avec le thorax ; mais
ici, bien que la carapace s'étende sur les anneaux thoraciques, ceux-ci n'en sont pas moins parfaitement
distincts d'elle et clos en dessus comme chez les Édriophthalmes, etc. L'existence de cette grande lame clypéiforme est entièrement indépendante de celle des
segmens qui composent le thorax, et elle n'est évidemment qu'un prolongement de la partie dorsale de la
tête.

Dans les Alimes et les Erichthes, la carapace recouvre aussi la presque totalité du thorax; mais elle se soude
avec les anneaux thoraciques antérieurs, de manière à
compléter supérieurement leurs parois, et les trois
derniers segmens seulement conservent leur intégrité et
leur indépendance. Dans le genre Mysis, cette union du
bouclier céphalique avec le thorax est portée encore
plus loin, et il n'existe plus dans cette dernière partie
du corps que deux anneaux qui en soient distincts. Enfin, chez les Décapodes, le développement de la carapace est tel que la voûte qu'elle forme recouvre tout le
thorax, descend en dehors des flancs de manière à l'emboîter complétement, et tient lieu de parois supérieures à tous les anneaux dont cette partie du corps se
compose.

D'après cet examen comparatif de la carapace chez
les Apus, les Nébalies, les Stomapodes et les Décapodes, on peut donc conclure que ce grand bouclier

sillons qui occupent leur point de jonction (1). Les deux pièces latérales sont très-développées, et se réunissent sur la ligne médiane dans la moitié postérieure de la carapace, tandis qu'antérieurement elles sont séparées par le tergum. Enfin, à sa partie antérieure et inférieure, la carapace est complétée par les arceaux inférieurs des divers anneaux qui constituent la portion céphalique du corps; mais en général ces pièces sont rudimentaires et entièrement confondues entre elles.

Chez d'autres Décapodes de la famille des Brachyures, la disposition qui est transitoire dans l'Écrevisse, devient permanente, et la carapace reste toujours formée de trois pièces distinctes; mais, chez tous ces Crustacés, les épimères sont très-peu développées, tandis que le tergum prend une extension énorme (2); il s'étend jusqu'à l'abdomen, recouvre les épimères dans toute leur longueur, et constitue la presque totalité de la carapace. On peut même dire que les principales différences qu'on rencontre dans la forme et la disposition de ce grand bouclier dorsal chez les Brachyures et les Macroures, dépendent des variations dans la grandeur relative de ces trois pièces constituantes.

En étudiant ainsi la carapace, dans son ensemble, aussi bien que dans ses élémens, on parvient à rapporter aux règles de l'organisation normale des Crustacés, non-seulement les dernières modifications

____

(1) Pl. 1, fig. 8, carapace d'Écrevisse : *a*, pièce tergale ; — *b*, épimère.

(2) Pl. 1, fig. 9, carapace d'un Atélécycle : *a*, pièce tergale ; — *b*, *b*, pièces épimériennes ; — *c*, arceau inférieur des premiers anneaux céphaliques unis en avant et sur les côtés avec la carapace.

plus ou moins remarquables dont nous venons de parler, mais aussi la structure en apparence si bizarre de certains Entomostracés dont tout le corps est renfermé dans une espèce de coquille bivalve. Chez les Daphnies, par exemple, la portion occipitale de la tête, distincte de la frontale, est confondue avec le reste du corps, et la carapace qui en naît paraît être réduite aux épimères, dont le développement serait excessif, car ces pièces se joignent au-dessous comme au-dessus du corps, et constituent deux valves, entre lesquelles celui-ci est renfermé. Enfin, chez les Cypris, cette disposition est portée encore plus loin, car les lames épimeriennes de la carapace, réunies entre elles par une espèce de charnière, cachent aussi la tête.

Dans les Crustacés où le corps présente le moins d'uniformité, tels que le Crabe commun, le thorax (1), avons-nous dit, n'est visible à l'extérieur qu'inférieurement, et se trouve comme englobé dans le grand bouclier dorsal, résultant du développement excessif de l'arceau supérieur du segment céphalique

---

(1) Dans le travail que j'ai publié en commun avec M. Audouin, sur la circulation dans les Crustacés, nous avons donné une description sommaire de la structure du thorax chez les Décapodes, Brachyures et Macroures. (Voyez Ann. des Sc. Nat., t. 11, p. 354.) On trouvera quelques détails de plus sur ce sujet dans une note de M. Audouin, insérée dans la traduction française de l'Anatomie comparée de M. Meckel (t. 2, p. 136), et dans le Résumé de l'histoire naturelle des Crustacés, faisant partie de l'Encyclopédie portative (p, 102). M. Meckel avait déjà donné une description assez longue de cette partie; mais ce savant considère le thorax comme formant un seul tout, et ne distingue pas, sous des noms particuliers, les divers élémens qui le constituent : aussi, les détails qu'il énumère sont-ils très-difficiles à bien comprendre. (Voyez son Traité d'anatomie comparée, t. 2, p. 136.)

antenno-maxillaire ; mais, si on le dépouille de cette enveloppe, on voit qu'il est formé par une série d'anneaux comme chez les Édriophthalmes, seulement ces segmens thoraciques sont incomplets et tous soudés entre eux : ils sont dépourvus de pièces tergales, et il existe un espace vide entre les bords supérieurs des épimères. Enfin, chez les Crustacés des ordres inférieurs, la face intérieure de ces anneaux ne donne naissance à aucune apodème, tandis qu'ici il s'en élève un nombre considérable de lames cornées, qui se réunissent entre elles de diverses manières, et en compliquent singulièrement la structure ; aussi, pour les décrire avec exactitude, serons-nous obligés d'entrer dans quelques détails qui pourront paraître minutieux.

Les anneaux thoraciques des Crabes présentent un développement considérable ; ils sont au nombre de cinq (1), et leurs arceaux inférieurs constituent, par leur réunion, une espèce de bouclier ventral qui protége la partie inférieure du corps, comme la carapace en protége la face supérieure (2). Ce plastron sternal est à peu près horizontal et presque circulaire ; de chaque côté de ses bords on voit une série d'ouvertures qui donnent insertion aux membres, et qui le séparent des flancs ainsi que du bord inférieur de la carapace ; en avant il se termine presqu'en pointe, à peu de distance de la bouche, et en arrière on y remarque une grande échancrure où s'insère l'abdomen. Les

---

(1) La portion du corps appelée thorax est, comme nous l'avons déjà dit, celle qui porte les pates ambulatoires. Or, le nombre de ces membres étant chez les Crabes de cinq paires, on ne doit compter que cinq anneaux thoraciques ; mais cette division entre le thorax et la tête est tout-à-fait arbitraire.

(2) Pl. 3, fig. 2, 3 et 4 : *a, c, e, g,* pièces sternales des quatre derniers anneaux ; *b, d, f, h,* pièces épisternales.

cinq anneaux du thorax forment à eux seuls la presque totalité du plastron, et un petit sillon linéaire dirigé transversalement indique le point de leur soudure ; sur un, deux, ou même trois des plus postérieurs, on aperçoit aussi une ligne longitudinale qui les divise en deux parties égales, et qui résulte de la soudure des deux pièces sternales du même anneau ; mais sur les autres segmens on ne distingue aucune trace de leur division médiane. Ces pièces sternales occupent toute la largeur du plastron ; cependant elles ne le constituent pas en entier, car vers l'angle externe et antérieur de chacun d'eux, on voit de l'un et l'autre côté une petite pièce triangulaire, qui est l'épisternum. L'arceau inférieur des trois anneaux qui précèdent les cinq anneaux thoraciques, contribuent aussi à la formation du bouclier sternal ; mais ils sont peu développés, et leur union est si intime qu'on a de la peine à les distinguer. Enfin, entre le premier des huit anneaux dont il vient d'être question, et le bord postérieur de l'ouverture buccale, on trouve encore les vestiges de deux anneaux qui sont soudés aux précédens, mais ne concourent pas à la formation du plastron.

Les dix anneaux qui suivent la bouche sont, comme on le voit, complétement soudés entre eux, et si les cinq derniers ne donnaient pas insertion à des membres ayant des formes et des usages différens de ceux des cinq premiers, il n'y aurait aucune raison pour les distinguer, et pour regarder les premiers comme appartenant à la tête, et les suivans au thorax.

L'arceau dorsal des anneaux post-buccaux, céphaliques et thoraciques, est interrompu sur la ligne médiane et n'est formé que par les deux épimères ;

mais ces pièces sont, pour la plupart, très-déve-loppées, et se soudent entre elles de manière à con-stituer de chaque côté une voûte oblique dont le bord supérieur est fixé à la carapace au moyen de fibres charnues, et dont le bord inférieur est semi-circulaire, et séparé du plastron sternal par les mem-bres correspondans (1). Dans l'état naturel la face supérieure et externe de la voûte des flancs est recouverte par les branchies, et cachée sous les par-ties latérales de la carapace; on y distingue des lignes transversales dans les points où les huit segmens qui la constituent se sont soudés entre eux; et à la partie antérieure et inférieure de l'épimère de l'anté-pénul-tième anneau et du segment précédent, il existe un grand trou circulaire qui sert à l'implantation des branchies correspondantes (2).

A la face inférieure et interne des flancs, entre cette voûte et le plastron sternal, on trouve un grand nom-bre de lames verticales qui se réunissent entre elles de manière à former deux rangées de cellules transver-sales placées l'une au-dessus de l'autre; l'ouverture interne de ces loges est située sur les côtés de la grande cavité viscérale qui occupe le milieu du thorax, et l'ex-terne placé, entre les flancs et le sternum, donne inser-tion aux membres (3). Si l'on examine ces lames verti-cales avec plus d'attention, on verra que leur forme peut varier, mais que leur position est constante; elles naissent toutes des lignes de soudure des diverses pièces constituantes du thorax, et sont ce qu'on appelle des

---

(1) Pl. 2, fig. 11, *e*; et Pl. 3, fig. 3.
(2) Pl. 2, fig. 9, *h*; Pl. 3, fig. 3, *b b*.
(3) Pl. 2, fig. 11, *e*.

apodèmes. Les unes ont leur origine sur le point de réunion des épimères entre elles, et peuvent être désignées sous le nom d'*apodèmes épimeriens;* les autres appartiennent à l'arceau inférieur et s'élèvent des soudures des sternums; nous les appellerons par conséquent des *apodèmes sternaux.*

C'est entre le dernier et l'avant-dernier ou quatrième anneau du thorax que la disposition de ces cloisons est la plus simple. L'apodème sternal se porte directement en haut, pour se réunir à l'apodème épimérien correspondant (1); son extrémité supérieure et externe (*h*) se joint à l'angle externe de l'épimère située au-dessus (*c*), de manière à compléter dans ce point les cadres articulaires où s'insèrent les deux dernières pates (2); enfin son bord supérieur est libre vers l'angle externe (*i*), mais dans le reste de son étendue il est soudé au bord inférieur de l'apodème épimerien placé au-dessus (*e*). Cette dernière lame osseuse présente à peu près la même disposition; seulement elle ne concourt pas à la formation du cadre articulaire, et ne descend pas au-dessous du niveau du bord inférieur de la voûte des

---

(1) Pl. 2, fig. 9. — *a*, cloison qui sépare le dernier anneau thoracique de l'avant-dernier dans le Maïa squinado; de ce côté, la paroi postérieure de la cellule de la dernière pate a été enlevée pour montrer la disposition de cette cloison. — *b*, sternum; — *c*, flanc; — *d*, selle turcique postérieure; — *e*, apodème épimérienne allant se souder à la selle turcique et à l'apodème sternale correspondante; — *f*, apodème sternale; — *g*, trou intercloisonnaire.

(2) Pl. 2, fig. 11. Vue latérale du thorax du Maïa. — a^1 - a^4, pièces sternales dont la réunion constitue le plastron; — *b* - *b*, pièces épisternales; — *c*, épimères dont la réunion forme la voûte des flancs, — d^5, apodème sternale s'élevant entre le dernier et l'avant-dernier anneau thoracique; — *e*, cadre articulaire destiné à l'insertion des pates.

flancs ; son extrémité externe vient se joindre à l'apodème sternal dans le point où celle-ci s'unit à l'épimère ; sa partie moyenne est également soudée à cette
apodème ; mais, entre cette partie de son bord et son
angle externe, il reste libre de toute adhérence, et
donne ainsi naissance à un trou (*g*) qu'on a nommé *intercloisonnaire* (1) ; enfin l'extrémité interne de cette
apodème s'unit à la selle turcique postérieure (*d*).

Les cloisons qui séparent entre eux les autres anneaux thoraciques ne présentent pas exactement la
même disposition.

L'apodème sternal qui naît du bord postérieur du
dernier segment du thorax (3) s'élève comme celle dont
nous venons de parler, et va se confondre avec l'épimère
correspondant ; mais, au lieu de se porter transversalement en dedans et de s'arrêter à une certaine distance de
la ligne médiane, elle se dirige obliquement en dedans et
en avant, se réunit à celle du côté opposé, devient ensuite horizontale, et constitue une petite voûte transversale qui a reçu le nom de *selle turcique postérieure* (2) ;
la portion externe du bord supérieur de cette lame est
toujours en partie libre, et forme, en se réunissant
avec l'épimère, un trou triangulaire (fig. 9, *k*) ; son extrémité antérieure et externe se soude au bord interne
des cloisons des anneaux précédens, et à sa face inférieure est unie, sur la ligne médiane, à une apodème
impair qui naît de la ligne de soudure des deux moi-

---

(1) Voyez les *Recherches sur la circulation dans les Crustacés*, déjà
citées.

(2) Audouin et Edwards, *op. cit.* (*Voyez* Pl. 2, fig, 9, *d* ; Pl. 3,
fig. 3, *c.*)

(3) Pl. 2, fig. 9*j*.

tiés du sternum du dernier segment thoracique (1). Il n'existe point sur cet anneau d'apodèmes épimériens distincts, et, comme nous l'avons déjà dit, l'apodème sternal se réunit immédiatement à l'épimère elle-même. Enfin l'espace compris, d'une part, entre les deux cloisons dont nous venons de parler, et, de l'autre, entre le sternum et les flancs du dernier segment du thorax, ne constitue de chaque côté du corps qu'une seule cellule (m).

Dans les autres anneaux thoraciques, il existe au contraire de chaque côté deux cellules superposées et bien distinctes; voici d'où dépend cette disposition. Les apodèmes épimériens (2), au lieu d'aller se souder aux apodèmes sternaux correspondans, se portent un peu obliquement en arrière et vont s'unir à la partie moyenne de la cloison suivante, tandis que l'apodème sternal se soude à l'apodème épimérien de l'anneau précédent (o) : enfin, de chacun de ces points de soudure, naît un petit prolongement horizontal qui unit entre elles ces diverses cloisons. Il en résulte que, dans chacun des espaces compris entre ces lames verticales, il y a deux cellules qui sont séparées entre elles du côté interne par le prolongement lamelleux dont nous venons de parler, tandis qu'en dehors elles communiquent ensemble par le *trou intercloisonnaire.* Ces cellules, comme nous l'avons déjà dit, sont superpo·

---

(1) Pl. 2, fig. 9, *l*, et Pl. 3, fig. 3.
(2) Pl. 2, fig. 10 : — *n.* apodème épimérien naissant entre le pénultième et l'antépénultième anneau du thorax, et allant se souder à la partie moyenne du bord supérieur de l'apodème sternal suivant (*f*), dont la partie externe a été ici enlevée, mais se voit dans la fig. 9. — *o*, ligne de soudure de cette apodème sternal avec l'apodème épimérien correspondant.

3.

sées, mais elles ne sont pas situées exactement l'une au-dessus de l'autre (1); et en dehors les supérieures manquent de plancher, et les inférieures de voûte, de façon que dans ce point chacune d'elles communique avec deux de celles de l'autre rangée.

Cette disposition, qui est commune aux apodèmes qui séparent entre eux les quatre premiers anneaux thoraciques (c'est-à-dire les quatre segmens qui précèdent le dernier, et portent les huit premières pates ambulatoires), se retrouve aussi en partie dans les trois derniers anneaux céphaliques; mais ici les cloisons deviennent de plus en plus petites et ne présentent plus de prolongement horizontal qui les unisse entre elles; l'apodème épimérien se comporte exactement comme dans les anneaux thoraciques; l'apodème sternal, au contraire, ne se soude pas au plastron dans toute la longueur de son bord inférieur; il ne s'y fixe que par son angle externe et inférieur, tandis que son angle externe et supérieur se soude comme d'ordinaire à l'épimère placée au-dessus; après cette jonction, il se porte directement en haut, reçoit l'insertion de l'apodème épimérien, et va se fixer par son angle supérieur et externe à la voûte des flancs; enfin son angle interne et inférieur, ainsi que les deux côtes qui viennent y aboutir, sont libres.

Quant au second anneau post-buccal, il est rudimentaire, refoulé sur les côtes et ne consiste, pour ainsi dire, que dans les deux cadres articulaires, où viennent s'insérer les mâchoires externes; la portion sternale en est linéaire et confondue avec l'anneau sui-

---

(1) Pl. 2, fig. 11.

vant ; et celle qui répond à l'épimère est horizontale, et se prolonge en manière d'ailerons (1). Enfin, à l'extrémité antérieure du plastron, on voit une espèce de fourche osseuse qui constitue le bord postérieur de la bouche et qu'on a nommée la *selle turcique antérieure* (2) ; elle est soudée au premier anneau thoracique et nous paraît être le premier segment post-buccal réduit à l'état de vestige.

Tels sont les principaux caractères de l'organisation compliquée du thorax du Crabe commun. On retrouve la même disposition, à quelques légères différences près, dans la plupart des autres Décapodes brachyures ; mais chez les Macroures cette partie du corps présente d'autres modifications qu'il importe également de signaler.

Dans la Langouste, par exemple, on retrouve encore un plastron sternal, mais il a perdu beaucoup de sa largeur, et les flancs, au lieu d'être fortement inclinés et de former des espèces de voûtes au-dessus de ce bouclier, deviennent à peu près horizontaux (3). Il en résulte que les deux rangées de cellules qu'on y voit de chaque côté, au lieu d'être superposées, sont placées l'une à côté de l'autre sur le même plan. La disposition des apodèmes est aussi un peu différente de ce que nous avons vu chez les Crabes. Les apodèmes sternaux se fixent au bord inférieur des flancs par leur angle supérieur et externe qui est très-allongé, puis reçoivent l'insertion de l'apodème épimérien de l'anneau précédent et donnent souvent naissance dans ce point

---

(1) Pl. 3, fig. 3. *d.*
(2) Pl. 3, fig. 3, *e.*
(3) Pl. 23, fig. 2 *b* et 3 ; et Pl. 1, fig. 7.

à une petite lame qui se recourbe en haut et en arrière pour se souder à la cloison suivante ; enfin , leur angle supérieur et interne se recourbe en avant et s'allonge au point d'aller rejoindre la cloison précédente , et on voit vers la ligne médiane un petit prolongement qui se soude à celui du côté opposé de manière à former la voûte d'une espèce de canal longitudinal. Ce conduit osseux s'étend dans presque toute la longueur du thorax entre les lames montantes des deux rangées d'apodèmes sternaux , et a pour paroi inférieure le plastron : aussi l'a-t-on nommé le canal sternal (1) ; entre le penultième et l'antépénultième segment il est interrompu par un petit apodème qui s'élève de la ligne médiane du sternum, et au delà de ce point on n'en voit plus de trace. Une autre particularité remarquable dans le thorax de la Langouste, est l'absence d'une selle turcique postérieure ; les cellules des derniers anneaux sont éloignées de la ligne médiane et séparées par un espace vide au lieu d'une cloison verticale. Enfin la disposition des derniers anneaux céphaliques est exactement la même que celle des animaux thoraciques.

La structure du thorax est essentiellement la même chez la plupart des autres Macroures ; mais quelquefois, comme dans l'Écrevisse, les sternums ne forment point de plastron et sont réduits à une espèce de carène linéaire. Cette disposition se rencontre aussi chez les Palémons et plusieurs autres Salicoques ; mais chez ces derniers Crustacés on ne trouve pas d'apodèmes solides à l'intérieur du thorax, tandis que chez tous

---

(1) Pl. 1, fig. 7, *cs* , et Pl. 23, fig. 3, *c* , *d*.

les autres Décapodes l'existence de ces lames cloison-
naires est constante. Il est aussi à noter que chez un
certain nombre de Macroures, et chez beaucoup de
Décapodes anomoures, le dernier anneau thoracique
ne se soude pas au précédent, et conserve un peu de
mobilité. Chez ces derniers Crustacés, il existe aussi
assez fréquemment un canal sternal.

Chez certains Crustacés des autres ordres, le thorax
présente aussi quelques modifications remarquables.
Dans les parasites du genre Pandarus, par exemple,
l'avant-dernier anneau de cette partie du corps présente deux lames dorsales qui sont dirigées en arrière,
recouvrent une grande partie du segment suivant, et
ressemblent beaucoup aux élytres des Insectes co-
léoptères. Ces lames cornées paraissent au premier
abord ne pouvoir être rapportées à aucune des parties
du squelette tégumentaire chez les autres Crustacés ;
mais, comme elles occupent la place des épimères, on
peut les regarder comme résultant d'un développement excessif et anomal de ces pièces qui se prolon-
geraient au-dessus des anneaux suivans, de même que
nous avons déjà vu tout l'arceau supérieur du tronçon
antenno-maxiliaire des Décapodes et des Stomapodes
se prolonger au-dessus du thorax pour former la carapace. Cette disposition anomale peut donc encore s'appliquer d'après les lois de l'analogie.

Il en est de même pour celle qu'on rencontre dans
un Crustacé des plus singuliers qu'on a désigné sous
le nom d'Anthostome ; la partie antérieure de son corps
est recouverte d'une carapace, et en arrière de ce bouclier dorsal on voit une espèce de cornet ou d'enton-
noir du milieu duquel sort l'extrémité postérieure du
corps. Cette modification des formes du squelette té-

gumentaire dépend aussi du développement excessif de deux ou trois des anneaux thoraciques qui ont chevauché sur les segmens suivans à la manière de la carapace des Décapodes; mais seulement ici ce développement a eu lieu dans l'arceau inférieur aussi bien que dans l'arceau supérieur, et il en est résulté une espèce de gaîne au lieu d'un simple bouclier.

Quant à l'abdomen des Crustacés dont le thorax présente une structure très-compliquée, comme chez les Décapodes, il est en général peu développé, on n'y voit jamais d'apodèmes; et tantôt il est composé de sept anneaux semblables à ceux des Amphipodes, tandis que d'autrefois plusieurs de ces pièces se soudent entre elles et ne forment plus qu'une espèce de queue aplatie.

§ V. *De la portion appendiculaire du squelette extérieur, ou membres.*

Ayant passé en revue les principales modifications de la portion du squelette tégumentaire des Crustacés qui enveloppe le corps de ces animaux, nous devons maintenant nous occuper des membres ou des appendices qui y sont fixés. La forme et les usages de ces organes varient suivant la partie du corps à laquelle ils appartiennent, suivant les espèces et même suivant l'âge de ces animaux; mais ils ont toujours certains caractères communs : ils sont unis au corps à l'aide d'une articulation, et, à quelques exceptions près, ils sont mobiles et formés eux-mêmes de plusieurs pièces (1).

______

(1) M. Audouin emploie le mot d'*appendice* pour désigner tous les organes qui sont, pour ainsi dire, ajoutés aux divers anneaux

Les membres des animaux articulés peuvent appartenir, ainsi que l'a démontré M. Audouin, soit à l'arceau supérieur, soit à l'arceau inférieur de chacun des anneaux du corps ; les premiers constituent les ailes des Insectes, les seconds les pates de ces animaux, ainsi que celles des Arachnides et des Crustacés. Les uns et les autres sont disposés par paires sur les côtés de la ligne médiane, et chacune de ces paires correspond à l'un des arceaux dont nous venons de parler ; de sorte qu'un seul anneau ne porte jamais plus de quatre de ces organes. Au premier abord, on pourrait croire que, dans quelque cas, le même arceau donne attache à deux paires de membres, ou même un plus grand nombre de ces organes ; mais il est en général facile de prouver que cette anomalie apparente tient à l'union de deux ou de plusieurs anneaux entre eux.

Les membres de l'arceau inférieur sont les plus importans, sinon les seuls qui existent chez les Crustacés. Si on les examine au moment de leur première apparition dans l'embryon d'une Écrevisse, par exemple, on voit qu'ils ont tous la même forme ; mais bientôt après ils deviennent dissemblables entre eux, et ces différences augmentent de plus en plus, jusqu'à ce

---

du corps des animaux articulés, et il range, sous cette dénomination, non-seulement les pates, les ailes, les mâchoires, en un mot, tout ce que j'appelle les membres, mais aussi les branchies. (Voyez l'article *Appendice* du Dictionnaire classique d'histoire naturelle.) Ces deux modes d'appendice paraissent être régis par des lois tout-à-fait différentes, et il nous semble nécessaire de les distinguer complétement : les branchies proprement dites sont des prolongemens dermoïdes, semblables par leur nature à ceux qui constituent les poils des Crustacés, etc., et leur position n'offre rien de constant ; tandis que les membres conservent toujours les mêmes rapports relativement aux divers élémens constituans des anneaux dont ils dépendent.

que l'animal ait atteint l'état parfait. En jetant les
yeux sur la série des Crustacés, depuis les Branchipes et les Limnadies jusqu'aux Crabes, on aperçoit dans les membres des divers anneaux du corps
des modifications semblables; dans les espèces où
ces organes présentent entre eux le plus de similitude, tous, à l'exception de trois ou quatre paires situées à l'extrémité antérieure du corps et de celle que
supporte le dernier anneau, ont essentiellement la
même forme et la même composition. Dans d'autres
Crustacés, les membres thoraciques commencent à
différer de ceux de l'abdomen, puis un nombre de plus
en plus grand des premiers éprouve des modifications
particulières; il en est de même pour ceux de l'abdomen, et, en changeant ainsi de forme, ces organes
changent aussi de fonctions.

Le nombre de ces membres est quelquefois très-
considérable; il est des Crustacés où l'on en compte
plus de soixante paires, tandis que dans d'autres espèces il n'en existe que quatre ou cinq; mais, dans l'immense majorité des cas, on en trouve une série de vingt
paires.

Les membres de la première paire n'existent que
chez les Crustacés des ordres élevés, tels que les
Crabes et les Écrevisses, et ont la forme de tiges mobiles et articulées qui s'insèrent à la partie antérieure
de la tête, et portent à leur extrémité libre les yeux.
Lorsqu'ils commencent à se former, ils ne diffèrent
en rien des membres suivans, mais leur développement s'arrête plus tôt, et leur structure est toujours
très-simple (1).

____

(1) Pl. 2, fig. 1, *i* ; Pl. 17, fig. 5, etc.

Les membres de la seconde et de la troisième paire ont reçu le nom d'*antennes* (1), et paraissent faire encore partie de l'appareil spécial des sens. En les étudiant seulement chez les Crustacés ou les Insectes adultes, où la tête, qui les porte, ne présente point de divisions, on pouvait être porté à croire que ces organes, ainsi que les tiges oculaires, étaient des appendices de l'arceau supérieur des trois premiers anneaux céphaliques, et que les membres suivans représentaient les appendices de l'arceau inférieur des mêmes segmens. C'est en effet l'opinion adoptée par M. Audouin (2) ; mais l'examen de la tête des Squilles, ainsi que les observations récentes de M. Rathke, sur le développement de l'œuf des Écrevisses, prouvent le contraire. En effet, chez les Squilles, chaque paire de ces organes s'insère à un anneau distinct à la manière des autres membres, et chez les Écrevisses, lorsqu'ils commencent à se former, ils se présentent exactement de la même manière que les membres suivans (c'est-à-dire les mandibules, les mâchoires, les pates, etc.), et occupent comme eux la face inférieure de l'embryon. Enfin, nous ajouterons encore que les nerfs qu'ils reçoivent naissent de ganglions qui leur sont propres ; tandis que, s'ils appartenaient aux mêmes anneaux que les trois paires d'appendices suivans, leurs nerfs auraient une origine commune.

Chez les Crustacés, les plus inférieurs dans l'échelle de ces êtres, et notamment dans la plupart de ceux qui vivent en parasites, il arrive souvent que les antennes

---

(1) Pl. 1, fig. 2, *p*, antennes de la première paire ; *q*, antennes de la seconde paire.

(2) Article ANTENNE du Diction. classique d'histoire naturelle.

de la première paire, et même les suivantes, manquent complétement ou n'existent qu'à l'état de vestiges. Quant à leur forme et leur structure, nous aurons l'occasion d'en parler par la suite.

Les membres de la quatrième paire sont toujours placés sur les côtés de l'ouverture buccale et constituent ordinairement les organes de mastication appelés mandibules (1).

Les membres des deux paires suivantes, qu'on a nommés mâchoires, sont également presque toujours affectés à l'appareil de la mastication (2). Les huit paires qui y succèdent sont moins constantes dans leurs usages et dans leurs formes. Chez les Nébalies, par exemple, elles sont fixées chacune à un segment distinct du thorax, et constituent autant de pates natatoires. Chez presque tous les Edriopthalmes, la première paire de ces appendices entre, comme les trois précédentes, dans la composition de l'appareil buccal, et l'anneau qui la supporte fait partie constituante de la tête; aussi, dans cet ordre, la portion thoracique du corps n'est-elle formée que de sept anneaux, et le nombre des pates ambulatoires est de quatorze. Enfin; chez trois ou quatre Crustacés de l'ordre des Décapodes, on rencontre une disposition assez semblable; mais, chez presque tous ces animaux, les trois premières paires de membres qui suivent les mâchoires appartiennent toutes à l'appareil masticateur, et le nombre des membres thoraciques qui servent à la locomotion est réduit à dix.

Les membres de la quinzième paire, et des paires

____

(1) Pl. 3, fig. 13, mandibules du Maïa squinoda.
(2) Pl. 3, fig. 11 et 12, mâchoires du même animal.

suivantes, appartiennent presque toujours à l'abdomen
et sont ordinairement au nombre de douze. On les désigne communément sous le nom de fausses pates, car,
en général, ils servent à la locomotion et sont bien
moins développés que les pates thoraciques; mais
quelquefois, comme chez l'Apus et la Limnadie, tous
ces organes ont la même forme et à peu près les mêmes
dimensions.

Ce serait nous éloigner de notre sujet, que de parler des diverses modifications que les membres des
Crustacés subissent suivant qu'ils sont destinés à remplir telle ou telle fonction; ces détails trouveront leur
place ailleurs; mais nous devons dire ici quelques mots
de leur composition.

Lorsqu'un de ces organes a atteint son maximum
de développement, il présente trois parties qu'il importe de distinguer (1). La première, que nous désignerons sous le nom de *tige*, constitue la partie essentielle
du membre, supporte les deux autres et se compose
presque toujours de plusieurs articles placés bout à
bout (2). La seconde partie constituante du membre, ou
le *palpe* (*h*), est un appendice de la tige sur le côté externe de laquelle il naît presque toujours; dans la plupart des cas, cette espèce de branche a son origine à
l'article basilaire de la tige; mais quelquefois il ne s'en
sépare qu'à l'extrémité du second ou du troisième article. Enfin, la troisième, qu'on désigne au commencement sous le nom de *fouet* (*j*), a également son origine
sur la tige, et s'en sépare toujours au-dessus et du côté
externe du palpe.

---

(1) *Voyez* Pl. 3, fig. 9, etc.
(2) Pl. 3, fig. 9, *a — g*.

Ces diverses parties constituantes des membres ne se rencontrent pas toujours; tantôt le fouet n'existe pas, tantôt c'est le palpe qui manque, et d'autres fois la tige est réduite à un état rudimentaire; leur forme et leur grandeur varient aussi beaucoup; et, de toutes ces différences, résultent les modifications nombreuses que l'on observe dans les membres des divers Crustacés. Pour en donner une preuve, il suffira de passer en revue ces organes dans quelques-unes des espèces où ils paraissent être le plus dissemblables.

Dans le groupe des Décapodes brachyures, les membres qui constituent les trois paires de pates-mâchoires sont les seuls qui présentent en même temps une tige, un palpe et un fouet (1). Ce dernier appendice a la forme d'une lame cornée, longue et étroite, qui remonte dans la cavité branchiale; le palpe est allongé et composé de plusieurs pièces articulées bout à bout; enfin la tige, qui constitue la partie principale du membre, est simple et formée de six articles placés à la suite les uns des autres, ou bien présente du côté externe un prolongement qui la fait paraître comme divisée en deux branches (2). Les mâchoires proprement dites de la seconde paire (3) ne présentent plus de fouet, et leur palpe prend la forme d'une grande lame ovalaire, tandis que leur tige se racourcit et présente diverses modifications qu'il serait trop long d'énumérer ici.

---

(1) Pl. 3, fig. 8, 9 et 10 : — *a-g*, tige ; — *h*, palpe ; —*j*, fouet.

(2) C'est ce qui a lieu pour la pate mâchoire de la première paire, (Pl. 3, fig. 10), tandis que celles des deux paires suivantes ont la tige simple (fig. 8 et 9).

(3) Pl. 3, fig. 11.

Les mâchoires de la première paire (1) n'ont plus ni fouet, ni palpe, et les mandibules peuvent être considérées comme formées seulement d'une tige dont l'article basilaire serait très-développé, et dont les autres pièces seraient plus ou moins rudimentaires, et constitueraient un prolongement palpiforme (2). Les dix pates ambulatoires de ces Crustacés se composent chacune seulement d'une tige simple divisée en six articles, comme aux pates-mâchoires. Enfin, les membres abdominaux varient dans leur composition et présentent, tantôt une tige rudimentaire, tantôt une tige et un palpe (3). Quant aux antennes, elles sont aussi presque toujours réduites à une tige, et lorsqu'elles présentent un palpe, cet appendice ne se présente qu'à l'état de vestige (4).

Dans le groupe des Décapodes macroures, nous trouvons, au contraire, des exemples de l'existence simultanée des trois parties constituantes des membres, non-seulement aux pates-mâchoires, mais aussi à tous les pieds ambulatoires. Les Pénées sont dans ce cas (5), mais, en général, les pieds proprement dits manquent de palpe, et souvent ils sont également dépourvus de fouet. Ce dernier appendice devient de plus en plus membraneux, et chez les Crangons, ainsi que chez plusieurs autres Salicoques, il ne forme plus

---

(1) Pl. 3, fig. 12.

(2) Pl. 3, fig. 13, c. La plupart des naturalistes appellent cet appendice palpe de la mandibule ; mais il ne nous paraît ressembler au palpe des autres membres que par sa forme ; on pourrait tout aussi bien donner le nom de palpe à la partie terminale de la tige des pates-machiores externes des Décapodes brachyures (fig. 8, *efg*).

(3) Pl. 3, fig. 14, 15 et 16.

(4) Pl. 3, fig. 7.

(5) Pl. 25, fig. 1, 4, 5 et 6.

à la pate-mâchoire de la première paire une longue lame cornée, comme chez les Crabes, mais constitue une grande vésicule molle et aplatie, tandis que le palpe ou la tige elle-même se transforme en une grande lame semi-cornée (1). Quant aux fausses pates abdominales, elles se composent d'une pièce basilaire portant deux appeudices que l'on peut considérer comme étant de simples modifications de la tige et du palpe des membres en général.

Si l'on compare les Mysis aux Crustacés dont nous venons de parler, on verra la plus grande similitude dans la structure de leurs membres thoraciques, bien qu'au premier abord elle paraisse très-différente, car, au lieu d'être simples, ces organes sont bifides (2); mais cette disposition ne dépend que d'un développement plus grand du palpe.

Chez les Alimes et les Squilles on trouve à la base de plusieurs des pates une espèce de disque membraneux supporté par un pédoncule (3). D'après un examen superficiel des membres des autres Crustacés, on serait porté à croire que ces poches déprimées sont des organes particuliers aux Stomapodes, mais il n'en est pas ainsi, et en les comparant aux fouets membraneux des pates-mâchoires antérieures des Crangons, des Mysis, etc., on voit qu'ils ne sont autre chose que ces mêmes appendices légèrement modifiés.

Dans le groupe naturel des Amphibodes, les membres thoraciques présentent presque toujours chez la femelle le maximum de composition que nous venons

---

(1) Pl. 2, fig. 12 et 13 a.
(2) Pl. 2, fig. 14.
(3) Pl. 29, fig. 3.

de signaler ; la tige sert à la locomotion ; le fouet devient membraneux et sert à la respiration ; enfin , le palpe prend la forme du fouet des pates-mâchoires des Crabes, et a pour usage de retenir les œufs dans le thorax de la mère (1). Chez les Isopodes , ces derniers appendices prennent souvent un développement extrême, et constituent par leur réunion l'espèce de poche ovifère dans laquelle les œufs éclosent. Les membres abdominaux des Amphipodes ressemblent beaucoup à ceux des Décapodes macroures ; mais chez les Isopodes les deux appendices qui les terminent, au lieu d'être cornés , deviennent membraneux et servent à la respiration.

Au premier abord , les pates branchiales des Apus et de plusieurs autres Entomostracés paraissent aussi n'avoir presque rien de commun avec les pates ambulatoires ou avec les membres buccaux des Décapodes ; mais néanmoins on y retrouve encore les mêmes parties. En effet , dans ces grandes lames foliacées dont la structure paraît aussi compliquée qu'anomale, on retrouve facilement les analogues du fouet, du palpe et de la tige (2). Le premier de ces appendices constitue la vésicule aplatie qui occupe la partie basilaire et externe de la pate ; sa forme est la même que chez les Stomapodes dont nous venons de parler, et sa structure confirme encore ce rapprochement. Le palpe est réduit ici à une seule pièce ; mais celle-ci est grande, lamelleuse et assez semblable par sa forme au palpe vésiculaire des mâchoires externes chez plusieurs Décapodes bra-

____

(1) Pl. 2, fig. 15, a, tige ; b, palpe flabelliforme ; c, fouet vésiculaire.
(2) Pl. 2, fig. 16 et 17; a, tige; b, palpe vésiculaire; c, fouet vésiculaire.

chyures ; enfin la tige a la plus grande analogie avec celle qui constitue les mâchoires externes des Mysis, des Squilles, sur laquelle on retrouve jusqu'aux petites lames cornées qui en garnissent le bord interne.

Ainsi, malgré la diversité extrême qui existe dans les formes aussi-bien que dans les fonctions des membres appartenant aux différens anneaux du corps d'un même Crustacé, ou au même anneau dans des espèces diverses, il n'en est pas moins vrai que, sous le rapport de leur mode de formation, ces organes présentent en général une tendance remarquable vers l'uniformité de composition ; les mêmes élémens s'y retrouvent toujours en totalité ou en partie, et c'est de la présence ou de l'absence du développement, ou de l'état rudimentaire, de la texture cornée ou membraneuse, ainsi que des autres particularités que peuvent présenter la tige, le palpe et le fouet, que dépendent toutes les différences qu'on rencontre dans la structure de ces organes.

D'après les divers faits que nous avons passé successivement en revue, il nous paraît évident que l'organisation du squelette tégumentaire des Crustacés est bien plus uniforme qu'on ne l'aurait pensé avant que d'en avoir fait une étude approfondie et comparative.

La théorie des analogues, devenue célèbre par les travaux de son auteur, M. Geoffroy Saint-Hilaire, et par la tendance nouvelle qu'elle a imprimée à l'anatomie comparée, aplanit, comme on le voit, la plupart des difficultés qu'avait présentées jusqu'ici l'étude du squelette tégumentaire des Crustacés ; et si l'utilité de l'application à l'Entomologie des vues philosophiques formant la base de cette doctrine n'était déjà démontrée par les recherches de MM. Savigny, Au-

douin, etc., on pourrait en donner comme preuve
la simplicité des corollaires qui résument les causes
des différences innombrables offertes par le squelette
tégumentaire des Crustacés.

Une partie des modifications qu'on y observe en
parcourant la série de ces animaux, dépend évidemment de la soudure et, pour ainsi dire, de la fusion de
plusieurs anneaux en un tronçon unique dont la composition binaire, ternaire, quaternaire, etc., ne se
décèle plus que par le nombre des paires de membres
qui y sont attachés, nombre qui paraît correspondre
toujours à celui des anneaux.

Les différences qu'on rencontre dans la structure des
anneaux tégumentaires du corps dépendent en général
de la soudure ou de la simple articulation des diverses
pièces qui les composent ou bien de l'existence ou de
l'absence des apodèmes qui en hérissent l'intérieur.

Enfin, d'autres modifications non moins grandes
tiennent au développement, à l'état rudimentaire ou
même à la disparition d'un ou de plusieûrs des élémens constituans de tel ou tel anneau du corps : tantôt
ces pièces en se développant refoulent les pièces voisines, mais d'autrefois elles glissent pour ainsi dire
au-dessus d'elles et les cachent plus ou moins complétement.

Les formes diverses qu'affectent les membres dépendent aussi des causes analogues ; c'est-à-dire des
différens degrés de développement de tel ou tel de
leurs élémens constituans, ou de l'absence d'un certain
nombre de ces parties.

L'étude du squelette tégumentaire des insectes
conduit à des résultats analogues , et la comparaison
de la charpente solide de ces animaux avec celle des

4.

Crustacés est un sujet qui aurait mérité d'occuper notre attention, si le cadre resserré de cet ouvrage ne nous interdisait pas toute digression.

La même raison nous empêche de traiter ici d'une des hautes questions soulevées depuis quelques années par l'auteur de l'Anatomie philosophique : l'analogie qu'il peut y avoir entre le squelette tégumentaire des Crustacés et le squelette intérieur des animaux vertébrés. M. Geoffroy Saint-Hilaire considère les anneaux dans lesquels le corps des Crustacés est renfermé comme étant les analogues des vertèbres, et leurs appendices comme représentant les côtes. Peut-être arriverait-on à des rapprochemens plus naturels si on comparait le canal sternal des Décapodes à la colonne vertébrale, les épimères et les appendices aux os inter-épineux et aux rayons des nageoires médianes des poissons (1).

§ VI. *De la mue.*

Pour terminer ce que nous avions à dire du système tégumentaire des Crustacés, il nous reste à parler des mues. Lorsqu'on considère la solidité de l'enveloppe

---

(1) Ponr plus de détails à ce sujet, voyez *Trois mémoires sur l'organisation des Insectes*, par M. Geoffroy Saint-Hilaire (Journal complémentaire du Dictionnaire des sciences médicales, 1820 ; et *Considérations philosophiques sur la détermination du système solide et du système nerveux des animaux articulés*, par M. Ampére (Annales des sciences naturelles, t. 2, p. 295).

M. Robineau Desvoisy a présenté aussi de nouvelles vues sur les analogues des différentes parties du système tégumentaire des Crustacés, mais ses spéculations ne nous paraissent appuyées sur aucune base solide, ou même plausible, et elles ne ressemblent en rien à de l'anatomie réellement philosophique.

d'un Crabe ou d'un Écrevisse, par exemple, on est étonné qu'ils puissent s'en débarrasser, et cet étonnement augmente encore lorsqu'on sait que toutes les parties les plus délicates, telles que les antennes, les yeux et les branchies, se dépouillent ainsi sans que le squelette tégumentaire dont ils sortent soit brisé, ramolli ou déformé; mais, d'un autre côté, on conçoit facilement la nécessité de ce phénomène singulier, car si l'animal ne changeait souvent de peau l'enveloppe solide qui le renferme opposerait bientôt des obstacles invincibles à son accroissement.

Les petits Crustacés, dont la croissance est très-rapide, changent ainsi de peau à des époques très-rapprochées. Jurine a observé, chez de jeunes Daphnies, huit mues dans l'espace de dix-sept jours, mais chez les grosses espèces, tels que les écrevisses et les autres Décapodes, on n'en compte qu'une par an.

Réaumur, qui a enrichi l'entomologie d'un si grand nombre d'observations intéressantes, a étudié avec soin ce phénomène curieux sur les écrevisses de rivière, qu'il tenait prisonnières dans des vases percés de trous, et placés dans de l'eau courante (1). C'est pendant l'été, ou au commencement de l'automne, que ces Crustacés changent de peau, ou, pour mieux dire, de squelette épidermique. On assure qu'avant de commencer cette opération, l'Écrevisse s'abstient pendant quelques jours de toute nourriture solide, et

---

(1) Voyez les deux mémoires de Réaumur intitulés : *Sur les diverses reproductions qui se font dans les Écrevisses*, etc. (*Mémoires de l'Académie des sciences*, 1712, p. 223.); et additions aux *Observations sur la mue des Écrevisses*, etc. (*même recueil*, 1718, p. 263.) On trouve un extrait presque textuel de ces écrits dans l'*Histoire naturelle des Crustacés*, par Bosc. t. I, p. 136.

qu'on peut alors reconnaître facilement l'approche
de la mue ; car, si l'on presse avec le doigt sur la
carapace de l'animal ou sur un des segmens de son
abdomen, on s'aperçoit que la croûte calcaire cède
un peu et n'offre pas la résistance qui lui est
habituelle. Bientôt après, l'Écrevisse paraît in-
quiète, et commence à se frotter les jambes les unes
contre les autres ; elle se renverse ensuite sur le
dos, agite tout son corps, se gonfle tout à coup,
brise la membrane qui unit la carapace à l'abdomen,
et soulève ce grand bouclier dorsal. Un repos plus ou
moins long succède à ces premières tentatives : l'Écrevisse recommence ensuite à agiter ses pates et à mouvoir toutes les parties de son corps ; alors on ne tarde
pas à voir la carapace se soulever de plus en plus en
s'éloignant de la base des pates, et dans moins d'une
demi-heure l'Écrevisse se débarrasse complétement de
sa dépouille. Elle relève d'abord sa tête en arrière,
dégage ses yeux et ses antennes, puis sort ses jambes
de l'espèce d'étui formé par les anciens tégumens.
Cette dernière opération ne se fait qu'avec bien de la
peine, et quelquefois, en essayant de se dépouiller de
la sorte, l'animal brise une ou plusieurs de ses pates ;
on en voit même qui y succombent, et si les espèces de
tubes qui renferment les membres ne se fendaient longitudinalement, on ne comprend pas comment ils
pourraient s'en retirer (1) ; mais lorsque l'Écrevisse est

____

(1) Dans l'état ordinaire, les articles des pates ne paraissent
formés chacun que d'une seule pièce tubulaire ; mais Réaumur a
constaté qu'ils sont composés de deux moitiés longitudinales à peu
près égales, qui s'entr'ouvrent pour laisser passer la jambe et se
rapprochent ensuite de manière à devenir de nouveau difficiles à
distinguer. (*Mémoires de l'Académie*, 1718, p. 270.)

parvenue à terminer ce travail pénible, elle se débarrasse bien vite de tout le reste de son enveloppe ; elle
retire sa tête de dessous la carapace, se porte en avant,
étend brusquement sa queue et la retire aussitôt de
son étui. La carapace retombe alors dans sa position
naturelle ; elle vient de nouveau rejoindre l'abdomen,
et la dépouille ainsi abandonnée présente exactement
le même aspect que lorsqu'elle recouvrait l'animal à qui
elle appartenait. Rien ne manque à ce squelette tégumentaire, tant extérieurement qu'intérieurement, et
on le prendrait facilement pour une Écrevisse entière.

La nouvelle peau de l'Écrevisse qui vient de muer
est molle et membraneuse ; mais dans l'espace de deux
ou trois jours, ou même de vingt-quatre heures, elle
s'encroûte de matière calcaire, et devient aussi dure
que l'ancienne enveloppe.

Les autres Crustacés des ordres supérieurs changent de peau à peu près de la même manière. Si
l'on ouvre un Maja quelque temps avant qu'il ne
commence cette opération, on trouve entre le test
et le chorion une couche membraneuse qui ressemble d'abord à du tissu cellulaire à peine condensé,
et qui devient de plus en plus solide et épaisse à mesure
que l'on se rapproche de l'époque de la mue ; elle est
évidemment sécrétée par le chorion, et se moule sur
le test qui la recouvre. On y retrouve jusqu'aux poils
qu'elle doit présenter plus tard ; mais ces appendices
ne sont pas renfermés dans les poils du test, comme
Réaumur croyait l'avoir observé chez l'Écrevisse : en
général, ils ne font même aucune saillie à la surface
de la nouvelle carapace, et sont rentrés à l'intérieur,
comme le doigt d'un gant qui serait retourné sur lui-
même.

D'après les observations de Collinson (1), il paraîtrait que le moyen par lequel le Tourteau se débarrasse de son test, n'est pas exactement le même que celui que Réaumur a vu employé par l'Écrevisse. La carapace, au lieu de se soulever en entier, se divise dans le point où les pièces latérales (ou épimères) viennent se souder à la pièce dorsale, en décrivant de chaque côté du corps une ligne courbe qui s'étend latéralement de la bouche à l'origine de l'abdomen ; ce phénomène paraît commandé par la forme de la carapace, et se présente probablement chez tous les Brachyures voisins du genre Cancer ; car, chez ces animaux, il est souvent difficile de séparer cette partie du thorax sans opérer une division semblable. Mais pour les Brachyures dont la carapace ne présente pas de dilatation latérale semblable, nous sommes porté à croire que tout se passe comme chez l'Écrevisse ; car les pièces dont il vient d'être question paraissent être trop solidement unies pour se disjoindre à la manière de celles qui composent la carapace des Tourteaux (2).

Le nouveau squelette tégumentaire des Crabes reste dans un état de mollesse bien plus long-temps que celui des Écrevisses, et la mue est pour ces animaux une époque de malaise, pendant laquelle ils se tiennent cachés dans quelque réduit qui les protège de

---

(1) *Observations on the Cancer major. Transactions of the Philosophical Society*, 1746 et 1751.

(2) Si l'on examine le thorax d'un Crabe qui vient de se revêtir ainsi d'une peau nouvelle, on voit que les divers segmens, qui dans l'état ordinaire se trouvent soudés entre eux de manière à former une seule pièce, sont alors parfaitement distincts ; fait qui est de nature à confirmer les vues que l'analogie porte à avoir sur la théorie du squelette tégumentaire des Crustacés.

leurs ennemis, dont ils deviendraient sans cela une proie facile. Les uns se tapissent dans les anfractuosités des rochers ou sous des pierres ; d'autres se retirent dans des terriers. Quelques voyageurs assurent que c'est lorsque les Crabes de terre muent, que leur chair est la plus estimée (1) ; mais il n'en est pas de même pour les espèces de nos côtes, leurs muscles sont alors flasques et aqueux ; aussi les pêcheurs n'en font-ils aucun cas.

CHAPITRE II.

DE LA NUTRITION DES CRUSTACÉS.

§ I. *De la Digestion.*

LES divers actes qui ont pour but le renouvellement continuel des molécules constituantes du corps des animaux, ou la nutrition, se rapportent à trois fonctions principales, savoir : la digestion des alimens ou leur transformation en chyle, la respiration et la circulation. Le principe que la nature a adopté dans les modifications successives qu'elle a fait subir aux instrumens affectés à ces diverses fonctions, chez les êtres dont elle a voulu rendre les facultés de plus en plus parfaites, est celui de la division du travail. Les animaux les plus simples se nourrissent et respirent seulement par une espèce d'imbibition qui se fait également par tous les points de la

______

(1) Latreille, *Histoire naturelle des Crustacés*, t. V, p. 142.

superficie de leur corps, et on ne voit dans leur intérieur aucun organe destiné spécialement au transport des substances absorbées; mais bientôt la digestion se localise dans une partie déterminée de l'économie; on voit alors une portion de l'enveloppe tégumentaire se reployer en dedans, de manière à former une cavité en communication avec le dehors, dans l'intérieur de laquelle les alimens subissent certains changemens qui les rendent propres à être absorbés, ou, en d'autres mots, sont digérés. La cavité alimentaire acquiert ensuite une structure plus compliquée, et s'entoure de divers organes destinés à y faire pénétrer les substances nutritives, ou à les modifier de telle ou telle manière. Le même orifice sert d'abord à l'entrée des alimens et à l'expulsion du résidu de la digestion; mais bientôt nous voyons ces deux phénomènes avoir lieu par des orifices distincts : la bourse stomacale se transforme en un tube dont l'ouverture antérieure constitue la bouche, et l'ouverture postérieure l'anus. Les divers liquides qui servent à modifier ou à dissoudre les alimens, au lieu d'être sécrétés seulement par les parois de la poche dans laquelle ils sont appelés à agir, ont leur source principale dans des organes particuliers dont le nombre augmente, et la structure, ainsi que les fonctions, varient de plus en plus. Lorsque la division du travail est portée encore plus loin, chacune des modifications que subissent les alimens avant que d'être absorbés, a lieu dans une portion déterminée du tube digestif. Enfin, les instrumens employés à saisir les corps dont l'animal se nourrit, et à les diviser avant qu'ils ne soient avalés, deviennent aussi de plus en plus spéciaux. Quant aux phénomènes de la respiration et aux actes au moyen desquels les sucs nutritifs sont portés de la cavité digestive dans toutes les parties du corps, nous verrons aussi, par la suite, qu'ils se compliquent et se localisent davantage, à mesure que l'on s'élève dans l'échelle des êtres.

Les Crustacés se trouvent placés vers le milieu de la série dont nous venons de parler. Tous sont pourvus d'un appareil spécial de digestion communiquant au dehors par deux ouvertures distinctes, et composé d'un nombre assez considérable d'instrumens divers Une partie de ce système compliqué sert à la préhension des alimens, à la mastication et à divers actes du même ordre ; d'autres organes sont spécialement destinés à la formation de certains liquides nécessaires à la digestion ; enfin, une troisième partie du même appareil reçoit les alimens et leur fait subir les modifications qui les rendent propres à être absorbés et à servir aux besoins de la nutrition. La composition de ce système et la disposition de chacun des instrumens dont il se compose varie beaucoup chez les divers Crustacés ; mais la plupart de ces différences correspondent à une spécialité plus ou moins grande dans le mode d'action de ces organes, et dépendent du degré auquel la nature s'est avancée dans la division du travail dont l'ensemble constitue la digestion.

Les Crustacés se nourrissent de deux manières très-différentes ; les uns vivent en parasites sur des animaux dont ils sucent le sang ; les autres recherchent seulement des alimens solides et n'établissent jamais leur demeure sur les êtres vivans qui leur servent de proie. Les premiers sont en petit nombre et n'acquièrent qu'une taille assez minime ; les derniers constituent la grande majorité des espèces de cette classe et acquièrent souvent un volume très-considérable : on assure que quelques-uns de ces animaux se nourrissent, au moins une partie, de substances végétales ; mais en général ils sont carnivores et d'une voracité remarquable ; ils dévorent avec avidité les cadavres dont ils peuvent s'emparer ; et, quand la faim les presse , ils se mangent entre eux. Lorsque l'on conserve longtemps des Homards dans des casiers(1), par exemple, et qu'on n'a pas le soin d'enfoncer une petite cheville dans l'articulation de leurs pinces afin de les empêcher de se servir de ces organes , on voit les plus gros détruire les faibles et s'en nourrir.

Chez presque tous les Crustacés il existe un certain nombre d'organes extérieurs destinés spécialement à porter les alimens dans la cavité buccale, et à les diviser mécaniquement avant qu'ils ne pénètrent dans le tube digestif ; mais il en est aussi chez lesquels la division du travail n'est pas poussée aussi loin , et où ces fonctions sont remplies uniquement par les membres qui servent aussi à la locomotion. Les Limules sont dans ce cas ; chez ces animaux singuliers, la bouche, qui occupe la face inférieure du corps, est entourée par un certain nombre de pates ambulatoires, et c'est l'article basilaire de ces membres qui remplit les fonctions de mandibules.

Chez tous les autres Crustacés , un certain nombre des membres de la portion céphalo-thoracique du corps, au lieu d'agir à la fois à la manière de pates et de mâ-

---

(1) On donne ce nom à des espèces de paniers à claire-voies qui servent de piéges dans certaines pêches , et qui sont employés plus fréquemment encore pour emprisonner des Homards sous l'eau.

choires , sont spécialement affectés à l'appareil digestif et présentent des modifications en rapport avec les
fonctions qu'ils sont appelés à remplir.

Tous ces animaux , comme nous l'avons déjà dit ,
ne se nourrissent pas de la même manière ; les uns ,
en petit nombre, vivent en suçant seulement des
liquides, et sont toujours parasites ; les autres font
usage d'alimens solides et mènent une vie errante.
Les premiers sont ceux dont la bouche présente en
général la structure la plus simple ; mais, pour en
bien comprendre la composition, il importe de connaître d'abord celle du même appareil chez les Crustacés broyeurs.

Chez tous ces animaux l'ouverture buccale occupe
la face inférieure de la portion céphalique des corps ,
et se trouve bondée en avant et en arrière par une
pièce tégumentaire impaire qui occupe la ligne médiane ; l'une de ces pièces, située au devant de la bouche, a en général la forme d'une petite lame cornée
ou osseuse, et constitue ce que l'on nomme le *labre* ou
lèvre supérieure ; l'autre, également lamelleuse , mais
ordinairement bifide, porte le nom de *languette ;* mais il
serait peut-être mieux de l'appeler la *lèvre inférieure.*
Enfin, les côtés de la bouche sont toujours occupés par
les membres de la première paire située après les antennes, et ces organes sont modifiés de manière à être
aptes à couper et à broyer les alimens; aussi ont-ils reçu
le nom de *mandibules* (1) ; leur forme est en général
assez semblable à celle de l'article basilaire des membres qui chez les Limules servent en même temps de

______

(1) Pl. 3, fig. 13.

pates et de mâchoires ; enfin , ils portent souvent un appendice articulé qu'on a nommé *palpe mandibulaire* (1), mais qui paraît être la continuation de la tige du membre , et non l'analogue de la partie que nous avons appelée *palpe*.

Telles sont les parties qui entourent immédiatement la bouche des Crustacés broyeurs ; mais elles ne sont pas les seules qui appartiennent à l'appareil de la mastication , et il existe toujours une ou plusieurs paires de membres qui font suite aux mandibules , et qui ont pour fonction principale de porter les alimens dans le tube digestif , et de les empêcher de s'échapper d'entre les mandibules lorsqu'ils viennent à être comprimés entre ces organes. Le nombre de ces instrumens accessoires de la mastication varie beaucoup ; chez les Phyllasomes , par exemple , il n'y en a qu'une seule paire , tandis que chez les Crabes et les Écrevisses on en compte cinq de chaque côté (2). Chez tous ces Crustacés , les deux premières paires de membres qui suivent les mandibules paraissent être spécialement destinées à entrer dans la composition de l'appareil buccal, et, lorsque l'une d'elles ne sert plus à des usages de ce genre, elle devient rudimentaire ; mais les autres, au nombre d'une, de deux ou de trois paires, suivant les espèces , prennent tantôt la forme de mâchoires , tantôt celle de pates ambulatoires, ou préhensiles , et remplissent quelquefois en même temps les fonctions de ces deux organes (3) ; aussi distingue-

---

(1) Pl. 3, fig. 13, *c*, *d*.
(2) Pl. 3 , fig. 9-13.
(3) Voyez à ce sujet les belles recherches de M. Savigny , sur

t-on les premiers sous le nom de *mâchoires* proprement dites , et les derniers sous celui de *mâchoires auxiliaires* ou *pates-mâchoires*.

Tous les membres modifiés ainsi, pour servir d'organes de mastication , se meuvent latéralement comme chez les Insectes et les autres animaux articulés , tandis que dans l'embranchement des animaux vertébrés les instrumens destinés aux mêmes usages se meuvent dans la direction de l'axe du corps. Ils sont toujours appliqués sur la bouche, et les anneaux auxquels ils appartiennent sont soudés aux précédens, de manière à entrer dans la composition de la tête. Leur nombre, comme nous l'avons déjà dit, varie beaucoup ; chez les Thysanopodes et plusieurs autres Stomapodes , de même que chez les Nébalies , etc. , les mâchoires seules entrent dans la composition de l'appareil buccal, et tous les membres qui leur succèdent ont la forme et les fonctions de pates locomotrices(1) ; chez les Édriophthalmes le nombre des organes de manducation est augmenté d'une paire de pates-mâchoires (2) ; chez certains Salicoques, que j'ai désignés sous le nom de Sergeste , une seconde paire de pates-mâchoires vient s'ajouter aux derniers membres déjà groupés autour de la bouche (3) ; et enfin, chez tous les autres Décapodes, on compte trois paires de ces pates-mâchoires ; de sorte qu'alors le nombre total des membres modifiés pour servir à la manducation est de six paires.

---

l'organisation de la bouche des insectes , des Crustacés, etc. , dans ses mémoires sur les animaux sans vertèbres , 1er. Fascicule.

(1) Pl. 26, fig. 1.

(2) Pl. 29.

(3) Voyez *Annales des sciences naturelles* , t. 19, Pl. 10.

La forme de ces diverses mâchoires varie encore plus que leur nombre ; celles qui suivent immédiatement les mandibules ressemblent en général à de petites lames cornées, dont le bord est découpé en lobes et garni d'épines et de soies ; disposition dont le but est évident (1). Les pates-mâchoires, au contraire, sont presque toujours allongées et ont la forme de tiges recourbées sur elles-mêmes (2) ; enfin, celles de la dernière paire sont souvent élargies vers leur base de manière à constituer une espèce d'opercule qui recouvre tout l'appareil buccal (3).

Chez les Crustacés qui vivent en parasytes sur d'autres animaux, et se nourrissent en suçant leur sang, la disposition de l'appareil buccal est très-différente de ce que nous venons de voir chez les Crustacés broyeurs, mais on y retrouve toujours les mêmes élémens (4). Les pièces médianes, qui, d'après leur position, sont évidemment les analogues du labre et de la languette, s'allongent excessivement et se réunissent pour former un tube conique destiné à agir à la manière d'une pipette ou suçoir (5) ; les membres qui, chez les broyeurs, s'élargissent et se raccourcissent pour constituer les mandibules, éprouvent ici des changemens inverses, et se transforment en deux tiges grêles et acérées qui se logent dans l'intérieur du tube dont nous venons de parler, et se montrent à son extrémité comme deux petites lancettes destinées à perforrer le

---

(1) Pl. 3, fig. 12.
(2) Pl.3, fig. 9, 10, etc.
(3) Pl. 3, fig. 2, *b* ; et fig. 8.
(4) Voyez nos recherches sur l'organisation de la bouche des Crustacés suceurs, *Annales des sciences naturelles*, t. XXVIII.
(5) Pl. 38, fig. 2, etc.

corps dans lequel il doit s'introduire pour en pomper les humeurs. Les membres des deux paires suivantes, qui répondent aux mâchoires, deviennent inutiles, et sont par conséquent réduits à l'état rudimentaire ou bien disparaissent complétement. Enfin, les membres qui constituent les pates-mâchoires chez les Crabes et les Écrevisses, sont encore ici des parties accessoires de l'appareil buccal; mais, au lieu de servir à l'introduction des alimens dans le tube digestif, ils sont transformés en crochets acérés, et ont pour usage de fixer l'animal à la proie sur laquelle il doit vivre.

Le CANAL DIGESTIF s'étend en ligne droite depuis la bouche jusqu'à l'anus, qui occupe toujours le dernier anneau du corps (1). Près de son extrémité antérieure on y remarque en général un renflement très-considérable, auquel succède un tube grêle et cylindrique, de façon que cet organe se compose de trois parties distinctes qui constituent l'œsophage, l'estomac et l'intestin. L'œsophage (2) ne présente rien de remarquable; il est très-court, et dirigé verticalement entre la bouche et la face inférieure de l'estomac, dans la cavité duquel il vient s'ouvrir; sa face intérieure présente plusieurs replis; enfin, on y distingue deux tuniques, l'une externe, formée par un prolongement de la membrane séreuse générale, l'autre interne, de structure muqueuse, qui se continue avec les couches externes des tégumens, et entre elles se trouvent un assez grand nombre de fibres musculaires qui entourent ce conduit et s'opposent, par leur contraction, à la sortie des substances contenues dans l'estomac.

---

(1) Pl. 4, fig. 1, 2, 3, 4.
(2) Pl. 4, fig, 5, e.

Ce dernier viscère est en général très-grand et occupe
la majeure partie de la tête. Chez la plupart des Crustacés il paraît à peu près globuleux lorsqu'on le regarde
en dessus (1); sa face supérieure est aplatie, son bord
antérieur très-large, et son extrémité postérieure fort
rétrécie; enfin, sur les côtés et au-dessous, ses parois
sont bombées (2). Dans les Décapodes, où sa structure
est la plus facile à étudier, l'estomac occupe toute l'é-
paisseur du corps, et correspond à la portion médiane
et antérieure de la carapace désignée par M. Desma-
rests sous le nom de région stomacale. Sa face antérieure correspond au cerveau et à l'origine des yeux et
des antennes; enfin, sur ses côtes se voit une partie
du foie et des organes de la génération (3). Ses parois,
comme celles de l'œsophage, sont formées de deux tuniques membraneuses fines et transparentes, séparées
par des fibres musculaires; mais on y voit aussi un
appareil osseux ou cartilagineux, dont la structure est
très-remarquable. Chez tous ces Crustacés l'estomac
est divisé en deux portions bien distinctes, que l'on
pourrait désigner sous les noms de portion cardiaque
et de portion pylorique (4). La première est très-vaste
et se trouve immédiatement au-dessus de l'œsophage;
la seconde est au contraire très-petite et dirigée directement en arrière, de façon à former un angle droit
avec l'axe de l'œsophage et de la portion cardiaque à
la partie postérieure et supérieure de laquelle elle est

---

(1) Pl. 4, fig. 1, C.
(2) Pl. 4, fig. 1, a.
(3) Pl. 4, fig. 1, m.
(4) Pl. 4, fig. 1 : C, portion cordiaque; P, portion pylorique;
fig. 6, mêmes lettres.

placée. Une partie de l'appareil cartilagineux dont il vient d'être fait mention , occupe la portion cardiaque de l'estomac et paraît servir à soutenir ses parois, et à les empêcher de retomber dans l'œsophage ; le reste de cet appareil entoure la portion pylorique et soutient un certain nombre de pièces qui font saillie dans son intérieure, et font l'office de dents ou de râpes. Sa structure, qui a déjà été décrite par M. Cuvier (1) , est très-compliquée; et, pour la faire bien comprendre , il sera nécessaire d'entrer dans quelques détails , et de l'étudier d'abord dans une espèce déterminée, le Crabe commun , par exemple.

On remarque d'abord à la face supérieure de la portion cardiaque de l'estomac une aréte transversale qui est située immédiatement au-dessus de l'ouverture œsophagienne ; en examinant avec plus d'attention cette bande osseuse, on voit qu'elle est composée de trois pièces, une médiane et deux latérales ; la première, que nous appellerons *cardiaque* (2), est petite et a peu près quadrilatère, tandis que les deux autres, que nous désignerons sous le nom de *ptérocardiaques* (3), sont longues, étroites et terminées en pointe. Du bord postérieur du cartilage cardiaque part une pièce impaire (*cartilage urocardiaque*) qui est assez large et qui se dirige en arrière vers le pylore (4) ; sa face supérieure ne présente rien de remarquable, mais à son extrémité postérieure elle porte en dessous une grosse tubérosité osseuse qui fait saillie dans la cavité

---

(1) Leçons d'anatomie comparée, t. IV, p. 126.
(2) Pl. 4, fig. 1, *a*, et fig. 7, *a*.
(3) Pl. 4, fig. 1, *b*, et fig. 7, *b*.
(4) Pl. 4, fig. 1, *d*, et fig. 7. *d*.

de l'estomac, et constitue une des dents dont cet organe est armé. Au-dessus de cette dent s'articule une petite pièce osseuse que nous appellerons la *pylorique antérieure* (1) ; elle se trouve en haut, et présente à son extrémité supérieure deux branches latérales, de manière à représenter assez exactement la lettre T. Chacune de ces branches s'articule à son tour avec une *pièce cardiaque latérale supérieure* (2) qui se dirige en avant en décrivant une ligne courbe, et va s'unir à l'extrémité latérale de la pièce ptérocardiaque correspondante (*b*) ; sa portion antérieure est grêle et linéaire, mais vers son extrémité postérieure elle s'élargit beaucoup, et porte à sa face intérieure un gros tubercule qui se prolonge dans l'intérieur de l'estomac, et constitue de chaque côté du pylore une dent placée immédiatement au-dessous de celle appartenant à la pièce urocardiaque, et semblable à elle. Il résulte de cette disposition des pièces qui garnissent la face supérieure de l'estomac, que, lorsqu'on les regarde en dessus, elles ressemblent assez à une petite arbalète tendue, dont l'arc serait formé par les pièces ptérocardiaques, (*b*) le manche par le cartilage urocardiaque (*d*) et toute la portion pylorique de l'estomac (P), et la corde par les cartilages cardiaques latéraux supérieurs (*f*). A la face postérieure de la portion cardiaque de l'estomac, on voit sur la ligne médiane une plaque cartilagineuse (3) qui se porte obliquement du pylore vers l'œsophage (*pièce cardiaque postérieure*), et s'articule de chaque côté avec une arête qui suit la

---

(1) Pl. 4, fig. 1, *e*.
(2) Pl. 4, fig. 1, *f*, et fig. 7, *f*.
(3) Pl. 4, fig. 7, *o*.

même direction ; par leur extrémité supérieure, ces pièces *cardiaques latérales inférieures* (1) s'articulent aussi avec un petit osselet (*pièce cardiaque latéro-postérieure*) qui l'unit au bord inférieur et postérieur de la pièce cardiaque latéro-superieure (*p*); au devant de cette articulation se trouve un petit tubercule dentiforme (*pièce cardiaque latérale*) qui occupe le côté de l'ouverture pylorique, et se voit immédiatement au-dessous des dents appartenant aux pièces cardiaques latéro-supérieures (2). De chaque côté de l'estomac il existe encore une grande plaque cartilagineuse (*s*) qui se soude au bord inférieur des pièces cardiaques latérales, et porte à sa face interne un grand nombre de poils courts et raides qui font saillie dans la cavité de ce viscère, et constituent deux espèces de brosses ou de râpes situées au devant et au-dessous du pylore. Enfin, une arête osseuse (*pièce cardiaque latérale accessoire*), recourbée sur elle-même, se porte de la partie antérieure de ces petites dents vers le point de réunion des tiges cardiaques latéro-supérieures avec les ptérygo-cardiaques (*g*).

Les parois de la portion pylorique de l'estomac sont également garnies d'un nombre assez considérable de pièces cartilagineuses ou calcaires : on y distingue d'abord deux petites plaques qui font suite à la pièce pylorique antérieure, et s'articulent aussi avec le bord postérieur des pièces cardiaques latéro-supérieures; nous les appellerons *pièces pyloriques* (3). En arrière

(1) Pl. 4, fig. 7, *q*.
(2) Pl. 4, fig. 7, *r*.
(3) Pl. 4, fig. 1, *h*.

d'elles, la cavité stomacale se rétrécit assez brusquement, et présente à sa face supérieure quatre ou cinq petits osselets *méso-pyloriques* (1), puis une arête transversale qui semble donner attache à l'intestin, et que l'on peut nommer *uro-pylorique* (2). De chaque côté des osselets méso-pyloriques, on remarque l'insertion des conduits biliaires (3), et, au-dessous de cette ouverture, une petite arête (*pièce pylorique latérale*) qui va se joindre à une plaque cartilagineuse qui occupe la portion antérieure et inférieure du pylore ; le bord supérieur et antérieur de cette *pièce pylorique inférieure* s'élève dans l'intérieur de la portion correspondante de la cavité stomacale, et y constitue une espèce de cloison garnie de poils, au-dessus de laquelle se voient deux prolongemens membraneux qui paraissent remplir l'office de valvules, et qui naissent de la face interne des pièces pyloriques latérales. Enfin, en arrière de la plaque pylorique inférieure, il existe encore deux ampoules cartilagineuses assez grosses qui occupent la partie inférieure et postérieure du pylore (4).

Divers faisceaux musculaires se fixent à cet appareil compliqué, et en font mouvoir les pièces les unes sur les autres de manière à broyer entre les dents qui garnissent l'entrée du pylore les alimens qui s'y présentent. Un certain nombre de muscles s'étendent d'une pièce à l'autre entre les deux tuniques membraneuses de l'estomac, et concourent ainsi à fortifier les parois de ce viscère ; mais d'autres ne s'y fixent que par une de leurs extrémités, et prennent leur point d'appui sur la partie

---

(1) Pl. 4, fig. 1, *i.*
(2) Pl. 4, fig. 1, *j.*
(3) Pl. 4, fig. 1, *l.*
(4) Pl. 4, fig. 8, *c.*

voisine de la carapace. Ces derniers muscles sont les plus puissans, et servent à mouvoir la totalité de l'estomac aussi bien qu'à le fixer au squelette tégumentaire. Deux d'entre eux, qu'on peut appeler les muscles antérieurs de l'estomac, s'insèrent d'une part à la partie antérieure des pièces ptérocardiaques ou à la pièce cardiaque elle-même, et de l'autre à la partie antérieure de la carapace immédiatement au-dessus des yeux (1). Deux autres muscles, qui sont les antagonistes des premiers, s'étendent de la partie supérieure de la carapace à la portion postérieure des pièces cardiaques latéro-supérieures et aux parties voisines de l'estomac (2). Enfin, une troisième paire de muscles très-grêles se porte de la pièce pylorique inférieure au bord postérieur de la bouche, en s'appuyant sur la face extérieure de la pièce cardiaque postérieure.

La disposition de l'appareil osseux de l'estomac est essentiellement la même chez tous les autres Crustacés décapodes que nous avons examinés ; mais souvent son aspect change beaucoup à cause des différences que les pièces présentent dans leur grandeur relative. Ainsi, chez l'Écrevisse (3), l'arête transversale, formée par les pièces cardiaques et ptérocardiaques, qui occupe la face supérieure de l'estomac, au lieu d'être située à une distance assez considérable de la pièce pylorique antérieure, n'en est éloignée que de quelques lignes, par conséquent la pièce urocardiaque, au lieu d'être très-longue comme chez le Crabe, est réduite presque à rien ; il en est de même des pièces ptérocardiaques,

____

(1) Pl. 4, fig. 2, *a*; Pl. 5, fig. 1, *n*; et Pl. 11, fig. 3, *f'*.
(2) Pl. 4, fig. 2, *b* ; et Pl. 11, fig. 3, *f''*.
(3) Pl. 4, fig. 2, et fig. 6.

tandis que les pièces cardiaques et pyloriques prennent un accroissement considérable. Ces différences sont quelquefois assez grandes pour faire méconnaître au premier abord l'identité de certaines parties de cet appareil chez les Brachyures et les Macroures; mais, par une étude attentive de ces pièces, nous sommes toujours parvenus à reconnaître leurs analogies. La forme des dents qui entourent l'ouverture pylorique varie aussi; tantôt elles sont arrondies, tantôt bosselées ou striées; d'autres fois garnies de côtes saillantes (1).

Dans l'ordre des Édriophthalmes, on rencontre encore dans l'estomac des parties analogues à celles que nous venons de décrire, mais elles sont peu développées, et au lieu d'être osseuses elles n'ont qu'une consistance cartilagineuse; leur structure ne nous a paru offrir rien de remarquable, si ce n'est que la face intérieure de plusieurs de ces lames mobiles est recouverte de poils. Chez l'Orchestie, par exemple, il existe à la partie antérieure de l'estomac, près de son ouverture œsophagienne, deux petites dents ciliées, et chez la Lygie océanique on trouve à la partie postérieure de ce viscère des pièces analogues, mais beaucoup plus minces et moins saillantes.

Enfin, dans les Squilles on voit aussi, à la partie postérieure de la portion cardiaque de l'estomac, deux petites pièces semi-cornées très-minces, dont la face interne est armée d'une série verticale de petits mamelons coniques. Il n'existe point ici de grosses dents stomacales capables de broyer les alimens; mais le même résultat est obtenu au moyen d'une branche de

---

(1) Pl. 4, fig. 9.

la mandibule qui pénètre dans l'intérieur de cette cavité, et s'y voit à peu de distance du pylore ; car,
chez ces Crustacés, l'œsophage, au lieu d'occuper le
milieu de la portion cardiaque de l'estomac, est placé
près de son extrémité postérieure, et immédiatement
au-dessous de l'entrée du pylore.

L'intestin qui fait suite à l'estomac, et qui s'étend en
ligne droite jusqu'à l'anus, est grêle et très-allongé (1).
Ses parois sont très-minces et composées comme dans
les autres parties du tube digestif de deux tuniques ;
de chaque côté il est en rapport avec le foie (2) et les
organes de la génération ; sa face supérieure est recouverte, en majeure partie, par le cœur et l'artère
abdominal supérieur, et sa face inférieure repose sur
une portion du foie et sur les muscles fléchisseurs profonds des anneaux correspondans (3). Chez les Crustacés des ordres inférieurs, il présente dans toute son
étendue la même largeur, et son aspect ne change pas ;
mais chez la plupart des Décapodes on peut y distinguer deux parties. La longueur relative de ces deux
portions du tube intestinal varie beaucoup suivant
les espèces ; la première, que l'on pourrait appeler le
duodénum, est très-court chez le Maja (4), tandis que
chez le Homard elle constitue les sept huitièmes de
l'intestin ; elle est, en général, beaucoup moins musculaire que la seconde, que nous distinguerons sous
le nom de rectum (5), et sa limite postérieure nous a
toujours paru facile à reconnaître, d'après la position

---

(1) Pl. 4, fig. 1, I.
(2) Pl. 4, fig. 2, F.
(3) Pl. 7, fig, 1, *h*.
(4) Pl. 4, fig. 1, D.
(5) Pl. 4, fig. 1 et 2, R.

d'un appendice sécrétoire dont nous parlerons par la suite. Chez le Homard, la face interne du duodénum est lisse, tandis que celle du rectum est froncée ; enfin, une espèce de valvule circulaire sépare la première cavité de la seconde, et correspond à un petit bourrelet qui se voit au dehors. Dans l'Écrevisse, la première portion du duodénum présente à l'intérieur un grand nombre de petites villosités, et il n'y a pas de limite tranchée entre le duodénum et le rectum.

L'anus est situé, comme nous l'avons déjà dit, au dernier anneau de l'abdomen ; c'est une fente longitudinale qui en occupe la face inférieure, et dont les bords sont garnis de deux replis ayant la forme de lèvres. Immédiatement au-dessous des tégumens, on trouve de chaque côté de cette ouverture un faisceau de fibres musculaires longitudinales qui appartient au fléchisseur du dernier anneau, et qui paraissent remplir aussi les fonctions de sphincter.

Telle est la disposition du canal alimentaire chez presque tous les Crustacés, mais quelquefois sa forme est très-différente. Dans un petit animal de cette classe qui vit en parasite sur les branchies du Homard, au lieu de présenter un seul renflement stomacal, il offre de chaque côté une énorme poche qui communique avec sa cavité (1). Ce mode d'organisation rappelle celui de l'appareil digestif de la plupart des sangsues, et il est à noter que les Crustacés dont nous venons de parler se nourrissent de la même manière que ces Annélides.

Divers organes de sécrétion viennent se grouper au-

---

(1) Voyez *Mémoire sur le Nicothoé du Homard*, par M. Audouin et moi, *Annales des sciences naturelles*, t. 9, p. 345, Pl. 49.

tour du canal digestif, et y versent les humeurs nécessaires à l'exercice de ses fonctions. L'appareil biliaire est le plus important et le plus volumineux de
ces parties accessoires du tube alimentaire.

Dans les Lygies et quelques autres Crustacés Édriophthalmes, sa structure est essentiellement la même
que chez les insectes ; car il est composé de trois paires
de vaisseaux biliaires qui s'ouvrent dans l'estomac, et
côtoyent l'intestin dans toute la longueur du corps (1) ;
mais, en général, la disposition de cet appareil de
sécrétion est tout-à-fait différente. Chez tous les Décapodes, par exemple, il est formé de deux grandes
masses glandulaires qui occupent la majeure partie de
la cavité viscérale (2), et sont souvent réunies entr'elles.
La couleur jaune de ces organes se distingue à travers la membrane mince et transparente qui les recouvre et qui s'enfonce entre les lobes qui les composent.
Au premier abord on pourrait croire que chez ces
animaux le tissu du foie est spongieux ; mais, lorsqu'on
l'a dépouillé de sa tunique externe, on trouve qu'il est
fermé par l'agglomération d'un nombre immense de
petites vésicules plus ou moins allongées et semblables
à des vaisseaux bornes. En poursuivant (dans de l'eau)
cette dissection délicate, on voit aussi que ces espèces
de cœcums vont aboutir à des canaux membraneux sur
les côtés desquels ils s'implantent, et que ces conduits
excréteurs se réunissent à leur tour entre eux de manière à former un gros tronc qui va s'ouvrir sur la
partie latérale de la portion pylorique de l'estomac (3),
et y verser la bile qui est d'une couleur jaune verdâ-

---

(1) Pl. 4, fig. 3, F.
(2) Pl. 5, fig. 1, *d* ; Pl. 4, fig. 2, F, et fig. 5.
(3) Pl. 4, fig. 1, *l*.

tre. La forme et le volume du foie varient beaucoup,
ainsi que le nombre de ses lobes et la longueur des
vésicules cœcales qui le composent ; mais ces détails
ne sont pas assez importans pour nous arrêter ici.
Nous ajouterons seulement que, chez les Squilles, ce
viscère a une structure granuleuse et présente, comme
l'a observé M. Cuvier, deux rangées de lobes qui
s'étendent dans toute la longueur de l'intestin (1). Il
est aussi à remarquer que chez les Crustacés suceurs
le foie paraît être remplacé par un tissu spongieux
et réticulé qui forme autour du tube digestif une
sorte de lacis (2).

Chez les Décapodes brachyures, la portion pylorique de l'estomac présente d'autres annexes qui paraissent être aussi des organes de sécrétion (3) ; ce sont
deux longs tubes membraneux très-étroits, terminés
en cul-de-sac et entortillés sur eux - mêmes, qui se
voient au-dessus du foie ; ces vaisseaux renferment un
liquide blanchâtre, et viennent s'ouvrir à la partie supérieure de la cavité pylorique, immédiatement en arrière des espèces de valvules que nous avons signalées
dans son intérieur. Ces appendices se rencontrent aussi
chez quelques Macroures. Swammerdam en a signalé
l'existence chez le Bernard - l'Hermite ; mais dans le
Homard, etc., on ne les voit pas, et ils paraissent être
remplacés par deux ampoules qui ressemblent à des
cornes (4).

Chez presque tous les Crustacés décapodes que nous

----

(1) *Leçons d'anatomie comparée*, t. IV, p. 152.
(2) Pl. 4, fig. 4.
(3) Pl. 4, fig. 1, *m.*
(4) Pl. 4, fig. 10.

avons disséqués, il existe aussi un point de réunion du duodénum avec le rectum, un autre vaisseau-borne, dont la structure est exactement semblable à celles des deux tubes dont nous venons de parler, et qui est probablement encore un organe de sécrétion (1). Sa position varie suivant que la portion duodénale de l'intestin s'avance plus ou moins vers l'anus ; ainsi, chez le Tourteau, on le trouve immédiatement en avant du cœur, et chez le Homard à l'extrémité de l'abdomen ; mais il s'ouvre toujours immédiatement au devant des valvules qui séparent le duodénum du rectum ; dans l'Écrevisse il manque.

Enfin, on voit de chaque côté, et un peu en arrière de l'œsophage des grands Crustacés, une petite masse spongieuse de couleur verdâtre, qui pourrait bien être un appareil salivaire ; son aspect est semblable à celui de l'organe sécréteur qui recouvre l'appareil auditif.

§ II. *De la respiration.*

Une fonction dont l'exercice est, chez tous les animaux, non moins importante que la digestion, mais qui ne devient pas aussitôt l'apanage d'un appareil particulier, c'est la respiration. On donne ce nom à l'absorption de certaines parties constituantes de l'atmosphère, et à l'exhalation de produits également gazeux, dont la formation paraît dépendre de l'action des principes aériformes dont nous venons de parler sur les molécules organiques doués de vie. Dans le règne végétal, le gaz, ainsi absorbé, est de l'acide

---

Pl. 4, fig. 1, *n.*

carbonique, et le produit de la respiration est de l'oxigène ; mais chez les animaux, comme chacun le sait,
c'est l'inverse qui a lieu, et lorsqu'on prive ces êtres de
l'influence vivifiante de l'oxigène ils ne tardent pas à périr. Cette absorption et cette exhalation ont d'abord leur
siége dans toutes les parties du corps qui se trouvent
en contact avec le fluide dans lequel l'animal vit ;
mais, lorsqu'on s'élève dans la série zoologique, on voit
que la peau ne tarde pas à être plus ou moins complétement privée de ces fonctions, et que la respiration se concentre dans un appareil particulier dont la
structure varie.

Ce que nous venons de dire, en thèse générale, est
entièrement applicable aux Crustacés en particulier.
Le fluide qu'habitent ordinairement ces animaux
pourrait faire croire, au premier abord, qu'ils étaient
soustraient à l'influence de l'air, et que s'ils absorbent
de l'oxigène, c'est en décomposant l'eau ambiant qu'ils
se le procurent ; c'est effectivement l'opinion que plusieurs savans se sont formés de la respiration des
poissons et des autres animaux aquatiques ; mais des
expériences précises ont prouvé que ces êtres ne
sont pas soustraits à la loi générale, et que c'est en
s'emparant de l'oxigène de l'air, tenu en dissolution
dans l'eau, qu'ils pourvoient aux besoins de la respiration (1).

Chez un certain nombre de Crustacés, tels que
les Phyllosomes, les Cyclopes, etc., on ne voit aucune partie du corps qui soit spécialement destinée

---

(1) Voyez les recherches de MM. de Humboldt et Provençal, sur
la respiration des poissons, dans les Mémoires de la société d'Ar-
cueil, t. II.

à la respiration, et c'est par la surface tégumentaire générale que cette fonction paraît s'exécuter; mais chez la plupart d'entre eux elle devient
l'apanage d'un appareil particulier plus ou moins
compliqué, et formé essentiellement d'organes appelés *branchies*.

Ce sont d'abord un certain nombre des membres qui
se modifient pour servir plus spécialement à la respiration, en même temps qu'ils agissent encore comme
instrumens de locomotion. Dans les Apus et les Branchipes, par exemple, tous les membres qui suivent
l'appareil buccal ont une forme foliacée, et les parties
qui paraissent représenter le fouet et le pulpe de ces
organes sont complétement membraneuses, ou plus
ou moins vésiculaires (1) ; aucune expérience directe ne
prouve que ces parties remplissent réellement les
fonctions de branchies, mais tout porte à le croire,
et pendant la vie de l'animal on les voit dans un mouvement continuel, lors même qu'il ne change pas de
place : aussi les naturalistes ont-ils donné aux membres ainsi modifiés le nom de *pates branchiales*.

Dans le groupe naturel des Isopodes, ce sont encore
des membres qui paraissent être plus particulièrement
le siége de la respiration; mais ceux qui sont affectés
à cet usage n'agissent plus comme organes de locomotion ; en sorte qu'on peut considérer cet état de choses
comme un degré de plus dans la division du travail.
Les membres modifiés ainsi, pour agir sur l'oxigène
tenu en dissolution dans l'eau, appartiennent aux
cinq premiers anneaux de l'abdomen, et se composent

----

(1) Pl. 2, fig. 16 et 17, c.

chacun d'un petit article basilaire auquel sont suspendues deux lames membraneuses molles, et plus
ou moins vésiculaires (1); souvent on leur voit aussi du
côté intérieur un petit appendice qu'on peut regarder
comme l'analogue de la tige des autres membres, tandis
que les deux lames, dont il vient d'être fait mention,
représenteront le fouet et le pulpe; enfin, il est des
Crustacés chez lesquels ces membres, qu'on peut appeler des *fausses pates branchiales*, au lieu d'être
complétement externes, comme cela a lieu en général,
sont renfermés dans une cavité formée par le dernier
segment de l'abdomen (2).

Dans un autre groupe, voisin des Crustacés dont
nous venons de parler, celui des Amphipodes (3) et
des Lamipodes, ce sont les fouets des membres thoraciques qui paraissent spécialement affectés à l'exercice
des fonctions respiratoires; ces organes, au nombre de
huit à douze, prennent la forme de grandes vésicules
membraneuses, suspendues au-dessous du thorax entre les pates ambulatoires et un courant d'eau mis en
mouvement par les pates natatoires de l'abdomen, vient
les baigner continuellement. Chez plusieurs Stomapodes, et chez quelques Décapodes, le fouet d'un certain
nombre des membres thoraciques présente une modification analogue et constitue un vésicule ou une espèce de galette membraneuse; mais, chez ces animaux,
il existe aussi des branchies proprement dites, et ces
organes ne sont plus de simples modifications de parties déjà existantes dans l'économie, comme cela a lieu

---

(1) Pl. 10, fig. 6.
(2) Pl. 10, fig. 7.
(3) Pl. 2, fig. 15, c.

pour les pates branchiales, mais paraissent être une création nouvelle, commandée par la division toujours croissante dans le travail dont le corps de ces animaux est le siége (1).

Chez certains Stomapodes, dont on a formé le genre Cynthia, ces branchies sont fixées à l'extrémité de l'article basilaire des membres abdominaux des cinq premières paires, et consistent en une espèce de cylindre membraneux fixé par son milieu à un petit pédoncule (2).

Dans les Squilles, la position des branchies est la même que chez les Cynthia; elles sont toujours fixées à l'article basilaire des membres abdominaux des cinq premières paires, et flottent librement dans l'eau ambiante; mais leur structure, qui a été décrite avec soin par M. Cuvier (3), est beaucoup plus compliquée; car chacun de ces organes est formé d'un long tube conique sur un des côtés duquel naît une série de petits tubes disposés parallèlement entre eux comme un jeu d'orgue; et, à leur tour, ces tubes portent chacun une rangée de longs filamens cylindriques très-nombreux (4).

Dans un autre genre du même ordre, celui des Thysanopodes, les branchies ont la même structure que chez les Squilles, et ressemblent à des panaches rameux; ils sont aussi placés à l'extérieur et flottent librement dans l'eau ambiant; mais, au lieu d'occuper

---

(1) Pl. 10, fig. 3 et 4, *b*.
(2) Pl. 10. fig. 5, *b*.
(3) *Leçons d'anatomie comparée*, t. **IV**,
(4) Pl. 10, fig. 4, *b*.

l'abdomen, ils sont fixés aux pates thoraciques (1).

Enfin, dans l'ordre des Crustacés Décapodes, l'appareil respiratoire est encore plus compliqué, car les branchies sont renfermées dans des cavités bien formées, et il existe un mécanisme particulier destiné à opérer le renouvellement de l'eau qui les baigne. Ces cavités branchiales, au nombre de deux, occupent les côtés de la portion thoracique du corps et sont situées au-dessous de la partie latérale de la carapace (2). Leur paroi interne est formée par la voûte des flancs qui s'étend depuis la base des pates jusqu'à la face dorsale du thorax, et l'externe par repli tégumentaire qui se porte en décrivant une ligne courbe du bord supérieur des flancs à leur bord inférieur, où il se continue avec le bord latéral de la carapace (3). On y distingue une espèce d'épiderme qui est le prolongement de la couche dermoïde qui constitue le test lui-même, et une membrane épaisse et tomenteuse qui fait partie de l'enveloppe générale que nous avons comparée au chorion ; en arrière, l'espèce de voûte formée par ce prolongement tégumentaire est accolée à la portion correspondante de la carapace; mais antérieurement elle en est séparée par une partie des viscères. Entre son bord inférieur et la base des pates, il existe un espace plus ou moins grand au moyen duquel la cavité branchiale communique librement avec le dehors ; enfin, à son extrémité antérieure, est

---

(1) Voyez le Mémoire sur une disposition particulière de l'appareil branchial chez quelques Crustacés, que j'ai publié dans le 19e. vol. des *Annales des sciences naturelles*. Ces branchies sont représentées aussi Pl. 10, fig. 3.

(2) Pl. 10, fig. 1 et 2.

(3) Pl. 10, fig. 10.

une sorte de gouttière qui vient s'ouvrir sur les côtés de la bouche et sert également au passage de l'eau employée pour la respiration (1).

Les branchies, qui sont logées dans ces cavités, reposent sur la voûte des flancs, et ne tiennent au corps que par un pédoncule qui en occupe ordinairement l'extrémité inférieure. Chacun de ces organes a la forme d'une pyramide allongée et quadrilatère dont le sommet est dirigé en haut. Une cloison verticale s'étend d'une extrémité de la branchie à l'autre, et la divise en deux moitiés latérales qui sont formées par l'assemblage d'une multitude de lamelles ou de filamens placés parallèlement les uns aux autres, et forment un angle droit avec l'axe de la pyramide. Deux gros vaisseaux règnent dans toute la longueur de cette cloison médiane; l'un d'eux occupe toujours la face interne de la branchie, et sert, comme nous le verrons par la suite, à recevoir le sang après qu'il a subi l'influence de l'air dissout dans l'eau ; l'autre, qui est au contraire le vaisseau afférent, est quelquefois accolé au côté externe du premier; mais en général il en est assez éloigné, et se voit à la face externe des branchies (2). Une infinité de vaisseaux capillaires partent des deux côtés de l'un et l'autre de ces canaux, et se distribuent dans les parties latérales de la branchie. Chez tous les Brachyures, chez les Anomoures et chez un grand nombre de Macroures (tels que les Pagures, les Galathées et tous les Salicoques), ces parties latérales des pyramides branchiales sont formées par un grand nombre de petites lamelles

---

(1) Pl. 10, fig. 1 et 2.
(2) Pl. 6, fig. 4.

6.

semi-membraneuses empilées les unes sur les autres, et fixées par un de leurs bords à la cloison médiane comme les feuillets d'un livre. Enfin, chez les Écrevisses, les Langoustes et quelques autres Macroures, voisins du genre *Astacus*, ces lamelles sont remplacées par une multitude de petits cylindres qui sont fixés sur la cloison verticale par leur extrémité interne, comme les poils d'une brosse, et recouvrent toute la face externe de la branchie aussi bien que ses deux côtés (1).

On voit donc que les branchies des Crustacés Décapodes diffèrent de celles de la Squille et des Thysanopodes, non-seulement par leur situation dans l'intérieur d'une cavité spéciale, mais aussi par leur structure; car, chez les Stomapodes, la partie de ces organes, qu'on peut comparer à leur tige, porte des cylindres garnis à leur tour de filamens nombreux, tandis que chez les Décapodes les lamelles ou les cylindres fixés sur cette même tige sont toujours simples et sans divisions.

Le nombre des branchies et leur mode d'insertion varient beaucoup chez les divers Crustacés Décapodes. Dans le Crabe commun, par exemple, on trouve de chaque côté du corps neuf de ces organes. Les deux premières pyramides branchiales, rudimentaires, et cachées sous la base des suivantes, s'insèrent au premier article de la seconde et de la troisième pate-mâchoire(2), tandis que les autres s'insèrent immédiatement au-dessous des épimères correspondantes, ou bien au pourtour de trous qui occupent la partie in-

---

(1) Pl. 10, fig. 1, *b*; et Pl. 8, fig. 2 et 3.
(2) Pl. 3, fig. 8 et 9, *k*.

férieure de ces pièces osseuses (1); ils sont couchés sur la voûte des flancs, et vont en convergeant vers le sommet de la cavité respiratoire; la première de ces branchies correspond à l'anneau que porte la seconde pate-mâchoire; les deux suivantes sont réunies sur un pédoncule commun, et s'insèrent au-dessus de la pate-mâchoire externe; il en est de même pour la quatrième et la cinquième de ces branchies thoraciques qui s'attachent au bord inférieur de l'épimère correspondante à la première pate ambulatoire; enfin la sixième et la septième branchies naissent chacune d'un trou branchial pratiqué dans la voûte des flancs, au-dessus de la seconde et de la troisième pate ambulatoire (2).

Chez la plupart des Brachyures, le nombre et la disposition des branchies sont les mêmes que chez le Crabe commun; mais il arrive quelquefois qu'une ou deux de ces pyramides disparaissent. Chez la plupart des Crabes terrestres, par exemple, on n'en compte de chaque côté du corps que sept, dont cinq seulement sont fixées au thorax et couchées sur la voûte des flancs, et les deux autres sont rudimentaires.

Dans d'autres cas, le nombre de ces organes est, au contraire, beaucoup plus considérable, et au lieu de constituer une seule série, ils sont placés sur deux ou trois rangs, et forment une espèce de faisceau sur chaque anneau du thorax. Cette disposition de l'appareil branchial est presque universelle chez les Macroures, et se rencontre aussi chez plusieurs Anomoures, tels que les Dromies et les Homoles; mais

----

(1) Pl. 3, fig. 3, *bb*.
(2) Pl. 10, fig. 2.

c'est dans le Homard et les genres voisins qu'elle est portée à son maximum (1). Chez ces Crustacés on en compte de chaque côté du corps vingt-deux.

Dans les Langoustes, les Scyllares, les Penées, il n'existe que dix-huit branchies de chaque côté du corps ; les Gebies n'en ont que quinze ; les Pandales, douze ; les Sicyonies, onze ; les Callianasses, dix ; les Palmons, huit ; et les Crangous, ainsi que les Egéons, les Lysianasses, les Hippolytes, les Sergestes, etc., sept. Chez les Salicoques, dont nous venons de parler, ces organes sont placés sur une seule ligne comme chez les Crabes ; mais, chez ces derniers, on n'en voit jamais sur les deux derniers anneaux du thorax, tandis que chez les Macroures il en existe toujours sur l'avant-dernier segment thoracique, et il n'en manque presque jamais sur le dernier.

Nous avons déjà vu que chez un assez grand nombre de Crustacés dépourvus de branchies proprement dites, l'appendice flabelliforme d'une ou de plusieurs paires des membres thoraciques sert à la respiration. Chez les Décapodes, ces organes ne paraissent plus destinés aux mêmes usages, mais néanmoins nous les voyons encore entrer presque toujours dans la composition de l'appareil respiratoire ; ils affectent en général la forme de lames cornées, longues et étroites, qui s'élèvent dans la cavité respiratoire, et se placent tantôt entre les pyramides branchiales, tantôt sur la surface de la masse formée par la réunion de ces orgagnes. Dans le Homard, par exemple, il existe un fouet très-développé à tous les

---

(1) Pl. 10, fig. 1 ; et Pl. 8, fig. 2 et 3.

membres, depuis la pate-mâchoire externe jusqu'à la quatrième pate ambulatoire inclusivement, et ces appendices montent verticalement entre les faisceaux formés par les pyramides branchiales correspondantes (1); mais chez presque tous les Brachyures on n'en voit qu'aux trois paires de pates-mâchoires (2); deux d'entre eux se portent obliquement sur la face externe des branchies, et la troisième passe entre ces organes et la voûte des flancs. Lorsque les membres auxquels ces appendices flabelliformes sont fixés se meuvent, ils montent et descendent dans la cavité respiratoire, et balaient pour ainsi dire la surface des branchies. Cette disposition les avait fait regarder comme étant les agens employés pour opérer le renouvellement de l'eau qui baigne les organes spéciaux de la respiration (3); mais des observations et des expériences directes, que j'ai faites en commun avec M. Audouin nous ont convaincus que, s'ils contribuent à entretenir le courant continuel qui traverse la cavité branchiale, c'est d'une manière tout-à-fait secondaire. Voici par quel mécanisme ce résultat est obtenu.

La cavité respiratoire communique au dehors, comme nous l'avons déjà dit, par une gouttière qui vient se terminer sur les côtés de la bouche, et par un espace plus ou moins grand que laissent entre eux le bord inférieur de la voûte des flancs et la partie correspondante de la carapace. Chez les Macroures cette dernière ouverture, qui se voit immédiatement au-

---

(1) Pl. 10, fig. 1.
(2) Pl. 3, fig. 8, 9 et 10, *j*.
(3) C'est l'opinion adoptée par M. Cuvier, dans ses *Leçons d'anatomie comparée*, t. IV, p. 432.

dessus de la base des pates , règne dans toute la longueur du thorax , et reste toujours béante. L'expérience nous a démontré que c'est par cette voie seulement que l'eau, nécessaire pour l'entretien de la
respiration , pénètre dans la cavité branchiale , et
nous avons constaté que c'est par l'espèce de gouttière
située à l'extrémité antérieure de la cavité que ce liquide est ensuite rejeté au dehors. Le mécanisme, au
moyen duquel s'établit le courant, est très-simple.
La portion de la mâchoire de la seconde paire, qui
correspond au palpe, acquiert un développement très-
considérable, et forme une grande lame cornée fixée par
sa partie moyenne comme sur un pivot (1); ce disque
est renfermé dans le canal efférent de la cavité respiratoire , et agit à la manière d'une valvule à registre ;
il exécute des mouvemens de rotation continuels et
rejette au dehors l'eau qui le baigne. Lorsqu'on interrompt ses mouvemens, le courant, formé par l'eau qui
s'échappe des branchies , s'arrête aussitôt , et l'animal
ne tarde pas à s'asphyxier : il est donc évident que c'est
à son action qu'est dû le renouvellement de l'eau dans
la cavité branchiale.

Les mâchoires de la seconde paire remplissent les
mêmes fonctions chez tous les Décapodes , et partout
où les branchies sont renfermées dans une cavité thoracique , ces membres présentent dans leur structure
la modification dont nous venons de parler , tandis
que chez les autres Crustacés ils ne portent jamais
à leur côté externe un grand appendice valvulaire.

La disposition du canal afférent de l'appareil bran-

____

(1) Pl. 3 fig. 11, *j* : et Pl. 10, fig. 1.

chial ne varie que peu , mais celle de l'ouverture par laquelle l'eau pénètre dans la cavité respiratoire est bien moins constante. Chez la plupart des Brachyures elle n'existe qu'au devant de la pate ambulatoire de la première paire, et a la forme d'une fente allongée qui est occupée par un prolongement de l'article basilaire de la pate-mâchoire externe (1). Lorsque ces membres sont appliqués sur la bouche, l'ouverture afférente de la cavité branchiale est fermée par cette espèce de levier, et pour y faire entrer l'eau, l'animal est obligé de les écarter; aussi voit-on ces organes dans un mouvement continuel; mais ces mouvemens ne sont pas la cause active du renouvellement de l'eau qui baigne les branchies, car c'est toujours du jeu des mâchoires de la seconde paire qu'elle dépend.

Chez quelques Brachyures, cette ouverture est séparée de la base de la pate ambulatoire de la première paire par un petit prolongement de la carapace, et au lieu de n'être qu'une fente, se convertit ainsi en trou ; c'est ce que l'on voit chez les Dorripes (2). D'autres fois, chez l'Ilia, par exemple, le bord inférieur de la carapace est soudé aux épinières tout le long du côté du thorax, et c'est sur les côtés de la bouche, au-dessous du canal afférent, que se trouve l'ouverture par laquelle l'eau pénètre dans la cavité branchiale. Enfin, dans la Ranine, c'est à la racine de l'abdomen que ce trou se fait remarquer.

La plupart des Crustacés sont des animaux essentiellement aquatiques, et un grand nombre d'entre

---

(1) Pl. 3, fig. 2, *i*.
(2) Pl. 20, fig. 12, *a*.

eux périssent en très-peu de temps lorsqu'on les retire de l'eau pour les exposer à l'action de l'air; mais d'autres espèces sortent volontairement de l'élément qu'ils habitent, et vivent autant à l'air que dans l'eau; enfin, on en connaît qui sont terrestres dans toute l'étendue de ce mot, car ils ne viennent guères à l'eau que pour s'y baigner. Dans les autres classes du règne animal, la respiration aérienne coïncide presque toujours avec l'existence d'une cavité intérieure destinée à l'exercice de cette fonction, et connue sous le nom de poumon ou de trachée, tandis que là où la respiration se fait par l'intermédiaire de l'eau, c'est la surface d'organes saillans appelés branchies qui en est le siége. Pour expliquer les différences que nous venons de signaler dans la manière de vivre des Crustacés, on pouvait donc supposer que les espèces réellement amphibies seraient pourvues en même temps de poumons et de branchies, et que les espèces qui s'asphyxient dans l'eau, ou qui meurent lorsqu'on les expose à l'air, étaient privées de l'un ou de l'autre de ces organes respiratoires. C'est en effet l'opinion que M. Geoffroy-Saint-Hilaire paraît avoir adoptée (1), mais elle ne nous semble pas compatible avec le résultat de plusieurs observations postérieures à celles sur lesquelles elle est fondée; et en admettant même que la modification curieuse des parois de la cavité branchiale, signalée par ce savant dans le *Birgus Latro*, puisse servir à la respiration, nous ne croyons pas qu'on doive la regarder comme constituant un véritable poumon.

---

(1) Les observations de ce savant furent communiquées à l'Académie des sciences le 12 et le 19 septembre 1825; mais elles sont restées inédites.

En effet, on donne le nom de poumons ou de branchies à des organes particuliers creusés d'un grand nombre de vaisseaux dans lesquels le sang passe en totalité ou en majeure partie avant que de se distribuer aux différentes parties du corps, et y porter l'oxigène qu'il absorbe pendant son passage à travers ces canaux. Pour que cette absorption et l'exhalation de l'acide carbonique, qui en est une suite, puisse s'effectuer, il fallait que le sang ne fût séparé du milieu dans lequel l'animal est plongé que par une membrane mince et très-perméable; dans l'eau une telle membrane pouvait se trouver à la surface extérieure du corps sans que ses qualités soient nécessairement altérées; mais à l'air il n'en est pas de même, et placée ainsi, on la verrait en général se dessécher bientôt et perdre, par l'effet de l'évaporation, toutes les propriétés nécessaires à l'exercice de ses fonctions. Il en résulte que chez les animaux destinés à vivre dans l'eau, où l'évaporation est nulle, la nature n'a prise aucune précaution pour empêcher la dessiccation de la surface respiratoire, et qu'elle l'a laissée à l'extérieur, tandis que chez les êtres qui habitent l'atmosphère elle l'a reployée en dedans du corps, et en a tapissé des cavités où, l'air ne se renouvelant qu'autant que cela est nécessaire pour la respiration, l'évaporation est réduite à son minimum.

La différence essentielle qui distingue les poumons des branchies réside dans cette modification; dans les premiers, la respiration se fait par les parois de cavités intérieures, tandis que dans les seconds c'est à la surface d'organes saillans que se distribuent les vaisseaux dans lesquels le sang est soumis à l'action de l'oxigène.

Or , dans le Birgus , la partie de l'appareil respiratoire , que M. Geoffroy regarde comme l'analogue du poumon , n'est autre chose qu'une portion des tégumens communs sur laquelle on ne distingue pas de tunique épidermique, mais dont la surface est hérissée d'un nombre immense de végétations saillantes. En admettant que cette portion de la peau qui tapisse la paroi supérieure de la cavité respiratoire et recouvre les branchies , puisse servir à la respiration , ce serait donc plutôt comme une branchie supplémentaire que comme un poumon qu'il faudrait la considérer , et son existence ne lèverait aucune des difficultés qu'on rencontre dans l'explication des phénomènes dont nous avons parlé plus haut.

Pour jeter de nouvelles lumières sur ce sujet , j'ai fait , conjointement avec M. Audouin , une série d'expériences sur la respiration aérienne des Crustacés (1), et nous avons constaté d'abord que chez tous ces animaux les branchies peuvent servir à la respiration aérienne, comme elles servent à la respiration aquatique , mais qu'en général le desséchement qu'ils éprouvent à l'air agit comme une cause puissante de mort : aussi , en plaçant dans de l'air chargé d'humidité des Homards et d'autres espèces qui , en général , meurent peu d'heures après qu'on les a retirés de la mer , sommes-nous parvenus à en conserver en vie pendant très-long-temps. Il nous a donc paru probable que l'un des moyens employés par la nature , pour faire vivre dans

____

(1) Mémoire sur la respiration aérienne des Crustacés , et sur les modifications que l'appareil branchial éprouve dans les Crabes terrestres, lu à l'Académie des sciences le 21 juillet 1828. (Voyez les *Annales des sciences naturelles* , t. 5, p. 85.)

l'atmosphère les Crustacés, pourvus seulement de branchies, était d'empêcher, par des moyens quelconques, la dessiccation de ces organes.

Les habitudes des Crabes terrestres venaient à l'appui de cette opinion, car ils se creusent des terriers profonds et recherchent toujours des lieux humides; et nous avons constaté que chez plusieurs d'entre eux, au moins, il existait une disposition particulière de l'appareil respiratoire qui semble être destinée à maintenir de l'humidité autour des branchies; tantôt la membrane tégumentaire, qui tapisse la cavité où sont placés ces organes, présente à sa partie inférieure un large repli qui en recouvre la base et forme une espèce d'auge propre à contenir une certaine quantité d'eau; tantôt elle offre une texture spongieuse, analogue à celle que M. Geoffroy a découverte chez le Birgus.

Une autre circonstance qui peut contribuer, aussi bien que la dessiccation, à faire périr la plupart des Crustacés qu'on retire de l'eau, c'est l'affaissement des lamelles branchiales les unes sur les autres, et la diminution qui en résulte dans l'étendue de la surface en contact avec l'oxigène. M. Flourens a fait voir que, lorsqu'un poisson est plongé dans l'eau, les filamens qui garnissent ses branchies ne se touchent pas et flottent dans le liquide qui les baigne, tandis qu'à l'air leur pesanteur spécifique les fait retomber et les réunit en masse. Dans ce dernier cas, l'étendue de la respiration de ces animaux se trouve donc diminuée de beaucoup; et bien que cette fonction puisse continuer à s'exercer dans la portion des branchies en contact avec l'air, elle ne suffit plus à l'entretien de la vie, et l'asphyxie ne tarde pas à commencer. Il en est de même chez les Crustacés, et probablement c'est également une cause de mort pour beaucoup de ces animaux.

§ III. *Circulation.*

Chez les animaux dont la structure est la plus simple, les sucs nutritifs, fournis par les alimens, et l'oxigène absorbé par le travail respiratoire, ne parviennent aux différentes parties intérieures du corps que par une espèce d'imbibition ou d'endosmose; mais, lorsqu'on s'élève dans la série des êtres, on voit bientôt un appareil particulier être destiné à effectuer ce transport, et chacun des actes qui y concourent devenir successivement l'apanage d'un instrument spécial. Lorsque la division du travail ne commence qu'à peine, cet appareil est une simple dépendance de la cavité digestive, disposition dont les Méduses nous offrent des exemples; mais il ne tarde pas à en devenir distinct. Bientôt la route que les liquides parcourent pour se distribuer aux différens organes, et celle par laquelle ils en reviennent, cesse aussi d'être la même, et ils décrivent dans leur marche un cercle complet. Les canaux dans lesquels cette circulation s'effectue consistent d'abord en une série de cavités ou de lames que les parties solides de l'économie laissent entre elles; mais ensuite elles acquièrent des parois qui leur appartiennent en propre, et un organe musculaire particulier leur est adjoint pour déterminer un courant dans le liquide qu'ils renferment. Enfin, dans les animaux supérieurs, la division du travail est portée à un plus haut degré, et on voit l'appareil circulatoire se compliquer de plus en plus.

Chez les Crustacés, la distribution du liquide nourricier dans les différentes parties du corps, et son retour vers un point central, s'effectue au moyen d'un système particulier de vaisseaux ; il existe aussi un réservoir musculaire, nommé *cœur*, qui est destiné à déterminer le mouvement du sang; et, dans un point déterminé du cercle circulatoire, ce liquide passe à travers les branchies, où il reçoit l'influence de l'air. Il y a donc, dans cette classe d'animaux, une circulation complète, mais elle est plus simple que chez la plupart des animaux vertébrés, et il paraît que c'est encore par imbibition que les sucs nutritifs, produits par la digestion, parviennent de la cavité alimentaire dans les vaisseaux sanguins ; car il n'y a point de système chylifère particulier comme chez les animaux supérieurs, et on n'aperçoit aucun autre moyen de communication entre ces deux appareils.

Le sang des Crustacés, de même que celui de tous les autres animaux articulés et celui des Mollusques, ne présente point la couleur rouge qui est propre à ce liquide chez les Annelides et chez tous les animaux vertébrés ; aussi pendant long-temps a-t-on cru que ces animaux en étaient dépourvus. C'est un liquide albumineux qui, dans l'état naturel, est limpide et presque incolore ; mais, lorsqu'on le retire des vaisseaux qui le renferment, il ne tarde pas à devenir opaque, et à prendre une couleur blanche bleuâtre ou légèrement rosée ; exposé à l'air, il se coagule promptement et se transforme en une gelée assez consistante. Enfin, examiné au microscope, il paraît formé d'une espèce de sérum tenant en suspension une grande quantité de globules albumineux.

Il a régné pendant long-temps une grande dissidence d'opinions relativement à la marche suivie par le sang dans le cercle circulatoire qu'il parcourt chez les Crustacés ; mais les expériences nombreuses que nous avons faites, conjointement avec M. Audouin, paraissent avoir décidé complétement la question.

D'après les écrits de Willis (1), on croirait que le sang veineux arrivant de toutes les parties du corps, et le sang artériel venant des branchies, se mêlent dans la cavité du cœur, et que cet organe, en se contractant, enverrait une portion du mélange aux divers organes, et chasserait le reste dans l'appareil respiratoire, où il subirait une seconde fois l'action de l'air. Dans les Leçons d'anatomie comparée, M. Cuvier dit que le sang se porte des branchies au cœur, puis de cet organe à toutes les parties du corps, d'où il retourne directement aux branchies (2). Mais, dans un ouvrage plus récent, ce savant fait suivre à ce liquide une marche absolument inverse, car il décrit son trajet comme ayant lieu du cœur aux branchies, de celles-ci à un vaisseau central qui le distribue à toutes les parties du corps, et de là il le fait revenir au cœur (3). Cette dernière opinion était assez généralement adoptée (4) ; cependant, d'après la théorie la plus récente, il n'y aurait pas de circulation complète

---

(1) Willis. *De anima brutorum*, t. III, p. 16.

(2) M. Cuvier. *Leçons d'anatomie comparée*, t. IV, p. 407. (1805.)

(3) M. Cuvier. *Le Règne animal distribué d'après son organisation.* 1re. édition, 1817, t. II, p. 512.

(4) M. Latreille. Même ouvrage, t. III, p. 5.
M. Desmarest. *Considérations sur les Crustacés*, p. 57, (1825).

chez ces animaux, et le sang ne traverserait pas les organes respiratoires (1).

Le petit nombre des observations directes rapportées par les autres dont nous venons de parler, la contradiction apparente des faits, et les divergences encore plus grandes dans les opinions, appelaient de nouvelles recherches sur ce sujet. Nous nous en sommes occupés, M. Audouin et moi, et les expériences nombreuses que nous avons faites sur des Crustacés vivans, nous paraissent avoir décidé complétement la question (2). Elles prouvent, d'une manière indubitable, que ce liquide se rend (ainsi que M. Cuvier l'avait d'abord enseigné) du cœur dans toutes les parties du corps, au moyen d'un système de vaisseaux artériels très-développés ; qu'après avoir servi à la nutrition des organes, il se dirige vers des réservoirs veineux, desquels il passe dans les branchies ; et qu'enfin, après avoir traversé ces organes, il revient directement au cœur, pour parcourir de nouveau le cercle que nous venons d'indiquer.

Dans tous les Crustacés Décapodes, le cœur (3) est situé à la partie médiane et supérieure du thorax, entre les flancs et immédiatement au-dessous de la carapace ; il est recouvert par les tégumens communs, et il repose sur l'intestin, le foie et les organes de la génération. Une espèce de *péricarde*, formé par des prolongemens

---

(1) M. Lund. Doutes sur l'existence du système circulatoire dans les Crustacés. *Isis*, 1825.

(2) Voyez nos Recherches anatomiques et physiologiques sur la circulation dans les Crustacés. (*Annales des sciences naturelles*, t. XI, 1827.) Les principales figures accompagnant ce travail sont reproduites dans notre atlas, Pl. 5 à 9.

(3) Pl. 5, fig. 1 ; *i*, le cœur ouvert ; et Pl. 7, fig. 1, *d*.

de la tunique séreuse qui tapisse toute la cavité viscérale, lui sert d'enveloppe, et des faisceaux musculaires, ainsi que les vaisseaux qui en partent, servent à le fixer aux parties voisines ; sa couleur est blanchâtre, et sa forme est très-remarquable, car elle est rayonnée et semble résulter de la superposition de plusieurs étoiles dont les branches ou rayons ne se correspondraient pas. Chez les Brachyures, sa largeur est au moins égale à son diamètre antéro-postérieur ; mais, chez les Macroures, il devient un peu plus étroit et prend la forme d'un carré long (1). Enfin, dans les Stomapodes (2) et les Édriophthalmes, il constitue un long vaisseau cylindrique ; et, au lieu de n'occuper qu'une petite portion du thorax, il s'étend dans toute la longueur de l'abdomen.

Le système artériel des Crustacés Décapodes se compose de six troncs vasculaires dont les ramifications nombreuses s'étendent dans toutes les parties du corps. Trois de ces vaisseaux naissent de l'extrémité antérieure du cœur, deux de la partie antérieure de sa face inférieure et un de sa partie inférieure et postérieure. Enfin, au-devant de l'ouverture de chacun d'eux, on voit un petit appareil valvulaire composé d'un ou de deux replis membraneux et servant à empêcher le sang de refluer, de leur intérieur, dans la cavité du cœur.

Les trois vaisseaux qui ont leur origine à la partie antérieure du cœur ont reçu les noms d'*artère ophthalmique* et *d'artères antennaires*.

---

(1) Pl. 7, fig. 1, *i*.
(2) Pl. 9, fig. 2, *c*.

La première de ces artères (1) occupe la ligne médiane, se dirige directement en avant, passe au-
dessus de l'estomac, et gagne l'extrémité antérieure de
la carapace où elle se divise en deux branches qui pénètrent dans les pédoncules oculaires et se distribuent
aux yeux.

Les artères antennaires (2) se portent également
en avant, mais en suivant une ligne oblique et en
s'écartant de plus en plus de l'artère ophthalmique ;
elles sont d'abord logées, de même que cette dernière, dans l'épaisseur des membranes tégumentaires, et reposent sur la face supérieure du foie ;
mais sur les côtés de l'estomac elles deviennent plus
profondes et passent entre ce viscère et une portion
des organes de la génération. Les branches qu'elles
fournissent pendant ce trajet sont très-nombreuses et
se distribuent aux tégumens qui tapissent toute la carapace, à l'estomac, à ses muscles, aux organes de la
génération, etc. Enfin, elles fournissent un rameau aux
antennes internes et pénètrent dans la tige des antennes externes pour s'y terminer.

Les deux vaisseaux qui naissent de la partie inférieure et antérieure du cœur, sont les *artères
hépatiques* (3). Ils se divisent en une infinité de rameaux, et se distribuent au foie. Dans les espèces où
les deux moitiés de ce viscère restent séparées et forment de chaque côté du corps une masse distincte
comme chez le Homard, etc. , les artères hépatiques

---

(1) Pl. 5, fig. 1, *k* ; et Pl. 7, fig. 1, *e*.
(2) Pl. 5, fig. 1, *j* ; et Pl. 7, fig. 1, *f*.
(3) Pl. 6, fig. 1, *aa* ; dans la Pl. 5, fig. 1, on voit au fond du cœur
les ouvertures de ces deux artères.

que des canaux à parois bien formées. Quoi qu'il en soit, ces veines informes aboutissent toutes à des espèces de réservoirs sanguins que nous avons nommés *sinus veineux*.

Chez le Maïa (1) et les autres Brachyures, ces sinus occupent les côtés du thorax et sont renfermés dans les cellules des flancs, immédiatement au-dessous de l'espèce d'arcade qui surmonte l'articulation de chaque pate. Le nombre de ces golfes veineux est égal à celui des cellules de la rangée supérieure ; ils sont renflés, recourbés sur eux-mêmes, et en communication les uns avec les autres ; leurs parois, d'une ténuité extrême, ne sont formées que par une lame de tissu cellulaire qui est intimement unie aux parties voisines ; aussi leur forme et leur grandeur sont-elles déterminées par la disposition de ces parties, et doit-on regarder ces réservoirs comme étant de grandes lacunes plutôt que des poches à parois propres. Chacun d'eux reçoit plusieurs veines qui y versent le sang venant de toutes les parties du corps, et à leur partie externe et supérieure naît un gros vaisseau qui se dirige en dehors et en haut, pénètre dans la branchie correspondante, et suit le bord externe de sa cloison médiane (2) ; c'est le *vaisseau afférent* de la branchie, qui fournit des rameaux à chacune des lamelles dont ces organes sont garnis, et y verse le sang qui doit y subir l'influence de l'air.

Dans les Homards et les autres Décapodes macroures que nous avons examinés, la disposition du

---

(1) Pl. 6, fig. 2, *d d*, et fig. 4, *c*.
(2) Pl. 6, fig. 2 , *c*, et fig. 4, *d*.

système veineux n'est pas exactement la même que
chez les Brachyures. Indépendamment des golfes veineux situés de chaque côté du thorax, et en communication avec les branchies (1), il existe sur la ligne
médiane un sinus longitudinal qui occupe le canal
sternal, et reçoit le sang venant de l'abdomen et de
la plupart des viscères (2). La structure des cellules
thoraciques ne permet pas aux sinus latéraux de communiquer directement entre eux comme chez les
Crabes, mais ils s'ouvrent tous dans le sinus médian,
et une communication facile s'établit ainsi, non-seulement entre les réservoirs veineux placés à la base
de chaque pate, d'un même côté du corps, mais aussi
entre ceux des côtés opposés. Enfin, chez les Squilles,
c'est presqu'exclusivement le sinus médian qui sert
de réservoir au sang veineux.

Le *vaisseau efférent des branchies*, c'est-à-dire le canal qui reçoit le sang après qu'il a traversé le réseau
capillaire respiratoire, et que, de veineux, il est devenu artériel; ce vaisseau, disons-nous, occupe la face
interne de la branchie, et augmente de volume à mesure qu'il s'approche de la base de cet organe (3); parvenu au point d'insertion des pyramides branchiales sur la
voûte des flancs, il pénètre dans la cellule située immédiatement au-dessous, puis se recourbe en haut et en
dedans et se dirige vers le cœur (4). Le nombre et la disposition de ces *canaux branchio-cardiaques* varie un
peu suivant les espèces, mais ils sont toujours accolés

---

(1) Pl. 8, fig. 2, *e.*
(2) Pl. 8, fig. 1, *b.*
(3) Pl. 6, fig. 3, *d,* et fig 4, *e*; Pl. 8, fig. 2 et 3, *c.*
(4) Pl. 6, fig. 3, *c,* et fig. 4, *f*; Pl. 8, fig. 3, *f*: et Pl. 9, fig. 1, *d.*

à la voûte des flancs, et débouchent en une espèce de golfe sanguin qui occupe l'espace compris entre le bord interne des flancs et les côtés du cœur; les parois de ce sinus commun se continuent avec la membrane qui enveloppe le cœur et, immédiatement au devant du point où les canaux branchio-cardiaques y aboutissent, il existe dans les parois de ce viscère une grande ouverture ovalaire garnie de valvules et servant à livrer passage au sang (1).

Telle est la disposition du système circulatoire chez la plupart des Crustacés; mais, chez quelques-uns de ces animaux, il est bien moins développé, et les artères, aussi bien que les veines, ne paraissent être que des lacunes formées par les interstices que les divers organes laissent entre eux; c'est en effet ce que Jurine a observé chez les Argules, où le sang paraît répandu dans le parenchyme même des organes; néanmoins, il existe toujours un cœur, et les courans qu'il détermine ont toujours une direction constante. Enfin, chez quelques animaux les plus simples de cette classe, tels que les Nicothoés et d'autres parasytes, ce dernier vestige d'un système spécial de circulation nous paraît aussi avoir disparu.

---

(1) Suivant M. Strauss, ce ne serait pas à travers ces ouvertures branchio-cardiaques (dont il ne fait aucune mention) que le sang parviendrait dans le cœur; ce liquide s'épancherait d'abord entre les parois externes de ce viscère et la membrane péricardiale (nommée par M. Strauss *oreillette du cœur*), et ne pénétrerait dans son intérieur qu'à travers les fentes que ses fibres musculaires laisssent entre elles à sa face supérieure, fentes que cet auteur appelle ouvertures auriculo-ventriculaires. (Voyez *Anatomie comparée des animaux articulés.*) Mais M. Strauss ne rapporte aucune expérience à l'appui de cette opinion; et, d'après celles que nous avons faites, M. Audouin et moi, nous nous sommes convaincus que le sang suit une route plus directe.

En résumé, nous voyons donc que dans la classe des Crustacés le mode de circulation est analogue à celui qu'on observe chez les Mollusques, et diffère principalement de ce qui existe chez les Poissons, par la position du cœur qui est aortique au lieu d'être branchial.

§ IV. *Des sécrétions.*

Nous avons déjà eu l'occasion de parler des principaux organes sécréteurs des Crustacés, et nous devons renvoyer à l'histoire de l'appareil reproducteur la description de quelques autres glandes ; aussi ne nous reste-t-il que peu de chose à en dire ici.

Ces organes, comme on a pu le voir, ont en général une structure peu compliquée ; et, sous ce rapport, ils ressemblent beaucoup à ceux des Insectes. En général, ce sont des tubes capillaires très-longs et entortillés ; d'autres fois de petits appendices borgnes qui entourent un canal excréteur, et s'y ouvrent.

Chez les Crustacés Décapodes, il existe à la partie postérieure de la cavité branchiale un organe dont les fonctions ne nous sont pas connues, mais dont la structure nous paraît glandulaire ; c'est une masse spongieuse et blanchâtre qui est enveloppée dans un repli de la membrane tégumentaire, et qui repose sur la voûte des flancs immédiatement en arrière des branchies (1) ; elle se prolonge en arrière jusqu'à l'origine de l'abdomen, et nous a paru s'ouvrir au dehors à l'aide d'un canal excréteur, entre le plastron sternal et le premier anneau abdominal. Serait-ce le siége de

____

(1) Pl. 10, fig. 2, *s.*

quelque excrétion analogue à la sécrétion urinaire ?
C'est ce que nous ne pouvons décider dans l'état
actuel de la science.

CHAPITRE III.

DES PHÉNOMÈNES DE LA VIE DE RELATION.

On désigne généralement sous le nom de sensation
l'acte par lequel un animal acquiert la conscience d'une
impression éprouvée par une partie quelconque de
son corps. Tantôt ces perceptions sont la suite de
l'action de ses organes et avertissent l'animal de ce
qui se passe dans l'intérieur de l'économie ; tantôt,
au contraire, elles sont produites par des causes
extérieures, telles que le contact d'un corps étranger ;
et, d'après cette différence dans leur origine, on les
distingue en sensations internes et externes. Les premières se rattachent principalement à ce que l'on peut
appeler la vie organique, c'est-à-dire l'ensemble des
fonctions qui ont pour but la nutrition et la génération ; les secondes constituent en partie la vie de relation ou les actes par lesquels l'être se met en rapport
avec les objets qui l'environnent.

Chez les végétaux, rien ne décèle la faculté de percevoir les impressions produites par les corps étrangers. Il en est de même pour un petit nombre
d'êtres qu'on range dans le règne animal, les éponges, par exemple ; et chez tous les autres il existe
des parties qui ne jouissent pas de la faculté d'exciter des sensations, mais la plupart des organes

sont doués d'une sensibilité plus ou moins exquise, c'est-à-dire réagissent avec plus ou moins d'énergie sur les parties destinées à la perception de ces sensations, de manière à donner à l'animal la conscience des impressions qu'ils reçoivent eux-mêmes.

Chez les animaux dont la structure est la plus simple et la plus uniforme, la similitude des fonctions est, dans toutes les parties du corps, non moins grande que la similitude d'organisation ; chacune d'elles agit à la manière de toutes les autres, et paraît être le siége de la perception du petit nombre d'impressions qu'elle reçoit : mais bientôt la nature tend à perfectionner ces fonctions, et, fidèle au principe de la division du travail, elle les sépare et les confie à des parties différentes de l'économie animale. La faculté d'exciter les sensations à la suite d'impressions reçues, ou, en d'autre mots, la sensibilité reste commune à la plupart des organes ; mais celle de percevoir ces mêmes impressions ou d'en acquérir la conscience devient l'apanage exclusif d'un appareil spécial appelé le système nerveux.

Les Crustacés sont dans ce cas ; aussi, pour étudier les actes par lesquels ces animaux se mettent, pour ainsi dire, d'une manière passive en rapport avec les objets qui les environnent, aurons-nous successivement à nous occuper des parties sensibles et de celles destinées à la perception des impressions.

§ I. *Des sens.*

D'après la division du travail que nous venons de signaler, il est évident que la principale condition de l'existence de la sensibilité dans une partie quelconque

du corps, est sa connexion avec le système nerveux ;
aussi peut-on poser en principe que, toutes choses
égales d'ailleurs, un organe sera en général d'autant
plus sensible qu'il recevra plus de nerfs. La plupart des
organes intérieurs des Crustacés paraissent doués de
sensibilité ; mais c'est à la surface du corps que l'étude
de cette fonction présente le plus d'intérêt, car c'est
là que sont produites toutes les impressions déterminées par les objets environnans.

Le premier effet de toute sensation externe est de donner à l'animal qui l'éprouve la conscience de l'existence
du corps qui l'occasione ; mais, en général, les résultats de l'impression produite par ce dernier ne se bornent pas là ; l'animal qui la perçoit acquiert aussi la connaissance d'un certain nombre des propriétés de l'objet
qui agit sur ses organes, et la faculté de juger ainsi des
qualités des corps constitue ce que l'on nomme les *sens*.
Ces propriétés ou qualités sont de différens ordres ;
aussi, à mesure que la vie de relation se perfectionne,
voyons - nous un nombre de plus en plus grand
d'instrumens spéciaux affectés à leur investigation ;
la faculté de percevoir la lumière et de juger, par l'intermédiaire de cet agent, des propriétés des corps situés
à distance, ou, en d'autres mots, le sens de la vue,
devient l'apanage d'une portion déterminée de la
surface du corps, dont la structure est modifiée d'une
manière particulière ; celle de distinguer les mouvemens vibratoires d'où naissent les sons, se concentre
également dans un appareil particulier ; il en est de
même de l'odorat et du goût ; enfin, la sensibilité générale de la surface des corps devient aussi plus exquise dans certaines parties, et permet à l'animal de
reconnaître, par le contact, la forme des objets exté-

rieurs ainsi que plusieurs autres qualités qu'on pourrait appeler des propriétés mécaniques.

Ce dernier sens, qu'on appelle le *toucher*, est le plus universellement répandu dans le règne animal, et réside ordinairement dans toutes les parties de l'enveloppe tégumentaire; mais souvent, bien qu'il existe encore dans toute l'étendue de la surface du corps, il se développe plus particulièrement dans certains points de l'organisation, et acquiert des instrumens spéciaux qu'on nomme les *organes du tact*.

Chez les Crustacés, la plus grande partie de la surface du corps est ordinairement encroûtée de matière calcaire, et présente un degré de dureté incompatible avec l'exercice de cette fonction : aussi le sens du toucher est-il en général très-obtus chez tous ces animaux. La nature de leur enveloppe tégumentaire exclut également l'existence d'organes du tact proprement dits, car la rigidité et l'épaisseur de leur peau ne lui permet pas de s'appliquer en même temps sur les diverses surfaces d'un objet. Le toucher ne peut donc guères servir qu'à avertir ces animaux de l'existence des corps avec lesquels ils sont en contact, à leur faire juger de leur température, de leur dureté, et quelquefois de leur volume, mais ne peut en révéler la forme. Néanmoins, tout imparfait qu'il est, ce sens montre déjà une tendance à se localiser, et réside principalement dans certains appendices de l'extrémité céphalique.

De ce nombre sont les *antennes*; il existe souvent à leur base des organes destinés à d'autres usages; mais une de leurs principales fonctions paraît être le toucher. Leur sensibilité est ordinairement très-vive, et au moindre attouchement elles donnent en général des signes indiquant la perception d'une sensation , tandis que dans la majeure partie de la surface de son corps l'animal ne manifeste aucune sensibilité. Dans la plupart des Crustacés des ordres inférieurs , tels que les Caliges, les Cécrops, etc., on ne voit pas de trace de ces organes, ou bien on ne les trouve qu'à l'état de vestiges : dans d'autres espèces on n'en compte qu'une seule paire ; mais le nombre normal des antennes est de quatre. Elles sont toujours situées immédiatement après les yeux lorsque ces organes sont portés sur des tiges mobiles et au devant de l'appareil buccal (1) : celles de la première paire sont presque toujours situées près de la ligne médiane , tandis que les deux autres en sont souvent très-écartées ; et il en résulte que tantôt ces dernières sont placées derrière les premières, et que d'autres fois, en s'avançant un peu , elles se placent sur la même ligne qu'elles, et à leur côté externe (2). Ces différences importent peu à l'anatomiste ; mais elles fournissent au zoologiste des caractères précieux pour la distinction facile des espèces. Il en est de même de la position des antennes , relativement à l'arcéau supérieur de la portion antérieure de la tête ou à la carapace ; tantôt cette partie du squelette tégumentaire se prolonge antérieurement en forme de rostre ou de chaperon, recouvre les antennes et ne leur permet pas de quitter la face inférieure du corps ; tantôt le segment inférieur se développe aux dépens du supérieur, et entraîne ces appendices avec lui, de manière que leur insertion a lieu à la face antérieure de la tête ; enfin, d'autres fois,

____

(1) Pl. 1 , fig. 2.
(2) Pl. 7, fig. 2, etc.

cette modification étant portée encore plus loin , les antennes en occupent la face supérieure.

La forme et la composition des antennes varient beaucoup ; dans l'état de simplicité la plus grande , ces organes ne sont formés chacun que d'une seule tige articulée, mais d'autres fois on voit s'y ajouter un ou deux appendices qui paraissent être les analogues du palpe et du fouet des autres membres. En général la tige dont nous venons de parler est composée d'une partie plus grosse qu'on appelle le *pédoncule*, et d'une partie terminale plus ou moins allongée (1) : le pédoncule est formé à son tour d'un , de deux ou de trois articles , et le prolongement terminal d'un nombre de segmens beaucoup plus grand ; enfin , chacune de ces pièces est plus ou moins mobile et renferme dans son intérieur des muscles destinés à mouvoir l'article suivant. L'appendice que l'on peut regarder comme une espèce de palpe se présente en général sous la forme d'un second filet terminal multi-articulé, fixé à l'extrémité du pédoncule ; mais d'autres fois il constitue une grande lame cornée qui s'insère à la base de l'antenne. Enfin , la seconde partie accessoire de l'antenne , lorsqu'elle existe , constitue aussi un filet terminal , de façon qu'alors le pédoncule porte trois de ces prolongemens sétacés (2).

Les organes dont nous venons de parler peuvent servir à avertir l'animal de la présence des corps qu'il touche ; mais ils ne peuvent donner que des idées très-incomplètes de leur dureté , et surtout de leur volume. Chez la plupart des Crustacés , il existe d'au-

---

(1) Pl. 1 , fig. 3, pédoncule , *b*, tige terminale.
(2) Pl. 1 , fig. 1, *j*, *k*, *l*.

tres parties qui peuvent également remplir ces fonctions, et qui sont en même temps des instrumens de préhension ; ce sont en général des membres de la portion
thoracique du corps, dont l'extrémité prend la forme
d'une espèce de pince. Tantôt cette disposition dépend seulement de ce que le dernier article constitue
une sorte de griffe qui peut s'appliquer sur l'article
précédent (1) ; tantôt de ce que le pénultième ou l'antépénultième pièce se prolonge sur le côté de l'article
suivant, et forme une espèce de doigt immobile sur
lequel ce dernier s'applique (2). A l'aide de ces modifications, les pates peuvent agir jusqu'à un certain point
à la manière d'organes du toucher : mais leur principal
usage est alors de saisir la proie dont l'animal se nourrit, ou de le défendre contre ses ennemis. Enfin, les
diverses parties de l'appareil buccal peuvent aussi servir d'une manière accessoire au toucher, mais ce n'est
pas leur principal usage.

Le sens qui, après celui du toucher, paraît être le
plus généralement répandu parmi les animaux, est
celui du *goût* ; ce sont les sensations perçues par lui
qui déterminent le choix de la nourriture, et nous
voyons presque tous les animaux rechercher certaines
substances alimentaires et en refuser d'autres ; on peut
donc conclure qu'ils possèdent presque tous ce sens.
D'après quelques expériences que nous avons faites
à ce sujet, M. Audouin et moi, il paraîtrait que chez
les Crustacés la faculté de distinguer les différentes
saveurs est même assez développée, et qu'elle réside à
l'entrée de l'œsophage, ou plutôt dans la cavité buc-

---

(1) *Voyez* les mains subchéliformes des Crevettines, Pl. 1, fig. 2,
(2) Pinces ou mains chélifères, Pl. 3, fig. 1, etc.

cale proprement dite ; on ne voit aucun organe qui y paraisse destiné d'une manière spéciale.

La faculté d'apercevoir les corps placés à distance, par l'intermédiaire des particules odorantes qui s'en dégagent, existe aussi chez les Crustacés. Un des procédés de pêche le plus employé pour prendre les Homards en donne la preuve ; car c'est en plaçant des fragmens de Crabes ou de Poissons dans des espèces de piéges nommés *casiers*, qu'on les y attire ; et non-seulement il est bien difficile de voir ce qui est dans l'intérieur de ces paniers, mais encore les Homards y viennent souvent pendant les nuits les plus obscures. Un fait analogue prouve l'existence du sens de l'odorat chez d'autres Crustacés, connus sous le nom de *Talitres* ou de *Puces de mer*. Si dans un lieu fréquenté par ces animaux, l'on enterre dans le sable du rivage, ou que l'on cache sous un monceau de pierres un Homard mort ou le corps de tout autre animal, on est sûr de le trouver au bout de quelques jours plus ou moins complétement dévoré par les Talitres qui se sont rassemblés en foule autour, et qui ne peuvent y avoir été attirés que par son odeur. Quant au siége de ce sens, on ne sait rien de positif.

Guidé par la position des antennes et par quelques autres considérations, M. de Blainville a été conduit à penser que chez les Crustacés, les Insectes, etc., le sens de l'odorat résidait dans la portion de l'enveloppe tégumentaire qui revêt l'extrémité libre des antennes (1) ; mais cette partie ne nous paraît offrir aucune des conditions qui semblent les plus nécessaires pour la perception des odeurs, et leur ablation ne paraît porter aucun

---

(1) *Principes d'anatomie comparée*, t. I, p. 338 et 339.

trouble sensible dans l'exercice de cette fonction (1). Des recherches qui me sont communes avec M. Audouin, nous ont porté à croire que le siége de cette fonction pouvait bien se trouver dans deux poches membraneuses qu'on rencontre au devant de la bouche et au-dessus des organes auditifs. Dans quelques Crustacés, tel que la Langouste, leur ouverture est assez grande et occupe le milieu du tubercule auditif; mais chez d'autres elle devient difficile à distinguer. Enfin, un anatomiste allemand, Rosenthals, regarde comme l'organe de l'odorat une cavité particulière qu'il a découverte à la base des antennes de la première paire, et dont l'ouverture extérieure se voit à la face supérieure de ces organes. Chez les Homards, cette cavité est formée par une espèce d'ampoule semi-cornée dans les parois de laquelle aucun nerf ne paraît se ramifier (2); et chez les Edriophthalmes on ne voit rien qui puisse y être rapporté. Ainsi, l'opinion de Rosenthals, qui dernièrement a été reproduite comme une découverte nouvelle par M. Robineau, ne nous paraît pas encore étayée de faits assez décisifs pour être généralement adoptée (3).

Le sens de la vue manque chez un petit nombre de Crustacés qui vivent en parasites; mais en général il existe, et a son siége dans des organes d'une structure assez compliquée, qui occupent tantôt la face supérieure ou antérieure, tantôt les côtés de la tête. On

---

(1) Voyez l'article *Odorat*, *Dictionnaire classique d'histoire naturelle*.

(2) Pl. 12, fig. 1.

(3) *Archives pour la physiologie de Riel et Autenreith*, et *Mélanges d'anatomie*, par Treviranus, 2e. vol., 2e. partie, 2e. mémoire, 1818.

admet généralement que chez ces animaux, de même
que chez les Insectes, les yeux sont de deux sortes,
savoir : des stemmates et des yeux à facettes ; il est
cependant facile de démontrer que ces organes présentent une série de modifications bien plus nombreuses.

La structure des stemmates, qu'on appelle encore
des yeux lisses ou yeux simples, se rapproche un
peu de celle des yeux des Poissons, et diffère notablement de celle des yeux à facettes. Ainsi que vient
de le démontrer un observateur très-habile, M. Muller (1), on y distingue d'abord une *cornée transparente*
plus ou moins bombée, et parfaitement lisse, qui se
continue sans interruption avec la couche tégumentaire externe dont elle fait partie. Immédiatement
derrière cette cornée, et en contact avec sa face interne, se trouve un cristallin en général sphérique,
dont la face postérieure est logée dans une masse gélatineuse que l'on a comparée au corps vitré. La base
de cette masse vitrée est à son tour en contact avec le
nerf optique ; enfin, une couche de pigment fort épais
l'entoure et se prolonge en avant jusqu'à la périphérie
du cristallin et au bord de la cornée. En général, les
stemmates des Insectes, des Arachnides et des autres
animaux articulés, sont en petit nombre et bien distincts entre eux ; il en est de même chez quelques
Crustacés, tels que les Apus, les Limules et les
Cyames, où l'on observe deux ou trois de ces organes.
Mais, du reste, ces yeux simples ne se rencontrent que
chez un très-petit nombre d'animaux de cette classe.

---

(1) *Zur vergleichenden Physiologie des Gesichtssinnes*, un vol. in-8°.
Leipzig, 1826. L'analyse de ce travail remarquable a été insérée dans
les *Annales des sciences naturelles*, t. XVII p. 225, etc-

Chez d'autres Crustacés il existe des yeux d'une structure plus compliquée , que nous appellerons des *yeux composés lisses* , et qu'on peut considérer comme une agglomération de stemmates sous une cornée commune. En effet , ils sont formés par un nombre plus ou moins considérable de petits cristallins placés derrière une cornée commune , enchâssés et dans un corps vitré qui est enduit de pigment et qui se continue avec le nerf optique. Ces yeux composés lisses se rencontrent chez les Nébalies , les Apus (où il en existe un placé à quelque distance en arrière des deux stemmates) , les Daphnies , les Branchipes , etc. , et établissent en quelque sorte le passage entre les stemmates et les yeux composés à facettes (1).

Une nouvelle modification de l'appareil oculaire nous a été offerte par l'Amphitoé de Prevost et un petit nombre d'autres Édriophthalmes. Chez ces animaux on trouve d'abord pour chaque œil composé une cornée lisse sans division ; mais immédiatement derrière cette lame tégumentaire il existe une seconde tunique , de même nature et également transparente , qui y adhère intimement , et qui est divisée en une multitude de facettes hexagonales ; derrière chacune de ces facettes ou cornéules est situé , comme d'ordi-

---

(1) Voyez à ce sujet un travail que j'ai présenté à la Société d'histoire naturelle de Paris , le 7 juin 1830, et qui paraîtra dans un des prochains cahiers des *Annales des sciences naturelles* ; ainsi que l'ouvrage déjà cité de M. Muller ; les observations de Cavolini , sur les yeux des Lygies, *Memoria sulla generazioni dei Pesci e dei Granchi* , in-8º. Napoli , 1787 ; celles de M. Strauss, sur les yeux des Daphnies, etc., dans les mémoires du Muséum d'histoire naturelle , t. V, p. 395 ; et la description des yeux de la Nebalie, dans un de mes mémoires sur des Crustacés nouveaux, inséré dans les *Annales des sciences naturelles* , t. XIII, etc.

naire, un cristallin dont la face antérieure est convexe et dont la face postérieure, qui se prolonge en un cône à sommet obtus, est contiguë à un petit cylindre gélatineux, avec lequel le filet correspondant du nerf optique se confond.

De cette disposition au mode de conformation des yeux composés à facettes simples il n'y a qu'un pas ; car la principale différence consiste dans la soudure intime des deux cornées superposées dont nous venons de parler et l'existence d'une espèce de cloison formée par du pigment entre chacun des élémens oculaires

Dans ces organes, de même que dans les stemmates, la tunique externe est dure et translucide ; elle se continue avec les tégumens et constitue une cornée transparente ; mais, au lieu d'être lisse et sans division, elle présente une multitude de petites facettes distinctes, qu'on peut regarder comme autant de cornées, car chacune d'elles correspond à une loge oculaire qui lui est propre. Chez les Insectes ces facettes , ou *cornéules* , sont toujours de forme hexagonale, mais chez les Crustacés elles sont souvent carrées : dans les Écrevisses , les Pénées, les Galathées, les Scyllares, par exemple , elles présentent cette disposition, tandis que chez les Pagures, les Phyllosomes, les Squilles, les Gebbies, les Callianases, les Crabes, etc., elles sont hexagonales (1). Derrière chacune de ces petites cornées on trouve un corps transparent et de forme conique (2), qui est

---

(1) Pl. 12 , fig. 2 et 3.

(2) L'existence de ces corps coniques, de consistance gélatineuse, avait été signalée depuis long-temps dans les yeux à facettes des Li-

entouré par une sorte de gaîne composée de matière colorante, et se continue intérieurement avec un filament gélatineux dont la base adhère au bulbe du nerf optique (1) ; le pigment se prolonge aussi entre les espèces de colonnes formées par ces filamens, de manière à les isoler entre elles, et se reploie entre leur base et le bulbe du nerf optique. Enfin, derrière la masse formée par ces diverses parties, on trouve une tunique membraneuse qui est percée dans son milieu pour livrer passage au nerf, et qui n'est qu'un prolongement de la membrane tégumentaire moyenne, de sorte que c'est entre les deux couches externes de la peau qu'est creusée la chambre oculaire (2). Les cônes transparens dont nous venons de parler, et dont l'existence a été signalée par M. Muller, dans tous les yeux à facettes des Insectes aussi bien que des Crustacés, paraissent remplacer les cristallins des yeux simples, ou plutôt n'en être qu'une modification (3). Quant aux filamens vitrés gélatineux qui se trouvent derrière ces cônes, ils occupent la majeure partie de chacune des longues cellules oculaires, et on les regarde générale-

---

mules par André. (Voyez *A microscopiral description of the eyes of the Monoculus Polyphemus*. Philos. Trans., 1782, vol. 72, p. 440, tab. 16). Swammerdam paraît aussi les avoir aperçus dans le Pagure (Voy. ses observations sur le Bernard-l'Hermite. *Collection académique*, partie étrangère, t. V, p. 130); et Cavolini, dans l'Écrevisse (*Memoria sulla generazione dei Pesci e dei Granchi*). Mais c'est à M. Muller qu'on en doit une connaissance plus approfondie (*Op. cit.*, et *Ann. des sc. nat.*, t. XVII.)

(1) Pl. 12, fig. 7, *a*, et fig. 8.

(2) Pl. 12, fig. 8, *b*.

(3) M. Strauss pense, au contraire, que dans les yeux à facettes ce sont les cristallins qui, en se réunissant, forment la cornée; mais il ne paraît pas avoir aperçu les corps coniques. (*Op. cit.*, p. 411).

ment comme étant des branches terminales du nerf optique; mais un examen attentif de l'œil du Homard m'a
fait concevoir quelques doute sur cette détermination ;
le bulbe du nerf optique ne m'a paru présenter réellement aucune division ; il m'a semblé se terminer par
une surface offrant une multitude de petites facettes
tapissées de matière colorante et en rapport avec la
substance vitrée qui remplit toute la portion inférieure des cellules oculaires. C'est aussi l'opinion que
M. de Blainville paraît s'être formée d'après la dissection des yeux de la Langouste (1); mais, pour résoudre complétement ce point délicat de l'anatomie des
Crustacés, il faudrait peut-être des observations plus
décisives.

Chez d'autres Crustacés, tels que les Idotées, le
mode d'organisation des yeux paraît dépendre d'une
modification différente des yeux composés à cornée
lisse; la disposition de la masse oculaire est essentiellement la même que dans les yeux à facettes, seulement la cornée commune présente au devant de chaque cristallin (ou cône transparent) un renflement
circulaire qui ressemble un peu à une lentille qui serait enchâssée dans cette tunique. Ces renflemens sont
bien distincts, et dans l'espace qui les sépare on n'a-
perçoit aucune ligne qui correspondrait aux cellules
tubiformes placées au-dessous (2).

Au premier abord on pourrait croire que ces renflemens lenticulaires sont les analogues des cornéules
des yeux à facettes, qui, dans ces derniers organes,
se seraient élargis de façon à se toucher et à prendre

(1) *Principes d'anatomie comparée*, t. III, p. 434).
(2) Pl. 12, fig. 4.

une forme hexagonale ; mais il n'en est pas ainsi , car si l'on poursuit cette étude de l'appareil optique chez d'autres Crustacés , on ne tarde pas à rencontrer des exemples de l'existence simultanée de cornéules et de renflemens lenticulaires bien distincts. Les yeux des Callianasses nous ont présenté cette structure de la manière la plus facile à constater , car les renflemens lenticulaires et les cornéules sont tous parfaitement visibles , et les premiers , qui sont assez petits , n'occupent que le centre du cadre formé par les bords des seconds (1). On les retrouve chez un grand nombre de Brachyures , mais en général les renflemens lenticulaires occupent presque toute l'étendue de la cornéule , de façon que leur contour se confond un peu avec les bords de celle-ci (2).

Dans la plupart des cas ces renflemens lenticulaires paraissent s'être développés dans la substance de la cornéule, mais quelquefois on peut l'en distinguer : dans les yeux d'un Crabe maculé nous avons trouvé au-dessous des facettes de la cornée une couche assez facile à détacher, et formée par une réunion de ces lentilles, qui à leur tour recouvraient les cristallins coniques (3).

Nous voyons donc que la structure des yeux des Crustacés se complique de plus en plus à mesure qu'on s'élève dans la série de ces êtres, et que ces modifications dépendent principalement : 1°. de l'agglomération d'un nombre plus ou moins considérable d'yeux simples en une seule masse ; 2°. de la formation d'une

---

(1) Pl. 12 , fig. 5.
(2) Pl. 12, fig. 6.
(3) Pl. 12, fig. 6, a.

cornée particulière pour chaque œil ; 3°. de la formation d'un renflement lenticulaire entre la cornée commune et le cristallin ; 4°. de l'existence simultanée d'une cornée propre et d'un renflement lenticulaire.

Les yeux simples et les yeux composés existent quelquefois chez le même Crustacé ; dans le Cyame, par exemple, on trouve deux yeux lisses et deux yeux composés à facettes, et dans la Limule trois stemmates et deux yeux composés à facettes. Dans l'Apus il existe deux stemmates et un œil composé à cornée lisse ; mais, dans l'immense majorité des cas, il n'y a que des yeux composés, dont la disposition varie. Leur nombre est en général de deux, quelquefois ils ne forment qu'une seule masse, de façon que l'animal ne paraît avoir qu'un seul œil. Dans les Daphnies, par exemple, les stemmates agglomérés forment d'abord deux masses oculaires, ou yeux composés à cornée lisse, mais par les progrès de l'âge ces deux yeux s'unissent et ne forment plus qu'un seul œil. Les stemmates sont immobiles et sessiles, c'est-à-dire implantés immédiatement sur la surface du corps et peu élevés au-dessus au moyen d'un pédoncule ou d'une tige cornée ; il en est en général de même pour les yeux composés à cornée lisse ; mais quelquefois la masse oculaire formée par chacun de ces organes est mobile, et il arrive même qu'elle est placée à l'extrémité d'une saillie également mobile ; les Daphnies sont dans le premier cas ; leur œil ne fait pas saillie au dehors, mais est pourvu de muscles destinés à le mouvoir ; et chez les Nébalies, ces organes sont saillans et ne tiennent au reste du corps que par un pédoncule articulé de manière à permettre leurs mouvemens. Il en est de même pour les yeux à facettes,

dont le nombre est toujours de deux; chez les Edriophthalmes ils sont sessiles et immobiles (1), tandis que
chez tous les Décapodes (2) et les Stomapodes (3)
ils sont placés sur deux tiges mobiles qu'on peut regarder comme les membres du premier anneau céphalique. Enfin, chez un grand nombre de ces animaux, il existe entre le bord de la carapace et la base
des antennes externes une cavité orbitaire dans laquelle l'œil se reploie de manière à se mettre à l'abri
de toute injure. Quant à la forme générale des yeux
à facettes, elle est en général légèrement convexe
et à peu près circulaire chez les Édriophthalmes, tandis que chez les Décapodes elle se rapproche le plus
souvent d'un sphéroïde; leur couleur varie aussi suivant les espèces.

Le mécanisme de la vision a été peu étudié chez
les animaux articulés. Dans les yeux lisses ou stemmates, la marche de la lumière doit être à peu près
la même que dans les yeux des animaux vertébrés, et
surtout des Poissons, où le cristallin agit à la manière
d'une lentille, et rassemble les rayons lumineux dans
un point donné de la surface du nerf situé derrière lui ;
il en est probablement à peu près de même dans les
yeux composés à cornéules lentifères; mais, dans les
yeux à facettes simples (ceux où il n'y a point de
renflement lenticulaire), il paraîtrait que les cônes
transparens formés par les cristallins et les cellules
tubiformes situées au devant du nerf, n'agissent ni
comme un instrument de dioptrique, ni comme un

---

(1) Pl. 1, fig. 2.
(2) Pl. 3, fig. 1.
(3) Pl. 4, fig. 1.

appareil de catoptrique, et ne servent qu'à rendre l'impression de la lumière plus nette, en isolant les rayons perpendiculaires de ceux qui arrivent dans d'autres directions.

Les Crustacés, ou du moins ceux des ordres supérieurs, jouissent aussi du sens de l'ouïe; les expériences de Minasi (1), ainsi qu'une foule d'observations journalières, en fournissent la preuve, et chez un grand nombre de ces animaux il existe un petit appareil qui paraît être le siége de cette faculté. Cet organe est placé à la face inférieure de la tête, au devant de la bouche, et en arrière des antennes de la seconde paire, ou bien dans le premier article basilaire de ces antennes elles-mêmes. Dans l'Ecrevisse, comme on le voit d'après les recherches de Scarpa, il existe dans ce point, de chaque côté du corps, un petit tubercule osseux dont le sommet présente une ouverture circulaire qui est fermée par une membrane mince, élastique et tendue, qu'on a comparée au tympan, ou à la membrane de la fenêtre du vestibule des animaux supérieurs (2); derrière cette membrane, et dans l'épaisseur du tubercule, on trouve une petite vésicule membraneuse qui est remplie d'un liquide aqueux, et reçoit du côté interne et supérieur un filet nerveux provenant du nerf antennaire. Enfin, le tout est recouvert d'une espèce de gâteau tommenteux dont Scarpa ne fait pas mention, et dont les usages pourraient bien n'avoir aucun rapport avec l'ouïe, quoique des liens étroits l'unissent à l'or-

---

(1) *Dissertazione di timpanetti dell'udito scoverti nel Granchio Paguro*, etc., in-8º., Napoli, 1775.
(2) Pl. 12, fig. 11.

gane dont nous venons de parler (1). Chez la Langouste, le milieu de la membrane qui bouche l'ouverture externe du tubercule auditif, est occupé par une ouverture qui communique avec l'organe en forme de galette, dont il vient d'être question, et chez la plupart des Brachyures elle est remplacée en totalité par un petit disque osseux plus ou moins mobile. Dans le Maïa et quelques autres Crustacés à courte queue, la disposition de cette espèce d'opercule est très-curieuse (2); nous avons constaté, M. Audouin et moi, que de son bord antérieur il naît une lame osseuse assez large, qui s'en sépare à angle droit, se dirige en haut vers l'organe, en forme de galette, et se termine en pointe; près de sa base, ce prolongement lamelleux est percé par une grande ouverture ovalaire, et cette espèce de fenêtre est bouchée par une membrane mince et élastique, que nous appellerons la membrane auditive interne, et près de laquelle le nerf auditif paraît se terminer; de petits faisceaux musculaires se fixent au sommet de la lame osseuse, qui naît ainsi du disque operculaire du tubercule auditif, et qui, par sa forme, rappelle un peu l'étrier de l'oreille humaine; enfin, sur le bord antérieur de la fenêtre extérieure qui est bouchée par ce disque, il s'élève aussi une petite lamelle osseuse qui est parallèle à la membrane auditive interne; et, lorsque le muscle antérieur de l'osselet se contracte de manière à renverser légèrement tout ce petit appareil en avant, la membrane dont nous venons de parler s'appuie sur ce prolongement et se tend de plus en plus. D'après les recherches faites

---

(1) Pl. 12, fig. 9, a. C'est cet organe dont il a déjà été question à l'occasion de l'odorat.

(2) Pl. 12, fig. 10.

par M. Savart, sur la transmission des sons, on sait
que l'existence d'une ouverture bouchée par une membrane mince et élastique, est une des circonstances
les plus propres à augmenter la finesse de l'ouïe ; ce
savant a observé que des lames de carton qui n'étaient
pas susceptibles de vibrer par influence, de manière
à déterminer la formation de figures régulières dans
le sable répandu sur leur surface, devenaient aptes à
en produire lorsqu'elles étaient armées d'un disque
membraneux. Il est donc à présumer que l'espèce de
tambour que nous venons de décrire, ainsi que la
membrane auditive externe de l'Ecrevisse, servent à
communiquer au nerf auditif les vibrations qui leur
sont transmises, et qui n'affecteraient que peu, ou
même point, les parties voisines, si elles n'étaient pas
en communication directe avec ces membranes. Le
mécanisme au moyen duquel la membrane auditive interne peut être alternativement relâchée ou tendue, est
analogue à celui qui est produit dans l'oreille humaine
par l'action de la chaîne d'osselets qui traverse la caisse
du tympan, et ses effets doivent être aussi de même
nature ; il doit servir à augmenter ou à diminuer
l'étendue des ondulations qu'exécute la membrane vi-
brante, et à modérer l'intensité des sons qui viennent
frapper l'oreille.

L'existence de la longue tige rigide, formée par les
antennes de la seconde paire et en communication
avec l'organe auditif, paraît être une autre circonstance de nature à faciliter la perception des sons ;
cette opinion avait déjà été émise par M. Strauss (1),

(1) *Considérations générales sur l'anatomie*, etc., **p.** 419.

et nous paraît s'accorder très-bien avec divers résultats obtenus par M. Savart. En effet, ce physicien a constaté que, pour faire vibrer par influence des corps qui n'en paraissent pas susceptibles, il suffirait souvent d'y ajouter une tige très-élastique qui agît alors à la manière du disque membraneux dont il a déjà été question.

D'après ces détails, on voit que la structure de l'appareil auditif des Crustacés est très-simple. Le nerf destiné à transmettre au cerveau l'impression produite par les sons, se termine près de la surface du corps, dans une petite cavité remplie de liquide, et les ondulations sonores, venant du dehors, sont transmises à ce liquide par l'intermédiaire d'organes dont les vibrations sont faciles à exciter. Tantôt la nature emploie à cet usage des instrumens spéciaux, tels que les disques membraneux; mais d'autres fois elle ne semble pas avoir divisé ainsi le travail, et paraît confier ces fonctions à des parties qui servent en même temps à d'autres usages.

§ II. *Du système nerveux.*

En étudiant, dans la longue série des animaux, les parties au moyen desquelles ces êtres perçoivent les impressions, on y remarque une suite de modifications analogues à celles que nous avons déjà signalées en traitant de l'appareil tégumentaire et des organes de la vie organique. Le système nerveux se présente d'abord sous la forme d'un cordon qui s'étend dans toute la longueur du corps; chacune de ces parties agit alors à la manière du tout, et, lorsqu'on divise l'animal en plusieurs tronçons, chacun d'eux continue à sentir et à se mouvoir comme il le faisait lorsque le corps était entier. Un degré de plus dans la division du travail amène la localisation de la faculté de percevoir la sensation, et de plusieurs autres actes dans des parties déterminées de ce système, dont l'existence devient alors nécessaire à l'intégrité des fonctions auxquelles l'appareil en entier préside. Enfin, chez des animaux plus parfaits, la sensibilité devient plus particulièrement l'apanage de certains fibres médullaires ; la faculté de produire les mouvemens sous l'empire de la volonté se concentre en quelque sorte dans d'autres fibres du même système ; celle d'exciter l'action de ces diverses parties se localise également dans certains points de l'appareil nerveux, et celle de coordonner les mouvemens est exercée par d'autres instrumens. En un mot, toutes les parties de l'appareil sensitif finissent par concourir d'une manière différente à la production des phénomènes dont l'ensemble résultait d'abord de l'action de chacune d'elles.

Plus cette division du travail est portée à un haut degré, plus les divers actes de la vie de relation se perfectionnent, et en même temps plus la structure de l'appareil nerveux devient compliquée ; car la diversité dans les fonctions de chacune de ses parties coïncide avec une diversité non moins grande dans leur organisation. Aussi, d'après la perfection ou l'imperfection des fonctions, on peut juger *à priori* du degré de simplicité ou de complication des organes qui en sont le siége ; et, d'après la structure plus ou moins uniforme des diverses parties de l'appareil nerveux, on peut deviner le degré de perfection ou d'imperfection des actes qu'il est destiné à exécuter.

Les diverses formes sous lesquelles se montre le

système nerveux des Crustacés, sont autant d'anneaux de la chaîne de modifications dont nous venons de parler. Sa structure est d'abord semblable dans toute la longueur du corps, et chacun des segmens est pourvu des mêmes parties médullaires ; mais peu à peu les divers centres nerveux se réunissent entre eux, et certains anneaux du corps ne présentent plus que des filamens conducteurs de la sensibilité et de l'influence nerveuse, tandis que les organes, qui perçoivent les sensations et réagissent sur tous les autres organes, se rencontrent dans un point assez circonscrit. Si l'on se bornait à comparer entre eux les deux extrémités de cette série, on pourrait croire que le système nerveux d'un Maïa, par exemple (1), et la longue chaîne ganglionnaire de l'Écrevisse ou du Homard (2), sont formés de parties dissemblables ; mais, en suivant les degrés intermédiaires qui établissent pour ainsi dire le passage entre ces deux modes d'organisation, on voit qu'il n'en est pas ainsi, et que ces différences dépendent presque uniquement de la centralisation plus ou moins grande des divers élémens de certaines parties du système nerveux.

De même que chez les Annélides, les Arachnides et les Insectes, le système nerveux des Crustacés se compose d'un certain nombre de nerfs qui viennent, de toutes les parties du corps, aboutir à des ganglions ou masses médullaires qui sont liés entre eux par des cordons de même nature. Ces ganglions occupent la ligne médiane de la face ventrale du corps et forment une chaîne plus ou moins longue. Enfin, on peut éta-

---

(1) Pl. 11, fig. 1.
(2) Pl. 11, fig. 2.

blir en principe, que la tendance générale de la nature est de donner à chacun des anneaux du corps
une paire de ces ganglions ; mais souvent leur nombre apparent est moins grand, à cause de la réunion
de plusieurs en une seule masse, ou bien du développement excessif de quelques-uns d'entre eux, développement qui coïncide toujours avec l'état rudimentaire
ou même l'absence d'un certain nombre d'autres ganglions.

Parmi les Crustacés des ordres inférieurs que nous
avons examinés (1), ce sont les Talitres qui nous ont
offert le système nerveux le plus simple et le plus uniforme. Le corps de ces animaux se divise en trois parties assez distinctes, la tête, le thorax et l'abdomen ;
mais chacune d'elles est formée d'anneaux ou de tronçons qui ont entre eux la plus grande ressemblance, et
dont le nombre total est de treize. Ces divers segmens
présentent à leur face inférieure deux ganglions nerveux
placés sur les côtés de la ligne médiane, et réunis entre
eux par une petite commissure transversale (2) : chacun
de ces petits noyaux communique aussi avec celui du
segment qui le suit et qui le précède, à l'aide d'un cordon médullaire, et fournit un certain nombre de nerfs
qui vont se distribuer aux différentes parties du corps.
Le volume de ces ganglions diffère peu dans les divers
segmens ; au thorax, cependant, ils sont un peu plus

---

(1) Ces recherches sont communes à M. Audouin et à moi, et
forment le sujet d'un mémoire, lu à l'Académie des sciences, en
septembre 1827, et imprimé dans les *Annales des sciences naturelles*,
. XI.

(1) Voyez le mémoire déjà cité, *Annales des sciences naturelles*,
t. XI, Pl. 11, fig. 1 ; reproduit dans notre atlas, Pl. 11, fig. 1.

gros que dans l'abdomen. Enfin , ils sont tous un peu aplatis et ont à peu près la forme d'un losange.

Il existe donc dans le Talitre deux chaînes ganglionnaires parfaitement symétriques , distinctes dans toute leur longueur, réunies entre elles par des commissures transversales, et offrant partout une disposition essentiellement la même. La première paire de ganglions , ou la céphalique, est remarquable par sa simplicité , et ne diffère pas essentiellement des ganglions qui suivent ; elle est située , comme dans tous les autres animaux articulés, au-dessus de l'œsophage, et fournit des nerfs aux yeux et aux antennes : ces ganglions, que l'on a désignés , mais peut-être à tort , sous le nom de cerveau, se continuent postérieurement avec les cordons médullaires qui les unissent aux deux ganglions du premier anneau thoracique, en passant sur les côtés de l'œsophage, qu'ils embrassent. Ces derniers ganglions fournissent en dehors deux nerfs , dont l'un pénètre dans la pate correspondante , et dont l'autre paraît se distribuer principalement aux muscles et aux tégumens des parties latérales du corps. Les ganglions des autres segmens présentent la même disposition ; seulement la distance qui les sépare nous a paru plus grande dans l'abdomen qu'au thorax.

Dans le Cloporte , ainsi que l'a observé M. Cuvier (1), la partie moyenne du système nerveux est également formée de deux cordons ganglionnaires qui sont encore distans l'un de l'autre, mais qui ne présentent pas dans tous les segmens du corps la même uniformité que nous venons de signaler chez le Talitre. En effet ,

____

(1) *Leçons d'anatomie comparée* , t. II , p. 314.

outre la paire de ganglions céphaliques, on n'en compte que neuf, dont les deux premières et les deux dernières sont presque confondues ; et, comme chacun le sait, les tronçons du corps de cet animal sont au nombre de quatorze, dont six appartiennent à l'abdomen. Il en est à peu près de même dans le Cyame de la baleine. Treviranus (1) a fait voir que chez cet animal singulier la partie moyenne du système nerveux était formée de deux chaînes de ganglions, parallèles et distinctes l'une de l'autre, tandis qu'aux extrémités antérieure et postérieure, les deux noyaux latéraux étaient unis, et que même en arrière ils formaient un ganglion impair situé sur la ligne médiane et pour ainsi dire accolé aux deux ganglions précédens.

Le système nerveux, examiné dans deux genres de Crustacés assez voisins (le Talitre et le Cloporte), présente donc déjà deux modifications importantes : il s'est raccourci et s'est retréci, ou, en d'autres termes, il a éprouvé un premier degré de *centralisation*. Cette sorte de tendance à diminuer en même temps de largeur et surtout de longueur pour se grouper vers la partie centrale du thorax de l'animal, est plus manifeste dans les Cimothoés (2) et dans les Phyllosomes.

Dans les Phyllosomes, on trouve, à la partie antérieure de la grande lame ovalaire qui porte les yeux, deux petits ganglions nerveux à peu près triangulaires, et réunis entre eux par leur angle interne ; ces petits noyaux céphaliques fournissent en dehors les nerfs des yeux et des antennes, et se continuent postérieure-

---

(1) *Vermischte schriften anatomischen und physiologisch n inhalts*, 2, B, 1, halft.
(2) Pl. 11, fig. 2.

ment avec deux filamens nerveux très-fins et d'une longueur remarquable ; ces filamens sont éloignés l'un de l'autre d'environ deux lignes ; ils se portent directement en arrière, embrassent l'œsophage et vont se réunir à la première paire de ganglions thoraciques ; ceux-ci, de forme ovalaire et réunis entre eux sur la ligne médiane, sont placés assez loin derrière la bouche, et fournissent deux paires de nerfs qui se dirigent en avant. La seconde paire de ganglions est tout-à-fait rudimentaire et accolée aux précédens ; ceux de la troisième paire, au contraire, assez gros, fournissent des nerfs qui vont aux appendices de la bouche ; ils sont encore accolés l'une à l'autre. A ceux-ci succèdent six paires de noyaux médullaires, semblables aux précédens par leur forme et leur disposition ; mais, au lieu de se confondre sur la ligne médiane, ils sont distans entre eux, et ceux d'un côté du corps ne paraissent communiquer avec ceux du côté opposé qu'à l'aide de la commissure transversale, comme cela a lieu dans le Talitre. Les cordons inter-ganglionnaires sont assez gros et extrêmement courts, en sorte que les masses nerveuses qu'ils unissent se touchent presque ; enfin chacun de ces ganglions fournit deux nerfs qui vont se rendre à la pate correspondante. Aux ganglions thoraciques succède une série de six paires de noyaux nerveux unies par des filamens inter-ganglionnaires très-grêles, et d'autant plus courts qu'ils sont plus postérieurs : ces ganglions sont arrondis, très-petits, accolés l'un à l'autre sur la ligne médiane, et ils envoient chacun deux nerfs aux appendices de l'abdomen.

Le Phyllosome nous présente donc un système nerveux dont les élémens sont en partie rapprochés les uns des autres ; c'est une sorte de *centralisation* plus grande que dans les animaux dont nous avons déjà parlé ; car les ganglions de droite et de gauche ne restent distans que dans une portion du thorax, tandis qu'à la tête et dans toute l'étendue de l'abdomen ils sont réunis sur la ligne médiane.

En examinant le système nerveux du Cimothoé, on trouve que les deux chaînes de ganglions ne sont plus distinctes comme dans les Crustacés précédemment étudiés (1). Les deux ganglions céphaliques sont unis entre eux par leur angle interne, de manière à constituer une seule masse ; mais la forme qu'elle présente indique évidemment son origine. Aux autres anneaux du corps les deux noyaux médullaires sont au contraire entièrement confondus, et constituent autant de petites masses circulaires situées sur la ligne médiane du corps ; mais les cordons de communication qui servent à les unir entre eux pour former une chaîne continue, restent isolés ; en sorte qu'entre chaque noyau médullaire il existe deux troncs de communication parallèles et accolés l'un à l'autre. Du reste, le système nerveux de ce Crustacé ne présente rien de remarquable, si ce n'est le rapprochement et la petitesse comparative des cinq derniers ganglions ; état qui correspond au peu de développement des segmens correspondans de l'abdomen. L'Idotée présente une disposition semblable.

Le système nerveux du Cymothoé et de l'Idotée offre donc déjà de grandes différences lorsqu'on le compare à celui des Talitres ; mais nous allons voir qu'à mesure que nous examinerons des espèces d'une orga-

---

(1) Pl. 11, fig. 2.

nisation plus compliquée, ces différences deviendront encore plus grandes, et que la tendance des ganglions à se grouper et à se confondre sera de plus en plus sensible.

Le système nerveux du Homard semble établir le passage entre les Crustacés des ordres inférieurs et ceux dont la structure est plus compliquée. Ici (1), de même que dans les Amphipodes et les Isopodes précédemment décrits, le système nerveux consiste en une chaîne de ganglions qui occupe toute la longueur du corps ; les masses ganglionnaires sont au nombre de treize, et chacune d'elles laisse apercevoir sur la ligne médiane des traces de divisions plus ou moins distinctes ; les cordons qui les unissent sont doubles dans toute l'étendue du thorax ; mais dans l'abdomen ils sont unis de manière à ne former qu'un seul tronc qui occupe la ligne médiane.

Le ganglion céphalique, dont la forme est presque quadrilatère, est situé immédiatement en arrière et au-dessous des yeux (2). Presque toute l'étendue du bord antérieur de cette masse médullaire est occupée par l'insertion des nerfs optiques ; leur volume est assez considérable, et ils se portent obliquement en dehors et en avant pour pénétrer dans les pédoncules oculaires. Là, ils se renflent bientôt, de manière à former une espèce de ganglion ovoïde, assez gros, dont l'extrémité antérieure passe à travers le trou situé au centre d'un diaphragme membraneux que l'on pourrait comparer à la sclérotique (3).

---

(1) Pl. 11, fig. 3 et 4.
(2) Pl. 11, fig. 3 : — *a*, ganglion céphalique ; — *b*, nerf optique ; — *c*, nerf antennaire ; — *d*, nerfs antennulaires.
(3) Pl. 12, fig. 8.

Immédiatement derrière l'origine des nerfs optiques, on voit naître du ganglion céphalique deux autres filets nerveux très-grêles qui sont accolés aux
premiers, pénètrent avec eux dans les pédoncules des
yeux, et vont se distribuer principalement aux muscles de ces organes.

En arrière et au-dessous de cette seconde paire de
nerfs, qu'on pourrait par analogie appeler moteurs
oculaires, naissent ceux qui vont aux antennes internes ; ils se portent d'abord en dehors, puis se recourbent en avant, pénètrent dans le pédoncule de ces
antennes, et fournissent un rameau assez considérable
qui marche en dehors pour se rendre aux muscles
moteurs de ces appendices. Ces troncs nerveux, qu'on
pourrait appeler antennulaires, pénètrent ensuite
dans le second article de l'antenne, puis dans le troisième, et, après avoir envoyé des branches auxmuscles
renfermés dans chacun d'eux, se divisent en deux rameaux qui s'introduisent dans les filets terminaux de
ces appendices.

La quatrième paire de nerfs céphaliques naît au-
dessus des précédens, sur les parties latérales du ganglion ; le volume de ces troncs nerveux est assez considérable ; ils se portent en dehors et en haut, se
divisent en plusieurs branches et paraissent se distribuer uniquement aux membranes tégumentaires de
l'extrémité antérieure de l'animal.

Enfin une cinquième paire de nerfs, plus gros que
ces derniers, naît en arrière, et un peu au-dessous
d'eux. Ces nerfs antennaires se dirigent d'abord en
bas, en dehors et en arrière, fournissent une branche
externe qui se rend à l'appareil de l'ouïe après avoir
donné un rameau à un organe particulier en forme

de gâteau qui recouvre l'oreille. Bientôt après la naissance de cette branche auditive, le tronc nerveux lui-même se contourne en avant, pénètre dans l'antenne externe, envoie des rameaux aux divers muscles qui y sont logés, et ne se termine que dans le prolongement corné qui constitue le dernier article de ces appendices.

Les deux cordons de communication qui unissent le ganglion céphalique au premier ganglion thoracique, naissent du bord postérieur du premier, s'écartent un peu l'un de l'autre, passent sur les côtés de l'œsophage, en l'embrassant, pénètrent dans le canal sternal, et, après un trajet assez long, arrivent au premier ganglion thoracique. Sur les parties latérales de l'œsophage, chacun de ces cordons médullaires présente un petit renflement d'où naît un nerf qui, ainsi que M. Cuvier l'avait observé dans l'Écrevisse, se porte directement en dehors, et se rend aux muscles des mandibules; mais une chose qui, jusqu'ici, paraît avoir échappé aux anatomistes, c'est l'existence des nerfs gastriques qui sont également fournis par ces cordons de communication dans le même point que les précédens. Aussitôt après leur origine, ces nerfs gastriques se courbent en bas et en dedans, passent sous le cordon inter-ganglionnaire, remontent sur les parties latérales de l'œsophage, fournissent un grand nombre de rameaux qui s'anastomosent entre eux, et forment un lacis sur les parois de l'estomac; enfin ils se recourbent en avant et vont s'unir entre eux sur la ligne médiane; le tronc unique qui en résulte passe entre les deux muscles antérieurs de l'estomac, se dirige en arrière et se ramifie sur ce viscère, sur ses muscles et sur les parois du canal intestinal.

Immédiatement en arrière de l'œsophage, les deux cordons inter-ganglionnaires sont unis entre eux par une sorte de bride fort curieuse, et dont l'existence n'a été mentionnée dans aucun Crustacé. A l'origine des nerfs gastriques, on aperçoit dans ces cordons un petit renflement que l'on peut considérer comme le vestige d'une paire de noyaux médullaires appartenant au segment mandibulaire du corps, et, si cela était, le barage dont nous venons de parler serait la commissure de ces ganglions.

Le premier ganglion thoracique est évidemment formé de plusieurs noyaux médullaires (1); il fournit, par son extrémité antérieure, 1°. un cordon assez gros qui se divise en deux branches ; l'une, interne, pénètre dans la mandibule ; l'autre se rend aux muscles de cet appendice, situés sur les côtés de l'estomac; 2°. un rameau assez grêle qui se rend à l'organe que nous avons mentionné comme recouvrant l'appareil auditif, et aux tégumens voisins ; 3°. un rameau qui pénètre dans la première mâchoire ; 4°. un nerf qui, après s'être divisé en deux branches, se rend à la deuxième mâchoire ; et 5°. un nerf assez gros qui se porte en haut, passe dans les cellules des flancs, puis se divise en deux branches qui longent le bord supérieur de la voûte des mêmes parties, et se distribuent aux muscles et aux tégumens voisins. De la face inférieure de ce ganglion naissent deux paires de nerfs appartenant aux deux premières paires de pates-mâchoires ; enfin sa portion postérieure et latérale fournit une paire de nerfs très-grêles qui se distribuent aux muscles logés dans le

---

(1) Pl. 11, fig. 3, g.

thorax, et deux paires de nerfs qui se divisent en un grand nombre de branches, et appartiennent aux troisièmes pates-mâchoires.

Vers le milieu des cordons qui unissent ce premier ganglion thoracique au suivant, naissent deux filamens nerveux qui se portent directement en haut, sortent du canal sternal, et vont se perdre dans les muscles du thorax (1).

Le second ganglion thoracique (2) correspond à la première paire de pates ambulatoires, et fournit de chaque côté deux cordons nerveux. Il en est de même des quatre ganglions suivans, en sorte que chaque pate est pourvue de deux branches nerveuses; mais il est à remarquer que, vers l'extrémité de l'article basilaire de ces appendices, ces deux nerfs se réunissent en un seul tronc. De ces deux nerfs, le postérieur est le plus gros, et fournit des rameaux aux tégumens et aux muscles de l'article basilaire des pates; l'antérieur paraît envoyer principalement des filets aux muscles situés dans les cellules des flancs. Après s'être réunis en un seul tronc, ils pénètrent jusqu'à l'extrémité des pates, en fournissant un grand nombre de rameaux aux muscles de chaque article.

Les ganglions abdominaux (3) sont beaucoup moins gros que ceux du thorax; chacun d'eux, à l'exception du dernier, fournit deux paires de nerfs: l'une se porte directement en dehors, et pénètre dans les appendices correspondans; l'autre se distribue aux muscles de l'abdomen. Les cordons qui unissent les gan-

---

(1) Pl. 13, fig. 3, *i*.
(2) Pl. 11, fig. 1, *h*.
(3) Pl. 11, fig. 4.

glions abdominaux sont simples, ainsi que nous l'avons déjà dit ; et, de même qu'au thorax, chacun d'eux fournit deux petits filets nerveux qui se portent en dehors et en haut, pour se ramifier dans les muscles de la partie médiane et supérieure de l'abdomen.

Enfin le dernier ganglion, situé au niveau des appendices de la queue, donne naissance à quatre paires de nerfs qui se rendent au dernier article de l'abdomen et aux diverses parties de la queue.

D'après les détails que nous venons de rapporter, on voit que le système nerveux des Talitres, des Cloportes, des Phyllosomes et des Cimothoés, ainsi que celui du Homard, est formé de parties essentiellement les mêmes, mais qu'il présente cette différence remarquable que les deux moitiés latérales de la chaîne ganglionnaire sont d'abord distantes l'une de l'autre ; qu'elles se réunissent ensuite sur la ligne médiane, de telle sorte que les ganglions forment des masses impaires, tandis que les cordons inter-ganglionnaires ou de communication restent encore distincts, qu'enfin ces cordons eux-mêmes s'accolent l'un à l'autre, puis se confondent pour ne former qu'un faisceau unique ; et que dans certaines espèces ces deux états des cordons inter-ganglionnaires s'observent chez le même individu, suivant qu'on étudie son thorax ou son abdomen.

Il nous reste à prouver maintenant que cette sorte de centralisation du système nerveux n'a pas lieu seulement dans le sens transversal ; mais qu'elle se fait aussi suivant la longueur de l'animal, de telle sorte que la ligne, souvent très-longue, que forme le cordon nerveux, se raccourcit successivement, et qu'un plus ou moins grand nombre de noyaux ganglionnaires se réunissent pour constituer en dernier lieu une seule masse médullaire.

Nous avons vu que, dans le Talitre, tous les ganglions étaient situés à des distances égales, et formaient une chaîne étendue d'une extrémité du corps à l'autre. Il en est encore à peu près de même dans le Homard; mais si l'on examine le Palémon, on y trouve sous ce rapport des différences qu'il importe de noter.

La disposition du ganglion céphalique et des ganglions abdominaux, est essentiellement la même chez le Palémon (1) que dans le Homard; mais au thorax, les trois dernières paires de ganglions sont rapprochées au point de se confondre et de former une seule masse médullaire allongée, et divisée sur la ligne médiane par une petite fente. Il en résulte que les nerfs des trois dernières pates, au lieu de se porter directement en dehors, se dirigent très-obliquement en arrière, et représentent une sorte d'éventail. Le ganglion qui correspond à la seconde paire de pates, est distinct et lié à la masse dont nous venons de parler, ainsi qu'au ganglion qui le précède, par un cordon de communication assez gros et impair. Enfin, les ganglions qui correspondent à la première paire de pates ambulatoires et aux pates-mâchoires, sont confondus en une seule masse nerveuse. Ces détails seraient difficiles à apercevoir sur les petits Palémons de nos côtés, mais nous les avons observés sur une espèce de grande taille de l'Océan indien.

Le rapprochement des ganglions nerveux est porté

---

(1) *Annales des sciences naturelles*, t. XI, Pl. 4, fig. 3.

encore plus loin dans la Langouste ; car tous les noyaux
médullaires du thorax sont comme soudés ensemble :
la masse qui en résulte est allongée et perforée postérieurement sur la ligne médiane pour le passage de
l'artère sternale ; on peut encore y distinguer la trace
des divers ganglions qui la constituent. Enfin, les nerfs
qui naissent soit de la partie antérieure, soit de l'extrémité postérieure de ce centre nerveux, se dirigent
obliquement en dehors pour gagner les appendices
correspondans. Du reste, la disposition du ganglion
céphalique, des ganglions abdominaux et de tous les
nerfs est essentiellement la même que dans le Homard.

Dans les Homoles, et quelques autres Anomoures,
la centralisation du système nerveux est portée encore
plus loin que dans les Langoustes, et s'accompagne
de l'état presque rudimentaire de toute la portion
abdominale de la chaîne ganglionnaire ; dans le thorax, on voit une masse nerveuse ovalaire et allongée,
de la partie postérieure de laquelle part un tronc
médian qui ne présente pas de ganglions (1).

Le mode d'organisation que nous venons de décrire
établit évidemment le passage entre le système nerveux du Homard et du Carcin (*Cancer mœnas* L.).
Dans ce dernier, comme l'a observé M. Cuvier (2), les
cordons nerveux venant du ganglion céphalique se
continuent jusqu'au milieu du thorax, où ils rencontrent une masse médullaire, ovale, évidée au centre,
et ayant la forme d'un anneau, du pourtour duquel
partent tous les nerfs des appendices du thorax, ainsi

---

(1) *Recherches sur l'organisation et la classification des Crustacés
Décapodes.* Ann. des sc. nat., t. XV.
(2) *Leçons d'anatomie comparée*, t. II, p. 314.

qu'un cordon unique qui occupe la ligne médiane de l'abdomen. En comparant cette disposition à celle que nous avons signalée dans les Homoles, on voit que les différences dépendent seulement d'un degré de rapprochement de plus entre les divers noyaux médullaires du thorax : ces ganglions ont acquis ici un développement plus considérable et se sont unis plus intimement entre eux ; quelquefois, cependant, on peut encore distinguer des traces légères de leur jonction. Enfin, le tronc nerveux impair de l'abdomen ne présente point de renflemens ganglionnaires comme dans les Décapodes macroures, et cette disposition est en rapport avec l'état presque rudimentaire de cette partie du corps.

Dans le Maïa (1), la centralisation du système nerveux est portée à son plus haut degré ; car il n'existe plus que deux masses nerveuses : le ganglion céphalique et le ganglion thoracique, dont tous les élémens sont entièrement confondus. Le ganglion céphalique ne diffère guères de celui du Homard ; il est ovalaire, et fournit cinq paires de nerfs : les deux premières paires pénètrent dans les pédoncules oculaires ; le nerf optique est beaucoup plus long que dans le Homard ; le moteur oculaire ne présente rien de remarquable. Il en est de même des nerfs qui se rendent aux antennes internes et qui naissent de la face inférieure du ganglion céphalique, près de son bord externe : la quatrième paire, plus grosse que les autres, se ramifie dans les membranes tégumentaires. Enfin la cinquième, qui appartient aux antennes

____

(1) Pl. 11, fig. 5 : — *a*, ganglion céphalique ; — *b*, ganglion thoracique ; — *c*, cordon nerveux de l'abdomen.

externes, est assez grêle. Les deux cordons nerveux qui naissent du bord postérieur du ganglion céphalique et qui l'unissent à la masse médullaire du thorax, fournissent des nerfs qui se distribuent aux muscles des mandibules et aux parois de l'estomac. L'un de ceux-ci est remarquable; car, en se réunissant avec celui du côté opposé, au devant de l'estomac, il présente un petit renflement ganglionnaire d'où part un long nerf récurrent, impair, qui se porte sur la face supérieure du tube digestif (1). Cette disposition rappelle celle du système nerveux de certains Insectes, où il existe, au-dessus de l'estomac, une petite chaîne de ganglions formée par la réunion de deux nerfs récurrens. Après avoir embrassé l'œsophage, les deux cordons inter-ganglionnaires sont réunis de même que dans le Homard, la Langouste, etc., par une commissure transversale; enfin vers le milieu du thorax ils rencontrent la seconde masse médullaire et s'y insèrent. Celle-ci ne représente plus un anneau; mais elle constitue un noyau solide, circulaire et un peu aplati, d'où partent en rayonnant tous les nerfs du thorax et de l'abdomen : ces faisceaux médullaires sont au nombre de neuf de chaque côté, et de plus il en existe un placé sur la ligne médiane. La première paire, assez grêle et accolée aux cordons de communication qui forment une sorte de collier autour de l'œsophage, se divise en plusieurs rameaux, et se distribue aux mandibules et aux mâchoires proprement dites. La seconde paire de nerfs thoraciques se rend aux deux premières pates-mâchoires, et la suivante à la troisième. La quatrième paire, assez grosse, se

____

(1) Pl. 11, fig. 5, d.

porte obliquement en dehors et en avant, passe dans l'échancrure située à la base de l'aileron des flancs, et va se ramifier sur les membranes tégumentaires qui tapissent la voûte de la cavité respiratoire : les cinq paires suivantes se distribuent aux pates ambulatoires correspondantes. Presque aussitôt après leur origine, ces nerfs pénètrent dans les cellules inférieures des flancs, et s'y divisent en deux branches ; l'une continue de se porter en dehors et peut être suivie jusqu'à l'extrémité de la pate ; l'autre traverse le trou inter-cloisonnaire, pénètre dans la cellule des flancs située au-dessus, se recourbe en dedans, et va se distribuer aux muscles de cette partie. Quant au nerf impair ou abdominal, il ne présente rien de remarquable.

Il nous serait facile maintenant de multiplier les faits relatifs au système nerveux des Crustacés, en citant le très-grand nombre d'espèces que nous avons eu occasion d'observer (1) ; mais ces travaux de détails n'a-

(1) On trouvera aussi dans les écrits de divers anatomistes une description plus ou moins complète du système nerveux dans quelques autres Crustacés. Willis a dit quelques mots de ce système chez l'Ecrevisse (*De anima brutorum*, cap. III), et Swammerdam l'a étudié avec soin chez le Pagure (Description du coquillage nommé Bernard-l'Hermite, dans la Collection académique, partie étrangère, t. V, et dans la *Biblia naturæ*). On voit aussi, dans une des planches de Rœsel, la portion abdominale du cordon ganglionnaire de l'Écrevisse ; mais cet auteur l'a considéré comme un vaisseau sanguin. (*Der Insecten belustigung.* 3 th., p. 324). Plus tard, le célèbre Scarpa a examiné le mode de distribution des nerfs de l'Écrevisse, à l'occasion des recherches importantes qu'il a faites sur l'organe auditif de ces animaux ; et, il y a quelques années, M. Cuvier a décrit, avec bien plus de précision et de détails qu'on ne l'avait fait avant lui, la disposition du système nerveux des Crustacés, tel qu'on le voit dans l'Écrevisse, la Squille, l'Apus, et quelques autres espèces dont il a déjà été question (*Leç. d'anat. comp.*, tom. II, p. 314). Enfin Treviranus, comme nous l'avons déjà dit, s'est occupé der-

jouteraient que peu de chose à la connaissance générale que nous avons acquise.

En effet, nous croyons avoir donné des exemples bien choisis qui montrent les changemens principaux qu'éprouve le système nerveux dans cette grande classe d'animaux, et les résultats qui en découlent sont faciles à saisir.

Nous voyons que le système nerveux, dont la disposition est si différente aux extrémités de la série de ces Crustacés, présente réellement dans tous ces animaux la plus grande analogie. Partout il est formé, pour ainsi dire, des mêmes élémens qui, isolés et uniformément distribués dans toute la longueur du corps chez les uns, présentent chez les autres divers degrés de centralisation, d'abord de dehors en dedans, ensuite dans la direction longitudinale. Enfin ce rapprochement dans tous les sens est porté à son extrême lorsqu'il n'existe plus qu'un noyau unique au thorax.

En dernier résultat, le système nerveux des Crustacés nous présente partout une uniformité de composition remarquable, et toutes les différences importantes que nous avons rencontrées en parcourant la série de ces animaux, ne sont évidemment que des modifications dépendantes d'un degré plus ou moins grand de rapprochement et de centralisation de parties similaires, ou de la disparition d'un certain nombre des noyaux médullaires primitifs, lorsque d'autres prennent un grand développement.

Ces résultats s'accordaient parfaitement avec les principes que M. Serres avait déduits de ses recher-

---

nièrement du même appareil dans le cyame de la Baleine. Tels sont les principaux travaux que nous croyons davoir rappeler.

ches sur le système nerveux d'autres animaux, et sur l'embryogénie en générale. Ce savant avait été conduit à conclure que cette tendance à la centralisation était une des lois de l'organisation, et que le système nerveux, en se développant, devait présenter des modifications analogues à celles qu'on rencontre en l'observant dans la série des animaux (1).

Ce que nous avions constaté chez les divers Crustacés se présente en partie chez le même insecte, lorsqu'on l'étudie, comme l'a fait M. Serres, aux diverses époques de la vie; il était donc probable que des observations sur le développement des œufs des Crustacés nous montreraient le système nerveux de ces animaux passant par un certain nombre des états que nous avons signalés plus haut, et c'est effectivement ce qui a lieu.

D'après les belles recherches que M. Rathke vient de publier en Allemagne, sur la génération des Écrevisses, on voit que chez ces animaux le système nerveux se présente d'abord sous la forme de deux séries de ganglions parfaitement distinctes entre elles, et que le nombre de ces noyaux médullaires est égal à celui des membres (2). Cet état, qui n'est que transitoire chez l'Écrevisse, rappelle ce que nous avons trouvé d'une manière permanente chez le Tilitre; à une époque plus avancée de l'incubation, ces ganglions nerveux se rapprochent de la ligne médiane et

---

(1) *Anatomie comparée du système nerveux*, t. II.

(2) M Rathke ne paraît pas avoir eu connaissance des recherches de M. Audouin et moi, sur le système nerveux des Crustacés, ni des travaux généraux de M. Serres; car, s'il en eût été autrement, il est probable qu'il aurait été conduit aux rapprochemens que nous venons d'exposer, et que nous avons établis dans une note imprimée dans les Annales des sciences naturelles, t. 20.

s'y réunissent, comme cela se voit chez le Cymothoé adulte. Le système nerveux des fœtus de l'Écrevisse subit ensuite des modifications analogues à celles que nous avons signalées en comparant entre eux les Cymothoés, les Homards, les Palemons, la Langouste, le Carcin et le Maja, c'est-à-dire une centralisation qui s'opère suivant le sens de l'axe du corps ; en effet, les ganglions, qui correspondent aux appendices de la bouche, se rapprochent entre eux et finissent par former une seule masse nerveuse (1).

On voit donc que chez les Crustacés le système nerveux se développe de la circonférence vers le centre, et présente pendant la vie fœtale une suite de modifications analogues à celles que nous avons trouvées en étudiant la série de ces animaux à l'état adulte. Enfin, en combinant les observations de M. Rathke avec celles qui nous sont propres, à M. Audouin et à moi, on peut conclure que *le système nerveux des Crustacés se compose toujours de noyaux médullaires dont le nombre normal est égal à celui des membres, et que toutes les modifications qu'on y rencontre, soit à diverses époques de l'incubation, soit dans différentes espèces de la série, dépendent principalement des rapprochemens plus ou moins complets de ces noyaux, agglomération qui s'opère des côtés vers la ligne médiane, en même temps que dans la direction longitudinale ; mais peuvent tenir aussi en partie à un arrêt de développement dans un certain nombre de ces noyaux.*

On ne possède encore aucune connaissance directe sur les fonctions du système nerveux des Crustacés ; mais d'après la coïncidence qui existe

(1) Pl. 11, fig. 6 et 7.

toujours entre la complication plus ou moins grande
de l'organisation, et la localisation des divers actes
dont se compose la vie, on pourrait avancer, sans
crainte de se tromper, que chez ces animaux la faculté de percevoir les sensations et de produire les
mouvemens, au lieu d'être également répartie dans
toutes les parties du corps, comme chez les Hydres,
s'est concentrée dans le système nerveux. L'expérience est venue à l'appui de cette opinion, car si
l'on sépare de la masse générale une portion du corps
dépourvue de nerfs, elle cesse aussitôt de sentir et
de se mouvoir.

L'appareil nerveux des Crustacés n'est pas composé
en entier d'élémens semblables; nous avons vu qu'on
y trouvait, d'une part, des cordons médullaires, et
de l'autre des ganglions ou centres nerveux; il était
donc permis de conclure encore que ces parties diverses ne concouroient pas de la même manière à la
production des phénomènes dont l'ensemble du système était devenu le siége. Des recherches de physiologie expérimentale, que j'ai commencées sur ce sujet
pendant mon séjour sur les bords de la Méditerranée,
et que j'ai continuées conjointement avec M. Audouin
pendant notre voyage aux îles Chausay, conduisent
aussi à ce résultat, et prouvent que dans ces animaux, de même que dans ceux des classes plus élevées, la faculté de recevoir les impressions venues du
dehors et de les transmettre à l'organe destiné à les
percevoir, réside spécialement dans les nerfs, tandis
que cette dernière propriété est, ainsi que la faculté
d'exciter les mouvemens et de les coordonner, devenue l'apanage exclusif des ganglions. En effet, si
l'on interrompt la communication entre une des pates,

par exemple, et le système ganglionnaire, par la section du nerf qui les unissait, on détruit aussitôt dans ce membre la sensibilité et la contractilité volontaire.

Les anatomistes, guidés par la position de la masse médullaire située dans la tête, au devant et au-dessus de l'œsophage, donnent communément à cette partie le nom de cerveau; mais aucun fait physiologique connu ne prouve qu'elle soit le siége exclusif des fonctions qui, chez les animaux des classes supérieures, sont propres à cet organe et l'anatomie devait même conduire à l'opinion contraire, car les divers ganglions nerveux des Crustacés ne présentent, dans leur structure, aucune différence appréciable, d'où il était à présumer que leurs propriétés étaient aussi les mêmes. Voulant décider cette question à l'aide de l'expérience, je fis sur une Squille vivante la section des cordons nerveux qui embrassent l'œsophage, pour unir les parties du système ganglionnaire situés au devant et en arrière de ce conduit. Cette opération affaiblit beaucoup l'animal, mais n'entraîna pas la paralysie complète, ni de l'extrémité antérieure, ni de la portion postérieure de son corps; il continua à mouvoir les antennes, ainsi que les pates natatoires de son abdomen, et donnait surtout des signes de sensibilité. En répétant avec M. Audouin la même expérience sur le Homard, nous obtînmes un résultat analogue; l'hémorragie et la lésion du système nerveux produites par l'opération, firent périr l'animal dans un assez court espace de temps, mais il conserva après la section la faculté de sentir dans toute la longueur du corps, et fit mouvoir comme auparavant, mais avec moins de force, les antennes, les appendices de la bouche, les pates et l'abdomen.

Il nous paraît donc évident que chez ces animaux les ganglions céphaliques, ou si l'on aime mieux le cerveau, n'est pas encore devenu le siége exclusif de la faculté de percevoir les sensations et d'exciter les mouvemens, mais que les ganglions situés en arrière de l'œsophage et au-dessous de l'intestin remplissent les mêmes fonctions.

La division du travail est donc peu avancée dans l'appareil nerveux des Crustacés ; mais cependant, chez ces animaux, chacun des anneaux de la chaîne ganglionnaire n'est pas aussi indépendant des autres que chez le Lombric, par exemple, où chaque tronçon du corps continue à se mouvoir et à sentir après avoir été séparé de la masse générale. Nous avons déjà vu que la nature tendait à centraliser le système nerveux dans la portion céphalo-thoracique des corps des Crustacés ; et , à l'aide des expériences physiologiques, on observe une tendance analogue vers la localisation des deux fonctions principales de ce système dans la même partie. Dans les diverses vivisections que nous avons faites, nous avons constaté que, toutes choses égales d'ailleurs, la portion antérieure de la chaîne ganglionnaire remplissait mieux et pendant plus long-temps ses fonctions que la portion postérieure. Si, chez le Homard, par exemple, on divise le système nerveux dans le point où le thorax se joint à l'abdomen, on paralyse presque complétement tout ce qui est situé en arrière de la section, tandis que les membres thoraciques et les appendices de la tête, conservent pendant assez long-temps la faculté de sentir et de se mouvoir. Le résultat de cette expérience est en accord avec l'état presque rudimentaire des ganglions abdominaux du Homard, et on pourrait en trouver, jusqu'à un certain point, l'explication dans l'influence de la masse de la substance médullaire, qui est petite dans l'abdomen et considérable dans la portion céphalo-thoracique du corps ; mais si on coupe la chaîne ganglionnaire entre les pates de la première et de la seconde paire, on le divise en deux parties à peu près égales ; et, néanmoins, c'est dans la moitié postérieure du corps que les effets de cette opération sont les plus marqués, surtout en ce qui concerne la sensibilité.

Ainsi, chez les Crustacés où la chaîne ganglionnaire occupe encore toute la longueur du corps, nous voyons déjà une tendance vers une localisation plus précise de certaines de ses fonctions dans une partie déterminée de son ensemble, et vers un degré de plus dans la division du travail dont il est le siége.

§ III. *Des mouvemens en général.*

Dans les divers actes de la vie animale, dont nous avons déja parlé, les animaux ne semblent jouer qu'un rôle passif ; mais les rapports qu'ils ont avec le monde extérieur, ne se bornent pas là ; ils ont aussi la faculté de réagir à leur tour sur les objets qui les environnent, et de s'en rapprocher ou de s'en éloigner à volonté à l'aide des divers mouvemens qu'ils exécutent.

C'est le système nerveux qui détermine ces mouvemens, mais ce sont les muscles et les parties dures de l'enveloppe tégumentaire qui en sont le siége. Les muscles qui constituent ce que l'on nomme vulgairement la chaire des animaux, sont des organes composés de fibres réunis en faisceaux et susceptibles de se raccourcir et de s'allonger alternativement sous l'influence de l'excitation nerveuse ; une de leurs extrémités se fixe sur une partie de l'économie qui est plus ou moins immobile et qui leur sert de point d'appui, tandis que l'autre extrémité s'insère à l'organe qu'ils sont appelés à mouvoir ; et qu'en se contractant ils rapprochent en totalité ou en partie de leur point d'appui. Ce sont les puissances motrices ou instrumens actifs de tout mouvement.

Les muscles des Crustacés sont d'une blancheur parfaite, et ne présentent dans leur structure rien de particulier ; tantôt ils s'insèrent directement aux tégumens, d'autres fois ils se fixent sur des prolongemens qui naissent de ceux-ci, et qui remplissent les fonctions de tendons. Ces tendons sont semblables au test, et naissent ordinairement du bord de l'article mis en mouvement par le muscle auquel chacun d'eux appartient ; il est rare d'en trouver à l'extrémité immobile du muscle, à moins qu'on ne regarde comme des organes analogues les apodèmes. La forme de ces tendons rigides varie ; tantôt ils sont presque filiformes, d'autres fois lamelleux et très-larges.

Les parties sur lesquelles les muscles agissent, ou les instrumens passifs du mouvement, sont diverses pièces du squelette tégumentaire qui représentent ce qu'on appelle en mécanique des *leviers*, c'est-à-dire des lignes inflexibles qui tournent sur un point fixe. La disposition de ces leviers est très-simple ; ils ne peuvent jamais se mouvoir que dans un même plan, et en décrivant une ligne dont la direction ne change pas ; l'articulation qui les unit à la pièce sur laquelle ils tournent représente une charnière, et constitue ce que les anatomistes nomment *ginglyme angulaire :* elle a toujours lieu à l'aide de deux jointures situées l'une de chaque côté de l'extrémité articulaire, et placées de manière à ce qu'une ligne qui les réunirait coupe à angle droit le plan suivant lequel leurs mouvemens s'exécutent. Enfin, l'espace compris entre ces deux points, et qui correspond aux côtés sur lesquels la flexion ou l'extension s'opère, est occupé par une portion de l'enveloppe tégumentaire qui ne s'encroûte pas de matière calcaire et qui remplit les fonctions d'un ligament articulaire.

Il résulte de ce mode d'articulation, que les muscles appartenant à chaque article ne peuvent être que de deux ordres, savoir : des extenseurs et des fléchisseurs. Ces organes s'insèrent toujours dans le sens contraire de la jointure, et chacun d'eux se fixe ainsi entre le point sur lequel roule l'article qu'il meut et la résistance qu'il est destiné à vaincre; disposition qui, en mécanique, caractérise les leviers du troisième genre, et qui est la plus favorable à l'étendue et à la rapidité des mouvemens, mais qui nécessite l'emploi de forces considérables.

D'après ce que nous venons de dire de la nature des articulations du système tégumentaire des Crustacés, on voit que les mouvemens que ces animaux exécutent doivent être très-simples, à moins d'une multiplication extrême de ces espèces de charnières, et d'une grande diversité dans leurs directions. Les mouvemens des divers segmens du tronc se font tous suivant la même direction et dans le plan vertical; aussi est-ce sur les côtés du corps que ces anneaux mobiles s'articulent entre eux, et à leurs faces dorsale et ventrale qu'ils donnent insertion à leurs muscles. En

général, l'anneau mobile présente sur le bord antérieur de l'arceau dorsal deux petites cavités articulaires qui embrassent chacune une éminence arrondie ou
un tubercule du bord postérieur du segment précédent.
Les mouvemens d'extension ne consistent que dans
le redressement du corps, dont les divers segmens ne
peuvent s'élever que peu ou point au-dessus de la
ligne horizontale; car, pour parvenir dans cette dernière position, une portion de leur arceau supérieur
glisse presque toujours au-dessous du segment précédent, et le bord de celui-ci oppose un obstacle
invincible à toute courbure en dessus. A la face
ventrale du corps il existe au contraire, entre chaque
segment mobile, un espace assez grand qui n'est occupé que par une membrane articulaire, et qui permet des mouvemens de flexion plus ou moins éten-
dus.

Les muscles moteurs des anneaux du corps en occupent les faces supérieures et inférieures. Leur disposition est en général très-simple; chaque segment,
lorsqu'il est distinct, est pourvu d'un certain nombre
de faisceaux charnus qui se portent directement du
bord antérieur ou postérieur d'un anneau au bord
semblable de l'anneau suivant et qui remplissent les
fonctions de fléchisseurs ou d'extenseurs, suivant qu'ils
sont placés au-dessous ou au-dessus du niveau de l'articulation de ces pièces solides entre elles. Dans
l'homme et les autres mammifères, on a observé que
les muscles extenseurs étaient beaucoup plus forts que
les fléchisseurs; ici c'est le contraire.

Dans les Décapodes Brachyures dont le corps est peu
mobile et dans les Edriophthalmes, les muscles du
tronc présentent tous la disposition que nous venons

de signaler ; mais dans les Décapodes Macroures, où l'abdomen devient un organe moteur très-puissant , le système musculaire prend , dans cette partie du corps, un développement extrême et présente des dispositions très-remarquables. La structure de ces muscles a été étudiée par plusieurs anatomistes ; mais la description qu'ils en ont donnée ne nous paraît pas être entièrement exacte. Voici ce que nous avons observé, conjointement avec M. Audouin, sur le Homard de nos côtes.

Les *muscles extenseurs* de l'abdomen de ce Crustacé occupent l'arceau dorsal des anneaux , et constituent deux couches, l'une superficielle , l'autre profonde. L'espèce de panicule charnue qui forme la couche supérieure est très-mince, et se compose de fibres longitudinales qui naissent du bord antérieur d'un anneau et se terminent au bord antérieur de l'anneau suivant ; de façon que le bord postérieur du premier reste libre, et peut, lors de leur contraction , glisser sur le segment suivant (1). De chaque côté de la ligne médiane on distingue deux faisceaux de ces fibres charnus ; l'un , interne , est droit ; l'autre , situé plus en dehors , se porte obliquement d'avant en arrière et de dehors en dedans. Les muscles extenseurs de la couche profonde sont plus puissans ; ils sont recouverts par la couche superficielle dont nous venons de parler , et reposent sur l'intestin et les muscles fléchisseurs (2). De même que, dans la couche supérieure, on distingue ici deux faisceaux principaux ; mais la disposition des fibres qui les composent est l'inverse de

----

(1) Pl. 13, fig. 1, *es.*
(2) Pl. 13, fig. 1, *ep.*

celle signalée plus haut, car ce sont les externes qui sont droites; tandis que celles de la bande charnue interne sont obliques, et offrent, comme M. Cuvier l'avait déjà observé, l'aspect d'une corde tordue. Les points d'insertion de ces muscles sont les mêmes que ceux des faisceaux superficiels; ces organes se fixent au bord antérieur de chaque anneau, mais, au lieu de s'y terminer complétement, ils y envoient seulement des expansions aponévrotiques, et la majeure partie de leurs fibres se continuent avec ceux de l'anneau suivant. Au sixième anneau de l'abdomen on ne trouve point de muscles extenseurs superficiels, et la couche profonde n'est représentée que par une paire de faisceaux obliques qui occupent les parties latérales de l'arceau supérieur. Les autres segmens de l'abdomen ne présentent, sous ce rapport, rien de remarquable. Enfin, les muscles extenseurs du premier de ces anneaux sont plus puissans que les précédens, et vont prendre leur point d'appui sur le thorax; ils se fixent à la face interne des flancs, et circonscrivent de chaque côté l'espace qui loge le cœur, etc. Les derniers anneaux qui composent le thorax sont soudés entre eux de manière à ne pouvoir exécuter des mouvemens : aussi n'y trouve-t-on point de muscles extenseurs, mais l'espèce de carapace formée par le prolongement de l'arceau supérieur de la tête n'est pas complétement immobile, et on trouve qu'elle est fixée à la voûte des flancs par un grand nombre de fibres charnues verticales, qui paraissent être les analogues de celles dont nous venons de parler : ce sont ces espèces de colonnes charnues qui, tapissées par un repli tégumentaire, établissent la séparation entre les cavités respiratoires et la cavité viscérale.

Les muscles fléchisseurs se distinguent aussi en superficiels et en profonds.

La couche superficielle est extrêmement mince, et n'est formée que par quelques fibres longitudinales qui vont d'un anneau de l'abdomen à l'autre. L'extrémité antérieure de chacun de ces muscles s'insère sur la membrane inter-articulaire près du bord postérieur de l'arceau inférieur, et leur extrémité opposée se fixe sur le bord postérieur de l'anneau suivant. Dans les premiers segmens de l'abdomen, ces rubans charnus s'étendent dans toute la largeur de l'anneau; mais dans le cinquième segment on ne retrouve plus que quelques fibres près de la ligne médiane, et dans le sixième on n'en voit plus de traces. Entre le thorax et l'abdomen, ces muscles forment deux petits faisceaux; enfin, chose remarquable, on en retrouve encore des vestiges dans toute la longueur du thorax à la partie supérieure du canal sternal.

La couche profonde des muscles fléchisseurs de l'abdomen est extrêment puissante, et remplit à elle seule la majeure partie de l'anneau tégumentaire. La masse commune formée par toutes ces fibres charnues est d'une structure extrêmement compliquée, et ressemble un peu à une grosse tresse serrée. Lorsqu'on l'examine par sa face inférieure, on distingue d'abord des faisceaux longitudinaux et des faisceaux obliques qui reposent sur les muscles de la couche superficielle; et, en les écartant légèrement sur la ligne médiane, on aperçoit un peu plus profondément des bandelettes transversales qui paraissent être parfaitement distinctes des premiers faisceaux (1). Mais, si on porte l'examen plus

____

(1) Pl 13, fig. 3.

loin, on ne tarde pas à se convaincre que la structure de cette masse charnue est bien plus compliquée; à moins d'y porter une attention très-grande, elle est même difficile à comprendre. En étudiant le premier segment de l'abdomen, on voit qu'il reçoit du thorax un certain nombre de faisceaux charnus qui prennent leur point d'appui sur le fond de la cavité viscérale de cette partie du corps, et qui forment de chaque côté trois muscles distincts : le premier, que nous appellerons le *muscle droit* du premier anneau abdominal, est situé près de la ligne médiane (1); il repose immédiatement sur la couche des fléchisseurs superficiels, et va s'insérer sur le milieu de l'arceau inférieur de l'anneau auquel il appartient. Le second (2), également superficiel, est situé plus en dehors, et se porte en arrière et en dehors : aussi le désignerons-nous sous le nom de *muscle oblique*. Parvenu près de la partie latérale de l'anneau, ce muscle y envoie quelques fibres, et s'y fixe aussi à l'aide d'une intersection aponévrotique; mais la majeure partie des faisceaux charnus qui le forment se portent au delà, et se contournent en haut et en arrière; là ils se divisent en deux parties : l'une se fixe sur la masse charnue commune à l'aide d'intersections aponévrotiques; l'autre se joint au muscle central du second anneau, et se comporte comme nous le dirons plus tard. Enfin, le troisième muscle qui vient du thorax est situé au-dessus des deux précédens, et paraît s'enfoncer dans la masse charnue commune : aussi

---

(1) Pl. 13, fig. 3, *d.*
(2) Pl. 13, fig. 3, *o*, et fig. 4, *o.*

le nommons-nous *muscle central* (1). Quant à sa terminaison, nous aurons l'occasion d'en parler par la suite.

Au - dessus des muscles droits et obliques du premier anneau on aperçoit les muscles analogues du second anneau, et plus profondément encore un *muscle transversal* (2) dont la disposition est très-curieuse, car ce n'est autre chose que l'origine des muscles droits et obliques de l'anneau suivant. En effet, ce ruban charnu, parvenu sur les parties latérales de l'abdomen, ne s'y termine pas comme on pourrait le croire au premier abord, mais se recourbe en haut, forme une espèce de boucle autour du muscle central dont nous venons de parler, s'accolle à son congénère, plonge vers la face inférieure de l'anneau, redevient longitudinal, se dirige en arrière et constitue ainsi les muscles droits et obliques du second anneau (3). Dans le point où le muscle transversal commence à remonter du côté externe du muscle central, il donne attache à un faisceau charnu assez gros, qui se porte en arrière et en dedans, se confond avec le muscle central du premier anneau, puis se réunit avec l'une des portions terminales du muscle oblique du même anneau, dont il a déjà été question, et constitue ainsi le muscle central du second anneau (4), qui est embrassé à son tour par le muscle transversal de ce segment, et se comporte comme le précédent. Dans le point où la portion supérieure du muscle transversal rencontre la portion inférieure du même muscle, après avoir formé de chaque côté un

---

(1) Pl. 13, fig. 3, c.
(2) Pl. 13, fig. 3, t, et fig. 4, t.
(3) Pl. 13, fig. 3, d', o', et fig. 4.
(4) Pl. 13, fig. 4, c'.

anneau autour du muscle central, et où elle plonge sous elle pour former les muscles droits et obliques du second segment, elle donne naissance à quelques faisceaux charnus qui se portent directement en arrière en passant au-dessus de la bandelette transversale, et vont se confondre avec les muscles droits et obliques du segment suivant (1). Enfin, les muscles droits et obliques formées par la terminaison de la bande charnue transversale vont se fixer au second anneau, et présentent exactement la même disposition que ceux de l'anneau précédent.

Ainsi, les muscles fléchisseurs profonds du premier anneau de l'abdomen prennent leur point d'appui sur le thorax; mais la charpente osseuse n'en fournit pas à ceux du second segment; les deux extrémités de ces muscles sont fixées à la partie qu'ils sont destinés à mouvoir, et c'est le double anneau qu'ils forment autour du muscle central du segment précédent qui leur en tient lieu.

Les muscles fléchisseurs profonds du troisième et du quatrième anneaux ne diffèrent pas de ceux du second (2) : la partie moyenne du ruban charnu qu'ils forment, constitue le muscle transversal de l'anneau précédent, et présente une espèce d'anse pour recevoir le muscle central fourni par les muscles transversal et oblique de l'anneau précédent. La disposition du muscle transversal du quatrième anneau est encore la même; mais le mode de terminaison des muscles obliques qui en proviennent n'est pas exactement semblable à ce que nous avons vu jusqu'ici : en effet,

----

(1) Pl. 13, fig. 4, a.
(2) Pl. 13, fig. 4.

après avoir envoyé des fibres et des expansions aponévrotiques à la partie latérale et inférieure du cinquième anneau, ils se recourbent en haut comme d'ordinaire ; mais, au lieu de se fixer sur le muscle transversal suivant, ils donnent naissance à des faisceaux charnus qui se portent en arrière pour s'insérer à la partie dorsale du cinquième anneau, puis ils gagnent la ligne médiane, et s'y réunissent entre eux à l'aide d'une intersection aponévrotique (1).

Les muscles centraux fournis par le muscle transversal du quatrième anneau présentent également des anomalies ; car, au lieu de s'enfoncer dans des anses formés par le muscle transversal de l'anneau suivant, ils viennent seulement le fortifier ; ils se recourbent en dedans, et se réunissent ainsi avec la bande transversale du cinquième anneau. Enfin ce dernier muscle se recourbe seulement sur lui-même.

Dans les Décapodes Brachyures, et dans les Edriophthalmes, on ne retrouve pas cette disposition curieuse des muscles fléchisseurs profonds ; la couche superficielle est même la seule qui paraisse exister.

Les membres des Crustacés sont en général destinés à exécuter des mouvemens beaucoup plus variés que le tronc de ces animaux, aussi y remarque-t-on des différences beaucoup plus grandes dans la direction des points articulaires. Souvent il existe une série de six jointures en charnières, ayant chacune un usage spécial ; celles qui servent à changer la direction de l'ensemble du membre en occupent la base, et celles qui sont principalement destinées à déterminer son

---

(1) Pl. 13, fig. 4.

raccourcissement ou son allongement sont placées vers sa partie moyenne.

Les muscles servant à mouvoir l'un des articles d'un membre s'y fixent presque toujours à son bord supérieur, et se logent dans l'article précédent, à moins que celui-ci ne soit très-court, et alors on les trouve ordinairement dans la pièce précédente (1). Les plus forts, et par conséquent les plus gros de ces muscles, sont en général ceux qui servent à changer la direction totale du membre, et qui appartiennent à ses deux premiers articles; ils sont logés dans les parties latérales du tronc, et prennent leur point d'appui, soit aux anneaux correspondans, soit aux apodèmes dont l'intérieur de ceux-ci peut être hérissé. Dans le thorax des Crustacés Décapodes, par exemple, ces muscles remplissent la double rangée de cellules située de chaque côté du thorax (2). Leur disposition, du reste, ne présente rien d'assez remarquable pour mériter de nous arrêter ici.

Les Crustacés vivent presque tous dans l'eau, aussi est-ce principalement au moyen de la natation qu'ils changent de place; mais la plupart d'entre eux peuvent aussi marcher, et présentent un certain nombre d'organes affectés spécialement à cet usage. Il en est même dont la course est si rapide qu'un homme peut à peine les suivre, et on en connaît qui font à certaines époques des voyages terrestres de plusieurs lieues.

La natation a lieu tantôt par les mouvemens des membres, tantôt par ceux de l'extrémité postérieure du corps; à l'aide des premiers, l'animal se porte en

____

(1) Pl. 13, fig. 5.
(2) Pl. 13, fig. 6 .

avant ou de côté, et par le moyen des seconds il recule
avec une rapidité extrême. Ces deux manières de na-
ger se voient souvent lorsqu'on observe les Palémons,
connues sur nos côtes sous les noms de Crevettes, de
Salicoques, de Bouquets, etc.; mais, quand ces animaux
cherchent à échapper à quelque danger, c'est toujours
en recourbant brusquement leur queue qu'ils s'en éloignent. Les Écrevisses nagent presque toujours en
arrière de la même manière; mais les Crabes, dont
l'abdomen est rudimentaire, sont en général privés de
ce moyen de progression, et nagent seulement à l'aide
de leurs pates.

Chez les Crustacés, dont l'extrémité postérieure du
corps sert comme organe de natation, l'abdomen se
compose toujours d'un certain nombre de segmens
mobiles les uns sur les autres, et se termine par une
espèce de nageoire formée du dernier anneau devenu
lamelleux et des membres du segment précédent, qui
prennent alors un grand développement (1).

Le nombre des membres affectés à la locomotion
varie beaucoup, et est, en général, plus considérable
chez les Crustacés nageurs que chez les Crustacés
marcheurs. Tous les membres qui suivent les appendices de la bouche peuvent constituer des organes
de natation; mais il n'y a jamais que ceux de la partie
moyenne du corps qui affectent la forme de pates ambulatoires. Les membres abdominaux sont souvent
employés à la respiration, d'autres fois ils peuvent être
considérés comme des dépendances de l'appareil respiratoire, et quelquefois aussi un certain nombre d'entre
eux deviennent des organes du saut. Dans ce dernier

---

(1) Pl. 23, fig. 1, etc.

cas , les pièces terminales , que supporte leur article basilaire , sont raides, courtes , et en général styliformes (1) ; mais, lorsque ces membres servent à la natation, les pièces dont nous venons de parler prennent la forme de longues lames ciliées sur les bords, et paraissent en général composées d'une série d'articles plus ou moins nombreux (2).

Dans les Crustacés essentiellement nageurs, les pates thoraciques sont souvent flabelliformes (3) ; mais d'autres fois elles se terminent par un article lamelleux et plus ou moins large (4) ; cette dernière disposition se rencontre surtout aux pates postérieures et se voit chez les Crustacés fouisseurs aussi bien que chez les espèces pélagiques. Lorsque ces membres sont destinés à servir à la marche , ils sont à peu près cylindriques , et se terminent par un article styliforme dont l'extrémité est souvent armée d'une sorte d'ongle pointu (5).

Enfin , les membres thoraciques des Crustacés peuvent aussi être transformés en organes de préhension , et pour cela il leur suffit d'une modification très-légère ; tantôt c'est le dernier article qui se reploie sur l'article précédent , d'autres fois c'est celui-ci qui se prolonge au-dessous du suivant, de façon à former avec lui une véritable pince. Dans les deux cas, le pénultième article est plus ou moins élargi et porte alors le nom de main. Lorsque ces organes de préhension doivent servir à l'alimentation ou à la défense , ils sont formés par les pates thoraciques des premières paires ; mais,

---

(1) Pl. 1, fig. 2.
(2) Pl. 23, fig. 2, *d*, 5, 7 et 8.
(3) Pl. 26.
(4) Pl. 17, fig. 1, 7 et 13.
(5) Pl. 3, fig. 1, etc.

lorsqu'ils sont destinés à maintenir l'animal dans l'intérieur de quelque cavité, ou a fixer sur son dos des corps étrangers, ils appartienent aux derniers segmens du thorax.

CHAPITRE IV.

DE LA GÉNÉRATION DES CRUSTACÉS ET DE LEUR DÉVELOPPEMENT.

LES Crustacés, de même que tous les autres animaux articulés, se reproduisent au moyen d'œufs, et, de même aussi que chez la plupart de ces êtres, ils n'ont jamais les deux appareils sexuels, de production et de fécondation, réunis chez un seul individu ; les sexes sont toujours distincts, et chez un grand nombre de Crustacés, sinon chez tous, les œufs sont fécondés avant la ponte dans l'intérieur du corps de la femelle.

L'appareil de la reproduction, soit chez le mâle, soit chez la femelle, se compose toujours de deux séries d'organes parfaitement similaires et placés de chaque côté de la ligne médiane du corps, ou plutôt il y a chez le même individu deux appareils semblables, l'un à droite, l'autre à gauche, parfaitement indépendans l'un de l'autre, et n'ayant souvent entre eux aucune connexion, tant à l'intérieur du corps qu'à sa surface. Cette indépendance des deux moitiés de l'appareil de la génération est si complète qu'on a vu un cas où l'un des côtés était mâle et l'autre femelle, sans que cette monstruosité eût entraîné aucune autre perturbation sensible dans la conformation de ces organes.

C'est principalement, et on pourrait dire exclusivement dans la partie thoracique du corps, qu'est logé l'appareil de la génération. Sa structure est assez simple et ne paraît différer que peu suivant les sexes. Chez la femelle il se compose essentiellement, pour chaque moitié du corps, d'un ovaire, d'un oviducte, d'une vulve, et de quelques parties accessoires servant, soit à mieux assurer la fécondation des œufs, soit à les soutenir ou à les renfermer après la ponte. Chez le mâle, chaque moitié de l'appareil générateur consiste en un testicule, un canal efférent dont la partie inférieure peut en général saillir au dehors de façon à constituer une verge, et en certains appendices servant d'une manière moins directe à la copulation.

Dans la plupart des Crustacés les plus élevés dans la série, l'appareil mâle est très-développé.

Dans le Tourteau par exemple, ces organes recouvrent la plus grande partie de la face supérieure du foie, s'enfoncent sous le cœur, et se tiennent dans la cellule de la dernière pate. On peut y distinguer trois portions : l'une située sur les masses latérales du foie et recouverte par les tégumens, s'étend depuis le niveau du bord antérieur de l'avant-dernière branchie, jusqu'au niveau du bord externe des mandibules, en décrivant une courbure dont la convexité est parallèle au bord de la carapace, et en augmentant de largeur de son extrémité externe vers l'interne. Cette portion que l'on peut regarder comme étant l'analogue du testicule, présente l'aspect d'une espèce de grappe formée de quatre lobes principaux, qui à leur tour

sont composés de vaisseaux vermiculaires, d'une grande
ténuité, entortillés de manière à former des espèces de
pelottes. Ces vaisceaux dont la couleur est blanc de
lait, sont renfermés dans une membrane très-fine et
diaphane, et ils sont évidemment les organes secre-
tum de la liqueur fécondante. Ils se continuent avec
la seconde partie de l'appareil qui est situé sur les
côtés de l'estomac, et qui consiste en un gros vaisceau
entortillé sur lui-même, et d'un blanc laiteux. Enfin,
un peu plus en arrière se trouve la troisième partie
de l'organe générateur, que l'on peut appeler le canal
efferent. C'est un gros tube contourné sur lui-même,
ayant la même teinte que les parties dont nous venons de parler, faisant suite avec elles, et présentant à
peu près l'aspect des circonvolutions de l'intestin grêle
de l'homme; ce tube contourne le muscle de la tige des
mandibules, et s'enfonce sous le cœur où il diminue
de volume, et, après avoir fait plusieurs circonvolutions, se porte en arrière sur les parties latérales de
l'espace compris entre les cellules des flancs, puis
s'enfonce dans la cellule de la dernière pate, pour aller
traverser la partie postérieure et interne de la base de
cette pate, et s'ouvre à l'extérieur.

Dans d'autres Crustacés il n'y a pas de ligne de démarcation aussi tranchée entre les différentes portions
de l'organe mâle; dans le Maïa, par exemple, il paraît formé d'un seul tube dont la longueur est extrème,
et dont le calibre, d'abord capillaire, augmente insen-
siblement vers son extrémité postérieure. Mais, d'un
autre côté, il existe quelquefois aussi des différences
bien plus considérables que celles signalées ci-dessus;
dans l'Écrevisse de rivière, par exemple, les vaisseaux sécréteurs capillaires qui composent le testicule

sont, agglomérés de façon à former une masse glandulaire très-nettement limitée, et présentant trois branches, dont deux, dirigées en avant, se placent sur les côtés de l'estomac, et un se porte en arrière sous le cœur; du point de réunion de ces trois portions, il naît de chaque côté un canal excréteur qui est long et étroit, se contourne sur lui-même, et se termine enfin dans l'article basilaire de la dernière pate (1). Dans le Homard, les testicules sont au contraire très-allongées, et s'étendent depuis la tête jusque vers le milieu de l'abdomen. Mais c'est surtout dans les Édriophthatmes que ces organes présentent des particularités remarquables; ils consistent en un, deux ou trois vésicules pyriformes et allongés qui tiennent par un pédoncule grêle à un canal excréteur commun (2).

Du reste, l'aspect des organes sécréteurs de la semence varie beaucoup suivant les saisons : à l'époque de la reproduction elles sont gonflées et gorgées d'un suc laiteux, tandis qu'après elles tombent presque dans un état d'atrophie passager, qui ne permet pas de bien distinguer les différences qui peuvent réellement exister entre elles.

L'ouverture extérieure de l'organe mâle est ordinairement pratiquée dans l'article basilaire des pates de la dernière paire (3); mais quelquefois elle est placée sur le plastron sternal lui-même, dans la portion formée par le dernier anneau thoracique (4). Cette disposi-

---

(1) Pl. 12, fig. 14.
(2) Pl. 12, fig. 13.
(3) Pl. 12, fig. 14, et Pl. 23, fig 2.
(4) Pl. 18, fig. 6. *a*, *b*.

tion se remarque dans plusieurs Décapodes Brachyures
de la famille des Catométopes ; et, dans d'autres Crustacés appartenant au même groupe, bien que les canaux
éjaculateurs traversent l'article basilaire des pates postérieures pour se porter au dehors, ils ne se terminent
encore que sur le plastron sternal, car ils pénètrent
dans un petit canal ou gouttière transversale, qui
les cache jusqu'à ce qu'ils soient parvenus à la partie
du thorax recouverte par l'abdomen. Dans l'état ordinaire, les canaux efférens se terminent aux bords de
l'ouverture externe dont nous venons de parler ; mais
lors de la copulation ils se prolongent au delà en se
renversant comme un doigt de gant, deviennent tur-
gides, et constituent de véritables verges.

Chez la plupart des Crustacés de l'ordre des Décapodes, les membres abdominaux de la première et de
la seconde paires (1) ont une forme très-différente de ceux
qui suivent (lorsqu'il en existe d'autres), ou de ceux
de la femelle, et paraissent servir comme des organes
excitateurs dans l'acte de la reproduction ; mais c'est à
tort que beaucoup de naturalistes les ont considérés
comme étant des verges. Chez plusieurs de ces animaux (les Gécarcins, par exemple) leur grosseur est
telle, qu'ils ne peuvent jamais pénétrer dans les vulves, et nous avons constaté, par l'observation directe,
que chez d'autres c'est l'extrémité inférieure du
canal efférent qui seule s'introduit dans le corps de la
femelle. Ces appendices paraissent devoir servir à
diriger les verges vers les vulves, et peut-être aussi à
exciter ces derniers organes. Ils ont ordinairement la

____

(1) Pl. 3, fig. 6, 15 et 16.

forme de stylets tubulaires, et sont formés par une lame cornée enroulée sur elle-même; ceux de la première paire sont grands, et renferment dans leur intérieur les seconds qui sont rudimentaires.

On ne sait que peu de choses sur la structure de l'appareil mâle des Crustacés les plus inférieurs, et il est même plusieurs de ces animaux dont on ne connaît encore que les individus femelles.

C'est dans la famille des Décapodes Brachyures que les organes internes de la reproduction sont les plus compliqués chez la femelle (1). Outre les ovaires et les oviductes, on trouve encore chez ces animaux des poches copulatrices très-développées. Lorsqu'on ouvre un de ces animaux vers la fin de l'automne, on ne trouve point d'œufs dans les ovaires, et ces organes ont l'aspect de grosses cordes blanchâtres, creusées à l'intérieur par un canal longitudinal, et ayant des parois épaisses et coriaces (2). Ces tubes, au nombre de quatre, sont cylindriques, de la même grosseur dans toute leur longueur, et terminés en cul-de-sac; ils sont placés longitudinalement, deux de chaque côté du corps; l'un dirigé en avant, l'autre en arrière. Les tubes ovariens antérieurs reposent sur le foie; leur extrémité est située vers la partie extérieure et antérieure de la région branchiale; de là ils se portent en avant, puis se recourbent en dedans, gagnent les côtés de l'estomac, et se dirigent ensuite en arrière, en passant sous le cœur, pour se terminer chacun dans l'oviducte du côté correspondant, près de la cellule des flancs située au-des-

---

(1) Pl. 12, fig. 12.
(2) Pl. 5, fig. 1, e, et Pl. 12, fig. 12.

sus de la troisième paire de pieds. Entre l'estomac et le cœur, ces deux portions de l'ovaire sont unies par un tube transversal, long de quelques lignes, qui a la même grosseur et le même aspect qu'eux (1). Les deux tubes postérieurs (2) sont d'abord intimement unis entre eux, et reposent alors sur l'intestin dans la partie antérieure de l'abdomen ; mais bientôt ils se séparent, et vont sous le cœur se joindre aux oviductes dans le même point où se terminent les deux tubes antérieurs. Les oviductes (3) ont le même aspect que les ovaires, dont ils sont la continuation ; ils se portent directement en bas, et, après quelques lignes de trajet, s'unissent chacun à une grande poche logée entre les muscles des flancs et le foie, et placés verticalement avec son fond dirigé en haut (4) ; enfin, le conduit formé par le col de cette poche et par l'extrémité de l'oviducte se fixe à la face supérieure du plastron sternal, au pourtour d'une ouverture creusée dans le segment qui porte les pates ambulatoires de la troisième paire. Les ovules paraissent se former dans les parois des ovaires, et lorsque ces organes en sont remplis ils acquièrent une grosseur considérable et deviennent comme bosselés ; leurs parois deviennent en même temps minces et presque transparentes.

La disposition de l'appareil femelle de la génération est essentiellement la même chez tous les autres Décapodes Brachyures ; mais, chez les Décapodes Anomoures et Macroures, il n'existe point de poche co-

---

(1) Pl. 12, fig. 12, *d*.
(2) Pl. 12, fig. 12, *b*.
(3) Pl. 12, fig. 12, *e*.
(4) Pl. 12, fig. 12, *f*.

pulatrice, et on remarque plus de différence entre les ovaires et les oviductes, qui, en général, nous ont paru plus longs et plus étroits. Chez ces Crustacés, les vulves, au lieu d'être creusées dans le plastron sternal, occupent l'article basilaire des pates de la troisième paire (1).

Chez la plupart des Crustacés inférieurs, la disposition des parties intérieures de cet appareil est encore plus simple; les ovaires forment de chaque côté de l'intestin deux masses d'apparence spongieuse, dont l'extrémité postérieure aboutit aux vulves; quelquefois cependant ces organes ressemblent presque à des glandes conglomérées, et sont très-distinctes des oviductes. Enfin, c'est ordinairement sur le dernier anneau thoracique que sont pratiquées les ouvertures extérieures de la génération.

Les parties accessoires de l'appareil femelle varient davantage et sont plus compliquées que celles des mâles; ce sont tantôt les membres abdominaux qui sont modifiés dans leur structure pour former des points d'attache aux œufs, tantôt des appendices des membres thoraciques qui servent au même usage, ou qui, en se réunissant, constituent une espèce de poche ovifère; enfin, d'autres fois encore il existe, suspendus aux vulves, des tubes semi-cornés ou des espèces de poches membraneuses qui renferment également les œufs et que la femelle traîne avec elle. La première de ces dispositions est propre à tous les Décapodes, la seconde existe chez les Edriophthalmes, et la troisième chez la plupart des Crustacés auxquels

-----

(1) Pl. 21, fig. 8 et 18.

on donne ordinairement les noms d'Entomostracés, de Lernées, etc.

Chez un grand nombre de Crustacés, les différences sexuelles ne consistent pas seulement dans le mode de conformation de l'appareil générateur et de ses annexes, et on peut souvent distinguer les mâles des femelles par d'autres particularités d'organisation. Chez les Décapodes Brachyures, par exemple, l'abdomen est toujours étroit chez le mâle, tandis que chez la femelle il est très-large, et recouvre en général presque tout le plastron sternal dont la forme est en rapport avec ces différences. Chez les Cyclopes, les mâles sont beaucoup plus petits que les femelles, et ont leurs antennes et quelquefois leurs pates d'une forme particulière. Enfin, chez les Bopyres et les Jones, les différences sexuelles sont si grandes, qu'au premier abord on serait porté à regarder le mâle et la femelle comme appartenant à des genres distincts. Il y a lieu de croire que chez la plupart des Crustacés parasites il y a ordinairement moins de ressemblance entre les deux sexes que chez les Crustacés qui mènent une vie errante, et c'est peut-être pour cette raison que les mâles de beaucoup de ces petits animaux sont encore inconnus (1).

A une époque déterminée de l'année qui varie suivant les espèces, les sexes se rapprochent et les œufs sont fécondés. Le mécanisme, à l'aide duquel la nature assure le contact de la liqueur spermatique du mâle avec les germes fournis par la femelle, est très-facile à comprendre chez les Décapodes Brachyures. Chez

---

(1) Voyez *Mémoire sur le Nicothoé*, par MM. Audouin et Edwards. (*Annales des Sciences naturelles*, t. XI.)

ces Crustacés il y a une véritable copulation ; les verges du mâle pénètrent dans les poches copulatrices situées au-dessus des vulves de la femelle, et y déposent la liqueur spermatique, qui est ainsi tenue en réserve de manière à pouvoir être versée sur les œufs au fur et à mesure de leur passage au dehors.

Afin de nous assurer si les choses se passaient réellement ainsi, nous avons, conjointement avec M. Audouin, injecté des liquides colorés dans les vulves d'un Maïa femelle, et nous avons vu l'injection pénétrer directement dans la poche copulatrice. J'ai observé aussi qu'à l'époque de la ponte, ces poches sont détendues par un liquide opaque et laiteux, tandis que pendant le reste de l'année elles sont vides et contractées. Enfin, dans une de mes excursions zoologiques sur les côtes de la Bretagne, j'ai trouvé un Tourteau femelle qui venait d'être fécondée, et chez laquelle l'extrémité des verges du mâle s'étaient rompues après la copulation, comme cela a lieu chez beaucoup d'Insectes ; ces organes étaient restés enfoncés dans la poche copulatrice.

Chez les Décapodes Brachyures la fécondation des œufs doit donc s'opérer de la même manière que dans les Insectes, chez lesquels M. Audouin a fait depuis long-temps des observations analogues, et dans les Mollusques Gastéropodes, chez lesquelles la vésicule à long col remplit, d'après les observations récentes du docteur Prevost, les fonctions d'une poche copulatrice. Mais chez les Décapodes Macroures, et chez les autres Crustacés où il n'existe pas de réservoir semblable pour la liqueur spermatique, la fécondation des œufs est moins facile à comprendre. On admet généralement que chez tous ces animaux il y a une véritable copulation, et que par conséquent la liqueur fécondante est introduite dans l'intérieur de l'appareil générateur de la famille. Or, s'il en était ainsi, il serait difficile de comprendre comment les œufs qui remplissent tout l'ovaire, et dont les premiers sont pondus long-temps avant que les derniers ne soient développés, recevraient le contact de cette liqueur, condition qui est nécessaire à leur fécondation ; mais il n'y a pas, que je sache, d'observation directe qui prouve l'existence d'une copulation semblable, et l'absence d'une poche copulatrice nous porte à penser que chez ces animaux les œufs ne sont fécondés par le mâle qu'au fur et à mesure de leur ponte, comme cela a lieu chez les Grenouilles, ou bien après qu'ils sont tous sortis du corps de la mère, et qu'ils sont suspendus aux appendices de son abdomen ou renfermés entre les lames ovifères de son thorax.

Quoi qu'il en soit, c'est, comme nous l'avons déjà dit, dans les parois de l'ovaire que les ovules se forment d'abord, et, lorsqu'ils sont parvenus à une certaine grosseur, ils se détachent et tombent dans la cavité de cet organe pour être ensuite expulsés au dehors. La manière dont ce phénomène a lieu a été observée avec beaucoup de soin chez l'Écrevisse fluviatile, par un naturaliste habile, M. Rathke, à qui l'on doit aussi des recherches pleines d'intérêt sur le développement de l'embryon des Crustacés.

L'œuf de l'Écrevisse fluviatile, dit M. Rathke (1), se présente d'abord sous la forme d'une vésicule transparente, à parois membraneuses très-minces, plutôt

---

(1) *Untersuchungen uber die Bildung und entwickelung der Flusskrebsen*, in-folio ; Leipzig, 1829.

lenticulaire que sphérique, et remplie d'un liquide
aqueux. Plus tard il se forme autour de cette vésicule
une seconde tunique beaucoup plus ténue, qui est la
membrane du jaune, et entre ces deux enveloppes il
se dépose un liquide transparent, qui bientôt devient
blanchâtre, opaque et visqueux ; c'est le premier rudiment du jaune ; et, en même temps que sa masse
augmente, on aperçoit dans son intérieur une grande
quantité de globules très-petits et blancs comme la
neige. La vésicule intérieure, que l'auteur nomme
vésicule de Purkinje, reste transparente et s'accroît à
peine, de sorte qu'elle est d'autant plus petite, relativement à la membrane du jaune, que le développement de l'œuf est plus avancé. Elle occupe d'abord le
centre de la vésicule externe ; mais plus tard elle s'approche de plus en plus de l'un des côtés de cette dernière, et finit par la toucher presque dans un point
de sa circonférence, tandis que du côté opposé elle en
est séparée par un espace très-considérable.

Lorsque l'œuf existe depuis six mois, le liquide
contenu dans la vésicule extérieure, ou la membrane
du jaune, prend une couleur isabelle, s'épaissit, et
présente un plus grand nombre de globules. Plus
tard, sa couleur devient d'un jaune orangé, et finit
par passer au brun foncé. Pendant qu'il éprouve ces
changemens, il s'en opère d'autres dans sa consistance,
car le nombre de globules qu'il tient en suspension
augmente au point de le transformer en une masse
visqueuse.

Les derniers changemens qui ont lieu dans l'œuf
pendant son séjour dans l'ovaire sont les plus importans, et consistent d'une part dans la disparition de
la *vésicule de Purkinje,* et de l'autre dans l'apparition

du germe. Ces deux phénomènes paraissent avoir lieu à peu près simultanément, et il serait possible que le germe fût produit par l'épanchement du liquide contenu dans la vésicule interne ; il se présente d'abord sous la forme d'un léger nuage blanchâtre, répandu sur une partie de la surface du jaune. Peu à peu il se transforme en une tache blanche, opaque, et s'étend de manière à occuper à peu près la sixième partie de la superficie du jaune : ses limites ne sont pas bien tranchées, et, lorsqu'on détache la membrane qui le recouvre, on voit qu'il a beaucoup d'analogie avec du blanc d'œuf coagulé. Enfin, le tégument externe de l'œuf, ou la membrane du jaune, n'a que peu d'épaisseur ; mais le jaune lui-même prend un grand développement.

Après être parvenu dans la cavité de l'ovaire, l'œuf se dirige peu à peu vers l'orifice externe de l'un des oviductes, dont les parois sécrètent, à l'époque du printemps, un liquide albumineux assez épais qui entoure cet œuf, et qui, en se concrétant après la ponte, constitue une deuxième enveloppe extérieure.

Lorsque les œufs sont pondus, on y distingue les parties suivantes :

1°. Le *jaune* ou *vitellus*, qui forme la majeure partie de la masse de l'œuf (1) ; sa couleur est noirâtre, et il se compose de globules gélatineux de diverses grandeurs, agglutinés entre eux. 2°. Le *germe* lors de la ponte de l'œuf ; la tache que nous y avons vue auparavant, et qui constituait le germe, a tout-à-fait disparu ; mais la surface du jaune, au lieu d'être unifor-

----

(2) Pl. 14, fig. 1, *a*.

mément colorée en noir, présente maintenant un aspect marbré, dépendant de la présence d'une couche blanchâtre qui est répandue sur elle, et qui n'est autre chose qu'une transformation de ce même germe. 3°. La *membrane du jaune* (1), qui enveloppe le jaune ainsi que le germe, et y adhère de toutes parts. Elle est parfaitement transparente, très-mince, mais présente assez de consistance. 4°. Le *chorion* (2), tunique qui enveloppe la membrane du jaune, et est transparente comme elle, mais beaucoup plus épaisse. 5°. Le *blanc* (3), liquide transparent et aqueux qui remplit l'espace que laissent entre eux la membrane du jaune et le derme. Il est peu abondant, et diminue progressivement, de manière que les deux membranes dont nous venons de parler finissent par se toucher. 6°. La *membrane externe* (4), qui enveloppe le derme, et qui sert à fixer les œufs aux fausses pates abdominales de la mère. Elle est peu épaisse, et sa surface est inégale.

Afin de rendre plus méthodique la description des phénomènes nombreux et variés que l'œuf de l'Écrevisse présente pendant son développement, M. Rathke y distingue cinq périodes. La première est celle comprise entre la ponte de l'œuf et l'apparition des premières traces d'organes spéciaux.

Avant l'apparition de l'embryon, on observe à la surface de l'œuf plusieurs changemens très-remarquables. Le premier de ces phénomènes consiste dans la

---

(1) Pl. 14, fig. 1, *j*.
(2) Pl. 14, fig. 1, *b*.
(3) Pl. 14, fig. 1, *c*.
(4) Pl. 14, fig. 1, *e*.

formation d'un grand nombre de taches de couleur
grise blanchâtre et isolées entre elles, qui apparaissent sur la surface du jaune (1) ; elles sont formées par
la substance du germe, qui était d'abord répandue en
une couche uniforme ; peu à peu elles deviennent
blanches comme la craie, et présentent chacune un
point central obscur, ce qui leur donne l'aspect d'autant d'anneaux irrégulièrement dentelés sur les bords.

Après avoir persisté dans cet état pendant quelque
temps, les taches dont nous venons de parler deviennent uniformément blanches, et diminuent en
grandeur et en nombre, puis disparaissent complétement. En même temps la membrane du germe se
répand presque uniformément sur la surface du jaune,
et l'enveloppe comme un nuage léger, qui s'épaissit
dans un point de la superficie de l'œuf, et finit par s'y
rassembler en entier, de manière à y former de nouveau une tache blanche, pendant que le reste de la
surface du jaune reprend sa couleur noire uniforme.

La tache du germe, ou *blastoderme,* diminue d'a-
bord d'étendue, et se colore uniformément en blanc ;
mais bientôt elle commence à s'accroître en largeur
par l'addition d'une substance plastique formée par
le jaune, elle devient en même temps elliptique, et
l'on voit apparaître dans son milieu un petit sillon en
forme de fer à cheval. Peu à peu, et quelquefois
dans l'espace de peu de jours, ce sillon augmente
beaucoup de longueur, et les extrémités se réunissent
de manière à former une ellipse. Bientôt après le centre de ce sillon annulaire s'enfonce, devient de plus

____

(1) Pl. 14, fig. 2.

en plus profond, et prend la forme d'un petit sac,
dont les parois sont assez épaisses, et dont le fond
est beaucoup plus large que l'ouverture (1).

Pendant que ce petit sac se forme, la tache du
germe s'accroît beaucoup par l'addition sur ses bords
d'une substance plastique, et devient cordiforme.
Lorsque l'œuf a subi ces diverses modifications, on
commence à y voir paraître les premiers rudimens
d'organes; ils prennent naissance du fond du sac ou
de la portion du blastoderme qui l'entoure, et plus
particulièrement de celles qui constituent la tache
grise cordiforme dont nous venons de parler. Pour
éviter les circonlocutions, M. Rathke appelle cette
partie du blastoderme, portion centrale; il donne le
nom de partie corticale à la portion externe du blastoderme qui en constitue la circonférence, et qui est
plus ou moins complétement transparente : enfin, il
appelle ligne médiane de l'œuf celle qui correspond au
grand diamètre de l'ouverture du sac.

Peu à peu l'ouverture du sac s'agrandit beaucoup,
et, dans le point où elle présente le moins de largeur,
le fond de sa cavité se rapproche de la surface, de
manière à se confondre peu à peu avec les parties voisines du blastoderme, tandis que le reste du pourtour
de cette ouverture persiste, et présente l'aspect d'uu
pli semi-lunaire, dont les extrémités s'écartent de plus
en plus entre elles. Lorsque le sac a subi ces modifications, et que le fond de sa cavité s'est avancé vers la
superficie de l'œuf, on y voit apparaître une petite
éminence en forme de mamelon, dont le sommet pré-

____

(1) Pl. 14, fig. 3 et 6.

sente une petite dépression. Ce tubercule est en partie recouvert par la portion persistante du rebord du sac, et n'est autre chose que le rudiment de la portion postérieure du corps (1).

Dans la moitié antérieure de la portion médiane du blastoderme, et dans le point où existait la partie du rebord du sac que nous avons vu disparaître plus haut, il se forme en même temps deux petites lanières qui sont situées de chaque côté de la ligne médiane, et laissent entre elles un intervalle assez considérable; elles se dirigent obliquement en avant et en dehors, et constituent les premiers vestiges des mandibules (2). Quelque temps avant l'apparition de ces organes, il se forme un peu plus en avant deux autres paires de lanières semblables, qui représentent les rudimens des antennes. Enfin, en même temps, on voit se développer un petit point qui représente le labre, et qui occupe le milieu de l'espace qui existe entre les deux antennes antérieures (3).

A cette époque, M. Rathke n'a pu découvrir aucune trace de tissus nerveux ou vasculaire; mais le blastoderme a pris tant d'accroissement, qu'il entoure le quart de la surface du jaune.

Au commencement de la seconde période, qui s'étend depuis la première apparition d'organes spéciaux jusqu'à la formation du cœur, la portion moyenne du blastoderme s'épaissit et s'étend au point de recouvrir environ la huitième partie de la surface du jaune; mais la portion corticale s'accroît encore plus rapide-

---

(1) Pl. 14 , fig. 3, 4 et 12, *a*.
(2) Pl. 14, fig. 4 et 12, *m*.
(3) Pl. 14, fig. 4 et 12, *l*.

ment. Quelque temps avant la fin de cette période, elle recouvre toute la surface du jaune, et paraît se confondre avec elle dans le point opposé à celui occupé par la portion centrale. Il en résulte que le blastoderme constitue alors autour du jaune une enveloppe complète, mais elle est si ténue et si transparente, que l'on a de la peine à la découvrir.

Nous avons déjà vu qu'il se forme à la partie externe et antérieure de la portion centrale du blastoderme trois paires de lanières séparées par un espace assez considérable. Celles qui constituent la paire antérieure, et qui représentent les *antennes internes*, sont d'abord peu distinctes, très-petites, et confondues dans toute leur longueur avec la surface du blastoderme, dont ils paraissent être un épaississement. A mesure que ces lanières s'accroissent, leur contour devient plus distinct, et elles prennent peu à peu la forme de demi-cylindres ; leur extrémité externe, en se développant, se sépare complétement de la surface du blastoderme, et enfin, vers le commencement de la période suivante, elle se fend et devient bifide (1).

Les lanières de la deuxième paire, ou les *antennes externes*, présentent la même forme que les internes, et se développent d'une manière semblable, mais plus rapidement ; et lorsque ces quatre appendices se sont séparées du blastoderme, au lieu de se diriger transversalement, ils se portent obliquement en dehors et en avant.

Les lanières de la troisième paire, ou les *mandibules*, sont d'abord courbées, dirigées un peu en

____

(1) Pl. 14, fig. 5 et 15.

arrière, et plus petites que les antennes; elles se divisent bientôt comme celles-ci, mais moins profondément, et leurs deux moitiés se développent inégalement.

Le *labre* apparaît d'abord sous la forme d'une verrue extrêmement petite, située dans le milieu de l'espace que laissent entre elles les deux antennes antérieures, mais bientôt il se dirige en arrière, et vient se placer entre les antennes postérieures. Dans le principe, on voit autour de sa base un enfoncement annulaire assez profond, dont la moitié antérieure est promptement remplie par une substance albumineuse. Bientôt après, une substance plastique se dépose aussi dans la moitié postérieure de ce sillon ; mais il y reste toujours sur la ligne médiane une petite cavité qui se creuse de plus en plus, et qui est le premier rudiment de l'ouverture qui, plus tard, constitue la *bouche* (1).

Après que les antennes antérieures se sont montrées, on voit apparaître au devant d'elles les rudimens des *yeux;* ils se présentent d'abord sous la forme de deux petits renflemens qui s'allongent, s'arrondissent à l'extrémité, et ressemblent, après quelque temps, à de petites massues étroites (2). Ils se séparent du blastoderme, comme l'ont fait les antennes, et, à la fin de cette période, leur extrémité externe devient tout-à-fait libre, et est séparée de la partie basilaire par une légère incision transversale. Cette portion externe représente l'œil, et l'interne constitue son pédoncule.

---

(1) Pl. 14, fig. 9, 12 et 13.
(2) Pl. 14, fig. 15 et 16, *y*.

Nous avons vu ci-dessus qu'il se formait, au fond du sac du blastoderme, un petit tubercule dont la partie postérieure est recouverte par un sillon transversal que forme le bord postérieur de l'ouverture de ce sac (1). Ce *tubercule abdominal* se dirige en avant, et prend la forme d'une lame plus longue que large, dont l'extrémité antérieure est libre et arrondie, tandis que l'extrémité postérieure reste unie à la portion moyenne du blastoderme. Elle s'avance jusqu'auprès du labre et grossit beaucoup; sa face externe, en rapport avec la membrane du jaune, est convexe; tandis que la face supérieure, qui est en contact avec le blastoderme, est concave. Enfin, le petit enfoncement qui représente l'*anus*, et qui occupe l'extrémité de cette lame, se creuse rapidement, et finit par s'ouvrir dans la cavité de l'intestin qui occupe l'intérieur de cette portion du corps (2). Il est à remarquer qu'à cette époque l'ouverture anale occupe la face inférieure ou externe de l'abdomen, tandis que plus tard il doit occuper la face opposée.

Lorsque l'appendice caudal dont nous venons de parler est parvenu à ce degré de développement, les *mâchoires proprement dites* et les *pates-mâchoires* commencent à se former. Dans l'Écrevisse adulte, ces organes sont au nombre de cinq paires, mais ici on n'en voit d'abord que trois paires qui se montrent sous la forme de petites lanières placées de chaque côté de la ligne médiane, dirigées transversalement en dehors, et semblables à ce qu'étaient d'abord les

---

(1) Pl. 14, fig. 3 et 7.
(2) Pl. 14, fig. 5, 8, 9, 12, 13, 24, 15 et 16, *a.*

mandibules et les antennes. Peu de temps après la formation de ces trois paires d'appendices, les mâchoires de la quatrième paire, ou secondes pates-mâchoires, commencent à se montrer dans le point de courbure qui sépare la partie antérieure du corps de la portion postérieure, qui est formée par le tubercule abdominal. Les mâchoires de la cinquième paire, ou pates-mâchoires externes, apparaissent vers la même époque ; mais, au lieu d'être situées, comme les organes précédens, sur la portion de l'embryon qui fait suite au blastoderme, elles occupent la face supérieure du tubercule abdominal ; la forme de ces mâchoires est exactement semblable à celle des autres (1).

Lorsque les mâchoires ont commencé à se développer de la sorte, la base du prolongement abdominal se porte en arrière et se redresse de manière à se placer sur le même plan que le reste du blastoderme, tandis que la portion postérieure de ce prolongement reste couchée au-dessous, dans la position que nous lui avons déjà assignée. Il en résulte que toutes les mâchoires se trouvent alors sur le même plan, et que la courbure du corps est placée en arrière de celles de la cinquième paire (2).

A mesure que ces divers organes masticateurs se développent, leur forme change considérablement : au lieu d'être semblables entre elles, comme dans les premiers temps, ils deviennent de plus en plus différens entre eux et leur grandeur relative change très-promptement ; elles deviennent d'autant plus grosses qu'elles sont plus postérieures.

____

(1) Pl. 14, fig. 17.
(2) Pl. 14, fig. 18.

Vers l'époque de l'apparition des mâchoires de la cinquième paire ou pieds-mâchoires externes, on voit apparaître les premières traces de pates ambulatoires (1). Les antérieures naissent les premières, et les postérieures les dernières. De même que tous les autres membres dont nous avons déjà parlé, elles se présentent d'abord sous la forme de petites lanières, et naissent dans le point où nous avons vu se former les deux dernières paires de mâchoires, c'est-à-dire à la face supérieure du prolongement caudal, là où il se courbe en avant pour devenir inférieur et faire suite au reste du corps. Aussi, à mesure que les différentes paires de pates ambulatoires se forment, cette courbure s'avance-t-elle vers la partie postérieure de l'œuf où se trouve le tubercule abdominal ; on voit en même temps la portion réfléchie de ce prolongement s'accroître beaucoup, et présenter à son extrémité les rudimens de la nageoire caudale ; sa face inférieure, qui deviendra supérieure lorsque l'abdomen se redressera, offre en même temps les traces des six anneaux transversaux qui la composent (2).

Quant au repli transversal que nous avons vu recouvrir la base du prolongement caudal, il s'amincit de plus en plus et finit par disparaître ; mais, vers le milieu de cette période, il se montre de nouveau, augmente beaucoup de volume, et constitue le rudiment des pièces latérales de la carapace. En même temps la portion périphérique du blastoderme, située entre les yeux, s'épaissit aussi et forme une lame triangulaire qui constitue la portion anté-

(1) Pl. 14, fig. 19.
(2) Pl. 14, fig. 20 et 21.

rieure de la carapace et représente le rostre (1).

Pendant la durée de cette époque, on voit apparaître les premières traces du canal intestinal. Mais, afin de pouvoir exposer avec plus de clarté la manière dont cet appareil se développe, nous n'en parlerons que lorsque nous pourrons le suivre sous toutes ses phases.

Le cœur commence aussi à se former à la fin de cette époque. Il naît à la partie dorsale du corps, à peu de distance du point où le thorax et l'abdomen se réunissent, et paraît produit par la portion profonde du blastoderme (2). A l'aide d'un bon microscope, on distingue dans cette partie du blastoderme deux feuillets distincts, mais très-intimement unis entre eux ; l'externe, très-ténu, transparent, est semblable à l'épiderme des animaux vertébrés ; l'interne, au contraire, pulpeux, épais et granuleux vers la fin de cette époque ; et ce dernier présente, sur la ligne médiane dorsale, un épaississement dont le milieu se creuse d'une petite cavité, qui est le premier rudiment du cœur. Cet organe ressemble alors à une petite vessie plus longue que large, obtuse en arrière, pointue en avant, et aplatie de haut en bas.

Les premiers rudimens des vaisseaux sanguins se montrent à la même époque, et apparaissent sous la forme de canaux creusés dans ce feuillet interne de la portion du blastoderme qui représente la carapace ; l'un d'eux se porte de la partie postérieure du cœur en bas, vers la paroi inférieure du corps ; un autre, de l'extrémité antérieure de cet organe, va se perdre près

____

(1) Pl. 14, fig. 19, 20, 21, etc.
(2) Pl. 14, fig. 10, c.

du sommet de la tête, c'est l'artère ophtalmique. Enfin, à quelque distance de ce vaisseau, et de chaque côté du cœur, on voit une autre artère qui se dirige en avant et se termine en cul-de-sac vers le milieu de la carapace ; ce sont les artères antennaires. Ces divers vaisseaux naissent si près du cœur, qu'on pourrait croire qu'ils n'en sont que les prolongemens ; mais M. Rathke professe l'opinion contraire. Quoi qu'il en soit, ils restent pendant long-temps très-simples, et acquièrent un développement considérable avant que de présenter aucune ramification. Presque aussitôt après sa formation le cœur commence à battre avec vivacité ; mais il ne renferme encore qu'un liquide aqueux dans lequel on ne voit aucune trace de globules.

M. Rathke n'a pu se former que des idées assez imparfaites relativement au développement du système nerveux, à cause de la situation profonde de la chaîne ganglionaire. Voici ce qu'il a observé à cet égard : à la face supérieure de la portion du blastoderme qu'il appelle *lame ventrale*, et que nous avons déjà vu donner naissance aux membres, il se forme un renflement longitudinal, de chaque côté duquel se trouve une série de petits tubercules qui représentent les muscles des membres, tandis que dans son milieu il règne une espèce de gouttière longitudinale (1) ; c'est sur la portion moyenne de ce renflement, qui n'est autre chose que le canal sternal décrit par M. Audouin et moi, que se forme le cordon nerveux thoracique. Cette partie du système ganglionaire se compose d'abord de onze paires de petits points, qui se distinguent par leur couleur blanchâtre, et qui sont

____

(1) Pl. 11, fig. 6.

situés en séries les uns au devant des autres. Ces
taches paraissent être réunies par paires ; mais elles
sont cependant assez éloignées entre elles. La première
paire correspond aux mandibules, les cinq suivantes
aux mâchoires, et les cinq dernières aux pates ambulatoires. Au devant de cette double chaîne, on distingue les cordons œsophagiens et des ganglions céphaliques ; mais, à cette époque, ils sont encore peu distincts.
Quant à la portion abdominale du système nerveux,
l'auteur n'a pu rien découvrir relativement à son mode
de développement.

La troisième période que M. Rathke distingue dans
le développement de l'œuf s'étend depuis la formation
du cœur jusqu'à l'apparition des organes qu'il appelle glandes salivaires. Pendant sa durée, on voit la
pièce abdominale du blastoderme s'agrandir beaucoup et prendre peu à peu la forme d'un segment de
sphère. Les yeux grossissent beaucoup sans présenter
aucun changement remarquable ; les antennes externes
s'allongent ; la petite fissure qui existait à leur extrémité devient plus profonde, de façon que ces organes
se terminent par deux appendices flabelliformes ; enfin, elles présentent deux lignes transversales qui les
divisent en trois articles placés bout à bout ; les antennes externes croissent plus rapidement et deviennent beaucoup plus longues que les internes. Quant
aux changemens que subissent le labre, les mandibules, les mâchoires et les pates, il serait trop long
de les exposer ici. L'abdomen grossit beaucoup, prend
une forme conique, et présente à la face supérieure
six bandes transversales semblables à celles que nous
avons déjà vues se former à sa face inférieure ; enfin,
vers le milieu de cette période, il se développe à cha-

cun de ces anneaux, excepté au premier et au dernier, deux petits prolongemens styliformes qui sont les rudimens de *fausses pates abdominales* (1).

Un des phénomènes les plus importans dont nous avons à parler maintenant est le développement des branchies qui avaient déjà commencé à paraître avant la formation du cœur. Ces organes consistent d'abord en un certain nombre de prolongemens en forme de plaques triangulaires, fixées par leur bout au-dessus des trois paires de pates antérieures; ceux appartenant aux pates-mâchoires paraissent les premiers, et le développement de tous a lieu par le sommet, de manière que bientôt ils s'allongent beaucoup. Vers le milieu de cette période, on remarque, sur chacune de ces espèces de lambeaux, une fente qui pénètre de leur bord extérieur jusqu'auprès de leur base, et qui les divise en deux moitiés inégales; la plus petite de ces deux portions est cylindrique et dirigée en dehors; l'autre, au contraire, a la forme d'une feuille triangulaire. Bientôt après il se forme, sur le cylindre dont nous venons de parler, deux rangées de stries simples et arrondies, qui constituent plus tard les filamens branchiaux. Peu de temps après la formation de ces branchies, et vers la fin de la période précédente, il se développe au bout externe de chacune des pates des quatre premiers pieds deux tubercules qui s'allongent et prennent la forme de stylets lisses et arrondis; mais, à la fin de cette période, leur surface devient inégale et se couvre d'une multitude de petites verrues qui se transforment plus tard en filamens, car ces organes sont aussi des branches.

____

(1) Pl. 14, fig. 21, 22 et 23.

A la base de la pate de la cinquième paire il ne se forme qu'un seul de ces organes qui se développe vers la même époque ; la pate-mâchoire externe en présente aussi un seul, et il en naît deux au-dessus des pates-mâchoires externes, comme sur les pates dont nous venons de parler. Dans le principe ils sont tous appliqués contre la face inférieure de l'embryon ; mais bientôt ils se redressent et se rendent sous la carapace, de façon qu'à la fin de cette période on ne les aperçoit plus à l'extérieur (1).

Nous avons déjà dit que la portion périphérique du blastoderme qui recouvre toute la partie supérieure du jaune, et qui est destinée à former la carapace, présente d'abord un épaississement de chaque côté, près de la lame ventrale ; ces deux épaississemens, qui ne sont autre chose que le rudiment des portions latérales de la carapace, s'étendent beaucoup pendant cette période, de façon que leur extrémité antérieure se montre en avant, près des yeux, tandis que la postérieure se prolonge au-dessus de la base des dernières pates, et va se joindre à celui du côté opposé. Dans le point où ces pièces latérales de la carapace passent au-dessus de la lame ventrale, il existe un sillon qui est d'abord très-petit, mais qui acquiert bientôt une largeur considérable. L'un des bords de cette gouttière longitudinale se soude à l'épaississement ou pièce latérale dont nous venons de parler, tandis que l'autre se confond avec la portion de la membrane du blastoderme située vis-à-vis d'elle, il en résulte de chaque côté de l'embryon une cavité

---

(1) Pl. 14, fig. 22, b.

fermée par en haut et ouverte par en bas dans le sens de sa longueur, qui devient de plus en plus profonde et plus étroite. Sa paroi externe est formée par la portion latérale de la carapace, et c'est dans son intérieur que viennent se placer les branchies.

Suivons maintenant le développement de l'intestin dont les premières traces se montrent à l'époque où les antennes et les autres appendices ont commencé à se former. On voit alors une membrane extrêmement mince et gélatineuse apparaître sur la face interne de la portion moyenne du blastoderme, entre elle et le jaune (1). Bientôt cette production nouvelle s'accroît beaucoup et prend une consistance assez considérable ; elle s'épaissit surtout dans deux points peu éloignés l'un de l'autre, c'est-à-dire vis-à-vis de l'enfoncement situé à la lèvre (ou la bouche), et du tubercule caudal. On voit ensuite se former dans chacun de ces points un renflement qui est dirigé en dehors, se creuse d'une cavité, se rétrécit et se transforme en un petit canal perpendiculaire. L'un de ces petits canaux est l'origine de l'estomac et de l'œsophage ; l'autre, le rudiment de l'intestin, et c'est dans leur cavité que s'ouvrent la bouche et l'anus (2). Quant au reste de la membrane, dont nous avons parlé ci-dessus, il grandit beaucoup, et constitue une espèce de calotte qui entoure le jaune et qui présente dans son fond deux espèces d'entonnoirs, lesquels s'ouvrent dans l'estomac et l'intestin. Enfin, cette membrane s'étend au point d'envelopper le jaune de toutes parts, et de

(1) Pl. 14. fig. 7, d.
(2) Pl. 14, fig. 9, b, d.

former une tunique qui l'entoure et qui est recouverte elle-même par le blastoderme.

Vers la fin de la troisième période, lorsque le sac dont nous venons de parler s'est formé, il se développe sur la ligne médiane de l'embryon une feuille mince et falciforme, qui occupe la face interne de la portion dorsale du blastoderme, et s'étend dans toute sa moitié antérieure. L'extrémité la plus large de cette feuille est fixée à la face antérieure de l'estomac, qui, à cette époque, a déjà acquis un développement plus considérable; son extrémité opposée se perd vers le sommet de la tête de l'embryon. A mesure qu'elle s'accroît, son bord concave presse de plus en plus sur le sac, et y détermine la formation d'un repli, dans lequel elle s'enfonce.

Quelque temps avant le commencement de la troisième période, il se forme un repli semblable de chaque côté du sac, de façon que cette membrane vésiculaire présente alors trois replis, un antérieur sur la ligne médiane, et deux latéraux : ses parois s'épaississent aussi beaucoup, et le volume du jaune diminue considérablement.

La petite cavité perpendiculaire qui est située à la partie inférieure et antérieure de ce sac, et qui constitue le rudiment de l'estomac, s'allonge beaucoup vers la fin de la seconde période, et se recourbe ensuite en arrière, de manière à prendre la forme d'un crochet. A mesure que ce viscère grandit, la membrane falciforme dont il vient d'être question, et dont l'extrémité inférieure y est fixée, l'entraîne en haut et en arrière, et le fait pénétrer entre les deux lèvres du repli antérieur du sac. La forme de la cavité stomacale éprouve en même temps des modifications assez grandes.

L'autre cylindre que nous avons vu se former en arrière de l'estomac pour constituer l'intestin s'accroît en même temps, et la portion du sac situé entre son extrémité antérieure et l'estomac se rétrécit beaucoup, de façon à rapprocher les deux moitiés du tube digestif.

Peu après la première apparition du cœur, le foie commence à se former. Dans le point où l'intestin se joint au sac, on voit deux petits épaississemens qui prennent bientôt la forme d'appendices, dont la surface se couvre de petits renflemens véruqueux. Le nombre et le volume de ces élévations augmentent de plus en plus, et elles constituent les lobules et les vaisseaux borgnes du foie. Enfin, dans la quatrième période, ces organes prennent une couleur jaunâtre, et deviennent irrégulièrement triangulaires.

Pendant la troisième période de l'incubation, le système nerveux éprouve des modifications très-remarquables ; les douze ganglions post-œsophagiens qui correspondent aux mandibules, aux mâchoires et aux pates-mâchoires, se rapprochent les uns des autres par paires, jusqu'à ce que ceux des deux côtés se soient confondus entre eux (1); il en résulte qu'alors la chaîne ganglionaire est unique dans la partie correspondante à ces organes, tandis qu'elle est encore double dans la portion qui répond aux pates thoraciques. On voit en même temps le canal sternal se former et venir pour ainsi dire engaîner le système nerveux.

____

(1) Pl. 10, fig. 7.

A la fin de cette troisième période, les rudimens des organes que M. Rathke appelle glandes salivaires, commencent à se montrer ; elles naissent sur les côtés du sac du jaune, et ont la forme de petites feuilles, en contact avec la carapace par leur face externe.

La quatrième période du développement de l'œuf date de l'apparition de ces organes, et continue jusqu'à ce que la jeune Écrevisse soit sortie de ses membranes. Pendant ce laps de temps, l'estomac s'accroît beaucoup plus que tous les autres organes, et il finit par occuper la majeure partie de la cavité viscérale. C'est surtout dans sa moitié antérieure que ce développement a lieu ; et, en même temps que la paroi supérieure se rapproche de la carapace, le jaune est en partie absorbé. La membrane qui unit l'extrémité pylorique de l'estomac à l'intestin se raccourcit beaucoup, s'épaissit, et acquiert la même conformation que l'intestin lui-même. Enfin, à cette époque, le sac du jaune ne communique plus avec le commencement de l'intestin que par un petit trou, qui persiste jusqu'à la fin de la vie fœtale ; mais ce sac est encore si gros qu'il environne l'estomac, et le cache pour ainsi dire dans un de ses replis.

Pendant la durée de la période dont nous parlons, la forme des diverses parties extérieures de l'Écrevisse se rapproche de plus en plus de celle qu'on leur voit lorsqu'elles sont arrivées à l'état parfait.

Si l'on compare les phénomènes dont nous venons de présenter l'esquisse avec ce qui se passe pendant le développement de l'œuf des Arachnides, on y verra la plus grande analogie ; les lois générales qui président à la formation de tous ces animaux paraissent même ne pas différer essentiellement de celles qui régissent le développement de l'embryon dans les ovipares vertébrés ; mais , chez les animaux articulés , le vitellus occupe la partie supérieure ou dorsale du corps , tandis que chez les animaux vertébrés cette poche communique avec l'intestin par la face inférieure ou ventrale du corps. Du reste , cette différence serait seulement apparente si les Crustacés , les Arachnides et les autres animaux analogues avaient réellement une position renversée , ainsi que le pense M. Ampère (1), car alors ce que l'on nomme ordinairement la face dorsale de leur corps correspondrait à la face ventrale de celui des animaux supérieurs.

Les jeunes Crustacés , au moment de leur sortie de l'œuf , ressemblent souvent presque entièrement, sauf le volume , à ce qu'ils deviendront par les progrès de l'âge ; mais d'autres fois ils diffèrent alors tellement des adultes , qu'on pourrait les croire appartenir à une autre race , et que pour arriver à l'état parfait ils doivent subir de véritables métamorphoses. Tantôt ces différences portent sur une partie du corps , tantôt sur une autre ; par les progrès de l'âge on voit les mêmes organes prendre chez les uns un développement extraordinaire, tandis que chez d'autres ces mêmes parties , tout en grandissant, deviennent plus petites proportionnellement aux organes voisins ; et, ce qu'il y a de plus singulier, c'est que la nature de ces changemens varie non-seulement d'une famille à une autre , mais quelquefois aussi entre les genres les plus voisins.

----

(1) Voyez à ce sujet un mémoire de ce savant , intitulé : *Considérations philosophiques sur la détermination du système solide et du système nerveux des animaux articulés.* Annales des sciences naturelles, t. II, p. 295.

Au premier abord, ces diverses modifications ne
paraissent dépendre d'aucune tendance constante de
l'organisme, et l'on pourrait croire que le développement de chacun de ces animaux se fait d'après des lois
différentes; mais il n'en est pas ainsi, car, en étudiant
avec attention ces changemens, on voit qu'ils peuvent
se classer tous de manière à satisfaire l'esprit, et se
rapporter, malgré leur diversité, à un petit nombre
de principes régulateurs, principes qui, du reste, se
révèlent aussi dans les espèces de métamorphoses dont
nous venons d'être témoin chez l'embryon de ces animaux.

Les changemens que les jeunes Crustacés éprouvent
après leur sortie de l'œuf peuvent être considérés
comme étant le complément des métamorphoses de
l'embryon; tantôt ces métamorphoses ont lieu presque
entièrement avant que le jaune ait quitté les membranes de l'œuf; mais d'autres fois il naît en quelque
sorte avant terme, et continue encore après sa naissance à présenter des changemens de structure analogues à ceux que les premiers éprouvent pendant leur
vie embryonnaire.

Ces modifications sont de deux ordres (1) : les unes
consistent dans l'apparition d'un ou de plusieurs anneaux du corps et des membres qui en dépendent;
les autres dans des changemens qui s'opèrent dans la
forme et les proportions de parties qui existent déjà
à l'époque de la naissance, et qui persistent pendant
toute la durée de la vie, ou disparaissent plus ou
moins complétement.

____

(1) Voyez mon Mémoire sur les changemens de forme que les
Crustacés éprouvent dans leur jeune âge. (*Annales des sciences naturelles*, t. XXX).

Les Décapodes paraissent tous naître avec la série complète de leurs anneaux et de leurs membres. Il en est de même pour certains Édriophthalmes : les Amphitoés et les Phronimes, par exemple ; mais d'autres animaux du même groupe ne présentent à la sortie de l'œuf que six paires de pates ambulatoires, au lieu de sept ; c'est le cas pour les Cymothés, les Anilocres, etc. Dans le groupe des Entomastracés, les jeunes sont bien moins avancés dans leur développement ; en général, on n'y distingue encore que les membres céphaliques, et, sous ce rapport, ils ressemblent à l'embryon de l'Écrevisse vers le commencement de la seconde période d'incubation ; les anneaux thoraciques et abdominaux, ainsi que les membres qui en dépendent, n'apparaissent que successivement, et ce n'est qu'après avoir changé de peau une ou plusieurs fois que ces animaux parviennent à l'état parfait.

Les changemens de forme que les jeunes Crustacés éprouvent dans les parties déja existantes lors de la naissance, varient suivant les espèces, mais ont cela de commun qu'elles tendent presque toujours à éloigner de plus en plus l'animal du type normal du groupe auquel il appartient, et à l'individualiser davantage : aussi, au moment de la naissance, ces animaux se ressemblent-ils bien plus entre eux qu'à l'âge adulte, et en général plus ils présentent d'anomalies étant à l'état parfait, plus ils éprouvent de modifications pendant les premiers temps de leur vie.

Dans le groupe des Décapodes Macroures ces changemens de forme ne paraissent être que très-légers ; ils ne consistent guères que dans un développement proportionnel plus rapide de l'abdomen, et dans l'augmentation des différences qui existent déjà dans

la forme des diverses pates. Chez les Brachyures,
l'abdomen est au contraire plus développé, proportionnellement, au moment de la naissance que chez l'a-
dulte, et ne diffère pas sensiblement dans les deux
sexes; l'article basilaire des antennes externes est encore libre, comme chez les autres Crustacés, et le front
ne se soude à l'anneau antennulaire de façon à recouvrir l'anneau ophthalmique que par les progrès de
l'âge (1).

Dans la division des Édriophthalmes, la tête, qui se
compose d'autant d'anneaux que le thorax, mais dont
toutes les pièces sont soudées en une seule, est beaucoup plus grosse chez les jeunes que chez les adultes;
l'abdomen présente fréquemment des différences analogues, et lorsque chez l'adulte l'une des paires de
pates offre quelque particularité de structure, cette
anomalie n'existe pas encore chez le jeune, ou du
moins n'est encore que peu apparente

Chez les Copépodes, etc., les métamorphoses
sont bien plus complètes; les jeunes sont en général
presque sphériques, et ressemblent beaucoup à l'embryon des Crustacés supérieurs dont les membres
de la portion céphalique du corps seraient très-
développés et les autres encore nuls (2). La plupart
de ces petits animaux ont alors entre eux la plus

---

(1) Suivant M. Thompson, les Décapodes éprouveraient de véritables métamorphoses, car ce naturaliste regarde l'animal connu
sous le nom de Zoé comme étant le jeune du Crabe commun de
nos côtes. Mais cette opinion n'est pas étayée d'observations assez
précises pour entraîner la conviction. (Voyez l'article *Zoé* du
Dictionnaire classique d'histoire naturelle.)

(2) Voyez L. Jurine, *Hist. des Monocles*, Nordmann, *Mikiogra-
phische Beitrœge zur naturgeschichte der wirbellosen thiere. Zweites
helft*, etc.

grande analogie, et c'est en vieillissant qu'ils se modifient, comme nous le verrons en traitant des Cyclopes, des Argules, etc.

Enfin, dans le groupe des Crustacés siphonostomes, et surtout chez les Lernées, ces changemens sont portés au plus haut degré, et dépendent non-seulement du développement monstrueux de certaines parties du corps, mais aussi de l'atrophie d'autres organes devenus inutiles à cause du mode d'existence de ces parasytes. Les observations intéressantes de M. Nordmann nous fourniront plus d'un exemple de ces métamorphoses, lorsque nous reviendrons sur ce sujet en faisant l'histoire des Crustacés suceurs.

Ces changemens de forme ne sont pas les seuls que les Crustacés subissent pendant les premiers temps de leur vie. D'après les recherches de M. Rathke, on voit que lors de la naissance les organes de la génération ne sont pas encore formés chez l'Écrevisse, et que les ganglions nerveux correspondans aux anneaux qui portent les mandibules, les mâchoires et les pates-mâchoires, sont encore distinctes, tandis que plus tard ils se réunissent en une seule masse médullaire. La charpente cornéo-calcaire de l'estomac, qui n'existe guères que chez les Décapodes, ne se formera aussi que très-tard; enfin, c'est seulement lorsque la jeune Écrevisse a environ un pouce de long que les ouvertures externes de la génération se montrent.

HISTOIRE NATURELLE

DES

CRUSTACÉS.

DEUXIÈME PARTIE.

CLASSIFICATION ET DESCRIPTION DES CRUSTACÉS.

CHAPITRE PREMIER.

DE LA CLASSIFICATION GÉNÉRALE DES CRUSTACÉS.

§ Ier. *Des divers systèmes et méthodes employés jusqu'à ce jour pour la classification des Crustacés.*

Les rapports intimes qui lient entre eux la plupart des Crustacés n'échappèrent point au génie d'Aristote, et c'est aux écrits de ce grand naturaliste qu'il faut remonter pour trouver les premières notions sur la classification de ces animaux. Il les réunit sous le nom de *Malacostracés* (τῶν μαλακοστράκων), et les plaça dans la grande division des animaux exsangües, qui correspond à peu près à celle des animaux sans ver-

tèbres des zoologistes modernes ; mais il ne reconnut
pas les liens étroits qui unissent ces êtres aux Insectes,
aux Arachnides , etc. , et il les rangea entre ses Mollusques et ses Testacés.

Cette classification fut adoptée par les successeurs
d'Aristote ; on la retrouve dans les ouvrages de Gesner,
d'Aldrovande, de Ruisch , etc., et elle ne fut complète-
ment rejetée que lorsque Linné eut fait prévaloir son
nouveau *Système de la nature.* Prenant pour guide les
formes extérieures des Crustacés, plutôt que leur
organisation intérieure ou leur manière de vivre, il
évita, il est vrai, le défaut dans lequel était tombé
Aristote ; il ne les rangea plus au milieu des Mollusques, et il les rapprocha des autres animaux articulés ;
mais, en opérant cette réforme, il dépassa le point
auquel il aurait dû s'arrêter, car il confondit ensemble les Crustacés, les Araignées, et les Insectes
aptères.

Quant aux genres établis par le zoologiste suédois
pour recevoir les Crustacés , ils furent au nombre de
trois , et décélèrent le tact admirable que possédait ce
savant observateur. En effet, deux de ces groupes,
auxquels il donna les noms de *Cancer* et d'*Oniscus* ,
correspondent à peu près à deux des grandes divisions
les plus naturelles que l'on puisse établir parmi les
Crustacés connus du temps de Linné ; savoir : les
Podophthalmes, les Édriophthalmes ; et son troisième genre, celui des *Monocles* , se compose essentiellement des espèces réunies par la plupart des
auteurs les plus récens sous le nom collectif d'Entomostracés.

Fabricius adopta en partie la marche suivie par
Linné ; il continua à regarder les Crustacés comme

étant des Insectes ; mais, ayant pris pour base de la
classification de ces animaux la structure de l'appareil
buccal, il changea la place que son maître avait assigné à ces animaux. Dans sa première classification (1),
les Monocles et les Cloportes forment avec des Né-
vroptères, des Hymenoptères et d'autres Insectes, la
classe des *Synistata*, et les Scorpions, réunis au genre
Cancer de Linné, composent celle des *Agonata*. Cette
modification ne présentait aucun avantage, mais Fabricius commença dès lors à distinguer dans les Crabes
de Linné plusieurs genres qui sont autant de divisions
naturelles.

Dans sa seconde méthode (2), ce naturaliste retira
les Scorpions de la classe des Agonates, et y plaça les
Monocles, ainsi que les genres nouveaux Limule et
Cymothoé. Ce changement rendait le groupe bien plus
naturel, et, pour qu'il correspondît à la classe des
Crustacés, telle qu'on l'admet aujourd'hui, il aurait fallu seulement y joindre les Cloportes que Fabricius rangeait alors avec les Jules et les Scolopen-
dres dans sa classe des Mitosata.

Enfin, dans une troisième méthode de classification,
publiée en 1798 (1), ce savant entomologiste divise les
Insectes en treize classes, dont trois comprennent les
Crustacés, et ne renferment ni Insectes, ni Myriapodes, ni Arachnides. Le tableau suivant en donnera
une idée exacte.

---

(1) *Systema entomologiæ*, 1793.
(2) *Entomologia systematica*, t. II. (1795.)
(3) *Supplementum entomologiæ systematicæ. Hafniæ*, 1798.

A. Insectes pourvus de mâchoires.

    B. Ayant deux mâchoires.

1re. classe. *Eleutherata.*	Comprenant
2e. classe. *Ulonata.*	les Coléoptères,
3e. classe. *Synistata.*	les Orthoptères,
4e. classe. *Odonata.*	les Névroptères, et les
5e. classe. *Pietata.*	Hymenoptères.

    BB. Ayant plusieurs mâchoires.

6e. classe. *Mitosata.*	Correspondant à la classe des Myriapodes.
7e. classe. *Unognata.*	Comprenant les Arachnides.
8e. classe. *Polygonata.*	
9e. classe. *Kleistagnata.*	Comprenant les Crustacés.
10e. classe. *Exochnata.*	

AA. Insectes dépourvus de mâchoires.

11e. classe. *Glossata.*	Comprenant les Lépidoptères,
12e. classe. *Rhyngota.*	les Hémiptères,
13e. classe. *Antliata.*	et les Diptères.

La classe des *Polygonata*, ayant pour caractère plusieurs mâchoires placées en dedans de la lèvre, renfermait les genres *Ligia*, *Idotéa*, *Cymothoa* et *Monoculus*. La division des *Kleistagnatha* était caractérisée de la manière suivante : plusieurs mâchoires situées en dehors de la lèvre et fermant la bouche ;

elle contenait les Crabes à courte queue, les Limules, etc., dont Fabricius formait quatorze genres, savoir : les genres *Cancer*, *Calappa*, *Leucosia*, *Parthenope*, *Inachus*, *Ocypoda*, *Dromia*, *Dorype*, *Orithyia*, *Portunus*, *Matuta*, *Hippa*, *Symèthes* et *Limulus*. Enfin, les *Exochnata* avaient pour caractère l'existence de plusieurs mâchoires en dehors de la lèvre, et recouvertes par des palpes ; on y trouvait les genres *Albunea*, *Scyllarus*, *Palinurus*, *Palæmon*, *Alpheus*, *Astacus*, *Penœus*, *Crangon*, *Pagurus*, *Galathea*, *Squilla*, *Posydon* et *Gammarus*.

Quelque temps avant la publication du dernier ouvrage de Fabricius, M. Latreille commença une révolution importante dans les classifications entomologiques. Ce savant eut l'heureuse idée d'appliquer à la zoologie les principes que le célèbre Bernard de Jussieu avait employés avec tant de succès pour la distribution méthodique des plantes, et de ranger les Insectes d'après leurs rapports naturels.

Les méthodes dont les naturalistes se sont servies pour classer les divers objets qui font le sujet de leurs études ont été fondées tantôt sur les modifications que présente un seul organe, considéré dans toute la série de ces êtres ; tantôt, au contraire, sur l'ensemble de tous les caractères tirés de leur mode d'organisation, tant extérieurs qu'intérieurs. Les premières, qu'on nomme *méthodes artificielles*, sont, en général, d'une application très-facile dans la pratique ; mais elles éloignent souvent les animaux qui ont entre eux la plus grande analogie de structure et de mœurs, et elles ne font rien connaître de ces êtres que les modifications des organes d'où l'on tire leurs caractères distinctifs. Les secondes, ou *méthodes naturelles*, étant au contraire fondées sur l'ensemble des caractères tirés de l'organisation, il est évident que tous les animaux rassemblés dans une même division doivent se ressembler au moins sous les rapports les plus importans, et que, si les classifications de ce genre offrent quelquefois des difficultés pratiques, ces inconvéniens sont bien contre-balancés par l'avantage immense de nous faire connaître, par la seule place que l'animal occupe, tous les points les plus importans de son histoire, considérée sous le rapport de l'anatomie, de la physiologie et de la zoologie. En suivant une méthode artificielle, on n'arrive qu'à la connaissance du nom de l'animal que l'on veut classer, tandis que les méthodes naturelles nous enseignent en même temps sa nature, si l'on peut s'exprimer ainsi, et nous le font réellement connaître. Aussi, les méthodes artificielles sont-elles généralement abandonnées de nos jours, et en entomologie, de même que dans toutes les autres branches de l'histoire naturelle, emploie-t-on uniquement les classifications naturelles.

Les classifications de Linné et de Fabricius sont, comme on a pu le voir, complétement artificielles et les premiers essais d'une classification naturelle en entomologie datent de 1796, époque à laquelle M. Latreille publia, à Brives, son premier ouvrage, intitulé : *Précis des caractères génériques des Insectes.* Ce savant y range les Crustacés parmi les Insectes aptères, et ne sépare pas les Aselles, les Cyames et les Cloportes des Myriapodes ; mais il place tous les autres animaux de ce groupe naturel dans deux classes, les Entomostracés et les Crustacés, divisions qui sont encore adoptées par plusieurs zoologistes.

En 1798, M. Cuvier s'occupa du même sujet, et il

introduisit dans cette partie de la zoologie, comme dans toutes les autres branches de la même science, des modifications importantes. Il laissa encore les Crustacés parmi les Insectes, mais il les réunit en un seul groupe (1).

Peu de temps après, M. Cuvier sentit la nécessité de séparer complétement les Crustacés des Insectes ; Brisson (2) et Lefrancq de Berkley (3) avaient déjà proposé de suivre cette marche ; mais leurs classifications, n'étant pas fondées sur des caractères d'organisation assez importans, n'entraînèrent pas l'assentiment des naturalistes, et c'est seulement depuis la publication des travaux anatomiques de M. Cuvier que cette division a été établie sur des bases solides. Dans le premier volume des *Leçons d'anatomie comparée* de ce savant, rédigées par M. Duméril (3), la classe des Crustacés est définie de la manière suivante : « *Animaux invertébrés, ayant des vaisseaux sanguins, une moelle épinière noueuse et des membres articulés,* » tandis que les Insectes sont dépourvus de vaisseaux sanguins. Les progrès de la science ont fait rentrer dans le groupe naturel des Crustacés ainsi circonscrits, les Aselles, les Cloportes et les Cymothoés que M. Cuvier laissa parmi les Insectes, et ont nécessité l'emploi de quelques autres caractères, pour distinguer ces animaux des Araignées qui ont aussi des vaisseaux san-

---

(1) Voyez *Tableau élémentaire de l'histoire naturelle des animaux.*

(2) *Le Règne animal divisé en IX classes.* Un vol. in-4°., Paris, 1756.

(3) Cité par Latreille dans son *Histoire naturelle des Crustacés et des Insectes*, t. V, page 11.

(3) *Leçons d'anatomie comparée*, t. I, tableau septième ; Paris, an VIII.

guins ; mais néanmoins on doit considérer les modifications proposées par M. Cuvier comme un pas
immense vers le perfectionnement de cette partie de
nos classifications naturelles.

Presque tous les naturalistes qui depuis lors se sont
occupés de la distribution méthodique des animaux
articulés, ont sanctionné la séparation des Insectes et
des Crustacés, et ont reconnu en même temps les
liens étroits qui unissent entre eux ces divers animaux ;
aussi s'accorde-t-on assez généralement à en former une
classe distincte. Nous devons dire cependant que M. de
Blainville ne partage pas cette manière de voir, car
il divise les animaux articulés qu'il nomme *Entomo-
zoaires*, d'après la structure ou le nombre de leurs
pieds, en huit classes, dont trois sont formées par les
Crustacés (1).

En 1801, Lamarck (2) fit faire quelques progrès nouveaux à cette branche des classifications zoologiques ;
car il caractérisa les Crustacés de manière à les distinguer des Arachnides aussi bien que des Insectes.
D'après lui, ce sont des animaux ayant « *le corps et
les membres articulés, la peau crustacée qui tombe
et se renouvelle à certaines époques ; un cerveau et
des nerfs ; des branchies pour la respiration ; un cœur
musculaire et des vaisseaux pour la circulation.*

Quant aux limites assignées à ce groupe naturel par
ce savant, ainsi que par les auteurs plus récens, nous
aurons l'occasion d'en parler bientôt ; mais nous devons maintenant voir quelles sont les modifications

---

(1) Voyez les tableaux joints au premier volume des *Principes
d'anatomie comparée*, par M. de Blainville.
(2) *Système des animaux sans vertèbres*, p. 143.

successives apportées dans la distribution de ces animaux entre eux.

Lamarck rangea les Crustacés de la manière suivante.

A. CRUSTACÉS PEDIOCLES. Deux yeux distincts élevés sur des pédicules mobiles.

 B. 1re. section. (*Cancri brachyuri.*) Corps court, ayant une queue nue, sans feuillets, sans appendices latéraux, et appliquée sur l'abdomen.

  Genres. *Crabe, Calappe, Ocypode, Grapse, Dorippe, Portune, Podophthalme, Matute, Porcellane, Leucosie, Maïa, Arctopsis.*

 BB. 2e. section. (*Cancri macrouri.*) Corps oblong, ayant une queue allongée, garnie d'appendices, de feuillets ou de crochets.

  Genres. *Albunée, Hippe, Ranine, Scyllare, Écrevisse, Pagure, Galathée, Palinure, Crangon, Palémon, Squille, Branchiopode.*

AA. CRUSTACÉS SESSILIOCLES. Deux yeux distincts ou réunis en un seul, mais constamment fixes et sessiles.

 D. 1re. section. Corps couvert de pièces crustacées nombreuses, soit transversales, soit longitudinales.

  Genres. *Crevette, Aselle, Chevrolle, Cyame, Ligie, Cloporte, Forbicine, Cyclope.*

 DD. 2e. section. Corps couvert par un bouclier crustacé d'une seule pièce ou de deux pièces.

  Genres. *Polyphème, Limule, Daphnie Amymone, Céphalocle.*

Vers la même époque, M Latreille fit de nouveaux changemens dans la distribution méthodique des Crustacés (3) ; il continua à laisser parmi les Insectes les espèces dont se compose aujourd'hui l'ordre des Crustacés Isopodes ; mais il fit une chose importante pour la science en établissant parmi ses Malacostracés et ses Entomostracés des ordres et des familles dont plusieurs sont très-naturelles.

Voici le tableau de cette seconde méthode de M. Latreille.

A. 1re. sous-classe. ENTOMOSTRACÉS : mandibules nues ou nulles ; bouche formée au plus de deux rangées d'autres pièces ; antennes et pates à forme branchiale ; tarses sans onglet corné au bout ; test clypéacé univalve ou bivalve, ou segmens annulaires du corps cornés ou membraneux ; yeux sessiles, souvent même réunis en un.

B. Test univalve ou bivalve. (1re. section. OPERCULÉS.)

C. Test univalve (CLYPÉACÉS).

1er. ordre. Xyhosures. (Genre *Limule.*)

2e. ordre. Pneumonures. (G. *Calige Binocle, Ozole.*)

3e. ordre. Phyllopodes. (Genre *Apus.*)

CC. Test bivalve. (OSTRACHODES.)

4e. ordre. Ostrachodes. (Genres *Lyncé, Cypris, Daphnie, Cythérée.*)

BB. Corps annelé dans toute sa longueur. (2e. sect. NUES.)

5e. ordre. Pseudopodes. (G. *Cyclope, Argule.*)

6e. ordre. Céphalotes. (G. *Polyphème, Zoé, Branchiopode.*)

---

(3) *Histoire naturelle des Crustacés et des Insectes*, t. V, p. 183 Ouvrage faisant suite aux OEuvres de Buffon, édition de Sonnini) .

AA. 2ᵉ. sous-classe. MALOCOSTRACÉS : mandibules palpigers, plusieurs rangs de pièces en forme de palpes ou de mâchoires articulées à la bouche ; 4 antennes, point branchiales ; 10 à 14 pates uniquement propres au mouvement ; tarses ayant un onglet corné au bout ; test ou segmens annulaires du corps calcaires ; yeux souvent pédonculés et toujours au nombre de deux.

    D. Test confondu avec le corselet ; branchies cachées ; dix pates.

        1ᵉʳ. ordre. DÉCAPODES.

          1ᵉ. section. Brachyures.

            1ʳᵉ. famille. Cancérides.

                X Platymatiens.

                    + Littoraux. (Genres *Calappe, Hépate, Dromie, Crabe.*)

                    ++ Pelagiens. (G. *Matute, Portune, Podophthalme.*)

              X X Vigilans. (Genres *Porcellane, Ocypode, Grapse, Pinnothère.*)

            2ᵉ. famille. Oxyrynques.

                (Genres *Orithie, Ranine, Dorippe, Coryste, Leucosie, Macropode, Maïa.*)

          2ᵉ. section. Macroures.

            3ᵉ. famille. Paguriens.

                (Genres *Pagure, Albunée, Hippe.*)

            4ᵉ. famille. Langoustines.

                (Genres *Scyllare, Langouste, Galathée.*)

            5ᵉ. famille. Homardiens.

                (Genres *Écrevisse, Alphée, Pénée, Palémon, Crangon.*)

2ᵉ. ordre. BRANCHIOGASTRES.

> 1ʳᵉ. famille. Squilliaires.
>> (Genres *Squille*, *Mysis*.)
>
> 2ᵉ. famille. Crevettines.
>> (Genres *Phronime*, *Che-vrette*, *Talitre*, *Chevrolle*, *Cyame*.)

En 1806, M. Duméril donna, dans sa *Zoologie analytique*, une nouvelle distribution systématique de la classe des Crustacés, dont il exclut les Cloportes, etc. En voici le résumé.

A. Crustacés nus ou à disque de corne. (1ᵉʳ. ordre ENTOMOSTRACÉS.)

> B. Un test.
>> C. Test en forme de bouclier.
>>> 1ʳᵉ. fam. Aspidiotes ou Clypéacés.
>>> (Genres *Limule*, *Calige*, *Binocle*, *Ozole*, *Apus*.)
>>
>> CC. Test en forme de valves.
>>> 2ᵉ. fam. Ostracins ou Bitestacés.
>>> (Genres : *Lyncé*, *Daphnie*, *Cypris*, *Cythérée*.)
>
> BB. Point de test.
>> 3ᵉ. fam. Gymnonectes, ou Dénudés.
>> (Genres *Argule*, *Cyclope*, *Polyphème*, *Zoe*, *Branchipe*.)

AA. Crustacés à croûte calcaire. (2ᵉ. ordre. ASTACOÏDES.)

> D. Tête unie au corcelet.
>> E. Queue courte.
>>> F. Corps plus large que long.

4ᵉ. fam. Carcinoïdes ou Cancé-
riformes.

(Genres *Calappe* , *Hépate* ,
Dromie , *Crabe* , *Matute*,
Portune , *Podophthalme*,
Porcellane, *Ocypode*,
Grapse , *Pinnothère.*)

FF. Corselet plus long que large.

5ᵉ. fam. Oxyrhynques ou
Mucronés.
(Genres *Maïa*, *Leucosie* ,
Dorippe, *Orythie*, *Ra-
nine.*)

EE. Queue longue en proportion du corps.

6ᵉ. fam. Macroures ou Longi-
caudes.
(Genres *Pagure* , *Albunée*,
Hippe , *Scyllare* , *Palinure* , *Galathée* , *Ecrevisse*, *Penée*, *Palémon*,
Crangon.)

DD· Tête séparée du corselet.

7ᵉ. fam. Arthocéphales ou Capités.
(Genres *Squille* , *Mysis* ,
Phronime , *Talitre* , *Cre-
vette.*)

La classification adoptée par M. Latreille dans son
Genera Crustaceorum et Insectorum, publié en 1807, et
dans ses *Considérations générales sur les Crustacés*, etc.
(1810), ne diffère que peu de celle exposée par ce savant
dans son *Histoire naturelle des Crustacés et des Insectes* ; il est par conséquent inutile de nous y arrêter ici.

Il en est encore de même de la méthode présentée par M. Leach, dans l'*Encyclopédie d'Édimbourg* : seulement, au lieu de placer les Myriapodes avec les Insectes, il en fait des Crustacés ; il change aussi les noms de quelques-unes des divisions de M. Latreille, et établit plusieurs genres nouveaux ; dans la famille des Cancérides, par exemple, il en ajoute huit aux genres déjà admis, et les désigne par les noms de *Lupa, Carcinus, Portumnus, Xantho, Atelecyclus, Uca, Gonoplax et Gecarcinus* ; il augmente la famille des Oxyrhynques des genres *Megalopa, Hyas, Eurynoma, Blastus, Pisa* et *Leptopodia* ; et place dans celle des Astaciens les genres *Hippolyte, Gebia, Callianassa, Mysis, Pandalus* et *Athanas*. Les Squilliaires sont pour M. Leach des Macroures, et il divise ses *Gasteroures* en cinq familles, les *Gnathonii*, formées par le genre *Gnathia*, qui est plus généralement connu sous le nom d'*Anceus* : les *Gammarini*, comprenant les genres *Phronima, Talitrus, Gammarus, Orchestia, Dexamine, Leucothoé, Melita, Mœra, Amphithoe* et *Pherusa* ; les *Corophionii*, formées par les genres *Corophia, Podocerus* et *Jassa* : les *Caprellini*, comprenant les genres *Caprella, Cyamus* et *Proto* ; enfin les *Apseudii* qui correspondent à un nouveau genre établi pour recevoir un Crustacé singulier et mal connu, décrit par Montagu. Dans un appendice (1) à ce travail, M. Leach modifie cette classification ; il sépare les Myriapodes proprement dits des Crustacés, et place les familles des *Asellides* et des *Oniscides* dans

---

(1) *A Tabular view of the external characters of four classes of animals which Linnæus arranged under* INSECTA, *etc.* ; by W. E. Leach. (Transactions of the Linnean Society of London, vol. XI ; 1815.)

la division des Gasteruri. Enfin, dans une troisième méthode (1), publiée par ce savant en 1815, il s'éloigne encore davantage de la classification de M. Latreille; car, au lieu de diviser les Décapodes Brachyures en deux familles d'après la forme de leur test, il les range d'après le nombre des segmens mobiles de leur abdomen, en trois groupes, qu'il regarde comme étant très-naturels, mais qui, ainsi que nous le verrons par la suite, sont loin d'offrir cet avantage.

Vers la même époque, M. Risso apporta quelques changemens dans l'arrangement des diverses familles établies par M. Latreille dans la classe des Crustacés (2), et M. de Blainville proposa de ranger ces animaux en trois groupes : les Décapodes, les Hétéropodes et les Tétradécapodes (2); la première de ces divisions comprend les Décapodes des autres auteurs, plus les Limules; les Hétéropodes sont les Squilles, les Entomostracés, etc.; enfin les Tétradécapodes correspondent à peu près aux Gastéruri de M. Leach.

Bientôt après la publication des travaux dont nous venons de parler, M. Latreille s'occupa de nouveau de la classification naturelle des Crustacés, et y fit faire encore quelques progrès. Dans le troisième volume du Règne animal de M. Cuvier, ce savant assigne au groupe des Crustacés les mêmes limites que M. Leach, et, sans attacher à la distinction des Malacostracés et des Entomostracés une importance que

---

(1) *Histoire naturelle des Crustacés des environs de Nice*, par M. Risso. 1816.

(2) Essai sur une nouvelle classification des animaux, par M. de Blainville. (*Bulletin des Sciences*, par la Société philomatique de Paris, 1816; et *Principes d'anatomie comparée*, t. I; Paris, 1823.)

ces divisions ne méritent pas, il établit dans cette classe cinq ordres qui pour la plupart se subdivisent à leur tour en plusieurs familles et tribus. Voici en peu de mots les principales dispositions de cette méthode.

CLASSE DES CRUSTACÉS.

1er. ORDRE. DÉCAPODES.

Un palpe aux mandibules, yeux mobiles, tête confondue avec le tronc; branchies pyramidales, feuilletées ou en plumes, situées à la base extérieure des pieds-mâchoires et des pieds proprement dits, et cachés sous les bords latéraux du test.

1re. FAMILLE. BRACHYURES.

1re. *section. Nageurs.*

Genres. Portune, Podophthalme, Matute, Orythie.

2e. *section. Arqués.*

Genres. Crabes, Hépate.

3e. *section. Quadrilatères.*

Genres. Palgusie, Grapse, Ocypode, Gonoplace, Gecarcin, Potamophile, Eriphie.

4. *section. Orbiculaires.*

Genres. Pinnothère, Atétécycle, Thia, Coryste, Leucosie, Ixa, Mictyre.

5e. *section. Triangulaires.*

Genres. Inachus, Lithode, Macropode, Pactole, Doclée, Mithrax, Parthenope.

6e. *section. Cryptopodes.*

Genres. Migrane, OEthre.

7e. *section. Notopodes.*

Genres. Dromie, Dorippe, Homole, Ranine.

2e. FAMILLE. MACROURES.

1re. *section. Anomaux.*

Genres. Albunée, Hippe, Remipède, Pagure, Porcellane, Galathée.

2e. *section. Homards.*

Genres. Scyllare, Langouste, Ecrevisse, Thalassine.

3e. *section. Salicoques.*

Genres. Processe, Penée, Alphée, Crangon, Pandale, Palémon, Pasiphée.

4e. *section. Schizopodes.*

Genres. Mysis, Nebalie.

2e. ORDRE. STOMAPODES.

Un palpe aux mandibules ; des yeux mobiles ; tête distincte du tronc, divisée en deux parties, dont l'antérieure porte les antennes et les yeux ; branchies en forme de panaches suspendues sous la queue, etc.

Genres. Squille, Erichthe.

3e. ORDRE. AMPHIPODES.

Un palpe aux mandibules ; yeux immobiles ; tête distincte du tronc et d'une seule pièce ; branchies vésiculeuses situées à la face intérieure des pieds, etc.

Genres. Phronime, Crevette, Talitre, Corophie.

4e. ORDRE. ISOPODES.

Mandibules sans palpe ; bouche composée de plusieurs mâchoires, dont les deux inférieures imitent, soit deux petits pieds réunis à leur base, soit une lèvre avec deux palpes ; branchies ordinairement situées sous l'abdomen ; tous les pieds simples et locomotiles ou préhensiles.

1ʳᵉ. *section. Cystibranches.*

Genres. Leptomère , Proton , Chevrolle, Cyame.

2ᵉ. *section. Phytibranches.*

Genres. Typhis , Ancée , Pranize , Apseude , Jone.

3ᵉ. *section. Pterygibranches.*

Genres. Cymothoé , Sphérome , Idotée ; Aselle , Ligie , Philoscie , Cloporte , Porcellion , Armadille , Bopyre.

5ᵉ. ORDRE. BRANCHIOPODES.

Point de palpe aux mandibules lorsque celles-ci existent ; bouche tantôt en forme de bec , tantôt composée de plusieurs mâchoires , mais dont les deux inférieures n'ont pas l'apparence d'une lèvre aux deux palpes ; pieds en forme de nageoires avec les branchies attachées à une partie d'entre eux ; etc.

1ʳᵉ. *section. Pæcilops.*

Genres. Limule , Calige , Argule , Cécrops , Dichélestion.

2ᵉ. *section. Phyllopes.*

Genres. Apus , Branchipe , Eulimène.

3. *section. Lophyropes.*

Genres. Cythérée , Cypris , Daphnie , Lynée , Cyclope, Polyphème, Zoé.

Cette classification, qui repose sur des bases bien plus solides que la plupart des autres méthodes , fut adoptée avec quelques changemens par M. Lamark (1), et a reçu de nouveaux perfectionnemens dans les écrits plus récens de M. Latreille. Dans l'un des articles du *Dictionnaire d'Histoire naturelle* , ce zoologiste

____

(1) *Histoire naturelle des animaux sans vertèbres* , t. V.

établit, sous le nom de Læmipodes, un sixième ordre pour recevoir les Isopodes Cystibranches, et dans son ouvrage sur *les Familles naturelles du règne animal*, il modifia encore davantage la classification des Crustacés en général, comme on pourra en juger par le tableau suivant :

A. Bouche composée d'un labre , d'une languette , de deux mandibules et de quatre mâchoires. (*Maxillosa.*)

B. Huit paires de pieds au plus placés entre la tête et l'abdomen, en comprenant les pates-mâchoires.(*Paucipèdes.*)

C. Deux yeux portés sur un pédoncule mobile. (*Binocles.*)

D. Branchies en forme de languettes pyramidales, situées près la base des pieds et cachées sous les côtés du thoracide, qui se prolonge de l'extrémité antérieure de la tête jusqu'à l'origine de l'abdomen , etc.

1er. ordre. DÉCAPODES.

DD. Branchies en forme de houppes ou de panaches suspendus sous l'abdomen , etc. , etc.

2e. ordre. STOMAPODES.

CC. Yeux sessiles et immobiles.

E. Deux yeux ; corps annelé dans toute sa longueur , tête distincte , etc.

F. Tête confondue avec le segment qui porte les secondes pates-mâchoires ; point d'appendices abdominaux notables , etc.

3e. ordre. LÆMIPODES.

> FF. Tête séparée du segment qui porte
> les secondes pates-mâchoires, etc. ;
> mandibules palpigères ; des corps
> vésiculeux à la base des pieds.

4ᵉ. ordre. AMPHIPODES.

> FFF. Tête séparée du segment qui porte
> les secondes pates-mâchoires, etc. ;
> mandibules dénuées de palpes ; point
> de corps vésiculeux à la base des pates;
> appendices inférieures du post-abdo-
> men lamellaires ou vésiculeux.

5ᵉ. ordre. ISOPODES.

> EE. Un seul œil ; tête confondue avec le tho-
> rax , etc.

6ᵉ. ordre. LOPHYROPODES.

> BB. Onze paires de pieds entre l'appareil buccal et l'o-
> rigne de l'abdomen , ou le point où sont placés les
> œufs (*Multipèdes*).

7ᵉ. ordre. PHYLLOPODES.

> AA. Bouche entourée de pieds ou ayant la forme d'un siphon.
> (*Edentata.*)

> G. Point de siphon.

8ᵉ. ordre. XYPHOSURES.

> GG. Un siphon.

9ᵉ. ordre. SIPHONOSTOMES.

En 1823, M. Desmarest publia aussi un ouvrage
sur les Crustacés, et bien qu'il appréciât à leur juste
valeur plusieurs des défauts de la méthode de M. Leach,
il crut devoir l'adopter, afin de mettre son traité en

harmonie avec le dictionnaire dont il l'a extrait. Il fit à cette classification quelques modifications nécessitées par les progrès de la science, mais elles ne sont pas assez importantes pour nous arrêter ici.

A l'occasion d'un travail sur les Amphipodes, présenté à l'Académie des sciences en mars 1830 (1), nous nous sommes occupés également de la classification des Crustacés, et, tout en adoptant la plupart des divisions établies par M. Latreille, nous avons cru devoir y porter quelques changemens. Cette méthode nouvelle est fondée sur l'ensemble des modifications que nous offre l'organisation de ces animaux, et diffère de celle de M. Latreille, non-seulement par le nombre des ordres dans lesquels les divers Crustacés sont rangés, mais aussi par les limites assignées à plusieurs de ces divisions. On pourra en juger par le résumé suivant :

A. *Bouche dépourvue d'organes spéciaux de mastication.*

ORDRE DES XYPHOSURES.

Bouche entourée de pates ambulatoires, dont les bases remplissent l'office de mandibules ; corps formé de deux portions distinctes, l'une céphalo-thoracique portant la bouche, etc., l'autre abdominale garnie en dessous d'une série de pates lamelleuses et branchiales.

ORDRE DES SIPHONOSTOMES.

Bouche en forme de suçoir, et entourée de membres préhensiles qui sont suivis d'un certain nombre de pates lamelleuses.

---

(1) Ce travail a été imprimé en partie dans le tome V des *Mémoires de la Société d'histoire naturelle de Paris*, dont la publication a été empêchée par des embarras de librairie. Il en a paru un extrait dans les *Annales des sciences naturelles*, t. XX ; mars 1830.

B. *Bouche armée d'organes spéciaux de mastication,
savoir : d'une paire de mandibules et d'une ou plusieurs
paires de mâchoires.*

Ordre des Ostrapodes.

Corps sans divisions annulaires distinctes et renfermé en entier sous un grand bouclier dorsal ayant la forme d'une coquille
bivalve; pates thoraciques cornées, non branchiales, vergiformes et au nombre de quatre paires au plus.

Ordre des Cladocères.

Corps divisé en un certain nombre d'anneaux bien distincts ;
pates thoraciques aplaties, lamelleuses, membraneuses en totalité
ou en partie, paraissant servir à la respiration, (pates branchiales)
et au nombre de cinq paires ; point de pates abdominales ; tête
distincte du reste du corps, qui est divisé en huit segmens et
renfermé dans un test bivalve.

Ordre des Phyllopodes.

Corps articulé ; pates thoraciques branchiales au nombre
de huit paires, et souvent suivies de plusieurs paires de pates
abdominales ; tête distincte du reste du corps, et donnant en
général naissance à une carapace qui recouvre l'animal en totalité ou en partie ; thorax et abdomen formés par une série de
quatorze anneaux ou plus.

Ordre des Copépodes.

Pates thoraciques vergiformes, cornées et ne paraissant en
aucune façon propres à remplir les fonctions de branchies ;
point de branchies proprement dites, de vésicules branchiales, ou de fausses pates abdominales branchiales ; yeux
immobiles et non pédonculés ; thorax complétement à découvert, divisé en plusieurs segmens et portant cinq paires de
pates en général natatoires et biramées. Abdomen composé de

deux segmens au moins et terminé par une nageoire caudale,
mais ne portant jamais de fausses pates.

Ordre des Læmipodes.

Pates thoraciques, vergiformes et non branchiales ; point
de branchies proprement dites ; palpes des membres thoraciques transformés en vésicules branchiales ; yeux sessiles ;
thorax à découvert et divisé en six segmens ; abdomen rudimentaire ayant la forme d'un petit tubercule sans appendices
distincts.

Ordre des Isopodes.

Pates thoraciques , vergiformes et non branchiales, en général point de branchies proprement dites ; fausses pates abdominales ; les cinq premières paires homomorphes et branchiales ; yeux sessiles ; thorax à découvert et divisé ordinairement en sept anneaux ; abdomen bien développé.

Ordre des Amphipodes.

Pates thoraciques , vergiformes et non branchiales ; point
de branchies proprement dites ; palpes des membres thoraciques
vésiculaires et branchiaux ; mémbres abdominaux des cinq premières paires hétéromorphes, locomoteurs et non branchiales;
yeux sessiles; thorax à découvert et ordinairement divisé en
sept segmens ; abdomen bien développé.

Ordre des Stomapodes.

Pates thoraciques, vergiformes, et ordinairement au nombre
de sept à huit paires ; en général des branchies proprement dites;
rameuses et extérieures, ou des palpes thoraciques branchiales,
yeux pédonculés et mobiles ; thorax caché en totalité ou en
partie sous un grand bouclier céphalique ou carapace.

Ordre des Décapodes.

Des branchies proprement dites et non rameuses , fixées

aux flancs thoraciques et renfermées dans des cavités respiratoires spéciales ; pates thoraciques , vergiformes et en général
au nombre de cinq paires; carapace recouvrant la tête et la totalité ou la majeure partie du thorax ; yeux pédonculés et
mobiles.

Dans la seconde édition du Règne animal de M.
Cuvier, publiée peu de temps après la lecture du travail dont il vient d'être question , M. Latreille modifia
la classification qu'il avait employée dans la première
édition de cet ouvrage, de manière à la rapprocher
davantage de celle proposée dans ses Familles naturelles. Enfin , peu de temps avant sa mort , ce savant
et habile entomologiste s'est encore occupé du même
sujet , et a introduit dans sa méthode de classifications
plusieurs modifications qui la rapprochent beaucoup
de celle déjà proposée par nous (1).

En effet, il a admis dans la c'asse des Crustacés douze
ordres, savoir : 1°. les Décapodes, 2°. les Stomapodes,
3°· les Lœmipodes, 4°. les Amphipodes, 5°. les Isopodes, 6°. les Dicladopes, 7°. les Lophyropes, 8°. les Ostrapodes, 9°. les Phyllopodes, 10°. les Trilobites, 11°. les
Xyphosures, et 12°. les Siphonostomes. Les Dicladopes correspondent à peu près à notre ordre des
Copépodes.

On remarque aussi, dans la dernière classification
de ce grand entomologiste, plusieurs modifications
dans les coupes secondaires et dans la manière de distribuer les genres ; mais ces détails, dont nous aurons

---

(1) Voyez *Cours d'Entomologie*, par M. Latreille ; in-8, Paris,
1831.

l'occasion de parler par la suite , sont inutiles à indiquer ici.

D'après ce coup d'œil sur les principales méthodes employées pour la classification des Crustacés, on voit que certaines divisions n'ont subi que peu de changemens , et qu'une fois établies elles ont été adoptées par tous les entomologistes ; ce sont les groupes dont les caractères sont les plus tranchés et la composition la plus naturelle; mais d'autres n'ont pas joui de la même stabilité, et en voyant chaque auteur y porter quelques modifications on doit en conclure qu'elles sont peu naturelles , et ne répondent pas aux besoins de la science. On peut donc s'attendre à voir cette partie des classifications varier encore avant que d'être établie sur des bases solides. La découverte des nouveaux types d'organisation, et l'investigation plus approfondie de la structure de certaines espèces déjà connues, peuvent également amener des modifications dans la distribution méthodique des Crustacés. Ces motifs nous ont effectivement engagés à en proposer; mais dans la révision que nous avons été conduits à faire de la classification de ces animaux , nous avons toujours cherché à être autant que possible sobre d'innovations, car l'instabilité des systèmes est un obstacle puissant aux progrès de la science. L'anatomie nous a constamment servi de guide dans ce travail , et nous avons cherché autant que possible à prendre l'organisation intérieure aussi bien qu'extérieure des Crustacés comme base de la division de ces animaux , en ordres , en familles et en genres.

§ II. *Des limites naturelles et de la classe des Crustacés.*

Dans la classification naturelle du règne animal, on a cherché, avons-nous dit, à représenter par des divisions et des subdivisions successives les différences plus ou moins nombreuses et plus ou moins importantes que nous présente l'organisation des animaux et à distribuer ces êtres de telle sorte, que ceux dont se compose chaque groupe se ressemblent entre eux d'autant plus que ce groupe lui-même est d'un rang moins élevé dans la hiérarchie méthodologique. Souvent les coupes à établir sont clairement indiquées par la nature : cela a lieu, lorsque les modifications de structures qui les motivent se sont opérées brusquement ; mais quand la transition d'un mode d'organisation à un autre s'est fait par degrés presque insensibles, et a lieu en même temps par plusieurs séries différentes de modifications successives, il en est tout autrement ; les types des divers groupes naturels peuvent être encore faciles à distinguer, mais il peut régner une grande diversité d'opinion sur les limites qu'il convient de leur assigner.

On peut alors suivre, dans la distribution méthodique des animaux, deux marches très-différentes, qui chacune ont leurs avantages et leurs inconvéniens : on peut, en prenant pour guide le principe de la subordination des caractères, si bien développé par un de nos plus grands naturalistes, établir les divisions successives, d'abord sur les modifications que présentent les grands appareils de l'organisation, puis sur les différences qui existent entre des parties dont le

rôle est ordinairement d'une importance plus minime;
ou bien on peut chercher à ranger ces êtres en autant
de groupes qu'il y a de séries bien reconnaissables,
formées par la dégradation ou la simplification de plus
en plus grande de chaque type d'organisation.

Les limites à assigner à la classe des Crustacés varient suivant que l'on adopte l'une ou l'autre de ces
méthodes. En suivant la première, que l'on pourrait appeler une *méthode naturelle physiologique*, il ne faudra
grouper autour des Crabes et des Écrevisses, qui peuvent être considérés comme le type de ce groupe,
que les êtres ayant une structure intérieure essentiel-
ement semblable à la leur, et il faudra rejeter dans
une classe inférieure, dans la division des zoophytes,
par exemple, tous les animaux qui n'ont point, comme
les premiers, un cœur, des branchies, un système
ganglionnaire longitudinal bien distinct, etc. En
adoptant la seconde méthode, qui nous paraît être
éminemment *zoologique*, on ne s'arrêtera pas à ces
différences de structure, et on rattachera au groupe
des Crustacés tous les animaux dont l'organisation générale, bien qu'elle soit moins compliquée, se lie à
celle des types de la classe, et dont la conformation
rappelle les états transitoires par lesquels les êtres les
plus parfaits de la série ont passé pendant la durée de
leur vie embryonnaire.

Au premier abord on pourrait croire cette marche
contraire aux principes fondamentaux des méthodes naturelles, et l'on pourrait s'étonner de voir
rassemblés dans une même classe des animaux qui
respirent par des branchies, et d'autres qui n'ont pour
l'exercice de cette fonction importante aucun organe
spécial et sont réduits à respirer par la peau; des êtres

15.

qui ont un cœur et un système vésiculaire très-com-
pliqué, et d'autres qui n'ont point de vaisseaux distincts, etc. ; mais ces difficultés disparaissent lorsqu'on
voit comment ces organes, si importans chez les animaux
supérieurs, sont modifiés avant que de disparaître complétement chez les êtres moins parfaits ; avant que
d'être éliminés ces parties deviennent peu à peu rudimentaires, et dès lors leur perte est peu sentie, et
n'entraîne aucun changement essentiel dans l'ensemble
de l'organisation. Des branchies, par exemple, deviennent rudimentaires et disparaissent pour être remplacées par les tégumens communs chez des Crustacés,
presque entièrement semblables, du reste, à d'autres
espèces qui sont pouvues de ces organes très-développés, et cela, sans que les autres grands appareils aient
subi aucune modification notable. Les vaisseaux sanguins cessent d'avoir des parois distinctes, et ne consistent plus que dans de simples lacunes, chez des Crustacés, qu'il est impossible d'éloigner des autres animaux
de la même classe, ayant un système vasculaire bien
complet, et le cœur devient rudimentaire et paraît
même disparaître complétement sans que, dans les
autres parties du corps, rien ne révèle son absence.

Il en résulte que non-seulement la méthode, que
nous avons appelée zoologique, ne mérite pas les re-
proches qu'on pourrait lui adresser ; mais que, dans
la pratique, la méthode physiologique est réellement
impraticable et se trouve violée même dans les classifications dont elle forme la base.

Ces motifs nous ont conduits à placer dans la classe
des Crustacés, non-seulement les animaux articulés,
à pieds articulés, ayant une circulation complète et
des branchies, caractère que l'on assigne généralement

à cette division, mais aussi tous ceux qui, étant formés d'après le même plan général, sont plus ou moins imparfaits, et en quelque sorte dégradés. Le groupe formé par ces êtres sera plus difficile à bien définir ; mais au moins il ne sera pas limité arbitrairement.

Plusieurs de ces animaux sont d'une structure très-simple ; les uns ont encore des membres articulés plus ou moins rudimentaires, et le corps divisé en anneaux bien dictincts ; mais il en est dont les membres se déforment tellement, qu'on ne peut que difficilement les reconnaître, et dont la peau conserve partout la même texture ; il paraîtrait aussi que, dans cette famille, le cœur disparaît également, et que le système nerveux devient rudimentaire ou nul ; aussi, dans une méthode physiologique, telle que celle de M. Cuvier, prendront-ils place parmi les zoophytes ; mais, du reste, ils ne ressemblent en rien à des animaux rayonnés, et des liens si étroits les unissent aux Crustacés inférieurs, qu'on ne peut les en distinguer que par des limites purement conventionnelles.

Pour nous, les Lernées et les Condrocanthes seront donc des Crustacés aussi bien que les Argules et les Cypris; et en effet, c'est par des nuances presque insensibles que la nature a établi le passage entre ces parasytes et d'autres animaux , que tous les naturalistes s'accordent à ranger dans cette classe; dans le jeune âge, il est même difficile de distinguer les Lernéens des Cyclopes et de quelques autres Crustacés, car c'est en vieillissant seulement que leurs formes extérieures deviennent essentiellement différentes. M. Desmarest avait déjà appelé l'attention des zoologistes sur l'analogie qui existe entre ces êtres ; mais jus-

qu'ici les auteurs systématiques ont relégué les Ler-
nies parmi les Zoophytes, ou en ont fait une classe
distincte.

Les Pycnogonides nous paraissent avoir beaucoup
plus d'analogie avec les Crustacés qu'avec les Arachnides, parmi lesquels on les range aujourd'hui ; aussi
croyons-nous devoir les ranger dans la classe dont
nous faisons ici l'histoire, bien que l'opinion que l'on
a généralement sur la nature des organes respiratoires de ces animaux devrait peut-être nous faire laisser encore la question en litige.

Par la suite il faudra peut-être réunir aussi aux Crustacés les Anatifs et les autres animaux singuliers dont
se compose la classe des Cirripèdes; mais, dans l'état
actuel de la science, on ne possède pas les données
nécessaires pour se prononcer à cet égard.

La classe des Crustacés, étendue comme nous ve=
nons de le dire, se compose essentiellement des animaux *sans squelette intérieur semblable à celui des
animaux vertébrés, dont le corps est articulé (c'est-à-
dire, formé d'une série de tronçons ou d'anneaux plus
ou moins distincts); dont le système nerveux est ganglionnaire et longitudinal; dont le système respiratoire est aquatique, et les organes respiratoires consistent en branchies ou sont remplacés par la peau ;
dont le sang est mis en mouvement par un cœur aortique ; dont les sexes sont distincts et les organes
générateurs doubles ; enfin, dont les membres sont
articulés et constituent une ou deux paires d'antennes,
plusieurs mâchoires ou autres organes servant à la
préhension des alimens, et plusieurs paires de pates
natatoires ou ambulatoires, (en général cinq ou sept
paires);* mais nous y rangeons aussi les êtres qui,

semblables du reste au type dont nous venons de parler, ont l'organisation moins compliquée, de sorte que pour donner à ce groupe naturel une définition applicable à tous les animaux dont il se compose, il faut rendre cette phrase caractéristique moins absolue et la modifier de la manière suivante:

CRUSTACÉS. *Animaux ayant le corps divisé en anneaux, en général très-distincts, mobiles et d'une consistance assez grande (cornés ou calcaires), sans squelette intérieur proprement dit, et portant une double série de membres, presque toujours bien distinctement articulés, et constituant des antennes, des mâchoires, etc., et des pates dont le nombre est, le plus ordinairement, de cinq ou de sept paires; le système nerveux, en général bien distinct, ganglionnaire et longitudinal; la respiration en général aquatique, et se faisant toujours à l'aide de branchies ou de la peau; la circulation, en général bien distincte; presque toujours un cœur aortique et des vaisseaux sanguins propres; les sexes séparés.*

§ III. *De la division de la classse des Crustacés en légions et en ordres.*

Les différences les plus grandes qui se remarquent lorsqu'on compare entre eux les divers Crustacés, dépendent des modifications de leur appareil digestif, de leur appareil respiratoire, de leurs organes locomoteurs, et du degré plus ou moins avancé de leur développement au moment de leur naissance.

Dans l'immense majorité des cas, plusieurs des membres de la portion antérieure du corps sont affectés d'une manière spéciale à la fonction de la préhension des alimens, et constituent soit des mâchoires ou des mandibules , soit des organes de succion , tandis que la locomotion est confiée à d'autres instrumens. Mais il est des Crustacés dans l'organisation desquels la nature n'a pas encore introduit une pareille division de travail , et dont les organes masticateurs sont les mêmes que les organes de la locomotion.

Ces derniers, dont on a formé l'ordre des XYPHOSURES, diffèrent aussi des Crustacés ordinaires par plusieurs particularités de leur organisation, que nous indiquerons ailleurs, et ils doivent évidemment former un groupe bien distinct. Un anatomiste distingué, M. Strauss, a même proposé de les séparer des Crustacés afin de les réunir au x Arachnides ; mais cette opinion ne nous paraît pas devoir être adoptée.

La longue série des Crustacés , pourvus d'un appareil spécial pour la préhension des alimens , se divise d'abord en deux groupes naturels, les *maxillés* et les *suceurs* , suivant que leur bouche est organisée pour la mastication , et que leurs alimens consistent en substances solides , ou bien que cette ouverture se prolonge en un suçoir disposé de façon à ne donner passage qu'à des liquides.

La légion peu nombreuse des CRUSTACÉS SUCEURS, qui se compose presque uniquement d'animaux parasytes, peut être subdivisée en trois ordres : les ARANÉIFORMES, dont les pates sont longues, vergiformes et ambulatoires , les SIPHONOSTOMES dont le corps est pourvu de membres articulés bien distincts, mais non de pates ambulatoires , et les LERNÉENS dont les membres sont rudimentaires ou tellement déformés, qu'on ne peut que difficilement les reconnaître.

La grande division des CRUSTACÉS MAXILLÉS, déjà établie par M. Latreille, se compose d'élémens moins homogènes. On y trouve d'abord plusieurs séries d'animaux qui tiennent aux Siphonostomes par des liens plus ou moins étroits, et qui conduisent vers les groupes formés par les espèces dont la structure est la plus compliquée.

L'une de ces séries se compose des CRUSTACÉS MAXILLAIRES ABRANCHES ou ENTOMOSTRACÉS, chez lesquels il n'existe point de branchies proprement dites, ni d'organe modifié de façon à paraître en tenir lieu ; chez lesquels les pates sont vergiformes, mais essentiellement natatoires, et les yeux sessiles à cornée simple et ordinairement réunis en une seule masse oculaire, et chez lesquels la naissance a en général lieu long-temps avant que l'animal ait acquis les formes et les organes qu'il aura à l'âge adulte. Elle se compose de deux ordres, peu nombreux en espèces : celle des OSTRAPODES, dont le corps ne présente pas de divisions annulaires bien distinctes, et se trouve renfermé en entier sous un grand bouclier dorsal ayant la forme d'une coquille bivalve et dont les membres sont en très-petit nombre ; et celui des COPÉPODES, dont le corps est divisé en un certain nombre d'anneaux bien distincts, et ne présente ni carapace, ni enveloppe valvulaire, et dont les membres sont en nombre assez considérable.

Une série à peu près parallèle à celle des Entomostracés, ainsi circonscrite, se compose des animaux de la même classe, qui, également privés de branchies proprement dites, ont les pates thoraciques lamelleuses, membraneuses et conformées de façon à pouvoir servir évidemment d'organes respiratoires. Nous y conservons le nom de BRANCHIOPODES, déjà employé par Latreille, pour une division renfermant la plupart de ces animaux, qui, du reste, doivent constituer deux ordres distincts ; celui des Cladocères, qui correspond à peu près à la première division des Entomostracés (les Ostrapodes), et se distingue par le petit nombre des pates thoraciques et par l'existence d'une carapace ayant la forme d'une coquille bivalve ; et celui des Phyllopodes, qui conduit évidemment vers les Crustacés supérieurs, et se distingue des précédens par un nombre plus considérable de pates thoraciques, par l'absence d'un test bivalve et par plusieurs autres caractères plus ou moins importans.

Une troisième série, qui semble aussi se lier par son extrémité inférieure à la grande division des Crustacés suceurs, mais dont le sommet s'élève davantage dans la série des Crustacés, est celui des Edriophthalmes. De même que dans les légions précédentes, les branchies proprement dites manquent, sinon toujours, du moins dans l'immense majorité des cas, et sont remplacées par d'autres appendices modifiés dans leur structure, de telle sorte qu'ils peuvent évidemment servir à la respiration ; mais quelles que soient les parties destinées à remplacer ainsi les branchies, la tige des membres thoraciques prend ici la forme d'une pate ambulatoire ; les yeux sont en même temps sessiles, et il n'existe jamais de carapace quelconque.

Les Edriophthalmes forment trois ordres ; savoir : les Læmipodes, les Isopodes et les Amphipodes.

Dans l'ordre des Læmipodes, l'abdomen n'existe qu'à l'état de vestige, et c'est le palpe des membres thoraciques qui devient vésiculaire pour servir à la respiration.

Dans l'ordre des Isopodes, l'abdomen est au contraire bien développé, et ce sont les membres de cette portion du corps qui se modifient de façon à pouvoir remplir les fonctions de branchies.

Dans l'ordre des Amphipodes, l'abdomen se développe encore davantage et sert à la locomotion, tandis que la respiration s'effectue à l'aide des palpes thoraciques devenues vésiculaires.

Enfin, la dernière série, celle des Podophthalmiens, se compose de tous les Crustacés supérieurs, dont la plupart sont pourvus de branchies proprement dites, dont les yeux sont pédonculés et mobiles, dont les pates thoraciques sont toujours vergiformes, et en général en partie ambulatoires et en partie préhensiles, et dont le thorax est recouvert par une carapace.

Cette division se compose de deux ordres :

Les Stomapodes, chez lesquels les branchies, n'ayant pas encore acquis toute l'importance qu'elles auront par la suite, sont encore extérieures et manquent quelquefois, et chez lesquels l'appareil buccal ne se compose en général que de trois paires de membres ;

Les Décapodes, dont les branchies sont fixées sur les côtés du thorax et renfermées dans des cavités respiratoires spéciales, et dont l'appareil buccal se compose de six paires de membres, de façon que le nombre des pates thoraciques se trouve réduit à cinq paires.

Quant aux Trilobites, ils prennent évidemment place auprès des Edriophthalmes ; mais jusqu'à ce qu'on connaisse le mode de conformation de leurs membres, on ne pourra leur assigner une place définitive dans la classification naturelle des Crustacés.

Le tableau synoptique suivant présente l'ensemble de la classification dont nous venons d'indiquer les principales bases.

CLASSE DES CRUSTACÉS.

SOUS-CLASSE DES CRUSTACÉS MAXILLÉS,

LÉGION DES PODOPHTHALMIENS.

Ordre des Décapodes.
Ordre des Stomapodes.

LÉGION DES ÉDRIOPHTHALMES

Ordre des Amphipodes.

Ordre des Isopodes.   Ordre des Læmipodes.

LÉGION DES BRANCHIOPODES.	LÉGION DES ENTOMOSTRACÉS.
Ordre des Ostrapodes.	Ordre des Copépodes.
Ordre des Phyllopodes.	Ordre des Cladocères.

LÉGION DES TRILOBITES.

SOUS-CLASSE DES CRUSTACÉS SUCEURS.

LÉGION DES PARASYTES MARCHEURS.

Ordre des Aranéiformes.

LÉGION DES PARASYTES NAGEURS.

Ordre des Siphonostomes.
Ordre des Lernéens.

SOUS-CLASSE DES CRUSTACÉS XYPHOSURIENS.

Ordre des Xyphosures.

CHAPITRE II.

CONSIDÉRATIONS GÉNÉRALES SUR L'ORGANISATION ET LA CLAS-
SIFICATION DES PODOPHTHALMIENS, DES DÉCAPODES ET [DES
BRACHYURES.

SOUS-CLASSE DES CRUSTACÉS MAXILLÉS.

PREMIÈRE LÉGION.

PODOPHTHALMIENS.

Les Crustacés dont se compose la grande division
des Podophthalmiens ont entre eux des rapports si
multipliés, que, dans une méthode naturelle, on ne
peut se refuser de les réunir dans un même groupe.
Ils sont également faciles à distinguer des autres animaux de cette classe, et cependant presque aucun
des caractères qui leur sont propres ne peut être
assigné d'une manière absolue à toute la légion, car
ils peuvent tour à tour manquer.

Cette division correspond à peu près à l'ordre des
Crustacés Pédiocles, proposé par Lamark (1), et à la
légion des Malacostracés Podophthalmes, établie plus
récemment par M. Leach (2); mais elle repose sur des

(1) *Système des animaux sans vertèbres*; 1802.
(2) Article Crustacés, *Encyc. Brit. Supplem.*

bases différentes et ne peut conserver les limites que ces auteurs y avaient assignées.

Le trait le plus remarquable de l'organisation des Podophthalmiens consiste dans la disposition de leur appareil respiratoire. Dans les autres Crustacés, c'est l'enveloppe générale du corps, ou bien une portion des membres thoraciques ou abdominaux qui servent à la respiration; mais ici cette fonction importante est presque toujours confiée à des organes spéciaux qui ne sont pas de simples modifications de quelques-uns des appendices ordinaires des membres. L'existence de *branchies proprement dites* est un des caractères les plus importans de ce groupe naturel; mais chez quelques-uns des derniers Podophthalmiens, ces organes deviennent rudimentaires et même disparaissent complétement, et sont remplacés par l'enveloppe tégumentaire générale (1). D'un autre côté, on connaît des Crustacés qui sont pourvus d'organes analogues et qui évidemment n'appartiennent pas à ce groupe (2).

Un autre caractère qui ne manque chez aucun Podophthalmien, mais qui n'a pas la même importance physiologique, nous est fourni par l'anneau ophthalmique de la tête, qui est toujours pourvu d'une paire de membres mobiles à l'extrémité desquels se trouvent les yeux (3). Du reste, ces Crustacés ne sont pas les seuls

---

(1) Exemples : Genres *Cynthia*, *Mysis* et *Phyllosome*.

(2) Les femelles des Jones portent, fixés aux membres abdominaux des branchies rameuses très-développées; ce sont les seuls Crustacés actuellement connus qui, sans appartenir au groupe naturel des Podophthalmiens sont pourvues de branchies proprement dites, et encore ces organes n'existent-ils pas dans les deux sexes; les mâles en sont privés.

(3) Pl. 1, fig. 9, et Pl. 3, fig. 1.

qui aient des yeux pédonculés et mobiles ; les Nébalies, qui appartiennent indubitablement à un autre
groupe, en sont également pourvus.

L'appareil buccal des Podophthalmiens est disposé
pour la mastication, et se compose toujours d'un labre
peu développé, d'une paire de mandibules et au moins
d'une paire de mâchoires. Les mâchoires de la seconde
paire, à moins d'être rudimentaires, entrent aussi dans
la composition de l'appareil masticateur et il en est
presque toujours de même pour les membres post-buccaux de la quatrième paire ; mais ces organes ne sont
jamais élargis et réunis de manière à constituer une espèce de lèvre inférieure ou d'opercule buccal, ainsi
que cela se voit chez les Édriophthalmes ; enfin, dans
la plupart des cas, les membres des deux paires suivantes
sont également transformés en pates - mâchoires, et
quelquefois même le nombre de ces organes est encore
plus considérable, car dans certaines espèces on peut
regarder comme tels tous membres thoraciques, à
l'exception de ceux des trois dernières paires. (Ex. :
Squilles.)

Les membres thoraciques affectés à la locomotion
sont presque toujours au nombres de cinq ou de six
paires ; leur tige est toujours vergiforme, et constitue une
pate grêle, allongée et ordinairement ambulatoire, qui
porte quelquefois en même temps un fouet ou bien
un palpe, mais ne présente presque jamais en même
temps deux espèces d'appendices. Ce mode de conformation des organes locomoteurs sépare nettement les
Podophthalmiens de tous les Crustacés dont les pates
thoraciques sont lamelleuses, comme les Nébalies,
dont il a été question ci-dessus, mais se retrouve dans
plusieurs autres divisions de la même classe.

Enfin les animaux de cette légion peuvent, au premier coup d'œil, être distingués de presque tous les autres Crustacés par l'existence d'un grand bouclier céphalique qui occupe la face dorsale du corps, et s'étend plus ou moins loin au-dessus du thorax. Certains Branchiopodes ont aussi une carapace semblable; mais ils diffèrent alors des Podophthalmiens par quelques-uns des caractères, d'une importance encore plus grande, déjà signalée.

Si l'on prend pour base de la classification des Crustacés l'ensemble de leur organisation, ainsi que nous avons cherché à le faire, on devra donc caractériser de la manière suivante la légion des Podophthalmiens.

Bouche *armée de mandibules et de mâchoires propres à la mastication; en général des* Branchies *proprement dites;* yeux *pédonculés et mobiles;* pates *thoraciques vergiformes; une* carapace.

Les Padophthalmiens forment, comme nous l'avons déjà dit, deux ordres, savoir : les Décapodes et les Stomapodes. Cette division est généralement adoptée ; mais la plupart des auteurs l'établissent sur le nombre des membres thoraciques qui constituent l'appareil locomoteur, tandis que, suivant nous, c'est dans la disposition de l'appareil respiratoire qu'il faut en chercher les principales bases (1).

---

(1) Voyez *Mémoires sur une nouvelle disposition de l'appareil branchial chez les Crustacés.* (Ann. des sc. nat. , t. XIX.)

DÉCAPODES.

L'ordre des Décapodes, établi par M. Latreille pour recevoir la plupart des espèces du grand genre *Cancer* de Linné, renferme tous les Crustacés qui viennent se grouper immédiatement autour des Crabes et des Écrevisses ; c'est la division la plus nombreuse en espèces, et une de celles dont les limites sont les plus tranchées et la composition la plus homogène. Il comprend tous les Crustacés dont l'organisation est la plus compliquée, et dont les facultés paraissent être les plus parfaites ; aussi est-ce indubitablement en tête de la série qu'il doit prendre place.

Les Crustacés de l'ordre des Décapodes se ressemblent tous par la forme générale de leur *corps ;* les divers anneaux de la tête et du thorax sont en général complétement soudés entre eux , et ils sont toujours cachés sous un énorme carapace que nous avons démontrée ailleurs être formée par le développement extrême de l'arceau dorsal du troisième ou du quatrième anneau céphalique. Il résulte de cette disposition, que la tête des Décapodes n'est pas distincte du thorax , et qu'en dessus , tout le corps , à l'exception de l'abdomen, paraît formé d'une seule pièce ; mais lorsqu'on l'examine en dessous , on y reconnaît toujours un certain nombre de divisions annulaires. Quant à l'abdomen, sa forme varie beaucoup. Les *yeux* des Décapodes sont portés sur des pédoncules mobiles et recouverts d'une cornée réticulée. Les *antennes* sont toujours au nombre de quatre ; elles ont en général la forme de petites tiges

articulées et s'insèrent entre les yeux et la bouche (1)
L'*appareil buccal* est extrêmement compliqué, et, à une
ou deux exceptions près, se compose d'un labre, d'une
languette et de six paires de membres, savoir : une
paire de mandibules, deux paires de mâchoires et trois
paires de pates-mâchoires. Le labre se confond en général
avec la partie voisine du test, et les mandibules portent
presque toujours une tige palpiforme (2) ; mais ce dernier caractère n'est pas invariable, comme Fabricius et
la plupart des autres entomologistes paraissent le pen-
ser(3). Les mâchoires de la première paire se composent
de plusieurs petites lames cornées, dont le bord interne est épineux ou garni de poils (4). Celles de la seconde paire présentent toujours au côté externe un grand
appendice lamelleux qui se loge dans le canal efférent
de la cavité branchiale, et qui est destiné à expulser
l'eau qui a servi à la respiration (5). Tous les Décapodes
présentent cette disposition ; mais on ne l'a encore
rencontrée chez aucun autre Crustacés, et cela se comprend facilement, car elle tient essentiellement à la
structure particulière de l'appareil respiratoire des
Crabes, des Écrevisses, etc. Les pates-mâchoires de
la première paire (6) sont également presque toujours
lamelleuses; mais, au lieu d'avoir en dehors une grande
valvule, elles portent un palpe et souvent un appendice flabelliforme, ou vésiculeux. Les pates-mâchoires

---

(1) Pl. 3, fig. 2, *j* ; Pl. 23, fig. 1, 2, etc.
(2) Pl. 3, fig. 13.
(3) Je me suis assuré que, chez les Crangons, les mandibules
ne portent point de tige palpiforme. *Voyez* Pl. 25, fig. 15.
(4) Pl. 3, fig. 12.
(5) Pl. 3, fig. 11 ; et Pl. 10, fig. 1.
(6) Pl. 3, fig. ib.

de la seconde paire (1) ne sont, au contraire, presque jamais lamelleuses, et se composent ordinairement d'une tige formée de plusieurs articles, d'un palpe et d'un fouet. Enfin, les pates-mâchoires de la troisième et dernière paire recouvrent toute la bouche (2); leur portion interne, ou tige, présente une série d'articles dont le nombre est ordinairement de six, et dont le second et le troisième sont souvent très-élargis; le palpe est presque toujours assez développé; enfin, il existe en général un fouet fixé à la base de ces membres, qui, dans un très-petit nombre de cas, n'appartiennent plus à l'appareil buccal, mais ont la forme des pates ambulatoires (3). Les cinq paires de membres qui font suite aux organes masticateurs sont beaucoup plus développés que ceux-ci, et constituent les *pates proprement dites*, qu'on désigne aussi sous le nom de pates thoraciques ou ambulatoires. Dans un petit nombre de ces Décapodes, ces membres présentent un palpe très-développé, et paraissent par conséquent biramés; mais dans l'immense majorité de ces animaux, les pates sont complétement dépourvues de cet appendice, et ne se composent que d'une tige plus ou moins cylindrique formée ordinairement de six articles, que l'on désigne souvent par les noms : 1°. de *hanche*, 2°. de *trochanter*, 3°. de *cuisse* ou de *bras*, 4°. de *jambe* ou de *carpe*, 5°. de *métatarse* et 6°. de *tarse* ou de *doigts* (4). En général, les pates de la première paire sont terminées par une *main* composée des deux

----

(1) Pl. 3, fig. 9.
(2) Pl. 3, fig. 2, *h* et 8; Pl. 21, fig. 2; Pl. 23, fig. 2 et 4, etc.
(3) Dans les genres Sergeste et Acète, par exemple.
(4) Pl. 3, fig. 1.

derniers articles disposés en manière de pince; il en
est quelquefois de même pour une ou deux des pates
suivantes ; mais en général les membres thoraciques
des quatre dernières paires ne servent qu'à la locomotion et se terminent par une espèce d'ongle pointu. La
disposition et la forme des membres abdominaux varient trop pour que nous en parlions ici, mais nous
rappellerons que chez les femelles ces organes servent
ordinairement à retenir les œufs.

L'organisation intérieure des Décapodes est aussi
caractéristique que la structure de leurs parties extérieures. Le tube digestif présente toujours à sa partie
antérieure un estomac très-développé, dont les parois
sont soutenues par une sorte de charpente cartilagineuse ou osseuse, et armées de dents (1). Les organes hépatiques forment, de chaque côté de l'intestin, une masse volumineuse composée d'une infinité de petits cœcums qui s'insèrent sur les rameaux
du conduit biliaire (2). Le cœur, presque quadrilatère,
occupe la partie moyenne du thorax, et donne naissance à six artères principales d'où sortent tous les
vaisseaux qui portent le sang dans les diverses parties du
corps (3). La respiration s'effectue au moyen d'un certain nombre de branchies, dont les lamelles ou les filamens sont toujours simples, et ces organes s'insèrent à la
paroi interne d'une cavité spéciale située de chaque côté
du thorax, et formée par le prolongement de la carapace
au-dessus des flancs (4). Les organes de la génération

---

(1) Pl. 4, fig. 1, 6, etc.
(2) Pl. 4, fig. 2 et 5.
(3) Pl. 5, fig. 1, et Pl. 7, fig. 1.
(4) Pl. 10, , fig. 1, 2 et 8.

communiquent toujours au dehors par deux ouvertures ; chez la femelle, les vulves occupent toujours l'antépénultième anneau thoracique et sont situées tantôt sur le sternum, tantôt sur le premier article des pates correspondantes (1), tandis que, chez le mâle, les organes externes de la génération sont situés de la même manière sur le dernier anneau du thorax (2). Enfin, nous ajouterons encore que, chez presque tous les Décapodes, il existe dans l'extérieur du thorax un nombre considérable de lames apodémiennes qui forment de chaque côté une double rangée de cellules, disposition qui est particulière à ces Crustacés (3).

Voici, du reste, le résumé des caractères les plus saillans qui distinguent les Décapodes non-seulement des Stomapodes, mais aussi de tous les autres Crustacés.

C. *Ayant des* BRANCHIES *proprement dites, et non rameuses, fixées sur les côtés du thorax et renfermées dans une cavité; la* TÊTE *soudée au thorax et recouverte par une* CARAPACE *qui s'étend jusqu'à l'abdomen; les* YEUX *pédonculés et mobiles; les* PATES *ambulatoires ou préhensiles et presque toujours au nombre de cinq paires.*

La plupart des classificateurs divisent les Crustacés Décapodes en deux sections, suivant que l'abdomen, qu'ils nomment communément la queue, est grand ou petit. En effet, il existe parmi ces animaux deux

---

(1) Pl. 3, fig. 4, *i*, et Pl. 21, fig. 8 et 18.
(2) Pl. 18, fig. 6, *a*, et Pl. 23, fig. 2, *c*.
(3) Pl. 1, fig. 9, 10, 11; Pl. 3, fig. 3, et Pl. 23, fig. 3.

groupes parfaitement naturels qui ont les Crabes et les Écrevisses pour types ; mais il est d'autres Décapodes qui ne paraissent appartenir ni à l'une, ni à l'autre de ces sections ; ils établissent le passage entre les Brachyures et les Macroures, et ne peuvent être rangés parmi eux sans violer l'esprit de toute méthode naturelle ; aussi avons-nous cru nécessaire d'en former un groupe distinct (1), pour lequel nous avons proposé le nom d'Anomoure. Cette innovation ne nous paraît offrir aucun inconvénient, et nous permet de rendre les deux autres groupes du même ordre parfaitement homogènes. L'organisation intérieure des Décapodes fournit les principales bases de ces divisions ; mais les caractères suivans suffiront pour faire reconnaître les espèces qui se rapportent à chacune d'elles.

---

(1) Voyez *Considérations sur l'organisation et la classification des Crustacés Décapodes.* (Ann. des sc. nat., t. XXV, p. 298.)

ORDRE DES DÉCAPODES.

Abdomen très-peu développé, ne servant presque jamais à la natation, ne portant jamais de fausses pates natatoires, et ne se terminant presque jamais par une nageoire en forme d'éventail.

B. *Abdomen* reployé sous le corps et n'ayant jamais de traces d'appendices à l'avant-dernier segment; *plastron sternal* assez large entre toutes les pates, et jamais linéaire; *vulves* situées toujours sur le plastron sternal. Une *selle turcique postérieure* soutenue par un apodème médian qui correspond a une suture longitudinale du sternum.

BRACHYURES.

B. *Abdomen* tantôt reployé sous le corps, tantôt étendu, et portant presque toujours sur l'avant-dernier segment des appendices assez développés ou à l'état de vestiges; *plastron sternal* en général linéaire entre les trois dernières pates, et élargi en ayant; *vulves* occupant ordinairement la base des pates; en général point de *selle turcique postérieure*, ni d'apodème médian.

ANOMOURES.

A. *Abdomen* très-développé, en général plus long que la portion céphalo-thoracique du corps, étendu en arrière, servant à la natation, portant toujours en dessous des fausses pates lamelleuses, et à son extrémité une nageoire en forme d'éventail.

MACROURES.

SECTION DES DÉCAPODES BRACHYURES.

Les Crabes et tous les autres Décapodes qui rentrent dans la section des Brachyures présentent dans leur organisation extérieure des particularités très-remarquables. La *Carapace* qui recouvre la portion céphalo-

thoracique de leur corps cache aussi la majeure partie
de leur abdomen, et présente en général une forme
carrée, ovalaire ou circulaire ; le diamètre transversal
de ce bouclier dorsal est presque toujours égal ou supérieur à son diamètre antéro-postérieur, et il s'étend
plus ou moins de chaque côté au-dessus des pates.
On y distingue une face supérieure dont les contours
sont ordinairement bien marqués et une portion inférieure. La partie antérieure du bord de la face supérieure de la carapace comprise entre les deux yeux,
porte le nom de front ou de rostre, suivant qu'elle est
tronquée ou prolongée en forme de bec (1); le bord postérieur est celui qui correspond à l'origine de l'abdomen et se trouve placé entre les pates postérieures ;
enfin les bords latéraux s'étendent de ce dernier à l'angle externe des orbites, et se composent souvent de
deux portions qui ont des directions différentes et que
nous désignerons sous les noms de bord latéro-antérieur, et de bord latéro-postérieur(2). La face supérieure
de la carapace est ordinairement divisée par des sillons qui correspondent pour la plupart à des insertions
musculaires, et qui circonscrivent des régions sur lesquelles M. Desmarest a le premier fixé l'attention des
zoologistes (3), et dont la considération ne peut être
négligé sans inconvénient. Quatre de ces régions occupent la ligne médiane de la carapace (4) ; la plus anté-

---

(1) Pl. 14 *bis*, fig. 1, 2, 3, etc. — *r*, rostre; —*f*, front.

(2) Pl. 14 *bis*, fig. 1, 2, etc. : —*a*, bord antérieur de la carapace ;
— *l.a*, bord latéro-antérieur; — *l*, bord latéral ; — *l.p*, bord
latéro-postérieur ; — *q*, bord postérieur.

(3) Voyez *Hist. nat. des Crustacés fossiles*, p. 73.

(4) Pl. 14 *bis*, fig. 1, 2, 3, etc. : — *s*, région stomacale ; —*g*,

térieure, qui a reçu le nom de *région stomacale*, parce qu'elle comprend la portion du test située au-dessus de l'estomac, fait suite au front et présente toujours une étendue assez considérable ; la seconde région médiane est beaucoup plus petite et se prolonge presque toujours en pointe antérieurement, tandis qu'en arrière, et sur les côtés, elle se termine par des bords droits ; une erreur anatomique lui a fait donner le nom de *région génitale* (1). La *région cordiale*, qui succède à la génitale, correspond au cœur, et a en général une forme hexagonale assez régulière ; la ligne transversale qui la sépare de la région génitale, et les deux lignes longitudinales formées par les bords latéraux de ces deux régions, sont souvent plus marquées que tous les autres sillons analogues, et ont quelque ressemblance avec un H qui serait gravé sur le milieu de la carapace. Enfin, la quatrième et dernière région médiane est située entre la cordiale et le bord postérieur de la carapace ; elle est souvent à peu près quadrilatère, mais souvent aussi elle ne se distingue qu'à peine ; M. Desmarest l'appelle *région hépatique postérieure ;* mais, afin de la mieux distinguer des autres régions hépatiques, nous préférons la désigner sous le nom de *région intestinale*. Les portions latérales de la face supé-

---

région génitale ; — *c*, région cordiale ; — *i*, région intestinale ; — *h*, *h*, régions hépatiques ; — *b*. *b*, régions branchiales.

(1) D'après la figure que M. Desmarest a donné de l'intérieur d'un Carcin Ménade, on croirait que les organes intérieurs de la génération sont circonscrits dans l'espace correspondant à la région qui en porte le nom, et c'est probablement d'après cela que ce naturaliste l'a désignée de la sorte ; mais cette figure est très-inexacte, et les testicules, aussi bien que les ovaires, s'étendent bien au delà, comme on peut s'en convaincre par l'inspection de nos planches 5 et 12.

rieure de la carapace sont composées chacune de deux régions souvent très-difficiles à distinguer et dont les limites sont en général un peu arbitraires; l'une, antérieure, est placée sur les côtés de la région stomacale, et recouvre la majeure partie du foie et des organes intérieurs de la génération : c'est la *région hépatique;* l'autre, située en arrière de la première et sur les côtés des régions cordiale et intestinale correspond à la voûte de la cavité respiratoire, et est appelée *région branchiale.*

Le front se prolonge au-dessus de l'anneau qui porte les yeux. Dans le jeune âge, cet anneau reste à découvert antérieurement, et les yeux ne sont pas logés dans des cavités orbitaires complètes; mais, plus tard, la partie inférieure du front se réunit, sur la ligne médiane, à un prolongement de l'arceau inférieur du second anneau, de façon à entourer complétement le segment oculaire qu'on n'aperçoit plus qu'à l'intérieur de la carapace (1); il arrive aussi que l'angle externe du front s'unit, soit à l'article basilaire des antennes extérieures, soit à un prolongement de la portion latérale et inférieure de la carapace, et il se forme ainsi une cavité dans laquelle les yeux s'insèrent et peuvent en général se reployer plus ou moins complétement. Mais, nous le répétons, cette disposition n'existe pas encore aux premières époques de la vie, et, en cela, les jeunes Brachyures se rapprochent, comme nous le verrons ailleurs, des Macroures adultes.

Chez tous les Crustacés de cette section, les *antennes de la première paire* sont placées sur les côtés

---

(1) Pl. 14 *bis*, fig. 4

de la ligne médiane (1); elles sont très-courtes et peuvent se reployer dans la cavité qui loge leur article basilaire; ces cavités, que nous appelons *fossettes antennaires*, sont placées entre les orbites avec lesquelles elles communiquent quelquefois, et sont séparées entre elles par un *prolongement inter-antennaire* qui naît de l'arceau qui porte ces appendices et se soudent au front comme nous venons de le dire. Le premier article de ces antennes est toujours renflé et plus ou moins globuleux, tandis que les deux suivans sont courts, grêles et cylindriques; enfin, à l'extrémité de ce petit pédoncule, se trouvent deux tigelles annelées très-courtes et dont l'une est ciliée. Les *antennes de la seconde paire*(2) s'insèrent constamment en dehors, et un peu au-dessous des premières; elles n'acquièrent également que peu de développement, et présentent, dans les différens groupes de Brachyures, des variations assez grandes : à leur base, on voit toujours un petit tubercule circulaire qui constitue l'enveloppe de l'organe spécial de l'audition, et qui est situé au devant de la bouche; les trois et quatre premiers articles des antennes constituent un pédoncule qui supporte une tige terminale; enfin il arrive souvent que la première de ces pièces soit plus ou moins entièrement soudée aux parties voisines de la carapace, et alors on pourrait facilement croire que les antennes extérieures s'insèrent au devant des internes; car, en effet, leur portion mobile naît alors en avant de ces organes.

En arrière des fossettes antennaires, on voit une surface plane, plus ou moins étendue, qui représente le

____

(1) Pl. 3, fig. 2 et 7.
(2) Pl. 3, fig. 2, *d*; Pl. 17, fig. 2, *b*, etc.

troisième anneau céphalique et qui porte le nom d'*é-pistome* (1). L'espace occupé par l'épistome, les fossettes antennaires et la base des antennes externes constitue ce que nous appelons la *région antennaire*; ses proportions varient, et on peut tirer parti de ces différences pour la classification de ces animaux. Les parties latérales et inférieures de la carapace, que nous appellerons *régions ptérygostomiennes* (2), sont toujours dirigées plus ou moins obliquement en dehors et en haut, et sur la ligne médiane elles laissent entre elles un espace vide qui est occupé par l'appareil masticateur et que nous désignerons sous le nom de *cadre buccal* (3); tantôt ce cadre buccal a la forme d'un quadrilatère assez régulier, tantôt il est triangulaire, et c'est toujours à sa partie antérieure que viennent se terminer les conduits efférens des cavités branchiales. Enfin, le bord postérieur et interne de ces régions ptérygostomiennes s'applique exactement contre la voûte des flancs immédiatement au-dessus de l'insertion des pates; quelquefois ces parties ne laissent entre elles aucun intervalle; mais, en général, on remarque de chaque côté de la bouche et en avant des pates antérieures une lacune qui communique dans la cavité branchiale (4), et il arrive quelquefois qu'un prolongement de la carapace entoure cette ouverture de façon à la transformer en un véritable trou à travers lequel l'eau nécessaire à la respiration pénètre jusqu'aux branchies (5).

---

(1) Pl. 3, fig. 2, *e*.
(2) Pl. 3, fig. 2, *g*.
(3) Pl. 20, fig. 2.
(4) Pl. 3, fig. 2, *i*.
(5) Pl. 20, fig. 12.

En arrière, le cadre buccal est borné par le plastron sternal dont nous parlerons plus en détail par
la suite ; et, dans l'espace ainsi circonscrit, se trouvent entassés les uns sur les autres les six paires de
membres qui sont spécialement affectés à l'appareil
digestif. Celle qui s'insère le plus en arrière, et qui est
par conséquent la dernière de la série, recouvre toutes
les autres ; aussi en parlerons-nous d'abord. Ces organes, qui sont ordinairement désignés sous le nom
de *troisièmes pates-mâchoires* ou *pates-mâchoires externes*, sont très-larges, et constituent deux espèces
d'opercules qui ferment le cadre buccal à peu près
comme les battans d'une porte (1). Ils s'insèrent toujours
assez loin de la ligne médiane par leur angle postérieur et extérieur ; leur article basilaire envoie ordinairement en dehors un prolongement qui sert de
valvule à l'ouverture afférent de la cavité branchiale,
et qui porte un long appendice flabelliforme, ainsi
qu'une petite branchie rudimentaire cachée, comme le
fouet, dans la cavité respiratoire ; enfin il naît encore
de cet article basilaire un palpe et une série d'articles que représentent la tige ou pate proprement dite
des membres thoraciques. Les deux premiers articles
de cette tige sont lamelleux, articulés à la suite l'un
de l'autre, et très-développés ; ils constituent la majeure partie de la pate-mâchoire, et portent à leur extrémité une petite tigelle formée presque toujours
par les trois derniers articles de ces organes, qui sont
grêles et cylindriques ; quant au palpe, il ne manque
presque jamais, et consiste en une longue tige qui se
place au côté externe du deuxième et du troisième ar-

---

(1) Pl. 3, fig. 2, *h*, et fig. 8, etc.

ticles de la pate-mâchoire, et qui porte à son extrémité un petit appendice annelé, et reployé sous le troisième article dont il vient d'être question.

En écartant les pates-mâchoires externes, on aperçoit au-dessous d'elles les deux autres paires de pates-mâchoires, les deux paires de mâchoires proprement dites, les mandibules et la bouche.

La structure des *pates-mâchoires de la seconde paire* (1) est à peu près la même que celle des pates-mâchoires externes, si ce n'est que leur branche interne est grêle et cylindrique dans toute sa longueur, au lieu d'être large et lamelleuse. On y distingue également une série de six articles dont le premier porte, du côté externe, un fouet et un palpe semi-corné et semblable à celui des pates-mâchoires externes; les deux articles suivans sont vergiformes et dirigés en avant; les trois derniers, aussi larges que les précédens, mais très-courts, se recourbent en dedans et en arrière; enfin il est à noter que la dernière de ces pièces est toujours très-petite.

Les *pates-mâchoires antérieures* (2), qui sont cachées par celles dont nous venons de parler, ont beaucoup moins de consistance qu'elles, et sont moins distinctement articulées; elles portent encore un long appendice flabelliforme et un palpe qui ressemble beaucoup à celui des pates-mâchoires de la seconde paire; mais la tige ou portion interne de ces membres est réduite à un gros tubercule supportant une seule pièce ovalaire, en dehors de laquelle on voit s'avancer un prolongement lamelleux et semi-membra-

(1) Pl. 3, fig. 9.
(2) Pl. 3, fig. 10.

neux, qui naît entre la pièce ovalaire dont nous venons de parler et le palpe, et qui sert à diriger au dehors l'eau expulsée de la cavité branchiale.

Après avoir enlevé ces derniers organes, on découvre les *mâchoires externes* (1), dont la consistance est toujours semi-cornée ; à leur côté externe, il existe, comme nous l'avons déjà dit, une grande lame valvulaire, qui est l'analogue du fouet, et qui sert au mécanisme de la respiration ; cette lame est irrégulièrement ovalaire et toujours tronquée à sa partie postérieure. La portion de ces organes, que représente la tige, est réduite à deux ou trois petites lames qui recouvrent une portion de la bouche ; et, entre elle et le fouet, on distingue un petit appendice qui peut être considéré comme le représentant du palpe.

Les *pates-mâchoires antérieures*, ou de la première paire (2), sont très-petites et en majeure partie cachées par les externes ; comme elles, ces organes sont lamelleux et appliqués sur les mandibules, mais on ne leur voit pas d'appendice valvulaire. Leur bord interne est garni de poils et d'épines, et ils paraissent devoir servir principalement à retenir les alimens pendant qu'ils sont broyés par les mandibules.

L'ouverture buccale elle-même occupe en général le milieu de l'espace entouré par le cadre buccal ; à son bord antérieur on aperçoit le *labre*, qui a la forme d'un tubercule semi-membraneux ; son bord postérieur est garni d'un repli lamelleux et bilobé que l'on appelle *languette*, et sur ses côtés sont placés les *mandibules*.

---

(1) Pl. 3, fig. 11.
(2) Pl. 3, fig. 12.

Ces derniers organes se composent de deux parties distinctes, un corps et une tige palpiforme (1). Le corps de la mandibule paraît formé par l'union intime des trois premiers articles du membre, et présente des traces assez visibles de ces soudures transversales ; il s'articule avec le tronc par sa face supérieure, et ressemble un peu par sa forme à une pyramide à trois faces, très-irrégulière, qui serait placée transversalement avec son sommet en dehors et sa base en dedans ; cette dernière partie de la mandibule est très-grosse et d'une texture extrêmement compacte ; elle s'applique contre la mandibule du côté opposé, et sert à la mastication ; aussi son bord intérieur est-il en général tranchant. L'appendice palpiforme des mandibules s'insère à la partie antérieure et interne de leur corps ; il a la forme d'une petite tige composée de trois articles mobiles, dont le premier est extrêmement petit ; il se dirige en dedans, puis en arrière, en suivant le contour du corps de la mandibule.

En arrière de l'appareil buccal on aperçoit à la face inférieure du corps des Brachyures un grand *plastron sternal* (2) qui est formé par la soudure de l'arceau inférieur des divers anneaux thoraciques du tronc. Ce plastron, sur les côtés duquel s'insèrent les pates, s'étend jusqu'à l'origine de l'abdomen, et présente en général la forme d'un ovale tronqué et même échancré postérieurement. Sa largeur est toujours assez considérable, et il ne devient nulle part linéaire. On y distingue toujours quatre sutures transversales qui indiquent le point d'union des cinq derniers anneaux du

____

(1) Pl. 3. fig. 13.
(2) Pl. 3, fig. 2, *j*, et fig. 4.

thorax, et sur la ligne médiane il règne presque toujours aussi une soudure longitudinale qui occupe les deux ou trois derniers anneaux, et correspond à l'origine de l'apodème médian du sternum dont il sera question plus tard. La partie médiane du plastron sternal est plus ou moins concave, et forme souvent une espèce de gouttière longitudinale très-large qui loge l'abdomen. Entre les pates de la troisième paire, on y distingue toujours, chez la femelle, deux petits trous qui sont situés à quelque distance de la ligne médiane et qui sont les ouvertures de l'appareil de la génération. Enfin, chez quelques Brachyures, les ouvertures qui donnent passage aux organes mâles sont également creusées sur le plastron lui-même, près de la base des pates de la cinquième paire, et chez quelques autres où les verges sortent comme d'ordinaire à travers l'article basilaire de ces pates, il existe de chaque côté du plastron un petit canal transversal destiné à loger ces organes.

Les membres qui font suite à l'appareil buccal, et qui constituent les *pates* proprement dites, sont toujours au nombre de cinq paires, et ne présentent jamais ni palpe ni fouet. Ils sont dirigés transversalement en dehors; ceux de la première paire sont toujours préhensiles et terminés par une main didactyle bien formée; en général les pates des quatre paires suivantes sont toutes simplement ambulatoires ou natatoires; elles ne sont jamais didactyles; celles de la dernière paire sont toujours assez développées.

L'abdomen est très-peu développé; sa largeur est tout au plus égale à environ les trois quarts de celle de la carapace (le rostre excepté); son épaisseur n'est égale qu'au cinquième ou même au dixième de celle du thorax, aussi est-il presque lamelleux, et est-il toujours reployé sous le plastron sternal (1). Il se compose essentiellement de sept anneaux, mais souvent un certain nombre d'entre eux s'unissent plus ou moins intimement, et alors cette partie du corps ne présente plus que cinq, quatre ou même trois pièces bien distinctes; ce nombre varie suivant les sexes et les genres, et, dans plusieurs cas, on voit qu'il diffère, même dans les espèces les plus voisines (2). En général, l'abdomen est beaucoup plus large chez les femelles que chez les mâles; chez les premières il est ordinairement de forme ovalaire et chez les derniers plus ou moins triangulaire. Les membres qui s'y insèrent sont également peu développés; l'avant-dernier anneau n'en porte jamais, même à l'état de vestiges, et chez le mâle on n'en voit que sur les deux premiers segmens (3). Ces organes ont toujours la forme de stylets simples et plus ou moins aigus (4); ceux de la première paire sont plus grands que ceux de la seconde, et présentent en général une gouttière destinée à recevoir ces derniers; enfin, leur base est en rapport avec les verges, et ils paraissent servir uniquement à la copulation. Chez les femelles il existe, au contraire, toujours quatre paires de membres abdominaux insérés aux quatre segmens qui suivent le premier anneau (5); ces organes se composent chacun d'une tige longue, grêle et articulée, et d'un appendice flabelliforme à peu près de même longueur qui naît du côté ex-

---

(1) Pl. 3, fig. 2, 5 et 6.
(2) Dans le genre Doclée, par exemple.
(3) Pl. 3, fig. 6.
(4) Pl. 3, fig. 15 et 16.
(5) Pl. 3, fig. 5 et 14.

terne de l'article basilaire de la tige ; l'une et l'autre de ces espèces de branches sont garnies de poils, et leur usage est de maintenir les œufs sous l'abdomen ; jamais ces membres n'ont la forme de fausses pates natatoires.

A l'intérieur, le système tégumentaire des Brachyures présente aussi plusieurs particularités qu'il est essentiel de noter. La voûte des flancs est toujours dirigée très-obliquement en haut et en dedans, de manière à former avec le plastron sternal un angle qui n'excède guères 45 degrés (1). Les cellules situées au-dessous sont dirigées transversalement; les deux rangées qu'elles forment sont superposées, et leur ouverture, qui donne insertion à la pate correspondante, est dirigée en dehors. La cavité viscérale, que les flancs et leurs cellules laissent entre eux, est toujours bornée en arrière par une selle turcique sur laquelle s'insère l'abdomen, et cette espèce de voûte est soutenue par un apodème médian. Enfin, il n'existe jamais de canal sternal proprement dit.

La centralisation du système nerveux ganglionnaire des Brachyures est porté très-loin; ce système consiste toujours en deux masses médullaires seulement, l'une céphalique, et l'autre thoracique (2). Ce dernier, qui se compose de tous les ganglions thoraciques, présente tantôt la forme d'un anneau, tantôt celui d'un disque solide, et tient au premier par le collier œsophagien; enfin, la portion abdominale de cet appareil n'est représentée que par un nerf impair qui naît, comme tous ceux du thorax, du centre médullaire

____

(1) Pl. 2, fig. 9, 10, et Pl. 3, fig. 3.
(2) Pl. 11, fig. 5.

dont nous venons de parler, et qui n'offre aucune trace de renflemens ganglionnaires.

L'appareil digestif de ces Décapodes ne présente aucune particularité très-remarquable : nous rappellerons seulement que les appendices cœcales qui naissent derrière le pylore sont longs et filiformes, que l'appendice situé entre l'intestin grêle et le gros intestin naît à peu de distance de l'estomac (1), et que les deux foies sont souvent réunis par un lobe médian (2).

Le cœur est presque quadrilatère ; et l'artère abdominale, qui naît à l'origine de la sternale, est extrêmement grêle (3). Le système des sinus veineux, situés près de la base des pates, est très-développé ; et, sur la ligne médiane du corps, il n'existe pas de réservoirs semblables (4).

Les branchies ont toujours la forme des pyramides fixées par leur base, et composées d'une double série de lamelles empilées les unes sur les autres (5). On n'en compte jamais plus de neuf de chaque côté du corps, et quelquefois il n'en existe que sept ; une ou deux des premières, fixées aux pates-mâchoires externes, sont toujours rudimentaires et cachées sous les autres (6); mais les cinq ou sept dernières sont très-développées, couchées sur la voûte des flancs, et constamment insérées sur une même ligne ; les trois, quatre ou cinq premiers naissent de l'articulation des membres cor-

---

(1) Pl. 4, fig. 1.
(2) Pl. 4, fig. 5.
(3) Pl. 5, fig. 1.
(4) Pl. 6, fig. 2 et 4.
(5) Pl. 10, fig. 2 et 8.
(6) Pl. 3, fig. 8 et 9, *k*.

respondans ; savoir : un au-dessus de la pate-mâchoire
de la seconde paire, deux au-dessus de la pate-mâchoire externe, et deux au-dessus de la pate thoracique de la première paire. Les deux dernières branchies
naissent au contraire d'une ouverture pratiquée dans
la voûte des flancs (1) et correspondent ordinairement
aux pates de la seconde et de la troisième paire ;
quelquefois il n'existe pas de branchie au-dessus de
la troisième paire de pates ; enfin les deux derniers
anneaux du thorax n'en portent jamais. Le fouet, qui
naît de la pate-mâchoire externe, et celui de la seconde
pate-mâchoire passent entre ces organes et la voûte
des flancs, et l'appendice analogue, appartenant à
la pate-mâchoire de la première paire, se recourbe
sur la face supérieure et externe des branchies ;
mais jamais ces derniers organes ne sont séparés
entre eux par des fouets. Enfin, la cavité respiratoire n'est ouverte qu'à sa partie antérieure ; et la
partie latérale de la carapace vient s'appliquer exactement contre le bord inférieur de la voûte des flancs ;
aussi l'eau ne parvient-elle aux branchies que par
une ouverture spéciale qui se voit en général au
devant de la base des pates de la première paire,
mais qui est quelquefois remplacé par un canal qui
s'ouvre dans le cadre buccal à côté du conduit efférent
du même appareil.

L'appareil de la génération présente, chez les femelles, une disposition particulière qui est très-remarquable, et qui consiste dans l'existence d'une grande
poche copulatrice placée près de l'ouverture de chacun
des oviductes. Ces poches reçoivent les verges du mâle

----

(1) Pl. 3, fig. 3.

pendant la copulation, et servent évidemment comme des réservoirs pour la liqueur destinée à féconder les œufs à fur et à mesure de leur passage vers le dehors. Les vulves, comme nous l'avons déjà dit, occupent toujours le plastron sternal ; elles sont situées sur l'anneau qui porte les pates de la troisième paire, et sont cachées par l'abdomen. Les organes de la génération du mâle viennent en général aboutir à une ouverture creusée dans l'article basilaire des pates de la cinquième paire ; mais dans la famille des Catomètopes, les verges sortent presque toujours par des trous pratiqués sur le plastron sternal lui-même.

La section des Brachyures comprend un très-grand nombre de Crustacés sur la classification desquels les auteurs ne sont pas d'accord. MM. Leach et Desmarest les ont rangé d'après le nombre des pièces distinctes dont l'abdomen se compose, soit chez le mâle, soit chez la femelle. Cette méthode est très-simple et d'une application extrêmement facile ; mais elle a le grand inconvénient d'être tout-à-fait artificielle et d'éloigner souvent les Brachyures qui ont entre eux le plus d'analogie ; il est des cas où, d'après ce système, des espèces appartenant à un même genre naturel seraient dispersées dans des familles différentes ; nous ne pouvons par conséquent l'adopter.

M. Latreille a eu recours à deux méthodes principales pour la distribution des Brachyures ; l'une fondée sur la forme générale du corps et la disposition des pates, l'autre basée sur ces mêmes considérations, ainsi que sur la forme de la bouche et quelques autres caractères. Dans la première de ces classifications, ce célèbre entomologiste divise les Brachyures en sept familles ; savoir : les *Nageurs*, les *Arqués*, les *Quadri-*

latères, les *Orbiculaires*, les *Triangulaires*, les *Crypto-podes* et les *Natopodes*; et, dans la seconde, il réunit les Nageurs aux Arqués, et modifie un peu la composition de ces groupes, ainsi que de celui des Orbiculaires.

Cette dernière classification m'a paru bien plus naturelle que toutes celles qu'on avait proposées jusqu'alors; mais une étude approfondie de la structure des divers Brachyures et de la valeur des caractères employés pour leur distribution méthodique, m'a conduit à en modifier quelques points, et à diviser la section des Brachyures seulement en quatre grandes familles qu'on peut distinguer à l'aide des caractères suivans :

FAMILLE DES OXYRHINQUES.

Orifices génitaux du mâle creusés dans l'article basilaire des pates postérieures et ne se continuant pas avec un canal transversal du sternum. — *Canal afférent* de la cavité branchiale s'ouvrant en arrière des régions ptérygostomiennes. — *Branchies* au nombre de neuf et remplissant presque entièrement la cavité respiratoire. — *Cadre buccal* à peu près quadrilatère, très-large en avant et très-éloigné du front. — *Région antennaire* occupant un espace presque aussi long que le cadre buccal. — *Épistome* très-grand, presque carré. — *Carapace* rétrécie antérieurement; régions branchiales très-développées et occupant presque toute la partie latérale du thorax; régions hépathiques rudimentaires; front avancé et formant en général un rostre très-saillant; orbites dirigées au dehors. — *Abdomen* du mâle occupant tout

l'espace compris entre la base des pates postérieures.
— Quatrième article des *pates - mâchoires* externes
s'insérant le plus ordinairement à l'angle interne de
l'article précédent.

FAMILLE DES CYCLOMÈTOPES.

Orifices génitaux du mâle, *canaux afférens* des
cavités respiratoires, et *branchies* disposées de même
que dans la famille précédente. — *Cadre buccal* très-
large en avant et fort éloigné du front. — *Région
antennaire* n'occupant pas un espace moitié aussi
long que le cadre buccal.—*Épistome* très-court, beaucoup plus large que long, et n'atteignant pas à beaucoup près le niveau du bord inférieur des orbites.
— *Carapace* très-large et régulièrement arquée antérieurement, rétrécie postérieurement ; régions hépatiques très-développées et occupant presque toujours
au moins la moitié de la portion latérale du test ; front
transversal en général peu ou point rabattu ; orbites
dirigées obliquement en haut et en avant.—*Abdomen*
du mâle occupant tout l'espace compris entre la base
des pates postérieures. — Quatrième article des *pates-
mâchoires* externes s'insérant toujours à l'angle interne
de l'article précédent.

FAMILLE DES CATOMÈTOPES.

Orifices génitaux du mâle placés presque toujours
sur le plastron sternal lui - même, ou se continuant
avec une gouttière transversale creusée dans le plastron
et renfermant les verges. — *Canaux afférens* des cavités branchiales et *cadre* buccal disposés comme dans la

famille précédente. — *Branchies* souvent moins nombreuses que dans les familles précédentes, et n'occupant en général qu'une petite portion de la cavité respiratoire. — *Région antennaire* n'ayant en général guères plus du tiers ou du quart de la longueur du cadre buccal. — *Épistome* très-court, presque linéaire et atteignant presque toujours le niveau du bord orbitaire inférieur, avec lequel il semble se continuer. — *Carapace* en général quadrilatère ou ovoïde ; régions hépatiques rudimentaires ; régions branchiales très-développées ; front transversal et ordinairement rabattu ; orbites dirigés en avant ou obliquement en bas. — *Abdomen* du mâle souvent beaucoup moins large que l'epace compris entre la base des pates postérieures. — Quatrième article des *pates - mâchoires* externes s'insérant presque toujours au milieu ou vers l'angle externe du précédent.

FAMILLE DES OXYSTOMES.

Orifices génitaux du mâle occupant l'article basilaire des pates postérieures et ne se continuant pas avec une gouttière sternale. — *Cadre buccal* triangulaire très - étroit en avant et arrivant en général jusqu'auprès du front. — *Canaux afférens* de la respiration s'ouvrant ordinairement au devant de la bouche à côté des canaux efférens. — *Branchies* souvent moins nombreuses que dans les deux premières familles, mais disposées de même. — *Région antennaire* d'une petitesse extrême. — *Épistome* presque toujours rudimentaire. — *Carapace* en général orbiculaire ou arquée en avant ; front peu ou point saillant.

CHAPITRE III.

FAMILLE DES OXYRHINQUES.

Le nom d'Oxyrhinque a été donné par M. Latreille à une grande division de Brachyures renfermant les Maïa, nos Oxystomes et plusieurs de nos Anomoures (1); mais comme la classification dans laquelle on l'employait a été abandonnée depuis long-temps, même par son auteur, nous avons pensé qu'il n'y aurait aucun inconvénient à l'appliquer à la famille dont nous faisons ici l'histoire, et en agissant de la sorte nous avons été dispensés de charger d'un nom nouveau la nomenclature zoologique qui déjà est si vaste.

C'est dans ce groupe naturel que le *système nerveux* présente le degré de centralisation le plus grand que nous ayons rencontré parmi les Crustacés, et c'est principalement pour cette raison que nous le plaçons à la tête de la série formée par ces animaux. En effet, les divers ganglions médullaires du thorax ne constituent plus ici qu'une seule masse solide en forme de disque (2), tandis que chez les autres Décapodes, dont on connaît l'anatomie intérieure, ces mêmes ganglions restent toujours plus ou moins distincts et ne se réunissent que de manière à former un anneau circulaire. Chez plusieurs Oxyrhinques nous avons aussi remarqué que les deux moitiés du *foie*, au lieu d'être complétement

---

(1) *Hist. nat. des Crustacés et des Insectes*, faisant suite à l'édition du Buffon de Sonnini. Paris, an IX.

(2) Pl. 9, fig. 5.

séparées comme chez les autres Décapodes, sont réunies sur la ligne médiane par un lobe impair (1); ce viscère est assez développé et s'étend sur une grande partie de la voûte de la cavité branchiale. Le nombre des *branchies* est toujours de neuf de chaque côté du thorax; sept de ces organes, dont le dernier est inséré au-dessus de la troisième pate, sont très-développés et couchés sur la voûte des flancs, tandis que les deux autres se trouvent réduits à l'état rudimentaire et sont cachés à la base des premiers. Enfin, la voûte de la *cavité respiratoire* est peu élevée, et, dans toute son étendue, presqu'en contact avec la face supérieure des branchies. Du reste, l'organisation intérieure des Oxyrinques ne nous a offert rien de particulier.

Il n'en est pas de même de l'organisation extérieure de ces animaux. La forme générale de leur corps se rapproche en général de celle d'un triangle dont la base serait arrondie et tournée en arrière. La *carapace* est presque toujours très-inégale et hérissée d'épines ou de poils, et notablement plus long que large; les régions (2), à l'exception des hépatiques, sont ordinairement assez distinctes; la stomacale est presque toujours plus longue que large, bien qu'elle occupe toute la largeur de la partie post-orbitaire de la carapace, et elle n'est jamais divisée en deux, sur la ligne médiane, par un prolongement presque linéaire de la région génitale, comme cela se voit chez la plupart des Cyclométopes et des Catomètopes. Cette dernière région est en général peu développée, et confondue plus ou moins

---

(1) Pl. 4, fig. 5.
(2) Pl. 3, fig. 1, et Pl. 14 *bis*, fig. 1 et 2.

complétement avec la stomacale, ou bien tronquée en avant. Les régions hépatiques, comme nous l'avons déjà dit, sont rudimentaires et peu distinctes; mais les branchiales sont très-développées et s'étendent au delà du niveau du bord antérieur du plastron sternal; elles sont bombées, et c'est toujours vers leur milieu que la caparace présente le plus de largeur. Quant aux régions cordiale et intestinale, elles n'offrent rien de particulier. Le front est toujours assez étroit, et en général il s'avance de façon à constituer un *rostre* très-saillant. Les *orbites* sont dirigées plus ou moins obliquement en dehors, et souvent elles sont si petites et si peu en rapport avec la longueur des tiges oculaires, que ces organes ne peuvent s'y reployer; d'autres fois la portion post-foraminaire de ces cavités est assez profonde et s'étend comme d'ordinaire assez loin en dehors pour que les yeux puissent s'y cacher en entier. Les *antennes* de la première paire n'offrent rien de particulier quant à leur forme; mais leur tige mobile est assez développée; elles se reploient presque toujours longitudinalement, et sont logées dans des fossettes également longitudinales et complétement séparées des cavités orbitaires(1). Chez presque tous ces Brachyures le premier article des antennes externes est extrêmement développé et complétement soudé au front et aux parties voisines des régions ptérygostomiennes; il constitue une portion considérable de la paroi inférieure de l'orbite (2), et présente à sa base une ouverture circulaire qui est remplie par un disque calcaire appartenant à l'appareil auditif; les deux arti-

(1) Pl. 3, fig. 2, *f*.
(2) Pl. 3, fig. 2, *d*.

cles suivans sont en général parfaitement libres, et
supportent une tige terminale qui est assez longue.
L'*épistome* est en général presque carré; la *région antennaire*, comme nous l'avons déjà dit, est très-
développée, et le bord du *cadre buccal* qui la termine
postérieurement est presque droit et très - saillant.
Les *régions ptérygostomiennes* sont au contraire peu
étendues, et sont en général assez nettement divisées
en deux portions; l'une correspondante au canal efférent de la cavité respiratoire, et l'autre située au devant
et en dehors de la première (1); enfin la ligne courbe,
qui indique le point de soudure de la pièce dorsale de
la carapace avec les pinces latérales, se termine vers
la base de la troisième pate. Les *pates-mâchoires externes* ne dépassent jamais le bord antérieur du cadre
buccal (2); leur premier article est grand et sert de valvule pour clore l'ouverture qui se voit immédiatement
au devant des pates antérieures et qui conduit dans
la cavité branchiale (3); il supporte à son extrémité interne un palpe et une tige dont les deux premiers articles
sont très-larges et recouvrent le reste de l'appareil buccal, et dont les trois dernières pinces le sont beaucoup
moins (4); quant à la forme générale de ces espèces d'o-
percules, elle varie, mais n'est jamais triangulaire. Les
pates-mâchoires de la seconde paire ne présentent rien
de remarquable; le premier article du palpe de celles
des troisièmes est toujours plus long que la lame cornée

---

(1) Pl. 3¹, fig. 2.

(2) Pl. 15, fig. 2, 10, 12, 14, 16.

(3) Pl. 3, fig. 2, *i*, et fig. 8, *a*.

(4) Pl. 3, fig. 8; *c, d*, deuxième et troisième articles formant
l'opercule buccal; — *e, f, g*, trois derniers articles formant un
appendice palpiforme.

qui représente la portion externe de la tige (1). Les autres appendices de la bouche n'offrent rien de particulier. En général le *plastron sternal* (2) est presque circulaire, et l'espace qui sépare les pates postérieures est peu considérable. L'apodème médian du thorax n'occupe ordinairement que le dernier anneau, la selle turcique postérieure (3) est peu élevée et les apodèmes sternaux, qui séparent les cellules correspondans aux pates-mâchoires externes et aux pates thoraciques des trois premières paires, sont loin de s'étendre jusqu'auprès de la ligne médiane du corps. Les *pates* de la première paire sont en général à peu près de même grandeur des deux côtés du corps, mais offrent des dimensions très-différentes, suivant les espèces et les sexes. Les pates suivantes sont souvent d'une longueur démesurée, et sont presque toujours grêles et cylindriques ; cette disposition est même portée si loin chez quelques Oxyrhinques, qu'elle leur a fait donner le nom d'*Araignées de mer*. Les pates des deux ou trois dernières paires sont quelquefois presque subchéliformes ; jamais ces organes ne prennent la forme de rames natatoires, et en général ceux des trois dernières paires diminuent graduellement de longueur. Enfin, c'est toujours dans l'article basilaire des pates postérieures que sont pratiqués les trous qui livrent passage aux verges, lesquelles se trouvent immédiatement en rapport avec les membres abdominaux, et ne sont jamais logés dans un

---

(1) Pl. 3, fig. 10.
(2) Pl. 3, fig. 2 et 4 : *j*, suture correspondante à l'apodème médian du sternum.
(3) Pl. 3, fig. 3, *c*.

canal transversal du sternum. La disposition de l'*abdomen* varie beaucoup ; tantôt on y voit, dans les deux sexes, sept pièces distinctes ; tantôt celui des femelles n'en présente que six, cinq ou même quatre, tandis que celui des mâles reste composé de sept anneaux séparés ; enfin, d'autres fois encore on ne compte chez ces derniers que six segmens (1). Il est aussi à noter que chez les mâles l'espace compris entre les pates postérieures est entièrement recouvert par l'abdomen. Quant aux appendices de cette partie du corps, ils ne présentent rien de particulier chez les femelles, et chez le mâle, ceux de la première paire sont en général grêles, styliformes, tronqués au bout, presque droits et assez longs, tandis que ceux de la seconde paire sont rudimentaires (2).

Les Oxyrhinques paraissent être tous des Crustacés essentiellement maritimes ; on n'en connaît pas qui vivent dans l'eau douce, ou qui fréquentent les rivages de la mer ; tous habitent à des profondeurs considérables, et on se les procure en général à l'aide des filets traînans, dont les pêcheurs se servent pour prendre diverses espèces de gros poissons. Malgré la longueur souvent excessive de leurs pates, leurs mouvemens sont en général lents, et lorsqu'on les retire de l'eau ils ne tardent pas à périr ; on n'en connaît aucun qui soit nageur.

Jusqu'ici nous ne connaissons aucun Crustacé fossile que l'on puisse regarder, avec quelque certitude comme appartenant à la famille des Oxyrhinques. M. Desmarets rapporte, il est vrai, au genre Inachus,

---

(1) Pl. 15, fig. 3, 8 et 13.
(2) Pl. 3, fig. 6, 15 et 16.

une espèce de Brachyure dont le gisement n'est pas connu; mais des raisons, que nous exposerons plus loin, nous portent à rejeter cette détermination.

La famille des Oxyrhinques renferme un nombre très - considérable de genres, et on peut la diviser en trois tribus caractérisés de la manière suivante.

1. TRIBU DES MACROPODIENS.

Pates grêles et très-longues; celles de la seconde ou troisième paire toujours beaucoup plus longues que les pates antérieures, et plus de deux fois aussi longues que la portion post-frontale de la carapace.

2. TRIBU DES MAÏENS.

Pates de grandeur médiocre; celles de la seconde et de la troisième paire n'ayant jamais deux fois la longueur de la portion post-frontale de la carapace (ordinairement moins d'une fois et demie cette longueur); celles de la première paire souvent plus longues et plus grosses que les suivantes, mais n'ayant jamais plus de deux fois la longueur de la portion post-frontale de la carapace. Article basilaire des *antennes externes* très - développé, constituant la majeure partie de la paroi inférieure de l'orbite, et allant toujours se souder avec le front au devant du canthus interne des yeux.

3. TRIBU DES PARTHÉNOPIENS.

Pates des quatre dernières paires beaucoup plus courtes que les pates antérieures; celles de la deuxième paire ayant en général moins d'une fois et demie la longueur de la portion post-frontale de la carapace; celles de la première paire au contraire très-grosses, et ayant chez le mâle, sinon dans les deux sexes, deux ou trois fois cette longueur. Article basilaire des *antennes externes* presque toujours peu développé, point soudé au front, et ne contribuant que peu ou point à constituer la paroi inférieure de l'orbite.

MACROPODIENS.

Les Crustacés de cette tribu (1) qui correspond à peu près au genre *Macrope*, tel que M. Latreille l'avait d'abord établi (*Hist. nat. des Crustacés*, etc., t. VI, p. 108), sont remarquables par la longueur démesurée de leurs pates; aussi les désigne-t-on souvent par le nom vulgaire d'*Araignées de mer*. La forme de leur *carapace* varie, mais en général elle est triangulaire, et en quelque sorte rejetée en avant; très-souvent elle ne s'étend pas sur le dernier anneau thoracique. Les *pates* antérieures sont courtes et presque toujours très-grêles; celles des paires suivantes sont toujours plus ou moins filiformes; la longueur de celles de la seconde paire égale quelquefois neuf ou dix fois la longueur de la portion post-frontale de la carapace, et excède toujours de beaucoup le double de cette dernière mesure; en général les pates suivantes sont également très-longues. Presque toujours l'article basilaire des *antennes externes* constitue la majeure partie de la paroi inférieure de l'orbite, et va se souder au front (2). Enfin, chez la plupart des Macropodiens, le troisième article des *pates-mâchoires externes* (3) est ovalaire ou triangulaire, plus long que large, et ne

---

(1) Exemple Pl. 15, fig. 15, et Pl. 14 *bis*, fig. 3.
(2) Pl. 15, fig. 14 et 16.
(3) Pl. 15, fig. 14 et 16.

porte pas l'article suivant à son angle antérieur et interne, comme chez les autres Oxyrhinques.

Ces Crustacés vivent ordinairement à d'assez grandes profondeurs dans la mer, et s'y cachent parmi les algues ; on en trouve souvent sur les bancs d'huîtres. Leur démarche et lente est paraît mal assurée. La faiblesse de leurs pinces doit les rendre peu redoutables aux autres animaux marins, et il nous paraît probable qu'ils vivent principalement d'Annelides, de Planaires et de petits Mollusques.

A l'aide des caractères comparatifs présentés dans le tableau suivant, on pourra facilement distinguer entre eux les divers genres qui, dans l'état actuel de la science, composent la tribu des Macropodiens.

TABLEAU

TABLEAU SYNOPTIQUE DES PRINCIPAUX CARACTÈRES GÉNÉRIQUES DES MACROPODIENS.

Genres.

TRIBU des MACROPODIENS.

Troisième article des pates-mâchoires externes ovalaire ou triangulaire, et portant l'article suivant à son sommet ou à son angle externe.

— Yeux non rétractiles, et ne pouvant pas, en général, se reployer en arrière.

— Troisième article des pates mâchoires externes à peu près ovalaire, et plus d'une fois et demie aussi longue que large.

— Pates de la seconde paire notablement plus longues que toutes les autres.

Tige mobile des antennes externes insérée au devant du niveau des yeux, dont le pédoncule est très-court. — STÉNORHYNQUE.

Tige mobile des antennes externes insérée en arrière du niveau des yeux, qui sont portés sur des pédoncules grêles et extrêmement longs. — LATREILLIE.

Pates de la seconde paire notablement plus courtes que les suivantes. — CAMPOSCIE.

— Troisième article des pates-mâchoires externes presque triangulaire, fortement tronqué en avant, guères plus long que large, et portant l'article suivant à son angle externe.

Rostre extrêmement long, et recouvrant l'insertion de la tige mobile des antennes externes, qui a lieu assez loin au devant des yeux ; pédoncules oculaires courts. — LEPTOPODIE.

Rostre médiocrement long, et laissant à découvert, de chaque côté, le point d'insertion de la tige mobile des antennes externes. Tarse des pates des deux dernières paires presque falciforme. — ACHÉE.

Yeux parfaitement rétractiles, pouvant se reployer en arrière, et se loger complétement dans leurs cavités orbitaires. Tarses des quatre dernières paires de pieds styliformes et semblables entre eux; avant-dernier article cylindrique ; pates de la seconde paire trois fois aussi longues que la partie post-frontale de la carapace. — INACHUS.

Troisième article des pates-mâchoires externes presque carré, à peu près aussi large que long, et donnant insertion à l'article suivant par son angle interne.

— Yeux non rétractiles et peu saillans ; carapace triangulaire.

Pates des quatre dernières paires filiformes, cylindriques, et sans élargissement vers le bout. — AMATHIE.

Pates des quatre dernières paires comprimées, ayant leur dernier article élargi en dessous, et presque subchéliforme. — EURYPODE.

— Yeux parfaitement rétractiles; carapace presque circulaire. Pates des quatre dernières paires cylindriques, nullement subchéliformes et point élargies au-dessous.

Pates de la seconde paire ayant plus de six fois la longueur de la portion post-frontale de la carapace. — EGERIE.

Pates de la seconde paire, ayant environ trois fois la longueur de la portion post-frontale de la carapace. — DOCLÉE.

I. GENRE LEPTOPODIE. — *Leptopodia* (1).

Ce genre, établi par M. Leach aux dépens des Inachus de Fabricus et des Macropes de M. Latreille, est très-remarquable par la forme générale du corps et par la longueur excessive des pates ; il présente d'une manière exagérée tous les caractères distinctifs de la famille et de la tribu auxquelles il appartient. La *carapace* est à peu près triangulaire, et ne recouvre pas le dernier anneau du thorax ; le *rostre* est styliforme et d'une longueur démesurée (Pl. 15, fig. 14, *g*) ; les *yeux* sont gros et non rétractiles ; les *antennes internes*, en se reployant, suivent exactement la direction longitudinale du corps. Le premier article des *antennes externes* est très-long, et complétement confondu avec les parties voisines du test ; le second s'insère assez loin au devant des orbites et au-dessous du rostre. *L'épistôme* (*c*) est beaucoup plus long que large. Le troisième article des *pates-mâchoires* (*b*) est presque triangulaire, et porte à son angle externe l'article suivant, qui est assez développé. Le *plastron sternal* est aussi long que large, mais très-rétréci entre les premières *pates* ; ces organes sont très-grêles et extrêmement longs, mais cependant moins que toutes les pates suivantes ; la longueur de celles de la seconde paire égale neuf ou dix fois la longueur de la portion post-frontale de la carapace. Enfin, *l'abdomen* se compose dans les deux sexes de six articles, dont le premier, très-développé et aussi long que large, occupe la face dorsale du corps, et dont la dernière est formée par la

----

(1) *Inachus*. Fabr. Supp. Ent. Syst., p. 359. *Cancer*. Herbst, t. 3, 3e. partie, p. 25. *Maïa*. Bosc, t. 1, p. 253. *Macrope*. Latr. Hist. nat. des Crust., t. 6, p. 108. *Sténorynque*. Lamk. Hist. des an. sans vert., t. 5, p. 236. *Leptopodia*. Leach. Zool. misc. t. 2 ; — Say, Acad. de Philad., t. 1, p 455 ; — Desm., p. 155; Latr. Reg. Anim. 2e. éd., t. 4, p. 64.

soudure du dixième et du septième anneau abdominal.

Le genre Leptopodie paraît appartenir en propre au Nouveau-Monde.

1. LEPTOPODIE SAGITTAIRE. — *Leptopodia sagittaria* (1).

Épines du bord terminal du troisième article des huit dernières pates très-courtes ; pédoncules oculaires parfaitement cylindriques. Rostre presque deux fois aussi long que la portion post-frontale de la carapace (Pl. 15, fig. 14), entier, styliforme et armé de chaque côté d'une série de pointes ; une épine à la face inférieure de l'article basilaire des antennes externes, près de l'insertion des yeux, et une de chaque côté de la carapace à quelque distance en arrière des orbites ; pates armées d'épines, surtout sur le troisième article ; mains finement granulées. Longueur totale du corps (y compris le rostre) deux à trois pouces.

Habite le golfe du Mexique et la mer des Antilles. (Col. du Muséum.)

2. LEPTOPODIE A ÉPERONS. — *Leptopodia calcarata* (2).

Troisième article des huit dernières pates armé à son extrémité de trois épines, dont la médiane, grosse et obtuse, est moitié aussi longue que l'article suivant ; pédoncules oculaires présentant au devant de la cornée une légère éminence spiniforme.

Habite la baie de Charlestown.

------

(1) *Inachus sagittarius.* Fabr. Supp. ent. syst., p. 359. *Cancer seticornis.* Herb. 3, Pl. 55, fig. 2; *Leptopodia sagittaria.* Leach. Zool. mis. t. 2, Pl. 67 ; — Latr. Encyc., Pl. 299, fig. 1. (d'après Leach.). — Desm., Pl. 16, fig. 2. — Guérin. Iconog. Cr., pl. 11, fig. 4.

(2) Say. Journ. de Philad., t. 1, p. 455.

II. GENRE LATREILLIE. — *Latreillia* (1).

M. Roux, de Marseille, a fait connaître, sous le nom de *Latreillie*, un Crustacé très-remarquable qui se trouve dans la Méditerranée, et qui ressemble assez, par la forme générale du corps, à une Leptopodie qui serait privée de son rostre, et qui serait munie de pédoncules oculaires d'une longueur extrême.

La *carapace* est triangulaire, tronquée en avant, et ne recouvre pas le dernier anneau du thorax ; l'*épistome* est beaucoup plus long que large ; le second et le troisième articles des *pates-mâchoires* externes sont très-étroits ; les *pates* sont filiformes et extrêmement longues ; enfin, l'*abdomen* de la femelle ne se compose que de cinq articles, mais on y distingue les sutures des deux autres ; quant à l'abdomen du mâle on ne connaît pas sa structure.

1. LATREILLIE ÉLÉGANTE. — *Latreillia elegans* (2).

Caparace glabre, lisse, front armé en dessus de deux grandes cornes divergentes et d'une épine dirigée en avant entre les antennes ; pates des quatre dernières ayant le troisième article épineux, l'avant-dernier article un peu dilaté en dessous, vers son extrémité, et le tarse très-court ; abdomen armé de six épines, dont deux situées sur la ligne médiane, et quatre près des bords ; longueur environ un pouce ; couleur jaunâtre, une des bandes rouges sur les jambes.

Habite les côtes de Sicile.

———o———

Nous sommes portés à croire que c'est à côté de ce Crustacé qu'il faudrait placer le MAÏA SETICORNIS de Bosc ; cet animal,

---

(1) *Latreillia*. Roux, Crust., 5e. livraison.
(2) Roux, Crust., pl. 22.

qu'on dit habiter aussi la Méditerranée, n'est connu que par
une figure de Slabber (*Obs. Micros.* tab. 18, fig 2), reproduite
par Herbet (pl. 15, fig. 91), par Bosc (t. 1, pl. 7, fig. 2), et
par M. Latreille (*Ency.* pl. 281, fig. 5); Herbst le confond
avec la Leptopodie sagittaire; et, en effet, il est représenté
avec un rostre styliforme très-allongé; mais ce prolongement
ne paraît être qu'une espèce de soie, et pourrait bien ne pas
faire réellement partie de l'animal.

III. GENRE STÉNORYNQUE. — *Stenorynchus* (1).

Ce genre, dont l'établissement est dû à M. Latreille, a
changé plusieurs fois de nom, parce que ceux de *Macrope*
et de *Macropode*, qu'on lui avait d'abord donnés, étaient déjà
employés pour désigner d'autres animaux. Les Macropodiens,
dont il se compose, ont la *carapace* (Pl. 14 *bis*, fig. 3) triangulaire, très-retirée en avant, et ne se prolongeant pas au-dessus
du dernier anneau thoracique. Le *rostre* est avancé, bifide et
aigu ; les *orbites* sont circulaires, et les *yeux*, assez saillans, ne
sont nullement rétractiles. Les *antennes* internes se reploient
longitudinalement, et les fossettes qui les logent ne sont pas
complétement séparées entre elles. Le premier article des antennes externes, confondu avec les parties voisines, est très-
étroit ; le second s'insère sur les côtés du rostre ; et le troisième est beaucoup plus long que le second. L'*épistome* est
plus long que large, et les *régions ptérygostomiennes* rudimentaires ; le *cadre buccal* est également beaucoup plus
long que large ; les *pates-mâchoires externes* sont étroites ;
leur troisième article est ovalaire, et le quatrième est assez

---

(1) *Cancer* Lin. ; — Pennant.— Herb. ; *Inachus* Fabr. ; *Maïa* Bosc ;
Macropus Latr. Hist. nat. des Crust., t. 6, pag. 198 ; *Macropodia*
Leach Edimb. Encyc., t. 7, p. 395, etc. ; — Desm., p. 154.—
Risso, Hist. nat. de l'Europe mérid., t. 5, p. 27. *Sténorynque*,
Lamk. Hist. des an. sans vert., t. 5, p. 236 ; — Latr, R. An.,
2ᵉ. éd., t. 4, p. 64.

long. Le *plastron sternal* est étroit entre les pates antérieures, mais devient ensuite très-large, et présente sur la
ligne médiane une suture qui en occupe le dernier segment.
Les *pates* de la première paire sont plus courtes, mais beaucoup plus grosses que les suivantes; la main qui les termine
est renflée, et les doigts un peu courbés en dedans. Les
pates des quatre dernières paires sont filiformes et extrêmement longues; la longueur de celles de la seconde paire égale
cinq ou six fois la largeur de la carapace; les autres deviennent progressivement plus courtes; leur pénultième article
est un peu dilaté vers le bout, et le dernier est styliforme et
un peu recourbé. Enfin, *l'abdomen* est composé dans les
deux sexes de six articles, dont le dernier est formé par la
soudure du sixième et du septième anneau.

On n'a encore trouvé de Sténorynques que dans la Méditerranée et les autres mers d'Europe. Tous sont de très-
petite taille.

1. STÉNORYNQUE FAUCHEUR. — *Stenorynchus phalān-
gium* (1).

*Rostre n'atteignant pas à beaucoup près l'extrémité
du pédoncule des antennes externes; épistome armé de
chaque côté d'une seule petite épine située près de l'organe auditif;* région stomacale armée de trois pointes, dont
les deux antérieures sont très-écartées entre elles; une épine sur
la région cordiale, deux sur chaque région branchiale, etc.;
troisième article des pates-mâchoires externes sans dentelures
notables sur le bord externe.

Très-commun sur les côtes de la Manche et de l'Océan.
(C. M.)

---

(1) *Cancer phalangium*, Penn., t. 4, pl. 9, fig. 17; *C. rostratus*,
Lin. Fauna Suecica, n°. 2027;— Herb., pl. 16, fig. 90. *Iuachus
phalangium*. Fabr. sup., p. 358: *Macropus phalangium*. Latr. Hist.
nal. des Crust. t. 6, p. 110. *Macropodia phalangium*. Leach, Zool.
mis., t. 2, p. 18; et Malac. pl. 23, fig. 6; — Latr. Encyc., pl. 278,

2. STÉNORYNQUE ÉGYPTIEN. — *Stenorynchus égyptius* (1).

Rostre n'atteignant pas tout-à-fait l'extrémité du pédoncule des antennes externes; épistome armé de chaque côté de deux épines placées l'une au devant de l'autre. La forme générale du corps est beaucoup plus allongée que dans l'espèce précédente ; les deux tubercules antérieurs de la région stomachale se touchent presque, et le bord externe du troisième article des pates - mâchoires externes est armé de deux ou trois épines.

Habite les côtes de l'Égypte et de la Sicile. (C. M.)

3.   STÉNORYNQUE LONGIROSTRE. — *Stenorynchus longirostris* (2).

Rostre dépassant de beaucoup le pédoncule des antennes externes.

Habite la Manche et la Méditerranée. (C. M.)

———

Le CANCER DODECOS de Linné (*Syst. nat. XII.* 2. p. 1046, n°. 38) appartient probablement à ce genre ; mais il serait difficile de déterminer à quelle espèce il faudrait la rapporter, Fabricus le regarde comme étant son *I. longirostris.*

L'ARAIGNÉE DE MER de Rondelet (Poissons, t. II, p. 411) est aussi une Sténorynque.

———

fig. 2 (copiée d'après Pennant), et pl. 298, fig. 6 (d'après Leach); — Desm., pl. 23, fig. 3. — Guérin. Iconogr. Crust., pl. 21, fig. 2.

(1) *Stenorynchus phalangium,* Audouin. Explic. des planches du grand ouvrage sur l'Égypte ; Savigny, *loc. cit.* pl. 6, fig. 6.

(2) *Inachus longirostris.* Fabr. sup. p. 358 ; *Macropus longirostris.* Latr. Hist. nat. des Crust., t. 8, p. 110 ; — *Macropodia tenuirostris.* Leach, Malac, pl. 23, fig. 1—5 ; — Latr. Encyc. pl. 298, fig. 1—5 (d'après Leach) — Desm., p. 154 ; *M. longirostris.* Risso. Hist. nat. de l'Europe mérid., t. 5, p. 27.— Blainville, Faune française, pl. 8, fig. 1.

IV. GENRE ACHÉE. — *Achœus* (1).

M. Leach a désigné sous ce nom de petits Macropodiens qui ressemblent beaucoup aux Sténorynques et aux Inachus, mais qui se distinguent de tous les autres genres de cette famille par la forme des pates postérieures et par quelques autres caractères ; la *carapace* de ces Crustacés, comme celle de la plupart des Macropodiens, ne s'étend pas sur le dernier segment du thorax ; elle est à peu près triangulaire et renflée sur les régions branchiales. Le *rostre* est presque nul ; les *yeux* non rétractiles et portés sur des pédoncules assez longs ; le premier article des *antennes externes* est soudé au front et s'avance au delà du niveau du canthus interne des yeux ; l'insertion du second article se fait sur les côtes du rostre et reste complétement à découvert en dessus. L'*épistome* est à peu près carré ; le troisième article des pates - mâchoires externes est plus long que large et presque triangulaire ; il donne attache à l'article suivant près de son angle antérieur et externe. Le *plastron sternal* se rétrécit brusquement entre les *pates* antérieures, qui sont grêles et courtes ; celles des quatre paires suivantes sont filiformes ; les secondes ont à peu près deux fois et un quart la longueur de la portion post-frontale de la carapace, et se terminent par un article styliforme et tout-à-fait droit ; les pates suivantes sont beaucoup moins longues, et l'article terminal des quatre dernières est grand, comprimé et falciforme. Enfin l'*abdomen* est composé de six articles dans les deux sexes.

Les Achées n'ont encore été rencontrées que dans la Manche.

1. ACHÉE DE CRANCH. — *Achœus cranchii* (2).

Rostre formé de deux petites dents triangulaires, et ne dé-

---

(1) Leach, *Malac*, 16e. liv. — Desm., p. 153. — Latr. *R. anim*, 2e. éd., t. 4, p. 64.

(2) Leach, *Malac*, p. 22 C —; Desm., p. 154.

passant pas le second article des antennes externes ; une épine
sur la face antérieure des pédoncules oculaires ; régions génitale
et cordiale élevées en forme de tubercules ; pates garnies de
quelques poils très-longs , et crochues. Longueur 6 à 8 lignes,
Couleur brune.

Habite la baie de Falmoulth en Angleterre , et l'embouchure
de la Rance , près Saint-Malo. Vit parmi les Algues et les
Huîtres.

V. genre CAMPOSCIE. — *Camposcia* (1).

Dans le genre Camposcie, que M. Latreille a adopté d'a-
près M. Leach, la *carapace* (Pl. 15, fig. 15) est bombée
et presque pyriforme, mais tronquée en avant ; le rostre est
rudimentaire et dépasse à peine le canthus interne des orbites.
Les *yeux* sont portés sur des pédoncules assez longs , recourbés en avant et très-gros à leur base ; ils peuvent se replier
en arrière, mais ils ne sont pas rétractiles, car il n'existe
pas de cavité orbitaire post-foraminaire pour les loger ;
seulement leur extrémité est alors protégée par une épine
de la partie latérale de la carapace. Les *antennes internes*
se reploient un peu obliquement en avant (fig, 16) ; les fossettes qui les logent présentent cela de particulier qu'elles ne
sont pas séparées comme d'ordinaire par une cloison longitudinale et ne forment qu'une seule cavité quadrilatère. Le
premier article des *antennes externes* est long et mince ; il
se prolonge presque aussi loin que le rostre, et porte, à son
extrémité, une tige mobile qui est par conséquent complète-
ment à découvert. L'*épistome* est à peu près carré, et les
pates-mâchoires externes sont très-allongées et ne closent
qu'imparfaitement la bouche. Les *pates* sont grêles et assez
longues ; chez la femelle les premières sont les plus courtes
et ne sont pas plus fortes que les suivantes ; celles de la troi-

---

(1) Latr. *R. anim,* 2ᵉ. éd., t. 4, p. 60.

sième, de la quatrième et de la cinquième paire sont un peu plus longues et se terminent aussi par un ongle cylindrique légèrement recourbé en bas. On ne connaît pas leur forme chez le mâle, et on ignore également la disposition de l'abdomen de ces Crustacés.

Ils habitent les mers de l'Asie.

I. CAMPOSCIE RÉTUSE. — *Camposcia retusa* (1).
(Pl. 15, fig. 15, 16.)

Corps couvert de poils laineux, qui sont les plus longs et les plus abondans sur les pates. Carapace environ une fois et demie aussi longue que large, bombée et présentant des régions assez distinctes; rostre très-large, tronqué et terminé par deux petits tubercules qui dépassent à peine l'extrémité de l'article basiliaire des antennes externes. Une dent assez forte sur la partie latérale de la carapace, à quelque distance en arrière des yeux. Pates de la première paire cylindriques et terminées par une pince faible, légèrement recourbée en dedans, dentelée sur les bords, et points creusés en gouttière. Pates de la troisième paire à peu près deux fois aussi longues que le corps. Couleur brune jaunâtre. Patrie inconnue.

VI. GENRE EURYPODE. — *Eurypodius* (2).

Ce genre, nouvellement fondé par M. Guérin, établit, sous quelques rapports, un passage entre les Macropodiens dont il a déjà été question et certains Maïens, tels que le Halime Oreillard, etc.; en effet, il se rapproche un peu de ces derniers par la forme des pates, et ressemble aux précédens par la longueur de ces organes et par la disposition des yeux. La *carapace* est triangulaire, deux fois aussi longue que large, ar-

---

(1) *Camposcia retusa*. Latr. R. Anim. 2ᵉ. éd., t. 4, p. 60. — Guérin. Iconog. Cr. pl. 9, fig. 1.

(2) Guérin, Mém. du Muséum, t. 16, p. 345 ;— Latr. R. Anim. 2ᵉ. éd., t. 4, p. 583.

rondie postérieurement, étroite en avant, bombée et inégale en dessus ; le *rostre* est formé de deux cornes longues et horizontales ; les *yeux* sont portés sur des pédoncules de longueur médiocre et non rétractiles ; la disposition des *antennes* internes et externes est à peu près la même que dans les genres Sténorynques, Inachus, etc. ; l'*épistome* et plus large que long ; le troisième article des *pates - mâchoires* externes est presque carré, aussi large que long, et profondément échancré à son antérieur et interne, pour donner insertion à l'article suivant. Les *pates* antérieures sont de la longueur du corps chez le mâle et beaucoup plus courtes chez la femelle ; elles sont peu renflées et les doigts sont légèrement recourbés en dedans. Les pates suivantes sont très-longues ; leur troisième article est cylindrique, mais le cinquième est comprimé et dilaté inférieurement ; sa plus grande largeur se trouve au delà du milieu ; le doigt est grand, recourbé, très-aigu et susceptible de se reployer contre le bord inférieur de l'article précédent, en manière de pince subchéliforme ; enfin, la longueur des pates de la seconde paire égale presque deux fois et demie celle de la portion post-frontale de la carapace, et les suivantes diminuent successivement de longueur, mais très-peu. L'*abdomen* se compose dans les deux sexes de sept articles.

Ce genre appartient à la mer des Indes.

1. **EURYPODE DE LATREILLE.** — *Erypodius Latreillia* (1).

Carapace velue, bosselée, tuberculeuse en dessus ; quelques épines sur ses bords latéraux ; cornes du rostre légèrement convergentes ; second article des antennes externes grêle, cylindrique et à peu près de même longueur que le troisième ; pates velues, surtout en dessous. Longueur, trois pouces.

Habite les îles Malouines. (C. M.)

------

(1) Guérin, *Mém. du Museum,* t. 16, Pl. 14, et Iconog. Cr , Pl. 11, fig. 1.

VII. GENRE AMATHIE. — *Amathia* (1).

Le genre Amathie de M. Roux a quelques rapports avec les Péricères de M. Latreille ; leur aspect est le même ; mais leurs antennes externes ne présentent pas la disposition particulière qu'on remarque chez ces derniers, et l'espace que les orbites laissent entre eux n'est guères plus large que la base du rostre, tandis que chez les Péricères elle a plus du double. La *carapace* des Amathies a la forme d'un triangle allongé et à base arrondie ; sa face supérieure et ses bords sont hérissés d'énormes épines ; le rostre, qui se termine par deux grandes cornes divergentes, est presque aussi long que la portion post - orbitaire de la carapace. Les *yeux* sont petits et en partie protégés par une épine qui occupe leur canthus externe, mais, de même que dans les genres précédens, ils ne sont pas rétractiles et restent toujours saillans. Les *antennes externes* ne présentent rien de remarquable ; l'article basilaire des externes est long, très-étroit et soudé au front ; la tige s'insère sous le rostre, à quelque distance au-devant du niveau des yeux, elle est très - grêle, et ses deux premiers articles sont d'égale longueur. L'*épistome* est grand et à peu près aussi long que large ; le troisième article des *pates-mâchoires externes* est dilaté en dehors et tronqué à ses deux angles internes. Les *pates* de la première paire sont plus courtes que les suivantes ; elles sont filiformes chez la femelle et un peu renflées chez le mâle. Les *pates* suivantes sont longues et filiformes ; celles de la seconde paire ont plus de trois fois la longueur de la portion post-orbitaire de la carapace (l'épine postérieure non comprise) ; les autres sont beaucoup plus courtes ; enfin leur article terminal est long, aigu et sans épines ni

---

(1) Roux, *Crust. de la Méditer.*, 5e. livr.

dents à sa face inférieure. L'*abdomen* se compose de sept articles dans les deux sexes.

AMATHIE DE RISSO. — *Amathia Rissoana* (1).

Carapace hérissée de treize énormes épines, dont trois s'élèvent de la région stomacale, une de la cordiale, et les autres occupent le bord de ce bouclier, savoir : une sur la région intestinale, trois de chaque côté sur la région branchiale et une sur chaque région hépatique ; une petite épine devant les yeux et une plus forte aux angles antérieurs du cadre buccal. Pattes couvertes (comme la carapace) d'une sorte de duvet. Longueur environ deux pouces ; couleur jaunâtre avec deux taches, rouge sur le front.

Habite la rade de Toulon. (C. M.)

VIII. GENRE INACHUS. — *Inachus* (2).

Le genre Inachus, tel que Fabricius l'avait établi, comprenait presque tous les Oxyrhinques, les Parthénopiens exceptés ; mais aujourd'hui il a des limites bien plus restreintes et ne renferme plus qu'un petit nombre de Macropodiens. La *carapace* de ces animaux est presque triangulaire, pas beaucoup plus longue que large, et fortement bosselée en dessus. Le *rostre* est très-court ; la disposition des yeux est différente de ce que nous avons vu jusqu'ici, car les pédoncules de ces organes peuvent se replier en arrière, et se loger dans une cavité orbitaire peu profonde, il est vrai, mais bien distincte. Les *antennes* internes ne présentent

---

(1) Roux, *Crust. de la Méditer.*, Pl. 3.

(2) *Cancer.* Penn, Herb., etc. *Inachus.* Fabr. Supp. p. 355 ; — *Maïa.* Lamk. Syst. des an. sans vert. , p. 154 ; — *Macrope.* Latr. Hist. des Crust., t. 6, p. 109 ; *Inachus.* Leach, Edimb. Encyc. , t. 7, p. 431, etc. ; — Latr. R. Anim., t. 3, p. 21 et 2ᵉ édit., t. 4, p. 63, etc. ; — Desm., p. ; — Roux, Crust. de la Méd.. ; *Doclea* Risso, Hist. nat. de l'Europe Mérid. t. 5, p. 28.

rien de remarquable; le premier article des externes va
se souder au front au devant du canthus interne des
yeux, et le second article s'avance sur les côtés du rostre.
L'épistome est un peu plus large que long; le troisième
article des *pates-mâchoires* est au contraire beaucoup
plus long que large; il a à peu près la forme d'un triangle
dont la base serait tournée en avant, et donne attache à
l'article suivant près de son angle antérieur et externe. Le
plastron sternal se rétrécit assez brusquement entre les
pates de la première paire, et sa longueur n'égale pas tout-à-
fait sa plus grande largeur. Les *pates* de la première paire
sont très-petites chez la femelle; chez le mâle elles sont
assez grosses et ont quelquefois jusqu'à trois fois la longueur du corps; les pinces sont toujours pointues et recourbées en dedans. Les pates suivantes sont cylindriques,
grêles et plus ou moins filiformes; celles de la seconde paire,
toujours plus longues que les antérieures, ont trois ou quatre
fois la longueur de la portion post-frontale de la carapace;
les autres diminuent successivement de longueur, et toutes
se terminent par un article cylindrique très-long, pointu et
peu ou point courbé. *L'abdomen* ne se compose que de six
articles distincts.

Les Inachus sont des Crustacés de petite taille qui habitent nos côtes et se tiennent ordinairement dans des eaux
assez profondes; on en trouve souvent sur les bancs
d'huîtres situés dans des lieux abrités. Ils ont tout le corps
couvert de duvet et de poils auxquels s'attachent sou
vent des éponges et des corallines; leur couleur est brunâtre.

A. *Espèce ayant la région stomacale garnie de cinq épines ou tubercules, dont une médiane et postérieure très-forte, et quatre petites placées antérieurement sur une ligne transversale.*

1. INACHUS SCORPION. — *Inachus scorpio* (1).

Rostre large, très-court et profondément échancré au milieu ; carapace armée de quatre épines aiguës, une sur la région stomacale, une sur la cordiale et une sur les branchiales; un tubercule situé de chaque côté, un peu au devant de ces dernières épines : une forte épine entre les fossettes antennaires, et une série de petites pointes sur l'article basilaire des antennes externes. Point de disques calcaires sur le sternum du mâle ; les pates antérieures de ceux - ci sont fort renflées, et deux fois aussi longues que la portion post-frontale du thorax, mais ne dépassent que de peu l'antépénultième article des pates de la seconde paire. Abdomen du mâle presque aussi large que long.

Habite les côtes de la Manche et de l'Océan. (C. M.)

AA. *Espèce dont la région stomacale est armée seulement de trois ou quatre pointes disposées en triangle.*
    B. Pates antérieures du mâle ne dépassant pas l'avant-dernier article des pates de la seconde paire.

2. INACHUS DORINQUE. — *Inachus dorynçhus* (2).

Rostre avancé, hastiforme, divisé par une fissure, mais sans échancrure au bout et se terminant en pointe; cara-

---

(1) *Cancer seorpio*, Fabr. Ent. syst. t. 2, p. 462. *Cancer dorsettensis.* Penn. t. 4, p. 9. A. fig. 18. — *Inachus scorpio.* Fabr. Supp. p. 358; *Macropus scorpio*, Latr. Hist. nat. des Crust. t. 6, p. 109. *Inachus dorsettensis*, Leach, Malac. Pl. 22, fig. 1—6; — Latr. Encyc. méth., Pl. 281, fig. 3 (copiée d'après Pennant), et Pl. 300, fig. 1—6 (copiée d'après Leach); *Inachus scorpio*, Desm., Pl. 24, fig. 1.

(2) Leach, Malac., Pl. 22, fig. 7-8; — Latr., Encyc., Pl. 30, p. 7-8. (copié d'après Leach); Desm., Pl. 24, fig. 2.

pace garnie de tubercules disposés comme les épines de l'Inachus scorpion, si ce n'est qu'on n'en compte que trois sur la région stomacale, et qu'il en existe deux petites près du bord postérieur de la carapace; pates antérieures du mâle courtes, la longueur de la main étant moins grande que la longueur de de la carapace. Femelle inconnue.

Habite les côtes de l'Angleterre.

3. Inachus thoracique. — *Inachus thoracicus* (1).

Rostre court et échancré; région stomacale armée de quatre pointes, savoir : une de chaque côté et deux sur la ligne médiane, dont la postérieure très-grande; une épine sur la région cordiale, et une de chaque côté sur les régions branchiales; enfin, deux près du bord postérieur de la carapace. Sternum du mâle, garni en avant de deux plaques calcaires ovalaires réunies par une pièce médiane. Pates antérieures du mâle grandes, surtout chez l'adulte, mais la longueur de la main ne dépasse pas la largeur de la carapace. Abdomen du mâle aussi large que long. Longueur du corps un pouce.

Habite les côtes de la Méditerranée, et se tient au milieu des algues et des fucus. La femelle pond en avril des œufs rouges qu'elle porte sous l'abdomen jusqu'en juillet.

BB. *Pates antérieures du mâle dépassant l'avant-dernier article des pates de la seconde paire.*

4. Inachus leptorinque. — *Inachus leptorinchus* (2).

Rostre étroit et échancré; carapace armée comme celle de l'Inachus dorynque, si ce n'est qu'il n'y a point de tubercules près de son bord postérieur. Pates antérieures du mâle cylin-

---

(1) Roux, Crust. de la Méditer. Pl. 26 et 27 — Guérin, Iconog. Crust., Pl. 11, fig. 2.

(2) Leach, Malac., Pl. 22. B. — Desm., p. 152.

driques et très-longues ; la longueur de la main égale presque
à une fois et demie la longueur de la carapace ; sternum du
mâle garni en avant d'une petite plaque calcaire, de forme
ovalaire ; abdomen du mâle beaucoup plus long que large.
Femelle inconnue. Grandeur environ un pouce.

Habite les côtes ouest de l'Angleterre.

Le Cancro brachichelo congener, figuré par Aldrovande,
p. 204, appartient évidemment au genre Inachus, mais ne
peut être déterminé spécifiquement. Il en est de même du
Cancre a court bras de Rondelet (liv. 18, chap. 20, p. 408)
et de la Doclea Fabriciana de M. Risso (*Hist. nat. de
l'Eur. mérid.*, t. 5, p. 28), que cet auteur avait d'abord
décrit sous le nom de *Macropus parvirostris* (*Crust. de
Nice*, p. 39, et Blainville, *Faune française*, Pl. 8, fig. 2),
et à laquelle il rapporte les figures précitées d'Aldrovande et de
Rondelet.

IX. genre ÉGÉRIE. — *Egeria* (1).

Les Macropodiens, dont on a formé les genres Leptope et
Égérie, composent un petit groupe facile à distinguer de tous
les précédens par la longueur excessive des pates et par la
forme presque globulaire de la *carapace,* qui est bosselée
en dessus et se prolonge en un *rostre* court, étroit et dirigé très - obliquement en haut et en avant. Les *pédoncules
oculaires* sont très-courts et les *orbites* presque circulaires ;
les *antennes internes* sont dirigées longitudinalement, et
l'article basilaire des *antennes externes*, qui est étroit et se
termine presque en pointe, s'avance beaucoup au delà du

---

(1) *Cancer*. Rumph. Amboin. — *Inachus*. Fabr. Supp. p. 358. —
Macropus. Latr. Hist. nat. des Crust., t. VI. — *Egeria*. Latr. Encyc.
atlas. — Leach, Zool. mis., t. II. — *Leptopus*. Lamk. Hist. des Anim.
sans vert., t. V, p. 235. *Egeria* et *Leptopus*. Desm., p. 156 et 158.
Libinia. Latr. R. Anim. 2e. éd. t. IV, p. 61.

canthus interne des yeux. L'*épistome* est peu développé et le troisième article des *pates-mâchoires* externes à peu près carré et légèrement dilaté à son angle antérieur et externe. Le *plastron sternal* est presque circulaire. Les *pates* sont toutes filiformes chez le mâle aussi bien que chez la femelle ; celles de la première paire ne présentent rien de remarquable ; elles n'ont pas plus d'une fois et demie la longueur de la portion post-frontale de la carapace ; celle de la seconde paire, qui sont les plus longues de toutes, ont au contraire plus de dix fois et celles de la dernière paire plus de six fois cette même longueur. Enfin, l'*abdomen* ne présente chez les femelles que cinq articles distincts ; les trois anneaux qui précèdent ce dernier étant soudés entre eux.

Ces Crustacés habitent les mers d'Asie.

A. *Espèces dont le troisième article des pates-mâchoires externes est profondément échancré à son angle antérieur et externe* (1).

1. ÉGÉRIE ARACHNOIDE. — *Egeria arachnoides* (2).

Rostre extrêmement court (moins long que large). Carapace armée en dessus de longues épines, dont cinq sur la région stomacale, une sur la cordiale, une sur l'intestinale, et deux ou trois sur la branchiale ; rostre avancé et terminé par deux petites cornes ; bords latéraux de la carapace armés de deux à trois épines. Orbites avec trois fissures en dessus et une en dessous. Pates antérieures, filiformes dans les deux sexes ; celles des quatre dernières paires également filiformes et armées d'une petite épine à l'extrémité du troisième article.

---

(1) Cette division correspond au genre *Leptope* de Latreille.

(2) *Cancer arachnoides*. Rumph. Pl. VIII, fig. 4 ; *C. longipes*. Lin. Mus. Lud. Ulr. p. 446 ; — *Inachus longipes*. Fabr. Supp. p. 358 ; — *Macropus longipes*. Latr. Hist. nat. des Crust., t. VI, p. 111 ; *Egeria arachnoïdes*. Latr. Encyc., Pl. 281, fig. 1 (copiée d'après Rumph). *Leptopus longipes*. Lamk. Hist. des Anim. sans vert, t. V, p. 235. — Latr. R. Anim., 2ᵉ éd., t. IV, p. 62.

Corps couvert d'un duvet brunâtre; longueur, environ un pouce.

Habite la côte de Coromandel. (C. M.)

2. ÉGÉRIE DE HERBST.*— *Egeria Herbstii* (1).

Rostre très-développé (environ trois fois aussi long que arge). Du reste, semblable à l'espèce précédente avec laquelle on l'avait jusqu'ici confondue.

Habite les mers d'Asie. (C. M.)

AA. *Espèces dont le troisième article des pates-mâchoires externes n'est pas échancré à son angle antérieur et interne* (2).

6. EGÉRIE INDIENNE. — *Egeria indica* (3).

Cette espèce paraît être si voisine de la précédente, que, si M. Leach n'avait pas dit expressément que le second article de la tige interne des pates-mâchoires externes (c'est-à-dire le troisième article de ces membres), est droit sur le bord interne et proéminent à son angle externe, nous aurions été porté à la regarder comme ne devant pas en être distnguée.

Habite l'Océan indien.

X. GENRE DOCLÉE. — *Doclea* (4).

Les Doclées ont la plus grande analogie avec les Égéries, et établissent le passage entre ces Macropodiens et les Libinies qui appartiennent à la tribu suivante.

---

(1) *C. longipes* Herbst. Pl. 16, fig. 93 — *Leptopus longipes.* Latr. Coll. du Mus. — Guérin. Iconog. Cr. Pl. 10, fig. 3.

(2) Cette division correspond au genre *Egeria* de M. Leach.

(3) *Egeria indica.* Leach, *Zool. mis.*, t. II, Pl. 73 ; — Desm., Pl. 26, fig. 2.

(4) *Inachus.* Fabr. Supp., p 355 ; *Maïa.* Latr. Hist. nat. des Crust.,

Chez ces Crustacés la *carapace* est presque globuleuse, velue et plus ou moins hérissée d'épines ; le *front* est relevé, et les bords latéraux de la carapace, au lieu de venir joindre les orbites, se dirigent vers le bord antérieur du cadre buccal ; le *rostre* est court et très-étroit ; les *orbites* sont dirigées obliquement en avant, et ils logent en entier les yeux qui sont très-petits, et ne présentent aucune trace d'épine à l'angle antérieur de leur bord supérieur, caractère qui les rend faciles à distinguer des Libinies. L'article basilaire des *antennes externes* avance beaucoup au delà du canthus interne des yeux, et se termine presque en pointe sous le front auquel il est intimement uni ; le second article de ces antennes est court et placé près du bord du rostre ; enfin le troisième et le quatrième sont très-petits. *L'épistome* est très-peu développé et beaucoup plus large que long. Le troisième article des pates-mâchoires externes est à peu près carré, légèrement dilaté en dehors, et assez profondément échancré à l'angle interne et antérieur ; le *plastron sternal* est presque circulaire ; les pates antérieures sont faibles et très-petites ; elles n'ont guères plus d'une fois et demie la longueur de la carapace, et la main est presque cylindrique. Les pates suivantes sont au contraire très-longues, sans égaler toutefois celles des Égéries ; elles sont grêles et cylindriques ; l'article qui les termine est long et styliforme ; enfin, celles de la seconde paire ont deux à trois fois la longueur de la portion post-frontale de la carapace, et les suivantes diminuent progressivement. Quant à *l'abdomen*, sa disposition varie : tantôt il ne présente chez la femelle que cinq articles distincts, tantôt on y compte sept segmens comme chez le mâle.

Les Doclées sont des Crustacés de moyenne taille ; toutes les espèces connues habitent les mers des Indes.

---

t. VI. *Doclea.* Leach, Zool. Miscel, t. II, p. 41 ; — Desm., p. 156
Libinia. Latr. R. Anim., 2ᵉ. éd., t. IV, p. 61.

exceptions près, beaucoup plus longue que large, et plus
ou moins triangulaire (Pl. 15, fig. 1, 6, 9, 11, etc.),
Le *rostre* est en général formé de deux cornes allongées.
Le premier article des *antennes internes* est peu développé ; celui des *antennes externes*, au contraire, est
extrêmement grand , et soudé avec les parties voisines
de manière à se confondre presque avec elles ; son bord
externe constitue toujours une portion considérable de
la paroi inférieure de l'orbite , et son extrémité antérieure s'unit au front au devant du niveau du canthus
interne des yeux (Pl. 3 , fig. 2 , *b* , et Pl. 15 , fig. 2¦,
7, 12). Quant à la tige mobile de ces antennes elle
est toujours assez longue. En général, l'*épistome* est
notablement plus large que long , tandis que le cadre
buccal est plus long que large. Le troisième article des
pates-mâchoires externes est aussi large que long, plus
ou moins dilaté du côté externe, et tronqué ou échancré à son angle antérieur et interne, par lequel il s'articule avec le quatrième article qui est très-petit (Pl. 3,
fig. 8 , etc.). Les *pates* antérieures de la femelle ne
sont en général guères plus grosses ni plus longues
que les suivantes ; quelquefois elles sont plus courtes :
il en est de même chez quelques mâles ; mais en général chez ces derniers elles sont plus longues et beaucoup plus grosses que celles de la seconde paire ; leur
longueur égale quelquefois deux fois celle de la carapace, et elles se dirigent obliquement en avant et en
dehors ; la main n'est jamais triangulaire , et le doigt
immobile de la pince n'est pas incliné en bas de manière
à former un angle notable avec le bord inférieur de la
main. Les pates suivantes sont en général de longueur
médiocre ; celles de la seconde paire ont le plus souvent une fois et demie la longueur de la portion post-

Genres.

.rapace
ermant } LIBINIE.

euses;
s assez
nt fer- } HERBSTIE.

rofon-
e infé- } NAXIE.

r paroi
errom- } CHORINE.

frontale de la carapace, et jamais elles n'ont plus de deux fois cette longueur ; celles de la troisième paire n'ont presque jamais plus d'une fois et quart la longueur de la portion post-frontale de la carapace, et les pates suivantes se raccourcissent successivement. Enfin, l'*abdomen* se compose ordinairement de sept articles distincts dans l'un et l'autre sexe, mais quelquefois ce nombre varie dans les différentes espèces d'un même genre.

Nous croyons devoir admettre dans cette tribu 20 divisions génériques, fondées sur les modifications diverses de l'ensemble de l'organisation, mais pouvant être distinguées à l'aide des caractères indiqués dans le tableau ci-joint.

I. genre LIBINIE. — *Libinia* (1).

Le genre Libinie a les plus grands rapports avec les Doclées et les Pises, entre lesquelles il établit un passage presque insensible. En effet, la forme générale du *corps* des
Libinies se rapproche beaucoup de celle des Doclées; de
même que chez ces animaux, la *carapace* est très-bombée
en dessus, en général presque circulaire, et sa portion or-
bito-frontale est placée sensiblement au-dessus du niveau de
ses bords latéraux qui se prolongent vers la bouche plutôt
que vers le canthus externe des yeux. Quelquefois la carapace
se retient davantage dans sa moitié antérieure, s'allonge un
peu, et ressemble assez à celle de certaines Pises (Pl. 14 *bis*,
fig. 2). Le *rostre* est petit, étroit et échancré au milieu; le
front, mesuré entre les orbites, est beaucoup plus étroit que
l'extrémité antérieure du cadre buccal; l'angle antérieur du
bord orbitaire supérieur est saillant, mais ne dépasse jamais l'article basilaire des antennes externes; les *orbites* sont
presque circulaires et dirigées très-obliquement en avant et
en dehors; leur angle externe est formé par une grosse dent
comprimée qui est séparée du reste des parois de cette cavité
par deux fissures, l'une supérieure très-étroite, et une inférieure plus ou moins ouverte. La région stomacale de la *carapace* est peu développée, mais les régions branchiales le sont
beaucoup, et leur bord latéral, qui est armé d'épines et très-
courbe, se dirige vers l'angle antérieur de la bouche. Les *yeux*
sont petits et très-courts; l'article basilaire des *antennes* externes est court, mais très-développé, et présente toujours en avant
assez de largeur, disposition qui se rencontre chez les Pises,
tandis que chez les Doclées le contraire se remarque; le second
article de ces antennes est gros, court, cylindrique et inséré

---

(1) *Libinia*. Leach, Zool. mis. t. II; — Say, Journ. of Philad. t. I,
p. 77. — Desm. p. 161. — Latr. R. Anim. 2ᵉ. éd. t. IV, p. 61.

sur les côtés du rostre à distance à peu près égale de l'orbite
et de la fossette antennaire ; le troisième article est un peu
plus petit que le second , et le quatrième est très-grêle et
très-court. L'*épistome* est très-petit , et toute la *région antennaire* n'a guères plus de la moitié de la longueur du
cadre buccal. Les *pates-mâchoires externes* ont la même
forme que chez les Pises ; il en est de même pour le *plastron sternal.* Les *pates* antérieures sont beaucoup plus
longues que chez les Doclées, mais moins développées
que chez les Pises ; elles sont toujours à peu près de la
grosseur de celles de la seconde paire , et , en général ,
sont beaucoup moins longues , même chez les mâles ; la
main est à peu près cylindrique et peu renflée ; enfin les
pinces sont arrondies ou tranchantes et finement dentelées , et elles se joignent dans presque toute leur longueur, disposition qui est rare chez les Pises. Les pates suivantes ressemblent beaucoup à celles des Pises , seulement
leur dernier article est plus long et n'est jamais armé en
dessous d'épines cornées comme chez la plupart de ces dernières ; leur longueur diminue progressivement, et celles de
la seconde paire n'ont au plus qu'environ une fois et demie
la longueur de la portion post-frontale de la carapace ; en
général , elles sont beaucoup plus courtes, et ce caractère
suffirait à lui seul pour faire distinguer les Libinies des Doclées. Enfin , l'*abdomen* se compose de sept articles dans les
deux sexes.

Le genre Libinie paraît appartenir en propre aux mers
d'Amérique.

§ 1. *Espèces ayant l'angle antérieur et externe de l'article basilaire des antennes externes obtus, et ne se prolongeant pas au delà du niveau de l'interne ; la fente
du bord orbitaire inférieur très-étroite.*

1. Libinie cannelée. — *L. canaliculata* (1).

*Pates de la seconde paire une fois et demie aussi lon-
gues que la carapace, et un peu moins longues que les
pates antérieures du mâle.* Portion post-orbitaire de la carapace circulaire, hérissée en dessus d'un assez grand nombre
de petits tubercules spiniformes, et bordée latéralement par
six ou sept épines assez fortes ; une épine médiane très-courte
sur la région intestinale ; une dépression en forme de losange
au milieu du front ; pates antérieures légèrement granuleuses ;
corps couvert de poils courts et très-serrés. Longueur, environ
deux pouces et demi. (C. M.)

Habite les côtes des États-Unis ; les pêcheurs prennent souvent de ces Crustacés dans leurs filets, mais on ne les mange pas.

2. Libinie douteuse. — *L. dubia*.

*Pates de la seconde paire seulement une fois et quart
aussi longues que la carapace, mais cependant beaucoup
plus longues que celles de la première paire.* Cette espèce
ressemble beaucoup à la précédente, et il ne serait pas impossible
qu'elle n'en fût que le jeune ; cependant la carapace est beaucoup plus pyriforme et moins épineuse en dessus (Pl. 14 *bis*,
fig. 2). Tout le corps est couvert d'un duvet brunâtre, et la
longueur de la carapace est d'environ dix-huit lignes.

Ce Crustacé se trouve sur les côtes des États-Unis. (C. M.)

----

(1) Say, Journ. of Philad. t. I, Pl. 4, fig. 1.

§ 2. *Espèces ayant l'angle antérieur et externe de l'article basilaire des antennes externes spiniforme, et se prolongeant beaucoup au delà du niveau de l'angle interne ; fente du bord orbitaire inférieur très-large.*

3. LIBINIE ÉPINEUSE. — *L. spinosa* (1).

Carapace presque circulaire et hérissée d'une trentaine de grosses épines, dont cinq sur la région stomacale (trois sur la ligne médiane, et deux sur les côtes), trois sur la région cordiale, une sur la région intestinale, deux sur chaque région hépatique, trois sur le bord de la région branchiale, et les autres sur la face supérieure de ces mêmes régions. Une épine médiane sur les deux premiers segmens de l'abdomen du mâle ; pates de la seconde paire ayant une fois et quart la longueur de la caparace, et notablement plus longues que celles de la première paire, même chez le mâle. Corps couvert en entier d'un duvet court et brunâtre. Longueur, environ quatre pouces.

Habite les côtes du Brésil. (C. M.)

La LIBINIE ÉCHANCRÉE (*L. emarginata* Leach. Zool. mis. t. 2, Pl. 108, et Desm. p. 162) paraît être très-voisin de la L. cannelée, et n'en est peut-être que la femelle ; mais la description que M. Leach en a donnée est trop succincte pour que nous puissions avoir une opinion arrêtée à cet égard, ou indiquer des caractères propres à distinguer l'espèce en question des précédentes.

II. GENRE HERBSTIE. — *Herbstia* (2).

Nous dédions à l'infatigable Herbst cette petite division générique, fondée pour recevoir quelques Crustacés qui

---

(1) *L. spinosa.* Édwards, Guérin, Icon. Cr. Pl. 9, fig. 3.
(2) *Cancer.* Herbst.— *Inachus* Fabr. ; *Maïa.* Latr. Hist. nat. des Crust. ; *Mithrax.* Risso, Hist nat. de l'Eur. mérid., t. V.

tiennent pour ainsi dire le milieu entre les Libinies, les Pises et les Mithrax triangulaires. Ces Crustacés ont la *carapace* (Pl. 14 *bis*, fig. 6) plus triangulaire que celle des Libinies; la région stomacale est presque aussi développée que les régions branchiales. Le *rostre* est petit, guères plus long que large, et formé de deux cornes aplaties, pointues et divergentes, dont la base occupe presque toute la largeur du front. Les *orbites* sont ovalaires et dirigées obliquement en avant, en dehors et en haut; leur bord supérieur présente deux petites fissures, et se termine antérieurement par une petite épine moins saillante que celle située au-dessous et appartenant à l'article basilaire des antennes externes; leur bord inférieur est complet et ne présente qu'une petite fissure. Les *yeux* sont gros et rétractiles. La disposition de la *région antennaire*, des *antennes externes*, des *pates-mâchoires*, du *plastron sternal* et des *pates*, est essentiellement la même que dans le genre Pise. Il est seulement à noter que les tarses des quatre dernières pates ne présentent que quelques petites épines cornées placées irrégulièrement.

HERBSTIE NOUEUSE. — H. condyliata (1).

Carapace (Pl. 18 *bis*, fig. 6) environ un quart plus longue que large, arrondie en arrière, rétrécie en avant et hérissée en dessus d'un assez grand nombre d'épines obtuses et peu saillantes; son bord latéro-antérieur armé de quatre à six épines pointues; son bord postérieur surmonté d'une petite crête transversale formée par quatre à cinq épines. Article basilaire des antennes externes étroit antérieurement et armé en dehors de deux épines; deuxième article un peu renflé en avant et guères plus long que le troisième article. Régions ptérygostomiennes très-épineuses

---

(1) *C. Condyliatus.* Herb. Pl. 18, fig. 99 A ; —*Inachus condyliatus.* Fab. Supp. ,p. 356 ; *Maïa condyliata,* Latr. Hist. nat. des Crust. t. VI, p. 95 ; —Risso, Crust. de Nice, p. 42 ; *Mithrax Herbsti,* Risso, Hist. nat. de l'Eur. mérid. t. V, p. 25.

Patos de la première paire du mâle atteignant quelquefois presque deux fois la longueur de la carapace ; bras et carpe trèsépineux ; mains renflées, tuberculeuses en dessus ; pinces dentelées et légèrement creusées en gouttière vers le bout. Pates de la seconde paire une fois et demie aussi longues que la portion post-orbitaire de la caparace ; de même que les suivantes, grêles, cylindriques, armées d'une épine médiocre à l'extrémité du troisième article, et pourvues de quelques pointes cornées à la face inférieure du tarse. Corps couvert d'un duvet rare et fin. Longueur, environ deux pouces ; couleur rougeâtre.

Habite la Méditerranée. (C. M.)

III. GENRE PISE. — *Pisa* (1).

Le genre Pise, établi par M. Leach, se compose d'un certain nombre de Maïens remarquables par leur forme triangulaire et par la longueur de leur rostre (Pl. 14 *bis*, fig. 1). Chez tous ces Crustacés la *carapace* se rétrécit graduellement dans ses trois quarts antérieurs, et ses bords latéro-antérieurs se prolongent obliquement en ligne presque droite jusqu'à une petite distance de son bord postérieur ; ses bords latéropostérieurs sont dirigés presque transversalement, et sa surface est très-bombée ; enfin ses régions sont en général assez distinctes, la stomacale surtout est très-développée. Le front est plus large que le cadre buccal, et armé de quatre cornes dirigées en avant, dont les deux externes occupent l'extrémité antérieure du bord orbitaire supérieur et les deux moyennes forment le *rostre*, qui est toujours au moins une fois et demie aussi long que large. Les *yeux* sont portés sur des pédon-

---

(4) *Cancer*. Penn. Herb., etc. ; *Inachus*. Fabr. Sup. ; *Maïa*. Bosc, t. 1 ; — Latr. Hist. nat. des Crust. t. VI ; — Risso, Crust. de Nice ; *Blastus, Pisa*. Leach, Edimb. Encyc. t. VII: — *Pisa*, Leach, Linn. Trans., t. II, — Desm., p. 145 ; — Latr. R. Anim. 2ᵉ éd., t. IV, p. 58 ; *Pisa, Mithrax* et *Inachus*. Risso, Hist. nat. de l'Europe mérid. t. V, p. 26.

cules très-courts et se reploient en arrière dans les *orbites*, qui sont ovalaires et dirigées directement en dehors et en bas ; le bord supérieur de ces cavités présente deux fentes, séparées entre elles par une dent triangulaire, et leur angle externe est situé plutôt au-dessous qu'au-dessus du bord latéral de la carapace qui vient s'y terminer. En dessous, le bord orbitaire est interrompu par une large échancrure. Les *antennes* internes ne présentent rien de remarquable. L'article basilaire des antennes externes est beaucoup plus long que large ; il n'est que peu rétréci en avant, et dépasse le niveau du canthus interne des yeux, mais est complétement caché en dessus par le prolongement spiniforme du bord orbitaire supérieur ; le second article de ces appendices est grêle et cylindrique, et s'insère à distance à peu près égale de la fossette antennaire et de l'orbite, un peu en dehors du niveau du bord externe du rostre, de façon à se montrer entre ce prolongement et les cornes latérales du front ; le troisième article est petit et cylindrique ; enfin, le quatrième est assez long. La *région antennaire* est à peu près de la grandeur du cadre buccal, et l'*épistome* est grand et presque carré. Le second article des *pates-mâchoires* externes se prolonge du côté interne beaucoup au devant du niveau de son angle externe, et le troisième article, notablement plus long que large et fortement dilaté en dehors, est profondément échancré à son angle antérieur et interne. Le *plastron sternal* est plus long que large. Chez la femelle les *pates* antérieures sont en général à peu près de même longueur que celles de la seconde paire ; mais chez le mâle elles sont notablement plus longues et plus grosses ; la main est renflée, et les doigts tranchans et finement dentelés dans leur moitié terminale. Les pates suivantes sont cylindriques et de longueur médiocre ; celles de la seconde paire ne sont pas beaucoup plus longues que la portion post-frontale de la carapace ; la longueur des autres pates diminue successivement, et chez presque tous ces Crustacés leur dernier article (Pl. 15, fig. 5) est garni en dessous de petites pointes cornées, qui sont placées très-régulièrement sur une ou deux lignes longitudinales, comme les dents d'un peigne. Enfin, *l'abdomen* se compose de sept articles distincts, et tout le corps des Pises est ordinairement couvert de poils; souvent ces poils sont recourbés au bout et accrochent les corps qu'ils touchent; aussi n'est-il pas rare de voir ces animaux couverts d'herbes marines, d'éponges, etc.

Les Pises appartiennent presque toutes aux mers d'Europe, et vivent en général dans des eaux assez profondes; on en prend souvent dans les filets traînans des pêcheurs et à mer basse, lors des marées très-fortes, on en trouve cachées sous des pierres, mais on ne les emploie pas comme aliment.

A. *Espèces dont les pates des quatre dernières paires sont dépourvues de dents spiniformes sur le bord supérieur des troisième et quatrième articles, et dont l'angle antérieur du bord orbitaire supérieur forme une grosse dent spiniforme qui se prolonge beaucoup au delà de l'article basilaire des antennes externes.*

a. *Espèces dont la portion postérieure de la carapace est régulièrement arrondie, et les régions intestinale et cordiale peu saillantes et à peine distinctes.*

1. Pise tétraodon. — *P. tetraodon* (1).

Carapace d'un quart plus long que large (Pl. 14 *bis*, fig. 1), légèrement bosselée en dessus, à régions peu distinctes; ses bords latéraux un peu arrondis et armés de quatre épines

---

(1) *C. héracléotique.* Rondelet. t. 2, p. 403; — Aldrov, 185. *C. pagurus fem.* Jonston Exs. Pl, 5, fig. 13. *Cancer tetraodon.* Penn. t. 4, Pl. 8, fig. 15. *C. prædo,* Herb. Pl. 42, fig. 2. *Maïa tetraodon et M. prædo.* Bosc. t. 1, p. 254 et 256; *Blatus tetraodon.* Leach. Edimb. Encyc. t. 7, p. 431; *Pisa tetraodon.* Leach, Malac. Pl. 20. — Desm. Pl. 22, fig. 1. — Latr. Encyc. t. 10, p. 142; *Maïa hirticorne.* Blainville, Faune, Pl. 9. — Risso, Crust. de Nice, p. 46.

assez fortes ; savoir : une sur la région hépatique et trois, dont la postérieure n'est pas plus grande que les autres, sur la région branchiale ; une petite pointe sur la région intestinale et quelques petits tubercules sur la stomacale. Rostre un peu incliné et formé par des cornes assez grosses, dont la longueur égale à peu près la largeur du front, et dont l'extrémité est fortement courbée en dehors ; épines de l'angle orbitaire antérieur très-grandes et divergeant obliquement en dehors. Troisième et quatrième articles des pates antérieures tuberculeux ; mains renflées et pinces arrondies en dessus ; tarse des pates suivantes armé en dessous d'une rangée de dents spiniformes assez grosses. Corps presque entièrement couvert d'une espèce de duvet et de quelques poils crochus ; longueur, 2 ou 3 pouces ; couleur brunâtre. (C. M.)

Très-commun sur les côtes de la France et de l'Angleterre.

2. PISE CORALLIN. — *P. corallina* (1).

Carapace presque deux fois aussi longue que large, à peine bosselée en dessus ; régions peu distinctes ; bords latéraux armés sur la région branchiale de deux ou trois épines semblables entre elles, et sur la région hépatique d'une petite pointe plus ou moins distincte. Une petite épine sur la région intestinale ; rostre horizontal formé de deux cornes styliformes très grêles, contiguës jusque vers leur extrémité, presque droites, et dont la longueur excède de beaucoup la largeur du front ; épines des angles orbitaires antérieures, grandes et dirigées en avant. Pates presque entièrement lisses ; pinces arrondies en dessus ; tarses armés en dessous de petites dents pointues et de poils raides. Corps parsemé de touffes de poils assez longs et renflés vers le bout ; longueur, environ 15 lignes ; couleur rouge.

Habite les côtes de la Provence. (C. M.)

_____

(1) *Maïa corallina*. Risso, Crust. de Nice, p. 45, Pl. 1, fig. 6. *Inachus corallinus*. Risso, Hist. nat. de l'Europe mérid. t. 5, p. 26.

aa. Espèces dont la portion postérieure de la carapace est triangulaire, et les régions intestinale et cordiale extrémement saillantes.

PISE DE GIBBS. — *P. Gibsii* (1).

Région intestinale surmontée d'un gros tubercule obtus et arrondi. Carapace une fois et demie aussi longue que large, ayant à peu près la forme d'un losange dont le triangle antérieur serait trois fois aussi grand que le postérieur. Régions stomacale, branchiale, cordiale et intestinale très-renflées et séparées par des dépressions profondes ; rostre un peu plus long que le front n'est large, notablement incliné et formé de deux cornes styliformes presque droites et contiguës jusqu'auprès de leur sommet ; dents de l'angle orbitaire antérieur médiocres et dirigées en avant ; bords latéro-antérieurs de la carapace, peu ou point épineux, et se terminant par une grosse dent spiniforme dirigée en dehors ; bords latéraux postérieurs s'étendant du sommet de ces épines latérales au sommet de la région intestinale, en décrivant une courbure dont la convexité est tournée en avant. Second article des antennes externes assez gros, environ une fois et demie aussi long que le suivant, et notablement plus court que la fossette antennaire. Plastron sternal brusquement rétréci entre les pates de la première paire, qui sont légèrement tuberculeuses sur les troisième et quatrième articles. Mains comprimées, mais assez fortes ; doigts mobiles aplatis en dessus et triangulaires. Pates de la seconde paire beaucoup plus longues que les suivantes ; leur troisième article point noduleux et leurs tarses armés en dessous de quelques pointes. Corps entièrement couvert

---

(1) *C. biaculeatus.* Montagu, Lin. Trans. t. 11, Pl. 1, fig. 2 ; *Pisa Gibsii.* Leach, Malac. Pl. 19 ; — Desm. p. 146 ; — Latr. Encyc. Pl. 301, fig. 1 (copiée d'après Leach).

20.

de poils claviformes; couleur rouge brunâtre; longueur, environ 2 pouces.

Habite les côtes de l'Angleterre, et de la France. (C. M.)

PISE ARMÉE. — *P. armata* (1).

Région intestinale se prolongeant en une grosse épine très-aiguë; épines latérales également longues et aiguës; cornes du rostre séparées jusqu'à leur base par une fente assez large, plus divergentes et plus longues que dans l'espèce précédente; second article des antennes externes très-grêle, environ deux fois aussi long que le suivant, et notablement plus long que la fossette antennaire. Du reste, semblable à la Pise de Gibbs.

Habite les côtes de la Provence et de l'Italie. (C. M.)

> B. *Espèces dont les pates des quatre dernières paires sont armées de dents spiniformes sur le bord supérieur de leur troisième article, et dont l'épine terminale de l'article basilaire des antennes externes n'est point dépassé par l'angle du bord orbitaire supérieur.*

5. PISE STYX. — *P. styx* (2).

La forme générale de ce petit Crustacé ne diffère que peu de celle de la Pise tétraodon, seulement la carapace est plus allongée, plus fortement bosselée, et ses bords latéro-antérieurs, au

---

(1) *Cancer longirostris.* Herb. Pl. 16, fig. 92; *Inachus opelio.* Fabr. Sup. p. 356; *Maïa rostrata.* Bosc. t. 1, p. 255. *Maïa armata.* Latr. Hist. nat. des Crust. t. 6, p. 98; —Risso, Crust. de Nice, p. 47; *Pisa armata.* Latr. Encyc. t. 10, p. 143; — Risso, Hist. nat. de l'Europe mérid. t. 5, p. 24. *Inachus musivus.* Otto. Mém. de l'Acad. de Bonn. t. 14, Pl. 20, fig. 11 et 12. *Maïa goutteux.* Blainville, Faune. Pl. 10, fig. 1. (Le genre *Arctopsis*, de Lamarck (syst. p. 155) parait avoir été fondé d'après un individu de cette espèce qui portait des corps étrangers attachés au rostre.)

(2) *Cancer styx.* Herb. Pl. 58, fig. 6; *Pisa styx.* Latr. Encyc., t. 10, p. 141.

lieu d'être armés de grosses épines, ne présentent que quelques pointes à peine saillantes ; enfin le bord orbitaire supérieur ne présente qu'une fissure très-étroite. Les dents spiniformes, dont sont armées les pates de la seconde paire, sont aiguës et assez nombreuses ; sur les pates suivantes elles deviennent plus courtes et plus rares. Longueur, environ dix lignes ; couleur jaune roussâtre.

Habite l'Ile-de-France. (C. M.)

La Pisa nodipes de M. Leach (*Zool. mis.*, t. II, Pl. 78) paraît être très-voisine de P. armée, et peut-être ne devrait pas en être séparée ; d'après M. Leach, elle se distinguerait de la Pise de Gibles, en ce que le rostre est horizontal et le troisième article des pates noduleux à son extrémité. Sa patrie est inconnue.

Le Cancer hirticornis de Herbst (1) appartient également au genre Pise ; la forme de sa carapace est la même que dans la Pise coralline, mais ses pates sont épineuses, comme dans la Pise styx, dont elle se distingue facilement par la longueur de son rostre. Cette espèce, d'après Herbst, habite les Indes orientales, et, d'après M. Risso, la Méditerranée.

Le Cancer plijone du même auteur (Herbst, Pl. 58, fig. 5) me paraît aussi appartenir à ce genre ; il ressemble à la Pise coralline, seulement sa carapace est plus renflée sur les côtés et plus épineuse en dessus ; les cornes du rostre sont plus divergentes et la région intestinale se prolonge en forme de tubercule au-dessus de l'abdomen. Il habite les Indes orientales.

Quant à la Pise de Duméril (2), elle n'est pas décrite avec

---

(1) Herb . Pl. 59, fig. 5. *Inachus herticorne.* Risso. Hist. nat. de l'Europe mérid. t. V, p. 26.

(2) Risso. Hist. nat. de l'Europe mérid. t. V, p. 23. *Maïa Dumerili.* Risso. Crust. de Nice, p. 43.

assez de détail pour que nous puissions avoir à son égard une opinion arrêtée.

IV. GENRE LISSA. — *Lissa* (1).

Le genre Lissa de M. Leach a la plus grande ressemblance avec le genre Pise du même auteur, et n'aurait peut-être pas dû en être séparé. Les caractères distinctifs des Lissas consistent dans la disposition du rostre, qui est formé par deux cornes lamelleuses, tronquées antérieurement, et même plus larges en avant qu'à leur base, et dans l'absence d'épines sous les tarses. Du reste, ces Crustacés diffèrent à peine des Pises. On n'en connaît encore qu'une seule espèce.

10. LISSA GOUTTEUSE. — *L. chiragra* (2).

Carapace presque hexagonale, environ un quart plus longue que large, rétrécie en avant, très-fortement bosselée et noduleuse en dessus; rostre très-large et armé en avant de deux dents dirigées en dehors; angle antérieur du bord orbitaire supérieur, se prolongeant en avant sous la forme d'un gros tubercule arrondi; deuxième article des antennes externes grêle, cylindrique, et deux fois aussi long que le troisième; pates de la première paire petites et tuberculeuses; celles de la seconde paire moins longues que la carapace et fortement noduleuses comme les suivantes. Tronc inerme. Pates garnies de quelques poils en massue. Longueur, environ 2 pouces; couleur rouge intense.

Habite la Méditerranée. (C. M.)

----

(1) *Cancer.* Herb. *Inachus.* Fabr. *Maïa.* Bosc, etc. *Lissa.* Leach. Misc. Zool. — Desm. p. 147. *Pisa.* Latr. Reg. Anim. 2ᵉ. éd. t. IV, p. 58.

(2) *C. chiragra. Herb.* Pl. 17, fig. 96. *Inachus chiragra.* Fabr. Sup. p. 357. *Lissa chiragra.* Leach, Zool. misc. t. 2, Pl. 83. — Desm. p. 147. — Risso, Hist. nat. de l'Europe mérid. **t. V,** *Pisa chiragra.* Latr. Encyc. t. 10, p. 143.

Le Lissa fissirostre de M. Say (*Jour. de l'Acad. de Philadelphie*, t. I, p. 79) paraît avoir beaucoup d'analogie avec la Hyade araignée, mais nous ne pouvons assurer qu'il se rapporte au même genre, car l'auteur note bien que le second article des antennes externes est plus gros que le second, mais ne dit pas s'il est élargi en dehors ou parfaitement cylindrique. Le rostre est déprimé et les pinces ponctuées en dessus et sur leurs trois faces; enfin, il existe sur le corps et les pates un grand nombre de poils assez forts et recourbés qui accrochent les plantes marines, etc. Longueur, un pouce trois quarts, largeur, un pouce et un cinquième. Habite l'Amérique septentrionale.

V. genre HYADE. — *Hyas* (1).

Le genre Hyade de M. Leach est extrêmement voisin du genre Pise, et surtout du genre Herbstie; mais il est facile de le distinguer par la forme du premier article de la tige mobile des *antennes externes*, qui, au lieu d'être cylindrique comme chez presque tous les Oxyrhinques, est aplati et élargi du côté externe. La *carapace* est assez large, surtout antérieurement, peu bombée, et arrondie en arrière; le *rostre*, formé de cornes triangulaires, aplaties et convergentes, est médiocre, et laisse complétement à découvert l'insertion de la tige mobile des antennes externes; le front est large, et les orbites dirigées un peu en avant; leurs bords ne sont pas épineux, et on n'y rencontre en dessus qu'une seule fissure. Le bord externe de l'article basilaire des antennes externes est droit et séparé de la portion externe de l'orbite par une échancrure très-large. Le troisième article des pates-mâchoires externes est peu dilaté en dehors. Enfin, les pates sont disposées comme dans les Pises, si ce n'est que celles

____

(1) *Cancer.* Herb. *Inachus.* Fabr. — *Maïa.* Bosc, etc. *Hyas.* Leach, Malac. — Desm. p. 147. — *Pise.* Latr. Reg. Anim. 2ᵉ. éd. t. **IV**, p. 58.

des quatre dernières paires sont plus longues, et ne présentent pas d'épines à la face inférieure du tarse.

1. HYADE ARAIGNÉE. — *H. aranea* (1).

Carapace n'offrant pas de rétrécissement notable derrière les orbites, resserrée en avant, arrondie en arrière, à régions peu distinctes et tuberculeuses en dessus ; angles orbitaires externes comprimés et très-gros, mais ne se prolongeant pas au delà du niveau de la portion voisine du bord de la carapace ; pates de la première paire plus grosses, mais un peu plus courtes que les suivantes, armées de quelques tubercules ; pates de la seconde paire presque deux fois aussi longues que la portion post-frontale de la carapace, cylindriques comme les suivantes ; corps inerme. Longueur, environ 3 pouces ; couleur jaune rougeâtre.

Habite les côtes d'Angleterre et de la France. (C. M.)

2. HYADE CONTRACTÉE. — *H. coarctata* (2).

Carapace fortement resserrée derrière les angles orbitaires externes, qui sont très-grands, comprimés en forme d'oreille, et beaucoup plus saillans que la partie voisine du bord latéral de la carapace. Carapace très-large en avant, arrondie postérieurement et verruqueuse en dessus ; pates antérieures médiocres ; les suivantes un peu moins longues que chez la H. araignée. Corps inerme. Longueur, environ 2 pouces ; couleur jaunâtre.

Habite les côtes de la Manche. (C. M.)

---

(1) *C. araneus.* Linn. Mus. Lud. Ulr. p. 439 ; —Penn. op. cit. t. 4, Pl. 9, fig. 16 ; *C. buffo*, Herb. Pl. 17, fig. 95. *Inachus araneus.* Fabr. Sup. p. 356. *Hyas araneus.* Leach, Malac. Pl. 21, a ; — Desm. p 148. — Latr. Encyc. Pl. 278, fig. 3 (copiée d'après Pennant).

(2) *Hyas coarctata.* Leach, Malac. Pl. 21, b. —Desm. p. 148.

VI. genre NAXIE. — *Naxia*.

Cette petite division générique établit le passage entre les
Lissas et les Chorines de M. Leach. La forme générale du
corps est ici la même que chez les Pises et les Lissa, et la
disposition du rostre a beaucoup d'analogie avec celle qui est
propre à ces dernières; mais les Naxies se distinguent des
genres précédens par la disposition des antennes et des orbites. La *carapace* de ces Crustacés est presque pyriforme,
et le *rostre*, quoiqu'il ne soit pas lamelleux, ressemble beaucoup à celui des Lissa. Les *orbites* sont très-petites, presque
circulaires, profondes, et marquées d'une fissure en dessus
et en dessous, mais sans hiatus à leur bord inférieur. L'article basilaire des *antennes externes* est grand, mais étroit
en avant, très-avancé et complétement caché par le rostre
et par l'angle antérieur du bord orbitaire supérieur; enfin,
la tige mobile de ces appendices s'insère sous le rostre, tout
près de la fossette antennaire et non au delà du niveau
du bord externe de ce prolongement comme chez les Pises;
l'*épistome* est très-grand. Du reste, ces Crustacés ne présentent rien de remarquable.

11. Naxie serpulifère. — *N. serpulifera* (1).

Carapace fortement bosselée et tuberculeuse en dessus, arrondie postérieurement, et très-rétrécie en avant. Rostre grand
et formé de deux cornes cylindriques, tronquées au bout, et
terminées chacune par deux grosses dents spiniformes. Angle
antérieur du bord orbitaire supérieur occupé par une grosse
dent triangulaire; une dent semblable sur chacune des régions
ptérygostomiennes et branchiales; le deuxième article des antennes externes grêle, cylindriques et une fois et demie aussi
long que le troisième. Pates de la première paire du mâle plus
grosses et aussi longues que celles de la seconde paire, qui ont

---

(1) *Pisa serpulifera* Edwards ; Guérin, Cr. Icon. Pl. 8, fig. 2.

elles-mêmes environ une fois et demie la longueur des suivantes ;
chez la femelle , au contraire , les pates antérieures sont notablement plus courtes que celles de la seconde paire, et ces dernières ne sont guères plus longues que celles de la troisième
paire. Tarses sans dentelures en dessous. Longueur , environ
4 pouces ; corps couvert d'un duvet brunâtre , et carapace souvent incrustée de flustres, de serpules, d'éponges , etc.

Habite la Nouvelle-Hollande. (C. M.)

VII. Genre **CHORINE**. — *Chorinus* (1).

M. Leach a donné ce nom à des Crustacés qui ressemblent
extrêmement aux Pises, mais qui sont remarquables par la
grande disproportion qui existe ordinairement chez le mâle
entre les pates de la seconde et de la troisième paires , et par
la position de la tige mobile de leurs antennes externes. La
carapace des Chorines est plus longue et plus étroite que
celle de presque tous les Maïens ; mais sa forme générale diffère peu de celle de quelques Pises. Le *rostre* est formé de
deux grosses cornes pointues et horizontales· Les yeux sont
rétractiles, et les *orbites* sont dirigées en dehors et en bas ;
mais la paroi inférieure de ces cavités est très - incomplète.
L'article basilaire des *antennes externes* est étroit et sans
épines notables à son extrémité ; la tige mobile de ces appendices s'insère sous le rostre, et est en grande partie cachée
par lui. L'*épistome*, les *pates-mâchoires*, le *plastron sternal*
et l'*abdomen* sont disposés à peu près comme dans le genre
Pise. Les *pates* antérieures sont plus longues, surtout chez
les mâles , et la pince qui les termine est assez fortement
courbée en dedans , dentelée et pointue , mais un peu creusée en gouttière. Les pates suivantes sont cylindriques ; celles
des trois dernières paires sont de longueur médiocre, mais
les secondes sont très-longues ; chez le mâle , elles sont en général une fois et demie ou même près de deux fois aussi longues que celles de la troisième paire.

---

(1) *Cancer.* Herb, *Pisa.* Latr. etc. *Chorinus* Leach.

A. *Espèces ayant le bord orbitaire supérieur à peine marqué, et formé par trois épines dont une antérieure très-grande et deux postérieures rudimentaires.*

1. CHORINE HÉROS. — *C. heros* (1).

Carapace presque deux fois aussi longue que large et convexe en dessus; région stomacale très-grande, renflée et tuberculeuse dans sa moitié antérieure; régions branchiales peu développées et presque entièrement lisses. Rostre très-allongé; angle antérieur et supérieur de l'orbite surmonté d'une grande épine horizontale; bords latéro-antérieurs armés en avant de deux dents arrondies. Pates antérieures du mâle deux fois aussi longues que la portion post-frontale de la carapace, cylindriques et avec les doigts fortement recourbés en dedans; celles de la seconde paire une fois et demie aussi longues que la portion post-frontale de la carapace, et deux fois aussi longues que celles de la troisième paire; tarses armés en dessous d'une rangée de petites pointes cornées. Longueur, 2 à 3 pouces; rostre, côtes de la carapace et pates des quatre dernières paires garnies de poils; couleur jaune rougeâtre.

Habite les Antilles. (C. M.)

B. *Espèces ayant le bord orbitaire supérieur lamelleux et avancé.*

2. CHORINE BELIER. — *C. aries* (2).

Carapace presque pyriforme, lisse et armée de quatre épines courtes et grosses; savoir : deux sur la région

---

(1) *Cancer heros. Herb.* Pl. 42, fig. 1 ; *Maïa heros.* Bosc. t. 1, p. 251. *Pisa heros.* Latr. Encyc. t. 10, p. 139 ; *Chorinus heros.* Leach, Latr. *loc. cit.*

(2) *Pisa aries.* Latr. Encyc. t. X, p. 140.

stomacale et une sur chaque région branchiale; cornes du rostre dirigées en avant; bord supérieur de l'orbite obtus à son angle antérieur et présentant une seule fente; son bord inférieur peu saillant et marqué d'une fissure. Pates de la première paire du mâle grosses, mais moins longues que celles de la seconde paire, qui ont environ une fois et demie la longueur des suivantes; toutes sont cylindriques, dépourvues d'épines, et ont les tarses lisses. Corps couvert de poils courts, serrés et crochus; longueur, environ 3 pouces.

Habite la côte de Coromandel. (C. M.)

3. Chorine hérissée. — *C. aculeata.*

Carapace armée de cinq épines très-longues sur la ligne médiane, et de deux sur chaque région branchiale; cornes du rostre fortement recourbées en dehors; bord orbitaire supérieur armé d'une forte épine à son angle antérieur, et présentant deux fentes séparées par une dent triangulaire; bord inférieur de l'orbite presque nul, et son angle externe affectant la forme d'une forte dent aplatie; pates de la première paire armées en dessus d'une crête tranchante sur le quatrième article et dentelée sur le troisième; pates suivantes cylindriques et garnies d'une forte épine à l'extrémité des troisième et quatrième articles; celles de la seconde paire guères plus longues que les suivantes; tarses lisses en dessous; corps légèrement pubescent; longueur, environ 2 pouces.

Habite les mers d'Asie. (C.M.)

4. Chorine de Duméril. — *C. Dumerilii.*

Carapace lisse en dessus et sans épines notables. Bord orbitaire supérieur armé en avant d'une forte épine, et divisé en arrière par une fissure. Une forte épine à l'extrémité de l'article basilaire des antennes externes. Longueur, 6 lignes.

Trouvée à l'île de Vanicoro par MM. Quoi et Gaimard.

VIII. genre MITHRAX. — *Mitrax* (1).

Le genre Mithrax établit quelques liaisons entre les Oxirhynques et certains Crustacés de la famille suivante ; car on y range des Maïens dont la carapace est notablement plus large que longue, le rostre à peine distinct, les bords latéro-antérieurs arqués et les bords latéro-postérieurs obliques, dispositions qui constitue un des traits caractéristiques de plusieurs Cyclométopes ; mais le plus ordinairement la forme générale des Mithrax s'éloigne moins de celle des autres genres de la même tribu. La *carapace* de ces Crustacés (Pl. 15, fig. 2) est toujours très-peu bombée en dessus et assez fortement rétrécie en avant; la disposition de ses diverses régions est du reste la même que chez les autres Oxirhynques. Le *rostre* est bifide, en général très-court, et séparé du canthus interne des yeux par un espace assez considérable; les *orbites* sont presque toujours armées de deux ou trois épines à leur bord supérieur , d'une à leur angle externe et d'une ou deux à leur bord inférieur. Les bords latéro-antérieurs de la caparace sont épineux ou du moins dentés. Les *antennes* internes se reploient un peu obliquement en dehors, et la portion frontale de la cloison qui les sépare est armée d'une épine recourbée en avant (Pl. 15, fig. 2). L'article basilaire des antennes externes est grand et presque toujours armé en avant de deux fortes épines. Le second article de ces appendices est au contraire grêle et cylindrique ; il s'insère sur les côtes du rostre, plus près de la fossette antennaire que de l'orbite ; le troisième article est presque aussi gros et aussi long que le deuxième; enfin la tige terminale et articulée est en général assez courte.

---

(1) *Cancer.* Herb., etc. *Maia.* Bosc. t. I; — Latr. Hist. nat. des Crust. t, VI ; — Lamk. Histoire des A. sans vert, t. V, p. 241; *Mithrax.* Leach; — Latr. Reg. anim. 2ᵉ. éd., t. IV, p. 57 ; Desm. p. 149. Edwards Magasin zoologique. 1831.

Les *pates-mâchoires* externes ne présentent rien de remarquable ; le *plastron sternal* est presque circulaire. Les *pates* antérieures sont en général, chez le mâle, beaucoup plus longues et plus grosses que celles de la seconde paire ; elles ont quelquefois le double de la longueur et de la portion post-frontale de la carapace, et la main qui les termine est presque toujours forte et renflée ; enfin les pinces sont écartées à leur base, élargies au bout, profondément creusées en cuillère et terminées par un bord tranchant semi-circulaire. Les pates de la seconde paire ont environ une fois et quart la longueur de la portion post-frontale de la carapace, et les suivantes se raccourcissent graduellement ; les tarses sont courts, crochus et souvent armés de quelques pointes à leur face inférieure ; enfin l'abdomen est en général formé de sept articles distincts dans les deux sexes ; mais quelquefois on n'en voit chez les femelles, pendant le jeune âge, que quatre, les second, troisième, quatrième et cinquième segmens étant soudés entre eux.

Les Mithrax appartiennent pour la plupart aux mers d'Amérique, et quelques-uns d'entre eux parviennent à une grosseur très-considérable. On peut établir dans ce genre trois subdivisions basées sur les caractères suivans :

A. Bord supérieur de l'orbite armé de fortes épines.
   a. Pates des quatre dernières paires non épineuses.

      1er. sous-genre. *Mithrax triangulaires*.

   aa. Pates des quatre dernières paires hérissées d'épines.

      2e. sous-genre. *Mithrax transversaux*.

B. Bord supérieur de l'orbite dépourvu d'épines.

      3e. sous-genre. *Mitrax déprimés*.

1er. sous-genre. MITHRAX TRIANGULAIRES.

Dans les espèces qui composent ce premier groupe naturel, la forme générale du corps (Pl. 15, fig. 1) se rapproche beau-

coup de celle des Herbsties; la carapace est au moins une fois
et un quart aussi longue que large, triangulaire dans ses deux
tiers antérieurs, arrondie postérieurement, et armée d'un rostre
formé de deux cornes assez grosses et bidentées; le bord orbitaire inférieur n'est pas épineux (Pl. 15, fig. 2), mais les
côtes de la carapace sont garnies d'épines très-fortes; enfin,
les pates antérieures sont moins longues et moins fortes que
chez les autres Mithrax, et les tarses ne sont ni dentées ni
épineuses en dessous (fig. 4).

1. MITHRAX DICOTOME. — *M. dicotomus* (1).
(Pl. 15, fig. 1-4.)

*Carapace granuleuse et sans épines en dessus; cornes
du rostre très-divergentes, guères plus longues que larges, et terminées par deux dents presque égales;* bord
supérieur de l'orbite armé de deux épines triangulaires; bords
latéraux de la carapace armés de sept grosses dents spiniformes,
dont une formant l'ongle orbitaire externe, et cinq situées sur
la région branchiale; deux petites pointes sur le bord postérieur
de la carapace. Fossettes antennaires très-larges en avant, sans
tubercule saillant sur leur bord postérieur. Bord orbitaire inférieur parfaitement lisse. Pates antérieures médiocres, hérissées de pointes sur les troisième et quatrième articles; la main,
chez la femelle, aussi grosse que le bras; pinces faibles; pates
suivantes munies d'une petite dent à l'extrémité du troisième
article, et garnies de poils crochus. Couleur jaunâtre. Grandeur, 2 pouces.

Habite les côtes des îles Baléares. (C. M.)

2. MITHRAX DAIN. — *M. dama* (2).

Carapace granuleuse et sans épines en dessus; cornes

---

(1) Latr. Desm. p. 150. — Edw. Mag. Entom 1831. cl. 7, pl. 1
(2) *Cancer dama*, Herb. pl. 59, fig. 5. — *Mithrax dama.* Edw.
loc. cit.

du rostre très-divergentes, plus de trois fois aussi longues que larges, et armées de trois dents spiniformes, dont une terminale et deux externes. Du reste, cette espèce ne paraît guères différer de la précédente; seulement elle est plus grande.

Patrie inconnue.

3. MITHRAX RUDE. — *M. asper* (1).

Carapace granuleuse hérissée de petites pointes en dessus; cornes du rostre deux fois aussi longues que larges, terminées par une grosse épine aiguë, et armées en dehors d'une seconde épine beaucoup plus petite. Une petite dent triangulaire au milieu du bord orbitaire inférieur. Du reste, ne diffère que peu du Mithrax dicotome.

Patrie inconnue. (C. M.)

2e. sous-genre. MITHRAX TRANSVERSAUX.

Dans ce groupe, caractérisé comme nous l'avons déjà dit, la carapace est presque aussi large, ou même plus large que longue; mais cependant elle est toujours notablement rétrécie en avant. Le rostre est formé de deux petites cornes spiniformes, en dehors desquelles on remarque d'autres épines presque aussi fortes, appartenant à l'article basilaire des antennes externes ou à l'angle orbitaire antérieur. Les bords latéraux de la carapace divergent beaucoup, et sont armés de fortes épines souvent bifurquées. Enfin la grosseur des pates antérieures varie suivant l'âge et les sexes, mais les pinces sont toujours très-fortes chez le mâle adulte. Toutes les espèces de ce groupe appartiennent aux mers des Antilles.

---

(1) Edw. *loc. cit.*

4. MITHRAX TRÈS-ÉPINEUX. — *M. spinosissimus* (1).

Bord supérieur de la main armé de tubercules spini-formes ; carapace couverte d'épines plus ou moins allongées, mais lisse dans l'espace que ces pointes laissent entre elles, et garnie, ainsi que les pates, d'une multitude de poils raides ; par les progrès de l'âge, une partie de ces épines disparaissent presque entièrement. Rostre formé de deux épines très-écartées entre elles, mais dirigées en avant ; bord orbitaire supérieur armé de trois ou quatre épines, dont l'antérieure est très-forte et se dirige en avant ; bords latéro-antérieurs de la carapace armés chacun de cinq ou six grosses épines, dont les deux premières sont bifurquées. Article basilaire des antennes externes terminé par deux épines, dont l'interne est très-longue ; troisième article de ces appendices très-court. Pates très-épineuses. Atteint 4 à 5 pouces de long.

Habite les Antilles. (C. M.)

5. MITHRAX AIGUILLONNÉ. — *M. aculeatus* (2).

Bord supérieur des mains armé comme dans l'espèce précédente ; carapace ayant un aspect framboisé, due à une foule de petites granulations circulaires et aplaties placées entre les épines. Très-voisine de la précédente, mais s'en distinguant aussi par des proportions différentes. Taille de 4 à 5 pouces.

Habite les Antilles. (C. M.)

6. MITHRAX VERRUQUEUX. — *M. verrucosus* (1).

Bord supérieur des mains parfaitement lisse ; carapace

---

(1) *Congrejo denton*, Parra. Desc. de differ. piezas de Hist. nat. Pl. 51, fig. 1.—*Maia spinosissima*, Lamk. Hist. nat. des A. sans vert. t. V, p. 241. — *Mithrax spinosissimus*. Edw. loc. cit. Pl. 2 et 3.

(2) *Cancer aculeatus*. Herb. Pl. 19, fig. 104. *Mithrax aculeatus*. Edw. loc. cit.

(3) *Crangrejo Santoya?* Parra op. cit. tab. 44.—*Mithrax verrucosus*. Edw. loc. cit. Pl. 4.

couverte de granulations. Rostre dépassant à peine les épines terminales de l'article basilaire des antennes externes ; pinces armées de huit à dix petites dents marginales et d'un bouquet de poils noirs inséré au fond de la cuillère formée par l'excavation de leur bord préhensile ; à peine quelques traces d'épines à la face inférieure des tarses des autres pates. Taille, environ 2 pouces.

Habite les Antilles. (**C. M.**)

7. Mithrax hispide. — *M. hispidus* (1).

Bord supérieur des mains lisse ; carapace non verruqueuse, mais armée de quelques épines. Rostre ne dépassant pas l'article basilaire des antennes externes, qui n'est armé que de deux épines ; troisième article de ces antennes notablement plus long que le second. Environ vingt dentelures sur le bord des pinces ; point de bouquet de poils dans la cuillère. Une rangée de petites pointes sous le tarse des pates des quatre dernières paires.

Habite les Antilles. (**C. M.**)

3e. sous-genre. Mithrax déprimé.

Dans cette subdivision, la carapace est encore plus large que dans les groupes précédens.

8. Mithrax sculpté. — *M. sculptus* (2).

Carapace couverte de petites bosselures lisses. Rostre formé de deux petites dents arrondies, et n'occupant qu'environ le

---

(1) *C. Hispidus.* Herb. Pl. 18, fig. 100. — *Maia spinicincta.* Lamk. Hist. nat. des A. sans vert. t. V, p. 241.—*Mithrax spinicinctus.* Desm. p. 150, Pl. 23, fig. 1 et 2. — *Mithrax hispidus.* Edw. loc. cit. — Guerin. Icon. Cr. Pl. 7, fig. 5. ?

(2) *C. rugosus.* Petiver. Petrigr. amer. tab. 20, fig. 6. — Seba. t. III, Pl. 19, fig. 22. — *Maia sculpta.* Lamk. Hist. des A. sans vert. t. V, p. 242.— *Mithrax sculptus.* Edw. loc. cit. Pl. 5.

tiers de la largeur du front; bord latéro-antérieur de la carapace comme festonné, garni de quatre à cinq tubercules arrondis. Carpe et mains parfaitement lisses; point de dentelures à l'extrémité des pinces; pates des quatre dernières paires très-épineuses en dessus et très-poilues. Taille, environ 10 lignes.

Habite les Antilles. (C. M.)

———

Le CANCER SPINIPES de Herbest (Pl. 19, fig. 94) paraît être très-voisine du Mithrax hispide, mais en diffère par l'existence de tubercules assez nombreux sur la face interne des mains.

Le CANCER HIRIUS de Fabricius (Ent. syst. tome II, page 58, etc.) pourrait bien être l'une des espèces de Mithrax transversales décrites ci-dessus.

IX. GENRE PARAMITHRAX. — *Paramithrax.*

Ces Crustacés établissent le passage entre les Mithrax et les Maïas. La forme générale de leur carapace se rapproche beaucoup de celles des Mithrax triangulaires. Le *rostre* est formé de deux grosses cornes et notablement moins large que le front, qui à son tour a presque autant d'étendue que le cadre buccal. Les *orbites* sont ovalaires; leur bord supérieur arqué en avant comme chez les Maïas, présente postérieurement trois fortes épines séparées par deux échancrures plus ou moins profondes; leur bord inférieur est largement échancré ou incomplet. Les *Yeux* sont rétractils, à pédoncules grêles, assez longues et un peu courbées comme dans les Maïas. La région antennaire et les fossettes antennaires sont semblables à celles des Maïas. L'article basilaire des *antennes externes* est grand et armé d'épines, dont une (l'externe) s'avance en général au delà du bord du front, et sépare l'orbite de l'insertion de la tige mobile qui n'est pas recouvert par le front. *Pates-mâchoires externes* et *sternum* à peu près comme chez

21.

les Maïas. *Pates* antérieures de force médiocre, et terminées par des pinces pointues et arrondies qui ne pressent pas de dentelures comme chez les Pises et ne sont pas creusées en cuillère comme chez les Mithrax. Les pates suivantes sont cylindriques, peu ou point épineuses, et de longueur variable suivant les espèces; on n'y trouve pas de petites pointes cornées à la place inférieure du dernier article comme chez la plupart des Mithrax.

Ces Crustacés appartiennent à l'Australasie.

§ A. *Espèces ayant les orbites très-incomplètes en dessous, et dont les yeux n'arrivent pas à beaucoup près jusqu'à l'angle externe de ces cavités.*

1. PARAMITHRAX DU PÉRON.— *P. Peronii.*

Carapace tuberculeuse et épineuse en dessus; régions hépatiques plus renflées que chez la plupart des Maïens; front de largeur médiocre; épine formant l'angle orbitaire externe très-saillante, et suivie d'une série de cinq à six épines plus ou moins fortes. Article basilaire des antennes externes peu élargi en avant, et portant à son angle externe une épine qui ne dépasse que de très-peu le bord orbitaire. Pates antérieures du mâle longues et garnies en dessus d'une crête tranchante sur l'antépénultième article.

Habite l'Océan indien. (C. M.)

2. PARAMITHRAX BARBICORNE. — *P. barbicornis* (1).

Carapace assez lisse en dessus, ayant seulement quelques petites épines marginales sur les régions branchiales; régions hépatiques dilatées. Corps couvert de longs poils. Longueur, un pouce.

Habite la Nouvelle-Hollande.

---

(1) *Pisa barbicornis.* Latr., Encyc. t. X, p. 141.

§ B. *Espèces dont les orbites ne présentent en dessous qu'une échancrure, et dont les yeux, en se reployant, touchent l'angle orbitaire externe.*

PARAMITHRAX. DE GAIMARD. — *P. Gaimardii.*

Carapace renflée sur les parties latérales des régions hépatiques ; orbites très-profondes ; article basilaire des antennes externes très-large, et terminé par deux fortes épines, dont l'une occupe le canthus interne de l'orbite, et sépare cette cavité de l'insertion de la tige mobile de ces appendices qui se voit sur les côtés du rostre. Corps couvert de poils très-serrés et crochus. Longueur, environ 4 pouces.

Trouvée par MM. Quoi et Gaimard à la Nouvelle-Zélande. (C. M.)

Nous sommes portés à croire que le CANCER URSUS de Herbst (Pl. 14, fig. 86), et le CANCER PIPA du même auteur (Seba, t. III, Pl. 18, fig. 7, et Herb. Pl. 17; fig. 97), pourraient bien appartenir au genre Paramithrax ; ce sont évidemment des Maïens voisins de ceux dont nous venons de parler, mais ils sont trop imparfaitement connus pour que nous puissions nous prononcer avec quelque certitude à leur égard.

X. GENRE MAIA. — *Maïa* (1).

Le genre Maïa, établi par Lamarck pour recevoir les Inachus et les Parthenopes de Fabrinus, c'est-à-dire tous les Oxirhnyques proprement dits, n'a été conservé qu'en restreignant singulièrement ses limites, et ne renferme plus aujourd'hui qu'un très-petit nombre d'espèces qui viennent

---

(1) *Cancer* Lin. Herb·; *Inachus*. Fabr.; *Maïa,* Lamk. Syst. des A. sans verteb. t. V., p. 154; — Latr. Hist. nat. des Crust. t. VI, p. 87, etc., etc. — Leach. Edimb. Encyc. 7, p. 349, etc., etc.; — Desm. p. 143.

se grouper autour du Maïa Squinado de nos côtes. La *ca-rapace* de ces Crustacés (Pl. 3 , fig. 1), est d'environ un quart plus long que large et assez fortement rétrécie en avant ; sa face supérieure est hérissée d'une infinité de tubercules ou d'épines, et ses régions sont peu distinctes ; le *rostre* est horizontal et formé de deux cornes divergentes ; le bord latéro-antérieur de la carapace est armé de fortes épines et se continue sans changement de direction brusque avec le bord latéro-postérieur ; les *orbites* sont ovalaires, assez pro-fondes, et leur bord supérieur, élevé et arrondi en avant, est divisé en arrière par deux fissures. Les *antennes* internes ne présentent rien de remarquable ; mais la portion du front qui sépare leurs fossettes, se prolonge à une forte épine courbe, qui se dirige en bas (Pl. 3 , fig. 2). Le premier article des antennes externes (fig. 2 , *d.*) est très-grand, et constitue plus de la moitié de la paroi inférieure de l'orbite qu'il ne dépasse que peu antérieurement ; son extrémité est armée de deux grosses épines et porte l'article suivant à son bord supérieur et externe, de sorte que la tige mobile de ces appendices naît dans le canthus interne des yeux. *L'épistome* est plus large que long ; il en est de même pour le cadre buc-cal. Le second article des *pates-mâchoires externes* se pro-longe assez loin, du côté interne, au devant du niveau de son articulation avec la pièce suivante, et celle-ci, notablement plus large que longue, est dilatée en dehors et fortement tronquée à ses deux angles internes (Pl. 3, fig. 8). Le *plastron sternal* est presque circulaire, et sa suture médiane, quoi-que assez longue, n'occupe que le dernier anneau thoracique. (fig. 14) Les *pates* de la première paire ne sont guères plus grosses que les autres ; elles sont assez grêles, à peu près cy-lindriques, et terminées par une pince dont les doigts, pres-que styliformes, ne sont jamais creusés en cuillère ni dilatés vers le bout, et ne présentent que peu ou point de dente-lures. La longueur des pates de la seconde paire ne dépasse guères une fois et demi la largeur de la carapace, et les pates suivantes deviennent successivement plus courtes ; l'article qui

les termine est styliforme, et ne présente ni épines ni dentelures à son bord inférieur. Enfin l'*abdomen* se compose dans
les deux sexes de sept articles distincts. (fig. 2, *k*, fig. 5 et fig. 6.)

Le genre Maïa paraît être propre aux mers d'Europe,
et se compose des Déeapodes les plus grands que nous ayons
sur nos côtes.

1. MAÏA SQUINADE. — *M. squinado* (1).

Carapace couverte d'épines aiguës, assez bombée, et
fortement rétrécie en avant. Angle antérieur du bord orbitaire
supérieur très-arrondi; deux épines sur la moitié postérieure de
ce même bord, savoir : une très-grosse et recourbée en haut, et
une petite située derrière la précédente; bords latéro-antérieurs
de la carapace armés de cinq ou six épines très-grosses et très-
aiguës, dont la première constitue l'angle orbitaire externe.
Face inférieure du front armée de cinq grosses épines, dont
une médiane inter-antennaire, recourbée en avant, et deux
placées de chaque côté et appartenant à l'article basilaire des
antennes externes; second article de ces antennes cylindrique
et de même longueur que le troisième. Pates antérieures du
mâle un peu plus fortes que celles de la seconde paire, et
armée d'épines sur les troisième et quatrième articles. Corps
couvert de poils crochus; longueur, 4 ou 5 pouces; couleur
rougeâtre.

Habite la Manche, l'Océan et la Méditerranée. (C. M.)

On prend ce Crustacé dans les filets traînans, et les pêcheurs
le mangent, mais sa chair est peu estimée. Les anciens le regar-
daient comme doué de raison et le représentaient suspendu au
cou de la Diane d'Éphèse, comme un emblême de la sagesse.
On le voit aussi figuré sur quelques-unes de leurs médailles.

---

(1) *Cancer squinado*. Rond. liv. 18, p. 401. *Pagurus venetorum.*
Aldrov. p. 182, 183 ; *Cancer maïa.* Seba, t. III, Pl. 18, fig. 2 et 3 ;
Cancer squinado. Herb.. Pl. 56 ; *C. Spinosus*, Penn. Brit. Zool. t. IV,
Pl. 8, fig. 14 ;— *Inachus cornutus* Fabr. suppl. p. 356. *Maïa squinado.*
Latr. Hist. nat. des Crust. t. VI, p. 93 ; Encyc. Pl. 277, fig. 1 et 2 (d'a-

2. MAÏA VERRUQUEUX. — *M. verrucosa* (1).
(Planche 3 , fig. 1—14.)

Carapace à peine bombée, couverte de petits tubercules arrondis et armés de quelques petites épines sur la ligne médiane. Cette espèce, qui a été confondue avec la précédente par presque tous les naturalistes, et qui en est effectivement très-voisine, m'a paru devoir en être distinguée à cause de l'absence d'épines sur la face supérieure de la carapace, de la forme plus ovalaire et beaucoup moins bombée de ce bouclier céphalo-thoracique, et de la petitesse des pates antérieures qui, chez le mâle, sont plus grêles que celles de la seconde paire. La longueur de ce Maïa est de 2 à 3 pouces, et sous tous les autres rapports il ressemble au Squinade. Habite la Médite r ranée. (C. M.)

Il serait possible que le MAÏA CRÉPU de M. Risso (*Hist. nat. de l'Eur. mérid*, t. V, p. 23) ne fût autre que le M. verruqueux, mais les caractères que cet auteur y assigne ne sont pas suffisans pour résoudre la question.

Si le MAÏA ROSSELII (Audouin, *Crust. de l'Egypte*, par M. Savigny, Pl. 6, fig. 5) appartient réellement à ce genre, il se distinguera facilement des précédens par l'existence de deux grandes cornes sur la partie antérieure de la région stomacale, mais nous avons quelques doutes à cet égard.

La description que Bosc a donnée de MAÏA ERINACEA (t.   ,

---

près Seba), etc. ; — Leach. Malac. Pl. 18 ; — Desm. Pl. 21 ; — Risso, Hist. nat. de l'Europe mérid. t. V, p. 23.

(1) *C. maïa.* Belon ; — *Cancer squinado.* Herb. t. I, Pl. 15, fig ; 84 et 85 ; *Maïa squinado.* Bosc. t. I, Pl. 7, fig. 3? — Audouin, Crust. de l'Egypte, par M. Savigny, Pl. 6, fig. 4.

p. 253 , Pl. 8 , fig. 1) est si incomplète , et la figure qui l'accompagne si mauvaise , qu'il est impossible de déterminer si ce Crustacé doit se rapporter à l'une des espéces précédentes ou en être distingué.

XI. GENRE MICIPPE. — *Micippe* (1).

Le genre établi par M. Leach, sous le nom de Micippe , est très-remarquable par la disposition singulière du rostre. La portion post-frontale de la *carapace* de ces Crustacés est presque quadrilatère , légèrement bombée , arrondie en arrière, et à peine rétrécie antérieurement ; son bord fronto-orbitaire est droit et très-large , et ses bords latéraux sont armés d'épines. Le *rostre* est lamelleux et dirigé verticalement en bas de façon à former un angle droit avec l'axe du corps et avec l'épistome. Les *orbites* sont placés au-dessus et sur les côtés du rostre , et on remarque à leur bord supérieur une fente profonde ; les *pédoncules oculaires* sont rétractiles, assez longs, rétrécies au milieu et se prolongent jusqu'à l'extrémité de la cornée. La tige des *antennes internes* , en se reployant, reste verticale au lieu de devenir horizontale comme chez presque tous les autres Crustacés brachyures. L'article basilaire des *antennes externes* est très-grand et plus large en avant qu'en arrière ; le second article de ces appendices s'insère contre le bord du rostre à une assez grande distance de l'orbite. Le troisième article des *pates-mâchoires externes* est extrêmement dilaté du côté externe , et très-profondément échancré dans le point où il s'articule avec la pièce suivante. Le *plastron sternal* est à peu près circulaire. Les *pates* sont cylindriques et de longueur médiocre ; celles de la première paire ne sont guères plus grosses ni plus longues que les suivantes , même chez le mâle, et

---

(1) *Cancer.* Lin. Mus. Lud. Ulr. p. 443 ; — Fabr. Ent. Syst. t. II, p. 460 ; — *Maïa.* Bosc. t. I ; — Latr. Hist. nat. des Crust. t. VI, p. 103 ; — *Micippa.* Leach. Zool. mis. t. III ; — Desm. p. 148 ; — Latr. Reg. Anim. 2ᵉ éd., t. IV, p. 59.

les pinces sont effilées vers le bout, tranchant, et pas sensiblement creusées sur leur face préhensile. Les pates de la seconde paire ont à peu près une fois et demie la longueur de
la portion post-frontale de la carapace, et les tarses ne sont
pas dentelés en dessous. Enfin l'*abdomen* se compose de
sept articles distincts dans les deux sexes.

Les Micippes appartiennent à l'Océan indien.

1. Micippe a Crête. — *M. cristata* (1).

*Carapace hérissée en dessus d'un grand nombre d'épi-
nes longues et aiguës*, dont deux sont placées sur le front et
deux autres occupant le milieu du bord postérieur; bords latéraux du rostre armés de 4 ou 5 dents; angle antérieur du bord
orbitaire supérieur armé d'une forte épine; bords supérieurs
de l'orbite et bords latéraux de la carapace garnis de longues
épines très-aiguës. Article basilaire des antennes externes beaucoup plus long que large. Pates couvertes de petites granulations; longueur, 2 à 3 pouces; couleur blanchâtre.

Habite les côtes de Java. (C. M.)

2. Micippe philyre. — *M. philyra* (2).

*Carapace couverte de tubercules granuleux, mais non
épineuse en dessus.* Rostre terminé par 4 dents dont les 2
externes crochues et dirigées en dehors; angle antérieur du
bord orbitaire supérieur arrondi, non spiniforme; bords latéraux de la carapace armés de quelques épines courtes et peu
acérées. Article basilaire des antennes externes beaucoup plus

---

(1) *Cancer spinosus.* Rumph, Pl. 8, fig. 1. *Cancer cristatus.* Linn.
Mus. Lud. Ulr. p. 443. *Cancer bilobus.* Herb, Pl. 18, fig. 98. *Maïa
cristata.* Latr. Encyc. Pl. 28, fig. 1. (d'après Rumph); *Micippa
cristata.* Leach. Zool. mis. t. III, Pl. 128; — Desm. p. 149.

(2) *Cancer philyra.* Herb. t. III, Pl. 58, fig. 4; — *Micippa philyra.* Leach ; — Desm. Pl. 22, fig. 2; — Guérin. Icon. Cr. Pl. 8*bis*,
fig. 1.

large que long. Pates peu ou point granuleuses; longueur, environ 2 pouces. Couleur jaunâtre.

Habite l'Océan indien et les côtes de l'Ile-de-France. (C. M.)

D'après la description que Linnée a donnée de son Cancer cornatus (*Mus. Lud. Ul.*, p. 445), ce Crustacé me paraît devoir appartenir au genre Micippe, et avoir beaucoup d'analogie avec la *M. Cristata ;* car le rostre est recourbé en bas entre les yeux et le front, est armé de chaque côté d'une forte épine. Cette espèce, qu'il ne faut confondre ni avec le *C. cornutus* de Fabricius, ni avec le *C. cornudo* de Herbst, habite l'Océan indien.

XII. genre CRIOCARIN. — *Criocarcinus* (1).

M. Guérin a désigné sous ce nom dans la collection du Muséum un Crustacé très-singulier qui avait déjà été figuré par Herbst, mais qui était très-imparfaitement connu, et qui a beaucoup d'analogie avec les Micippes, soit par la forme générale du corps, soit par la disposition du front. Ce qui caractérise principalement ce nouveau genre, est la disposition des orbites et des yeux. Les *cavités orbitaires* ont presque la forme d'un tube dirigé en dehors, long et tronqué à son extrémité ; mais elles n'engaînent pas les yeux comme chez les Péricères, car l'anneau ophthalmique s'avance jusqu'auprès de leur extrémité, et le pédoncule oculaire, qui est long, grêle et semblable à celui des Maïas, s'y insère de façon à être complétement à découvert et à pouvoir se reployer en arrière, et à s'appliquer dans toute sa longueur contre le bord extérieur de l'article basilaire des antennes externes, position dans laquelle il est caché sous les épines post-orbitaires de la carapace.

______

(1) Guérin. Collection du Muséum.

1. Criocarcin a sourcils. — *C. superciliosus* (1).

Carapace bombée, inégale, et à bords latéro-antérieurs presque parallèles. Rostre vertical et armé de deux cornes recourbées en dehors ; bord orbitaire supérieur lamelleux extrêmement saillant et armé de trois fortes épines ; trois ou quatre fortes épines sur les bords latéro-antérieurs de la carapace, deux sur la région stomacale, et une sur la région intestinale ; longueur, dix-huit lignes.

Patrie inconnue. (C. M.)

XIII. genre PARAMICIPPE. — *Paramicippa.*

Par leur aspect général, ces Crustacés ressemblent beaucoup aux Micippes ; comme elles, ils ont la *carapace* à peu près aussi large que longue, le *rostre* reployé en bas, et les bords latéro-antérieurs armés de dents. La disposition des *antennes* externes est aussi à peu près la même que chez les Micippes, seulement leur second article, qui est placé sur le même niveau que la face supérieure du front, est aplati, élargi, très-court et triangulaire ou cordiforme ; mais celle des *yeux* est très-différente, car ces organes ne peuvent se reployer en arrière, et il n'existe pas de cavité orbitaire post-foraminaire ; leur pédoncule dépasse de beaucoup les bords de l'orbite, et présente la même disposition que chez les Criocarcins, si ce n'est qu'ils sont immobiles. La forme des *pates-mâchoires* externes est la même que chez les Pises ; mais l'*épistome* est extrêmement court. Les *pates* sont courtes ; celles de la seconde paire ne sont guères plus longues que la portion post-frontale de la carapace ; et les suivantes se raccourcissent progressivement ; enfin l'*abdomen* de la femelle se compose de sept articles distincts. Nous n'avons pas eu l'occasion d'observer des individus de l'autre sexe.

---

(1) Seba. t. III, tab. 18, fig. 11. — *C. superciliosus.* Herb. Pl. 14, fig. 89. *Criocarcinus superciliosus.* Guérin. Coll. du Mus.

1. **Paramicippe tuberculeux.** — *P. tuberculosa.*

Pates des quatre dernières paires cylindriques et épineuses en dessus. Carapace légèrement bombée, à régions peu distinctes, et couverte de petits tubercules arrondis ou pointus. Rostre formé de deux cornes aplaties et reployées en bas vers la moitié de leur longueur ; bords latéro-antérieurs de la carapace armés de six ou sept dents à bords granuleux. Pédoncules oculaires élargis à leur base, rétrécis vers le bout, et dépassant l'orbite dans une étendue à peu près égale à la largeur de la base du rostre. Article basilaire des antennes externes peu élargi en avant ; le second article de ces appendices inséré entre le bord du rostre et le canthus interne de l'œil, tout près de l'orbite ; troisième article grêle, cylindrique, et plus long que le second. Troisième article des pates-mâchoires externes très-dilaté vers l'angle antérieur et externe. Quelques poils sur les pates, et même sur la carapace. Couleur brunâtre.

Patrie inconnue. (C. M.)

2. **Paramicippe platipède.** — *P. platipes* (1).

Pates des quatre dernières paires déprimées et lisses en dessus. Carapace légèrement tuberculeuse en dessus ; rostre fortement infléchi et terminé par deux dents triangulaires ; bords latéraux granuleux ; troisième article des pates-mâchoires externes peu ou point élargi vers l'angle antérieur et externe. Longueur environ un pouce.

Habite la mer Rouge.

Le Cancer thalia de Herbst (Pl. 58, fig. 3), paraît appartenir aussi à ce genre.

____

(1) *Micippe platipes.* Ruppell. Crust. de la mer Rouge, Pl. 1, fig. 4.

XIV. GENRE PÉRICÈRE. — *Pericera* (1).

Les Péricères ressemblent beaucoup par leur forme générale aux Pises, mais s'en distinguent par divers caractères, et surtout par la disposition des orbites. Leur *carapace* (Pl. 14 *bis*. fig. 5), très-allongée et plus ou moins triangulaire, est un peu bombée et inégale en dessus. Le *rostre* est horizontal et formé par deux grandes cornes coniques, acérées et ordinairement divergentes. Le front est très-large et occupe à peu près deux fois autant d'espace que la base du rostre. Les *orbites* sont circulaires, très-petits et extrêmement profonds; ils sont dirigés directement en dehors, et remplis en entier par les pédoncules oculaires, qui y sont renfermés comme dans une gaîne, les dépassent à peine, et ne peuvent se reployer ni en avant ni en arrière (fig. 4.); leur bord supérieur est très-avancé et présente une fissure. L'article *basilaire* des *antennes externes* est extrêmement grand, et présente à peu près les mêmes dispositions que chez les Micippes; car il est beaucoup plus large en avant qu'en arrière, et se termine par un bord transversal très-étendu, qui se soude au front sur les côtés du rostre; la position de la tige mobile des antennes externes varie un peu, tantôt elle s'insère sous le rostre, tantôt un peu en dehors du bord latéral de ce prolongement, mais toujours très-près de la fossette antennaire et très-loin de l'orbite. La disposition des *pates-mâchoires* externes, ainsi que celle du *plastron sternal*, des *pates* et de *l'abdomen*, est à peu près la même que chez les Pises.

---

(1) *Cancer*. Herb. *Maïa*. Bosc, t. I; — Latr. Hist. nat. des Crust. t. VI; — *Pisa*. Latr. Encyc. t. X; — *Pericera*. Latr. R. Anim. 2ᵉ. éd., t. IV, p. 58.

A. *Espèces dont les angles antérieurs du bord orbitaire supérieur se prolongent en une forte épine qui dépasse de beaucoup l'article basilaire des antennes externes.*

1. PÉRICÈRE CORNUE.—*P. cornuta* (1).

Cornes du rostre styliformes, très-divergentes, et égales en longueur à la largeur du front. (Pl. 14 bis , fig. 5.) Carapace inégale et sans épines notables à sa face supérieure, mais armée sur les bords d'une ceinture d'épines grosses , très-longues et aiguës, dont une est placée sur les régions hépatiques , trois sur les branchiales, et une, impaire, sur la région intestinale. Article basilaire des antennes externes armé en avant d'une petite épine qui ne dépasse pas le front ; deuxième article cylindrique grêle, allongé et inséré sous le rostre ; troisième article n'ayant pas la moitié de la longueur du second. Pates antérieures cylindriques , de la grandeur ou un peu plus fortes et plus grosses que les suivantes ; bras épineux ; pinces très-grêles. Pates suivantes médiocres, celles de la seconde paire n'ayant pas une fois et demie la longueur de la portion post-frontale de la carapace. Corps couvert d'un duvet brunâtre. Longueur , 3 à 4 pouces.

Habite les mers des Antilles. (C. M.)

2. PÉRICÈRE CORNIGÈRE. — *P. cornigera* (2).

Cornes du rostre styliformes , parallèles et contiguës dans toute leur longueur. Carapace couverte sur les bords , comme en dessus, de tubercules plus ou moins pointus, ren-

---

(1) *Horned Crab.* Griffith Hughes. Hist. nat. of Barbados , Pl. 25, fig. 3. *Congrejo cornuto.* Parra. Descripcion de differentes piezas de Historia natural, Pl. 50, fig. 3. *Cancer cornudo.* Herb. Pl. 59, fig. 6; *Maïa taurus.* Lamk. Hist. des Anim. sans vert. , t. V, p. 242.

(2) *Pisa cornigera.* Latr. Encyc. , t. X, p. 141.

flée et arrondie en arrière. Dents de l'angle antérieur du bord orbitaire supérieur, petites, pointues et recourbées en haut. Article basilaire des antennes externes armé d'une épine terminale; deuxième article élargi vers le bout et guères plus long que le troisième. Pates garnies de tubercules ou d'épines sur leur troisième article. Celles de la seconde paire, chez le mâle, une fois et demie aussi longues que les suivantes, mais n'ayant cependant qu'une fois et demie la longueur de la portion post-frontale de la carapace. Tarses garnis en dessous de pointes cornées. Longueur, environ 2 pouces.

Habite l'Océan indien. (C. M.)

E. *Espèces dont la dent terminale de l'article basilaire des antennes externes dépasse de beaucoup l'angle antérieur du bord orbitaire supérieur.*

3. Péricère a trois épines.—*P. trispinosa* (1).

Portion postérieure de la carapace triangulaire, et armée de trois fortes épines, dont deux latérales et une médiane dirigée en arrière. La forme générale de ce Crustacé diffère peu de celle de la Pise armée, seulement les bosselures de la carapace sont moins élevées, le front est plus large et le rostre plus court, les angles antérieur et extérieur des orbites sont très-obtus ; la tige mobile des antennes externes s'insère immédiatement au-dessous du bord latéral du rostre ; enfin les pates de la seconde paire sont de la longueur de la portion post-frontale de la carapace seulement, et leur troisième article est un peu noduleux vers le bout. Longueur, environ 1 pouce et demi ; corps couvert d'un duvet jaunâtre très-court.

Habite les Antilles. (C. M.)

---

(1) *Pisa trispinosa*. Latr. Eucyc. t. X, p. 142. *Pericera trispinosa.* Edw. Guérin, Icon. Cr. Pl. 8, fig. 3.

4. PÉRICÈRE BICORNE. — *P. bicorna* (1).

Carapace arrondie postérieurement et sans épine médiane au-dessus de l'insertion de l'abdomen; cornes du rostre très-divergentes. Carapace couverte de tubercules arrondis, armée d'une petite épine transversale sur chaque région branchiale, mais du reste peu ou point épineuse; bord supérieur de l'orbite à angles peu saillans et marqué de 2 fissures. Tige mobile des antennes externes insérée entre le bord du rostre et la dent terminale de l'article basilaire de ces appendices; son premier article élargi et presque aussi long que le second. Pates à peu près comme dans l'espèce précédente. Longueur, environ 1 pouce; couleur jaunâtre; légèrement pubescent.

Habite les Antilles. (C. M.)

XV. GENRE STÉNOCINOPS. — *Sténocinops* (2).

Ces Crustacés sont très-voisins des Péricères; leur forme générale est à peu près la même, et ils n'en diffèrent guères que par la disposition des yeux. La *carapace* est étroite, très-inégale et garnie en arrière d'un grand prolongement triangulaire qui recouvre l'insertion de l'abdomen; le *rostre* est formé de deux cornes styliformes et divergentes; le bord supérieur de l'*orbite* est armé d'une corne analogue à celles du rostre, mais dirigée plus obliquement. Les *tiges oculaires* sont minces, immobiles et extrêmement saillantes; leur longueur égale la moitié de la plus plus grande largeur du corps; les *antennes internes* ne présentent rien de remarquable; le premier article des externes est beaucoup plus long que large, le second est grêle et s'insère sous

______

(1) *Pisa bicornuta.* Latr. Encyc. t. X, p. 141.
(2) *Cancer.* Herb., ; *Stenocinops.* Latr. R. Anim., 2ᵉ éd., t. IV, p. 59.

le rostre un peu au devant du niveau des yeux , et à une distance à peu près égale des orbites et des fossettes antennaires. L'*épistome* est presque carré , et le troisième article des *pates-mâchoires externes* extrêmement dilaté vers l'angle externe et antérieur; en dedans et en avant il présente une échancrure étroite et profonde. Les *pates* sont grêles et cylindriques; chez la femelle , celles de la première paire ne sont guères plus grosses que les autres et sont beaucoup plus courtes que les secondes ; la longueur de celle-ci dépasse un peu celle de la carapace (le rostre compris) , et les suivantes deviennent progressivement plus courtes ; l'article qui les termine est acéré et recourbé. Enfin *l'abdomen* de la femelle n'est composé que de cinq articles, les trois anneaux qui précédent le dernier étant soudés entre eux ; quant à celui du mâle , nous n'en connaissons pas la disposition.

1. STENOCENOPS CERVICORNE. — *S. cervicornis* (1).

Carapace bosselée et garnie de tubercules ; cornes du rostre et du bord orbitaire supérieur grêles , très-longues et à peu près égales entre elles ; deux grosses élévations coniques sur les côtés de chaque région hépatique ; antennes externes moins longues que le rostre ; pinces finement dentées et un peu courbées en dedans ; pates lisses ; longueur, 2 ou 3 pouces.

Habite l'Ile-de-France. (C. M.)

XVI. GENRE MENÆTHIE. — *Menœthius* (2).

Les Crustacés de cette petite division générique ont le port des Pises, et établissent le passage entre ces animaux et les Halimes. Leur *carapace*, environ une fois et demie aussi longue que large , est extrêmement rétrécie antérieu-

---

(1) *Cancer cervicornis*. Herb. Pl. 58 , fig. 2. *Stenocinops cervicornis*. Latr. Guérin Icon. Cr. Pl. 8 *bis*, fig. 3;
(2) *Pisa*. Latr. Encyc. t. X, p. 139.

rement, et a la forme d'un triangle allongé et arrondi à sa base. Le *rostre* (Pl. 15, fig. 12) est formé par un grand stylet pointu, qui est placé sur la ligne médiane du corps, et occupe environ le tiers de la longueur totale de la carapace. Les angles antérieurs des *orbites* sont surmontés d'une grande dent pointue et horizontale qui se dirige en avant; les bords de ces cavités ne présentent pas de fissures et entourent exactement la base du pédoncule oculaire qui est court et peu mobile. La disposition des *antennes* externes, des *pates-mâchoires* externes, et des *pates* thoraciques, est la même que dans les Pises, seulement il existe à la face inférieure des tarses deux rangées de pointes cornées. L'*abdomen* du mâle se compose de sept articles distincts; mais chez la femelle on n'en compte que cinq, dont l'avant-dernier est formé par la soudure de trois anneaux. (Pl. 16, fig. 13.)

1. Menœthie licorne.— *M. monoceros* (1).

Face supérieure de la carapace bosselée, mais presque horizontale; 3 petits tubercules disposés en triangle sur la région stomacale et 1 sur chaque région branchiale; bords latéro-antérieurs divisés en trois dents irrégulières, triangulaires et peu saillantes; troisième article de toutes les pates armé de quelques épines; celles de la deuxième paire beaucoup plus longues que les suivantes. Longueur, environ 10 lignes; rostres garnis de poils, couleur brunâtre.

Habite les côtes de l'Ile-de-France, la mer Rouge et l'Océan indien. (C. M.)

Le Pise espadon de M. Latreille (*P. xyphias*, Encyc. t. X, p. 140) paraît être très-voisin de l'espèce précédente. Il en est probablement de même de l'Inachus angustatus de Fabricius (Suppl. Ent. Sept. p. 357).

---

(1) *Pisa monoceros.* Latr. Encyc. t. X, p. 139. *Inachus arabicus.* Ruppell. Crust. de la mer Rouge, Pl. 5, fig 4.

XVII. GENRE HALIME. — *Halimus* (1).

Les Halimes établissent le passage entre les Eurypodes, les Pises, les Menœthies et les Acanthonyx. Ils ne s'éloignent guères des premiers que par la longueur beaucoup moins grande de leurs pates, par la forme du troisième article des pates-mâchoires, etc. ; ils ressemblent aux Pises par la forme générale de leurs corps, et la disposition de leurs yeux les rapproche des Menœthies et des Acanthonyx.

Ces Crustacés ont la *carapace* (toujours le rostre compris) environ une fois et demie aussi longue que large, et bombée en dessus. Le *rostre* est avancé et formé de deux grandes cornes divergentes ; le bord orbitaire supérieur est saillant, et les bords latéro-antérieurs de la carapace sont presque toujours droits et portent des épines très-fortes. Les yeux ne sont pas rétractiles, et dépassent notablement les bords de l'orbite, qui se prolonge en arrière avec un sillon qui en représente la portion post-foraminaire. Le premier article des *antennes externes* et très-long, droit et à peu près de même largeur à son extrémité qu'à sa base ; l'insertion de la tige mobile de ces appendices n'est pas recouverte par le rostre. L'*épistome* est très-grand et à peu près carré. Le troisième article des *pates-mâchoires* est fortement dilaté en dehors. Les *régions ptérygostomiennes* très-petites. Les *pates* antérieures grêles, et de longueur médiocre chez le mâle aussi bien que chez la femelle. Les pates suivantes sont longues, grêles et comprimées ; leur avant-dernier article est élargi en dessous et tronqué en manière de pince subcheliforme, à peu près comme chez les Euripodes ; enfin l'abdomen du mâle se compose de sept seg-

____

(1) *Cancer.* Herbst. — *Maïa.* Bosc. — *Halimus*, Latr. Fam. nat. p. 272, et Reg. Anim. 2ᵉ. éd. t. IV, p. 60.

mens chez le mâle et de cinq seulement chez la femelle adulte.

Ces Crustacés habitent l'Océan indien.

1. HALIME BELIER. — *H. aries* (1).

Bord postérieur de la carapace armé sur la ligne médiane d'une forte épine dirigée en arrière ; une petite épine placée en arrière de l'orbite et suivie d'un prolongement lamelleux armé de deux grosses épines ; 3 grosses épines dirigées en dehors sur chaque région branchiale ; 5 petites pointes sur la région stomacale, 1 sur la génitale et une grosse épine sur l'intestinale immédiatement en avant de la postérieure déjà mentionnée. Pates peu élargies en dessus et portant une multitude de petites pointes sur la portion tronquée du bord inférieur de leur avant-dernier article. Taille, 1 pouce.

Habite l'Océan indien. (C. M.)

2. HALIME OREILLARD. — *H. auritus* (2).

Point d'épine notable sur le bord postérieur de la carapace, ni sur la région intestinale. On retrouve du reste les mêmes épines que dans l'espèce précédente, seulement elles sont beaucoup plus petites, et les deux qui occupent le bord de la région hépatique ne se confondent pas à leur base de manière à former un petit prolongement lamelleux. Pates des 4 dernières paires beaucoup plus comprimées que dans l'espèce précédente et garnies de longs poils. Longueur, environ 2 pouces et demi.

Habite l'Océan indien. (C. M.)

------

(1) Latr. Coll. du Mus. — Guérin. Iconog. Cr. Pl. 9, fig 2.
(2) *Pisa aurita.* Latr. Encyc. t. X, p. 140.

XVIII. genre ACANTHONYX. — *Acanthonyx* (1).

Les Acanthonyx ont avec les Halimes beaucoup plus de rapport qu'on ne le croit généralement ; car c'est à tort que M. Latreille leur assigne pour caractère des yeux rétractiles ; à cet
égard, ils ne diffèrent pas des Halimes, et ils s'en rapprochent
aussi par la disposition presque subcheliforme de leurs pates.
La *carapace* de ces Crustacés (Pl. 15, fig. 6), est aussi
allongée que celles des Halimes, mais elle est moins
bombée et bien moins épineuse. Le *rostre* est horizontal et
formé de deux cornes aplaties et divergentes ; les *orbites*
sont circulaires et occupées en entier par la base du pédoncule oculaire qui les dépasse d'une manière très-notable
(fig. 7). La disposition des *antennes*, de l'*épistome* et des
pates-mâchoires est à peu près la même que chez les Halimes ; enfin les *pates* sont courtes , assez grosses ; et celles
des quatre dernières paires sont très-comprimées ; leur cinquième article est élargi en dessous, échancré près du bout ,
et armé d'une dent pilifère contre laquelle le doigt vient
se replier en manière de pince ; celles de la seconde paire
présentent cette disposition particulière d'une manière encore plus marquée que les postérieures.

3. Acanthonyx lunulé. — *A. lunulatus* (2).
(Pl. 15, fig. 6-8.)

Point d'épines à l'angle orbitaire externe ; bords laté-
raux de la carapace armés de trois dents, dont l'anté-
rieure est recourbée en avant. Carapace légèrement convexe
et presqu'une fois et demie aussi longue que large ; rostre ter-

---

(1) *Maïa.* Risso. — *Libinia.* Desm.—*Acanthonyx.* Latr. R. Anim.
2ᵉ. éd. t. IV , p. 58.

(2) *Maïa lunata.* Risso, Crust. de Nice, Pl. 1, fig. 4 ; — *Acantho-*
nyx lunulatus. Latr. Reg. Anim. 2ᵉ. éd. , t. IV , p. 58 ; — Guérin,
Icon. Cr. Pl. 8, fig. 1.

miné par deux cornes séparées par une échancrure semi-circulaire; angle antérieur des orbites surmonté d'une dent assez
forte et dirigée en avant ; les deux dents postérieures du bord
latéral de la carapace petites, arrondies et obtuses. Pates antérieures du mâle beaucoup plus grosses, mais pas plus longues
que les suivantes ; quatrième article de celles-ci arrondi en
dessus ; leur cinquième article garni de poils sur la portion
tronquée de son bord inférieur, et les tarses armés en dessous
de deux rangées de pointes. Abdomen du mâle composé de
six articles, le quatrième et le cinquième anneaux étant soudés
entre eux. Longueur, 8 lignes ; corps lisse, avec quelques faisceaux de poils sur le front, etc. ; couleur vert foncé, passant au
jaune par l'action de l'alcool.

Habite les côtes de la Provence et la baie de Naples, où il
se trouve dans les fentes des rochers tapissés d'algues.

4. ACANTHONYX DE PETIVER. — *A. petiverii* (1).

*Point d'épines à l'angle externe des orbites; bords la-
téraux de la carapace armés de trois dents, dont l'antérieure très-grande, aplatie et arrondie, n'est pas recourbée
en avant, et dont les deux postérieures sont très-petites
et obtuses.* Cette espèce ressemble du reste à la précédente,
seulement la carapace est moins convexe, les dents des angles
orbitaires antérieurs sont plus fortes et plus élevées ; les pates
antérieures sont un peu plus fortes, et leur quatrième article
est caréné en dessus. Longueur, 8 lignes.

Habite les Antilles.

5. ACANTHONYX DENTÉE. — *A. dentatus.*

Une dent spiniforme à l'angle externe des orbites.
Bords latéraux de la carapace armés de deux dents très-

---

(1) *Cancer muricatus compressum.* Petiver. Petrographia americana,
Pl. 20, fig. 8.

grandes, aplaties, triangulaires et pointues. Pates des quatre dernières paires en carène sur le bord supérieur. Abdomen du mâle formé de sept articles distincts ; du reste, semblable aux espèces précédentes.

Habite le cap de Bonne-Espérance. (C. M.)

XIX. GENRE ÉPIALTE. — *Epialtus.*

Les Crustacés dont nous formons le genre Épialte, établissent à quelques égards le passage entre les Doclées et les Acanthonyx, mais se rapprochent bien plus de ces dernières. Leur *carapace* (Pl. 15, fig. 11) est presque circulaire ou plutôt hexagonale, guères plus longue que large, régulièrement bombée et lisse en dessus. Le *rostre* est étroit, triangulaire, et peu ou point divisé ; les bords latéro-antérieurs de la carapace sont très-courts, et forment avec les bords latéraux un angle très-ouvert. Les *yeux* sont extrêmement courts et ne dépassent pas notablement l'*orbite*, qui est circulaire et à bords entiers ; cependant ils paraissent susceptibles de s'y recourber un peu en arrière. La *région antennaire* est très-petite : la tige mobile des antennes externes s'insère sous le rostre, assez loin au devant de l'orbite, et l'article basilaire de ces appendices, qui latéralement ne se distingue pas des parties voisines du teste, est presque triangulaire et très-étroit à son extrémité ; il paraît former la totalité de la paroi orbitaire inférieure ; le second article de ces antennes est un peu élargi et presque deux fois aussi long que le troisième. L'*épistome* est petit et carré ; les *pates-mâchoires externes* sont grandes, et leur troisième article est presque carré ; il n'est pas sensiblement élargi en dehors, et seulement un peu échancré à son angle antérieur et interne, dans le point où il se joint à l'article suivant. Le *plastron sternal* est à peu près circulaire, et sa suture médiane anticipe sur l'avant-dernier segment. Les *pates* antérieures sont assez fortes et les pinces légèrement creusées en cuillère. Les pates suivantes sont cylindriques, et on remarque au bord inférieur de leur avant-dernier article, un petit tubercule setifère plus ou moins saillant ; mais leur dernier article, qui est garni en dessous de deux rangées de petites épines, est peu flexible, de façon que ces organes ne peuvent agir qu'en manière de pince ; ce tubercule ne devient bien apparent qu'aux pates postérieures. Les pates de la seconde paire sont beaucoup plus longues que toutes les autres. Enfin, le nombre des articles de *l'abdomen* varie chez le mâle de six à sept.

Ces Crustacés habitent les côtes du Chili.

2. Epialte bituberculé. — *E. bituberculatus.*
(Pl. 18, fig. 11.)

Rostre entier, deux angles saillans de chaque côté de la carapace et deux tubercules sur la région stomacale. Dans cette petite espèce, dont la longueur n'est que de trois ou quatre lignes, les pates sont courtes, l'abdomen du mâle composé seulement de six articles, et la couleur générale d'un brun jaunâtre.

Habite les côtes du Chili. (C. M.)

2. Epialte denté. — *E. dentatus.*

Rostre bifide ; une petite dent au devant de chaque orbite, et trois dents spiniformes de chaque côté de la carapace sur son bord latéro-antérieur ; carapace très-bombée. Pates longues, ayant sur le bord inférieur du métatarse un petit tubercule pilifère et le tarse garni en dessus de deux rangées de petites épines. Abdomen du mâle composé de 7 anneaux distincts. Longueur, 3 à 4 pouces.

Habite les côtes du Chili. (C. M.)

XX. genre LEUCIPPE. — *Leucippa* (1).

Les Leucippes ont beaucoup d'analogie avec les Acantho-

---

(1) *Leucippa.* Edw. Ann. de la Soc. entomologique, t. III.

nyx, et elles établissent sous quelques rapports un passage entre les Maïens et les Parthénopiens. La forme de leur *carapace* est assez semblable à celle des Eurynomes, seulement, au lieu d'être inégale et hérissée de tubercules comme chez ces Crustacés, sa surface est parfaitement lisse (Pl. 15, fig. 9); sa longueur n'excède que de peu sa largeur, sa portion antérieure est à peu près triangulaire, et ses bords latéro-antérieurs avancés et tranchans. Le *rostre* est horizontal, avancé, très-large, et formé de deux cornes lamelleuses. Les *orbites* sont incomplets, et l'œil ne peut pas s'y cacher en entier; le bord supérieur de ces cavités est droit, et va rejoindre la base de la première dent du bord latéro-antérieur de la carapace, de façon à former une échancrure triangulaire; le bord externe de l'article basilaire des antennes externes constitue la portion interne de leur paroi inférieure; mais en arrière et en bas elles ne sont limitées par rien, et on pourrait dire avec raison qu'il n'existe pas de portion post-foraminaire de l'orbite (fig. 10). Les *yeux* sont petits et portés sur un pédoncule très-court; lorsqu'ils se reploient en arrière, ils ne dépassent que de peu la ligne transversale, et ils s'appliquent sur l'angle du bord latéro-antérieur de la carapace. Le premier article des *antennes externes* est étroit dans toute sa longueur; le second et le troisième sont complétement cachés sous le rostre, et ce dernier est presque deux fois aussi long que celui qui le précède. L'*épistome* n'est pas très-développé, et les *pates-mâchoires* externes ont leur troisième article très-dilaté en dehors, et légèrement tronqué à son angle antérieur et interne. Les *pates* sont courtes, comprimées, et surmontées dans presque toute leur longueur d'une crête tranchante. Enfin, l'*abdomen* des femelles est composé de sept articles, et couvre tout le plastron sternal; quant à celui du mâle, on ne le connaît pas.

Ce genre appartient à l'Océan Pacifique.

1. Leucippe pantagone. — *L. pentagona* (1).
(Pl 15 , fig. 9-10.)

Rostre arrondi en avant et divisé par une fissure étroite ; bords latéro antérieurs de la carapace tranchans et découpés en trois grandes dents, dont l'antérieure constitue l'angle orbitaire externe ; article basilaire des antennes externes armé en dehors d'une crête longitudinale très-saillante ; région ptérygostomienne garnie d'une série de dentelures ; pinces, petites et dentées ; pates des quatre dernières paires pubescentes en dessous. Longueur, 4 lignes ; couleur gris pâle ; mâle inconnu.

Habite les côtes du Chili. (C. M.)

TRIBU DES PARTHENOPIENS.

Ce groupe naturel correspond à peu près au genre Parthenope, tel que Fabricius l'avait créé, et établit le passage entre les Maïens et les Cyclomé-topes. La *carapace* de ces Crustacés est ordinairement triangulaire, et guères plus longue que large ; en général, ses bords latéro-postérieurs sont presque transversaux, et les latéro-antérieurs suivent la même direction que les bords du rostre ; mais quelquefois les parties latérales de la carapace sont arrondies ; sa surface est presque toujours bosselée et tuberculeuse. Le *rostre* est en général petit et entier, ou seulement échancré au bout ; les *yeux* sont presque toujours parfaitement rétractiles ; l'article basilaire des *antennes externes* présente quelquefois la même disposition que chez les Maïens ; mais, dans la grande majorité des

---

(1) Ann. de la Soc. Entom., t. 3, pl.

cas, il en est tout autrement : cet article est petit, et ne se soude pas aux parties voisines du test ; son bord externe ne concourt pas à former la paroi orbitaire inférieure, et son extrémité n'atteint pas le front ; enfin, la tige mobile de ces antennes est courte, et prend naissance dans un hiatus de l'angle orbitaire interne. L'*épistome* est beaucoup plus large que long, et la forme des pates-mâchoires externes est à peu près la même que chez les Maïens. Les *pates* antérieures sont très-développées, et s'écartent presqu'à angle droit du corps ; chez le mâle elles sont toujours plus de deux fois aussi longues que la portion post-frontale de la carapace, et quelquefois elles ont quatre fois cette longueur ; la main est presque toujours triangulaire, et la pince brusquement recourbée en bas, de façon que son axe forme un angle très-marqué avec celui de la main. Les pates suivantes sont au contraire courtes ; en général, celles de la seconde paire ont moins d'une fois et demie la longueur de la portion post-frontale de la carapace, et les autres diminuent progressivement. Enfin, l'*abdomen* présente encore des différences assez grandes dans le nombre des articles distincts que l'on compte chez le mâle, tandis que chez la femelle leur nombre est toujours de sept.

Les Parthenopiens habitent des parages très-variés ; on en trouve dans la Manche, dans la Méditerranée, dans l'Océan indien, etc. On ne sait que peu de choses sur leurs mœurs.

Cette tribu se compose de cinq genres pouvant être distingués par les caractères indiqués dans le tableau ci-joint.

TABLEAU SYNOPTIQUE DES PRINCIPAUX CARACTÈRES GÉNÉRIQUES DES PARTHÉNOPIENS.

Genres.

TRIBU DES PARTHÉNOPIENS.

Espèces dont les pates des quatre dernières paires sont complétement a découvert; point de prolongement chypéiforme de la carapace.

Yeux non rétractiles; mains renflées, ni triangulaires, ni épineuses; carapace déjetée en avant. — EUMÉDON.

Yeux rétractiles; mains plus ou moins triangulares et armées de dents ou d'épines.

Article basilaire des antennes externes allant se souder au front et donnant insertion à l'article suivant, au devant du niveau du canthus interne des yeux. — EURYNOME.

Article basilaire des antennes externes n'atteignant pas le front et ne se soudant pas aux parties voisines du test; la tige mobile de ces antennes s'insérant dans un hiatus de l'angle orbitaire interne.

Article basilaire des antennes externes très-court; le second article atteignant à peine le front et étant au moins aussi long que le premier. — LAMBRE.

Article basilaire des antennes externes assez long, atteignant presque le front; le second très-petit, n'ayant pas la moitié de la longueur du premier. — PARTHÉNOPE.

Espèces dont les pates des quatre dernières paires sont cachées sous un prolongement clypéiforme des parties latérales et postérieur de la carapace. (Yeux rétractiles, article basilaire des antennes externes court et libre; mains triangulaires et épineuses.) — CRYPTOPODIE.

I. GENRE EUMEDON. — *Eumedonus.*

Les Eumédons établissent en quelque sorte le passage entre les Sténorhynques, les Achées, d'une part, et les Eurynomes, les Lambres et les Panthenopes de l'autre. En effet, la forme de la *carapace* (Pl. 15, fig. 17) est presque pentagonale comme chez ces derniers, mais ce bouclier dorsal est en même temps comme rejeté en avant et elle ne dépasse guères le niveau des pates de la troisième paire , disposition qui rappelle et qui existe chez les premiers. Le *corps* est déprimé ; le *rostre* , très-large et très-avancé, n'est divisé que vers son extrémité ; les *yeux* sont très-courts, et leur pédoncule remplit entièrement les orbites qui sont circulaires , caractère qui rapproche encore ces Crustacés des Sténorhynques ; les *antennes* internes se reploient très-obliquement en dehors , et les externes sont peu développées ; leur premier article ne concourt pas notablement à la formation de la paroi inférieure de l'orbite ; leur tige mobile naît dans la fente que laissent entre eux les deux angles internes de cette cavité, à peu près comme cela a lieu chez les Parthénopes , et leur article terminal est très-court. L'*épistome* est moins long que chez la plupart des Oxyrhynques. Les *pates-mâchoires externes* ne présentent rien de remarquable. Chez le mâle les *pates thoraciques* de la première paire sont grosses et beaucoup plus longues que les suivantes ; toutes celles-ci sont un peu comprimées ; et leur troisième article est surmonté d'une crête qui ne se voit pas distinctement sur les autres articles ; les pates de la seconde paire sont un peu plus courtes que celles de la troisième et celles de la cinquième paire , qui sont presque aussi longues que les quatrièmes, au lieu d'être placées sur le même niveau, qu'elles sont insérées au-dessus de manière à les recouvrir en partie. Enfin *l'abdomen* du mâle se compose de sept articles , dont les deux premiers se voient à la face dorsale du corps en avant de la carapace. Quant à celui de la femelle , nous n'avons pas eu l'occasion de l'examiner.

Ce genre appartient aux mers d'Asie.

1. EUMÉDON NÈGRE. — *E. niger.*
(Pl. 15, fig. 17)

Cette petite espèce d'Eumédon, la seule que nous connaissions, se fait remarquer par le grand prolongement qu'on lui voit de chaque côté de la carapace ; ces pointes sont dirigées en dehors et leur base occupe toute la région hépatique. La face supérieure de la carapace présente quelques dépressions et est recouverte, comme tout le reste du corps, de petites granulations milliaires ; le rostre est très-large, plat, largement échancré au bout, et d'environ le tiers de la longueur de celle de la carapace en entier ; les pates antérieures sont armées d'une forte épine qui occupe le bord inférieur du carpe, et de deux petites pointes placées sur le bord supérieur de la main qui est un peu renflée ; les pinces sont garnies de quelques dents arrondies, et elles ne sont pas sensiblement recourbées en dedans ; les autres pates sont légèrement poilues ; enfin la couleur générale de l'animal est d'un noir bronzé.

Habite les côtes de la Chine. (C. M.)

II. GENRE EURYNOME. — *Eurynome* (1).

Le genre Eurynome de M. Leach établit le passage entre les Parthénopes ou les Lambres et les autres Oxyrhinques. En effet, la forme générale du corps et son aspect (Pl. 15, fig. 18) rapprochent ces Crustacés des Parthénopes, tandis que la disposition de leurs antennes externes est semblable à ce que l'on voit chez les Maïa, etc. La *carapace* a presque la forme d'un triangle à base arrondie ; elle est fortement bosselée et couverte d'aspérités. Le rostre est horizontal et divisé en deux cornes triangulaires Les *yeux* sont petits ; les orbites sont profondes ; leur bord supérieur est très-saillant, et sé-

---

(1) *Cancer.* Penn ; *Eurynome.* Leach. Edimb. Ency. 7, p. 431, etc. ; — Desm. p. 141 ; *Parthenope.* Latr. Reg. anim. 2e. édit., t. IV, p. 57.

paré de l'angle externe par une fente. Les *antennes* internes
se reploient longitudinalement ; le premier article des externes se termine à l'angle interne de l'orbite, et porte
l'article suivant au bord supérieur de son extrémité, de sorte
que la tige mobile de ces antennes, qui se prolonge sous le
rostre, paraît naître du canthus interne des yeux. L'*épistome*
est à peu près carré, et le troisième article des *pates-mâchoi-*
res externes fortement dilaté en dehors. Le *plastron sternal*
est à peu près ovalaire, et sa suture médiane occupe les deux
derniers anneaux thoraciques. Les *pates* de la première
paire ne sont guères plus grosses que les suivantes ; chez le
mâle elles sont assez longues, tandis que chez la femelle elles
sont très-courtes, mais moins cependant que celles de la seconde paire ; les pates suivantes diminuent progressivement
de longueur. Enfin, l'*abdomen* se compose dans les deux
sexes de sept articles.

1. Eurynome rugueux. — *E. aspera* (1).
(Pl. 15, fig. 18.)

Carapace à régions très-distinctes, rugueuse, avec une grosse
dent triangulaire à l'angle externe de l'orbite et trois ou quatre
plus petites le long du bord latéral sur la région branchiale ;
tige mobile des antennes externes très-courte, ses deux premiers articles très-petits. Pates antérieures tuberculeuses et un
peu comprimées, presque droites chez la femelle, et avec la
pince recourbée en dedans chez le mâle ; pates suivantes ru-
gueuses et garnies d'une crête qui est le plus marquée sur le
troisième article. Longueur, environ un demi-pouce ; couleur
rosée avec des teintes bleuâtres.

Habite les côtes de Noirmoutier et de la Manche, à d'assez
grandes profondeurs. (C. M.)

---

(1) *Cancer aspera*. Penn. t. IV, Pl. 9, fig. 20. *Eurynome aspera*.
Leach, Malac. Pl. 17 ; — Latr. Ency. méth. Pl. 281, fig. 4 (copiée
de Pennant), et Pl. 301, fig. 1, 5 (copiée de Leach). — Desm. Pl. 20,
fig. 2. — Guérin, Icon. Cr. Pl. 7, fig. 4.

M. Risso a donné dernièrement le nom d'EURYNOME ECUS-
SONNÉ (Hist. nat. de l'Eur. mérid. t. V, p. 21) à un Crustacé
de la Méditerranée, qui paraît avoir beaucoup de rapport avec
l'espèce que nous venons de décrire ; mais il ne l'a pas fait connaître avec assez de détails pour que nous puissions le rapporter
avec certitude à ce genre, ou le distinguer de l'Eurynome ru-
gueux.

III. GENRE LAMBRE.—*Lambrus* (1).

Les Parthénopiens, dont M. Leach a formé le genre Lambre, sont remarquables par la longueur excessive de leurs
pates antérieures et par la forme de leur *carapace ;* elle est
en général à peu près aussi longue que large, arrondie sur
les côtés, et rétrécie en avant ; les régions branchiales sont
très-développées, renflées et séparées de la portion moyenne
de la carapace par un sillon profond ; la région stomacale
au contraire est très-étroite ; enfin la face supérieure et
les bords du test sont toujours plus ou moins tuberculeux ou épineux. Le *rostre* est petit, mais assez avancé.
Les *yeux* sont parfaitement rétractiles, et les orbites presque
circulaires ; les parois de ces cavités présentent une fissure
sur leur supérieur et un hiatus large et profond au-dessous
du canthus interne de l'œil. Les *antennes internes* se reploient obliquement, et les fossettes qui les logent se continuent en général sans interruption avec les orbites, car
l'espace qui sépare du front l'angle interne du bord orbitaire inférieur est loin d'être remplie par le pédoncule des
antennes externes. Le premier article de ces appendices est
extrêmement petit et guères plus long que large ; le second
est plus allongé, mais il n'atteint presque jamais le front, et
s'avance entre l'article basilaire de l'antenne interne et le
bord interne de la paroi inférieure de l'orbite ; enfin le

---

(1) *Cancer* Herb. etc. *Parthenope.* Fabr. Supp. p. 352. *Maïa.* Bosc.
etc. *Lambrus.* Leach. — Desm. p. 58 ; *Parthenope.* Latr. Reg. Anim.
2ᵉ. éd. t. IV, p. 56.

troisième article naît dans l'hiatus qui occupe l'angle interne de cette cavité, et le quatrième ou filet terminal est très-court. L'*épistome* est peu développé, et beaucoup plus large que long ; les régions ptérigostomiennes sont petites et presque triangulaires. Les *pates-mâchoires* externes ne présentent rien de remarquable ; le *plastron sternal* est beaucoup plus long que large. Les *pates* de la première paire sont au moins deux fois et demie aussi longues que la portion post-frontale de la carapace, et souvent elles ont plus de deux fois cette longueur ; elles s'étendent à angle droit de chaque côté du corps, ne diffèrent pas sensiblement entre elles et sont toujours plus ou moins triangulaires ; enfin, la pince qui les termine, est petite et brusquement recourbée en bas et en dedans, de manière à former un angle avec le reste de la main. Les pates suivantes sont courtes et grêles ; leur longueur diminue progressivement, et celles de la seconde paire ne sont jamais plus de moitié aussi longues que les premières. L'*abdomen* de la femelle ne présente rien de remarquable, mais quelquefois on n'y compte que six articles au lieu de sept ; chez le mâle, les troisième, quatrième et cinquième anneaux sont plus ou moins intimement soudés entre eux, de façon que cette partie du corps ne se compose que de cinq articles distincts ; quelquefois il n'en existe même que quatre.

Les Lambres habitent la Méditerranée et l'Océan indien ; ils vivent parmi les rochers à d'assez grandes profondeurs ; on ne sait rien de précis sur leurs mœurs.

§ A. *Espèces dont la carapace est à peu près aussi longue que large.*
    a. Carapace rugueuse, couverte en dessus d'épines ou de tubercules.
        a. Pates des quatre dernières paires, ayant le troisième article armé d'épines.*

1. LAMBRE LONGIMANE.—*L. longimanus* (1).

Rostre extrêmement petit, à peine saillant, horizontal et formé de trois dents. Carapace presque circulaire, garnie en dessus d'épines simples et de tubercules; bords latéraux armés d'épines très-longues et légèrement rameuses; mains triangulaires, presque lisses sur la face supérieure, garnies d'épines rameuses sur le bord supérieur, et de grosses dents pointues, et à bords dentelés sur le bord externe. Quelques épines très-courtes sur les bords supérieurs et inférieurs du troisième article des pates des 4 dernières paires. Longueur, environ 1 pouce.

Habite Pondichéry, Amboine, etc. (**C. M.**)

2. LAMBRE RÉPUGNANT. — *L. contrarius* (2).

Rostre grand, très-avancé, fortement incliné et dentelé sur les bords. Carapace très-rétrécie antérieurement et couverte de petites épines; bords latéraux armés de dents courtes

---

(1) *C. macrochelos.* Seba. t. III, pl. 19, fig. 8, 9 et 10.— Rumph. Pl. 8, fig. 2; *Cancer longimanus femina.* Lin. Mus. Lud. Ulr. p. 441; Herb. Pl. 19, fig. 105 (copiée d'après Rumph). *Parthenope longimana.* Fabr. Supp. p. 353. *Lambrus longimanus.* Leach. Linn. Trans. t. II, p. 310; — Desm. p. 85.

(2) *C. contrarius.* Herb. Pl. 60, fig. 3. *Parthenope spinimana.* Lamk. Hist. des an. sans vert. t. V, p. 239. *Lambrus spinimanus.* Desm. Pl. 3, fig. 1.

et comprimées. Pates antérieures longues et grosses ; les épines de sa face supérieure et de ses bords supérieur et externe
grosses, courtes et à peine rameuses ; face intérieure de la main
garnie de tubercules simples qui se continuent jusque sur l'extrémité des doigts. Troisième article des pates des 4 dernières
paires , armé de quelques épines courtes et disposées irrégulièrement. Longueur, environ 2 pouces.

Patrie inconnue. (C. M.)

*a**. Pates des quatre dernières paires sans épines.*

3. LAMBRE FRONT-ANGULEUX. — *L. angulifrons* (1).

Face supérieure des mains très-épineuse. Carapace couverte de tubercules arrondis; front triangulaire, horizontal et
creusé en dessus en une gouttière longitudinale ; pates antérieures dentées sur les bords externes et supérieurs, lisses
en dessous et en dedans; bords de la carapace et pates de la
cinquième paire garnis de poils ; deuxième et troisième articles
de l'abdomen carénés. Longueur, près d'un pouce.

Habite le golfe de Naples et les côtes de la Sicile. (C. M.)

4. LAMBRE PÉLAGIQUE. — *L. Pelagicus* (2).

Face supérieure des mains lisse. Carapace couverte de
tubercules arrondis ; rostre triangulaire et très-large ; troisième
article des pates antérieures verruqueux, ainsi que les bords
supérieur et externe des mains. Longueur, environ 10 lignes.

Habite la mer Rouge.

---

(1) *C. macrochelos alius.* Aldrov. de Crusr. p. 205? ; *Parthenope
angulifrons.* Latr. Ency. méth. t. X, p. 15. *Lambrus montgrandis.*
Roux, Pl. 23, fig. 1, 6.
(2) Ruppell. Crust. de la mer Rouge. Pl. 4, fig. 1.

a. a. **Carapace presque entièrement lisse en dessus.**

5. LAMBRE MASSENA. — *L. massena* (1).

Carapace presque lisse, à peine tuberculeuse en dessus, et dentée sur les bords latéraux ; rostre presque horizontal, large, triangulaire, entier sur les bords, et creusé en gouttière supérieurement ; pates antérieures inégales, de longueur médiocre ; l'une d'elles très-renflée vers le bout ; mains quadrangulaires, plus ou moins dentelées sur les bords, et à peu près lisses sur leurs diverses faces ; quelques épines sur le troisième article des pates. Abdomen du mâle composé seulement de quatre articles distincts ; femelle inconnue. Longueur, environ un pouce ; couleur, rouge-brun.

Habite les rochers volcaniques des côtes de la Sicile.

§ B. *Espèces dont la carapace est beaucoup plus large que longue.*
　　b. Face supérieure des mains hérissée d'épines plus ou moins rameuses, et leurs bords supérieur et interne armés d'épines semblables entre-elles et ni comprimées ni réunies en crête.

6. LAMBRE HÉRISSONNÉ. — *L. echinatus* (2).

Pates des quatre dernières paires hérissées d'épines sur les troisième, quatrième et cinquième articles. Rostre triangulaire légèrement denté sur les bords ; front déprimé sur la ligne médiane. Carapace divisée en trois portions très-bombées, couverte de tubercules déprimés et étoilés, et armée sur les

---

(1) Roux, Crust. de la Médit Pl. 23, fig. 7, 12.
(2) *Cancer echinatus.* Herb. t. I Pl. 19, fig. 108, 109 ; *Parthenope giraffa.* Fabr. Supp. p. 352 ; *Maïa echinatus* et *Maïa giraffa.* Bosc. t. I, p. 250 ; *Lambrus giraffa.* Desm. p. 85. *Lambrus tomentosus.* Lam. Collect. du muséum.

côtés d'épines rameuses. Pates de la première paire au moins trois fois et demie aussi longues que la portion post-frontale de la carapace, triangulaires, garnies de tubercules à leur face inférieure, et armées en dessus d'épines rameuses. Corps couvert d'un duvet brunâtre. Longueur, 18 lignes.

Habite la côte de Pondichéry. (C. M.)

7. LAMBRE DE LA MÉDITERRANÉE. — *L. mediterraneus* (1).

Pates des quatre dernières paires garnies d'épines sur les bords supérieur et inférieur du troisième article. Carapace rugueuse, comme cariée et garnie de tubercules et d'épines simples ; rostre très-petit et denté sur les côtés. Mains triangulaires et renflées vers le bout ; leur bord supérieur, leur bord externe et leur face supérieure armés d'épines dont plusieurs sont légèrement rameuses, et leur face inférieure couverte de petits tubercules granulés qui cessent à l'origine des doigts. Couleur rougeâtre. Longueur, près de 2 pouces.

Habite les eaux de Toulon et de Nice, parmi les rochers coralligènes.

> *b.b. Face supérieure des mains plus ou moins lisse, et ne portant jamais d'épines rameuses ; leurs bords supérieur et externe armés de dents comprimées et disposées de manière à former une crête.*

8. LAMBRE SCIE. — *L. serratus* (2).

Bords latéro-postérieurs de la carapace armés d'une série de trois petites épines semblables entre elles. Carapace déprimée et rugueuse ; bords latéro-antérieurs armés de

---

(1) *Cancer macrochelos.* Herb. t. I, Pl. 19, fig. 107 ? ; *Eurynome Aldrovandi.* Risso, Hist. nat. de l'Eur. méri. t. V, p. 22. *Lambrus Mediterraneus.* Roux. Crust. de la Médit. Pl. 1.

(2) *C. macrochelos.* Seba, t. III, Pl. 20, fig. 12. *C. longimanus mas.* Linn. Mus. Lud. Ulr. p. 441.

huit à neuf dents triangulaires, dont la dernière est dirigée en dehors et extrêmement longue; rostre triangulaire, déprimé au milieu et à bords entiers. Mains granuleuses sur le bord inférieur et lisses sur leurs trois faces. Longueur, près d'un pouce.

Habite l'Océan indien. (C. M.)

9. LAMBRE SAISISSEUR. — *L, prensor* (1).

Bords latéro-postérieurs de la carapace armés de deux petites épines et d'une troisième épine extrêmement grande, semblable à celle qui termine le bord latéro-anté-rieur. Carapace déprimée et rugueuse, dentée en avant; mains dentées sur les bords et légèrement épineuses à leur face supérieure.

Habite les Indes orientales.

8. LAMBRE CARÉNÉ. — *L. carenatus.*

Bords latéro-postérieurs de la carapace armés de chaque côté de deux petites dents et d'une dent triangulaire très-forte, et semblable à celle qui termine le bord latéro-antérieur. Face supérieure des mains lisses et bor-dée par des dents qui ne laissent entre elles aucun inter-valle. Carapace très-inégale, élevée en carène sur les régions branchiales et armée de trois dents en forme de crête sur la ligne médiane; rostre large, triangulaire et non dentelé; bords latéro-antérieurs finement dentelés. Troisième article des 4 dernières paires de pates épineux. Longueur, 8 lignes.

Habite la côte de Pondichéry. (C. M.)

Si le LAMBBE LAR. (*Parthenope lar.* Fabr. Supp. p. 354) appartient réellement à la tribu des Parthénopiens, il paraît de-

---

(1) *Cancer prensor.* Herb. t. II, Pl. 41, fig 3 et 23. 3e partie, p. 33. *Partenope regina.* Fabr. Supp. p. 353.

voir se ranger parmi les Lambres, et il se distinguerait facilement de toutes les autres espèces par ses pinces qui sont tout-à-fait lisses. Il habite la mer des Indes.

2. Le CANCER LONGIMANUS MINOR, de Rumph (Amb. Pl. 8 , fig. 3, reproduite par Herbst, pl. 19, fig. 106), est évidemment une espèce de Lambre , distincte de toutes les précéden tes. Linné l'a confondu avec le Lambre longimane, dont il diffère , entre autres caractères , par la disposition des mains , qu sont garnies de tubercules arrondis au lieu de grosses dents pointues.

Le CANCER MACROCHELUS ALBICANS d'Aldrovande (Pl. 203), est encore un Lambre , mais il est trop mal dessiné pour être reconnaissable

IV. GENRE PARTHÉNOPE. — *Parthenope* (1).

Le genre Parthénope , tel que les auteurs modernes l'ont limité , ne renferme qu'une seule espèce , et ne diffère que très-peu des Lambres. Ce qui l'en distingue principalement est la disposition des *antennes externes* , dont l'article basilaire ne se soude pas aux parties voisines , mais atteint presqu'au front , et dont le second article , plus de moitié plus court que le premier , se loge dans l'hiatus de l'angle orbitaire inférieur ; la petitesse de cet hiatus qui fait communiquer l'orbite avec la fossette antennaire; la forme régulièrement triangulaire de la *carapace* et l'existence de sept articles distincts dans l'abdomen des deux sexes.

---

(1) *Cancer.* Herb. ; *Parthenope.* Fabr. Suppl. p. 352; *Maïa.* Bosc, t. I ; — Latr. Hist. nat. des Crust., t. VI, p. 87 ; *Parthenope.* Latr. Reg. Anim. 1re. éd. t. III, p. 23; Encyc. t. X, p. 14, etc. — Desm. p. 142.

1. **Parthénope horrible.** — *P. horrida* (1).

Carapace pentagonale beaucoup plus large que longue, horizontale, fortement bosselée, et tuberculeuse en dessus ; rostre court, triangulaire, et armé en dessous d'une forte dent inter-antennaire ; orbites circulaires, avec une fissure sur le bord supérieur ; bords latéro-antérieurs de la carapace très-obliques et armés d'épines ; pates antérieures très-grandes, de grosseur inégale, et couvertes de gros tubercules spinifères ; pinces moins comprimées et moins infléchies que chez les Lambres. Pates des quatre paires suivantes hérissées, jusqu'à l'origine du tarse, d'épines aiguës et très-grandes, formant une rangée en dessus et deux en dessous. Longueur, 2 ou 3 pouces ; couleur grisâtre ; test ayant l'aspect d'une pierre carriée.

Habite l'océan Indien et Atlantique. (C. M.)

GENRE **CRYPTOPODIE.** — *Cryptopodia* (2).

Ce genre singulier établit, sous quelques rapports, le passage des Lambres aux OEthres ; en effet, la forme de ses *pates* est la même que chez les premiers, et la carapace présente, comme chez les derniers, des expansions latérales qui s'étendent au-dessus de ces organes et les cachent. Aussi Fabricius

---

(1) *Cancer spinosus vel Rotskrabbe.* Rumph, Pl. 9 ; Seba, t. III, Pl. 22, fig. 2 et 3 ; *Lazy Crab.* Griffeth Hughes, Nat. Hist. of Barbados, Pl. 25, fig. 1. *Cancer horridus.* Linn. Musc. Lud. Ulr. p. 442 ; — Herb. Pl. 14, fig. 88. *Parthenope horrida.* Fabr. Supp. p. 353 ; *Maïa horrida.* Bosc, t. I, p. 251 ; *Parthenope horrida.* Latr. Encyc. t. X, p. 14 ; Pl. 279, fig. 3 (d'après Seba), et Pl. 280, fig. 2 (d'après Rumph) ; — Leach, Zool. Mis. t. II, Pl. 98 ; — Desm. Pl. 20, fig. 1. — Guérin, Icon. Cr. Pl. 7, fig. 2.

(2) *Cancer.* Herb. : *Parthenope.* Fabr. Suppl. p. 352; *Calappa.* Bosc, t. I, p. 183 ; *Maïa.* Bosc, t. I, p. 250 ; — Latr. Hist. nat. des Crust. t. VI, p. 104; *OEthra.* Latr. Reg. Anim. t. III, p. 20. — Lamk. Hist. des Anim. sans vert., t. V, p. 264; — Desm., p. 110.

plaçait-il ces Crustacés parmi ses Parthénopes ; Lamarck en a fait des OEthres , et Bosc , par un double emploi , les a rangés en même temps parmi les Calappes et parmi les Maïas.

La *carapace* est légèrement bombée et a la forme d'un triangle très-large, très-court et à base arrondie ; elle est presque deux fois aussi large que longue , mais cette grande largeur ne dépend pas de celle du corps lui-même ; elle est due à l'existence d'un prolongement lamelleux qui entoure les trois quarts postérieurs du bouclier dorsal ; en arrière ce prolongement s'étend très-loin au delà de l'insertion de l'abdomen ; mais c'est surtout sur les parties latérales qu'il est considérable , car il y forme de chaque côté une énorme voûte qui cache complétement les pates des quatre dernières paires. Le *rostre* est triangulaire , horizontal et assez avancé. Les *yeux* sont très-petits et complétement rétractiles. Les *antennes internes* ont la même forme que chez les OEthres ; leur premier article est quadrilatère et plan , et leur tige se reploie presque longitudinalement. Le premier article des *antennes externes* est très-petit ; le second est un peu plus long et atteint jusqu'au front ; le troisième est logé presqu'en entier dans la fente qui existe entre le front et l'angle interne du bord orbitaire inférieur ; enfin la tige terminale , qui naît ainsi du canthus interne des yeux , est extrêmement courte. L'*épistome* est un peu plus large que long ; le second article des *pates-mâchoires externes* se termine antérieurement par un bord presque droit ; et le troisième, qui est carré , présente en avant une échancrure qui occupe plutôt son bord interne que son angle interne et antérieur , et qui donne insertion à l'article suivant. Le *plastron sternal* est beaucoup plus long que large. Les *pates* de la première paire sont très-grandes et à peu près prismatiques ; leur direction et leur forme sont presque les mêmes que chez les Lambres. Les pates des quatre dernières paires sont très-petites et presque de même longueur ; elles dépassent à peine la voûte

qui les recouvre ; enfin *l'abdomen* se compose chez la femelle de sept articles ; nous ne connaissons pas sa disposition chez le mâle.

1. CRYPTOPODIE VOUTÉE. — *C. fornicata* (1).

Carapace lisse en dessus et dentelée sur les bords ; rostre
entier, aussi long que large ; pates antérieures environ une fois
et demie aussi longues que la carapace ; leur troisième article
très-dilaté postérieurement et armé d'épines sur le bord antérieur ; mains armées en dessus d'une forte rangée d'épines.
Pates des quatre dernières paires garnies en dessus et en
dessous d'une crête dentelée presque tout le long de leur
troisième article.

Habite l'Océan indien. (C. M.)

Les zoologistes ont mentionné plusieurs autres Crustacés qui
appartiennent évidemment à la famille des Oxyrhinques , mais
qui ne nous sont pas assez bien connus pour que nous puissions
leur assigner une place précise. De ce nombre sont : l'INACHUS
ANGUSTATUS de Fabricius (Suppl. Ent. Syst., p. 357), qui,
par sa forme générale , se rapproche beaucoup de la Ménœthie
licorne, mais qui s'en distingue par ses pates épineuses ;
l'INACHUS NASUTUS du même auteur (op. cit., p. 357) qui est
un Maïen des mers de la Norwége, et qui pourrait bien n'être
qu'un jeune Pise ; et le CANCER CHIERAGONUS de Tilésius (Mém.
de l'Acad. de Pétersbourg, t. V, Pl. 7, fig. 1) , dont on devra
probablement former un genre distinct.

---

(1) *Cancer fornicatus*. Fabr. Ent. Syst. t. II, p. 453 ; — Herb.
Pl. 13, fig. 79-80 ; *Parthenope fornicata*. Fabr. Suppl. p. 352 : *Calappa albicans*. Bosc, t I, p. 185 ; *Maïa fornicata*. Bosc, t. I,
p. 250 ; — Latr. Hist. nat. des Crust. t. VI, p. 104. *OEthra fornicata*. Lamk. Hist. des An. sans vert. t. VI, p. 265 ; — Desm.
p. 110.

CHAPITRE IV.

FAMILLE DES CYCLOMÉTOPES.

La famille des Cyclòmétopes correspond à peu près
à la section des Arqués telle que M. Latreille l'avait
établie dans ses *Familles naturelles ;* mais les limites
de ce groupe ne sont pas tout-à-fait les mêmes ; et, afin
de ne pas augmenter la confusion qui règne déjà dans
la science, nous n'avons pas cru devoir y conserver le
même nom.

Les Crustacés qui s'y rapportent nous paraissent
occuper un degré moins élevé dans l'échelle des êtres
que les Oxirhynques, car la centralisation de leur
système nerveux ganglionnaire est porté moins loin,
et la disposition de cet appareil se rapproche davantage de ce qui existe chez les Macroures et chez l'embryon des Crustacés en général. En effet, les divers
ganglions thoraciques, au lieu d'être soudés en une
seule masse solide, comme chez le Maïa, ne forment
plus qu'une sorte d'anneau circulaire dont il est souvent facile de distinguer les élémens constituans. Ici
les deux moitiés du *foie* restent distincts et il n'existe
pas à ce viscère de lobe médiane ; il s'étend beaucoup
en longueur, et recouvre une grande partie de la voûte
de la cavité branchiale, mais ne se prolonge pas
autant vers l'abdomen que dans la famille précédente.
La disposition de l'appareil respiratoire est la même
que chez les Oxirhynques ; on compte toujours de
chaque côté sept *branchies* thoraciques et deux maxil-

laires réduites à l'état rudimentaire. Enfin, *le système générateur* ne s'éloigne, sous aucun rapport important, de ce qui existe chez ces derniers Crustacés.

La *carapace* est presque toujours beaucoup plus large que longue ; quelquefois elle est à peu près circulaire (1), mais en général elle est beaucoup plus large en avant qu'en arrière, régulièrement arquée dans la moitié antérieure de son contour, et fortement tronquée de chaque côté dans sa portion postérieure (2). La région stomacale est de grandeur médiocre, et en arrière elle est ordinairement divisée en deux parties latérales par un prolongement presque linéaire de la région génitale, qui s'avance très-loin vers le front. Les régions hépatiques sont au contraire très-développées et s'étendent au loin de chaque côté de la stomacale ; elles occupent presque toujours au moins la moitié de la portion latérale de la carapace, et ne sont pas dépassées par les régions branchiales, dont la grandeur est médiocre. Le front est transversal et ne s'avance jamais en forme de rostre ; en général il est assez large, lamelleux et horizontal. Les bords latéro-antérieurs de la carapace se dirigent très-obliquement en dehors et en arrière, de manière à former avec le front un arc de cercle, et en général ils sont minces et tranchans. Les bords latéro-postérieurs de la carapace forment presque toujours un angle bien marqué avec le bord latéro-antérieur et avec le bord postérieur, et il en résulte que la forme générale du bouclier céphalo-thoracique peut, le plus ordinairement, être rapportée à un hexagone dont la moitié antérieure serait arrondie, et dont le

(1) Pl. 14 *bis*, fig. 7, et Pl. 17, fig. 7.
(2) Pl. 16, fig. 1, 6, 9, 16, et Pl. 17, fig. 1 et 13.

diamètre transversal excéderait en longueur le diamètre antéro-postérieur. Les *orbites* sont profondes et dirigées en avant et en haut, leur bord supérieur étant presque toujours moins saillant que l'inférieur. Les *yeux* sont toujours parfaitement mobiles et se reploient en arrière dans une portion post-foraminaire de l'orbite qui est assez profonde. Les *antennes internes* sont toujours logées dans des fossettes creusées sous le front (1); leur article basilaire s'étend presque toujours au moins autant en largeur qu'en longueur ou en hauteur, et ne se montre pas sur les côtés du front, mais reste toujours bien visible au-dessous de son bord inférieur; enfin, leur tige mobile est toute aussi longue que chez les Oxirhynques. La disposition des *antennes externes* varie; leur article basilaire sépare toujours la fossette antennaire de l'orbite, mais quelquefois reste complétement libre, tandis que d'autres fois il se soude au front. L'*épistome*, comme nous l'avons déjà dit, est très-étroit; l'espace qu'il occupe conjointement avec les fossettes antennaires (ou région antennaire) n'a pas plus de la moitié de la longueur du cadre buccal, et son bord antérieur n'atteint pas, à beaucoup près, le niveau du bord orbitaire inférieur. Le *cadre buccal* est au moins aussi large en avant qu'en arrière, et est complétement fermé par les pates-mâchoires externes, qui ne dépassent pas notablement son bord antérieur. Les *régions ptérygostomiennes* de la carapace sont très-développées; il n'y a point de division bien distincte entre la portion qui correspond au conduit afférent de la cavité respiratoire et celle qui est située

---

(1) Pl. 16, fig. 10, 11, 15, etc.

en avant et en dehors d'elle, ainsi que cela se remarque
chez la plupart des Oxirhynques , et la ligne courbe ,
qui résulte de la suture des pièces épémériennes et tergales de ce bouclier, se prolonge jusqu'au-dessus de la
cinquième pate au lieu de s'arrêter près de la troisième.
Les *pates-mâchoires externes* (1) présentent en général
la même disposition et la même forme que chez les
Maïens et les Parthénopiens ; le bord interne de leur
portion valvulaire est droit et vient se joindre à celui
du côté opposé ; enfin, leur troisième article se termine
en général par un bord droit, et donne attache à l'article
suivant par son angle interne, qui est tronqué ou échancré ; mais quelquefois il se prolonge un peu au devant du
point d'insertion du quatrième article. Les autres pièces
de la bouche ressemblent aussi à celles des Oxirhynques.
Le *plastron sternal* varie dans sa forme et dans ses
dimensions ; la suture, qui correspond à son apodème
médiane, occupe au moins les deux derniers anneaux
du thorax , et s'étend souvent sur trois ou quatre de
ces segmens ; la *selle turcique postérieure* est grande
et élevée ; enfin les apodèmes sternales qui séparent les
cellules correspondantes aux pates-mâchoires externes
et aux pates thoraciques s'avancent au point d'arriver
presque sur la ligne médiane du corps. Les *pates* de
la première paire sont très-développées ; elles sont
toujours beaucoup plus grosses que les suivantes, et
en général plus longues qu'elles ; presque toujours
elles ont au moins une fois et demie la longueur de la
portion post-frontale de la carapace. Celles de la seconde paire ont depuis une fois jusqu'à deux fois et

---

(1) Pl. 16, fig. 3 , 4 , 17, et Pl. 17, fig. 3, 6, 12 et 9.

quart de la longueur de la carapace, et les suivantes sont en général plus courtes; l'article basilaire des postérieures est toujours percé chez le mâle pour livrer passage aux verges. Enfin, l'*abdomen* se compose ordinairement de sept articles distincts chez la femelle, et seulement de cinq chez le mâle, mais quelquefois on y compte aussi sept pièces chez ces derniers. Quant aux appendices de cette partie du corps, ils ne diffèrent guères de ce que nous avons vu dans la famille précédente.

Les mœurs des Cyclométopes varient beaucoup. Les uns sont essentiellement nageurs et se rencontrent en pleine mer; d'autres vivent près des côtes, mais ne sortent jamais de l'eau; et d'autres encore vivent presque autant à l'air, sur le rivage, que dans l'eau, et se cachent habituellement sous les pierres; enfin, il en est aussi qui se creusent dans le sable une retraite souterraine. On en connaît un assez grand nombre d'espèces fossiles.

Cette famille renferme deux tribus naturelles qu'on peut distinguer de la manière suivante :

1. TRIBU DES CANCÉRIENS.

Pates postérieures semblables aux précédentes, terminées par un article styliforme, et par conséquent non natatoires.

2. TRIBU DES PORTUNENS.

Pates postérieures plus élargies que les précédentes, terminées par un article lamelleux et cilié sur les bords, et par conséquent natatoires.

CANCÉRIENS.

Carapace (Pl. 14 *bis*, fig. 10, et Pl. 16, fig. 1, 6 et 9) en général assez fortement bombée en dessus (d'avant en arrière, sinon dans tous les sens), élevée et arrondie sur les bords; sa face supérieure ne formant qu'un angle peu aigu en se réunissant avec sa portion inférieure et latérale. *Plastron sternal* presque toujours au moins aussi long que large; dernier segment thoracique beaucoup plus petit que les précédens, et séparé d'eux par une suture presque droite et transversale; anneau thoracique correspondant aux pates antérieures très-développé; voûte des flancs très-oblique; selle turcique postérieure très-large. *Pates* antérieures ordinairement très-grosses, renflées, et assez longues; les suivantes courtes et ambulatoires; celles de la seconde paire ayant en général moins d'une fois et demie la longueur de la carapace. Enfin, le troisième article des *pates - mâchoires externes* ordinairement presque quadrilatère, et peu ou point tronqué à son angle interne et postérieur.

Cette tribu, qui est très-nombreuse, peut se subdiviser en trois groupes naturels ayant pour type les OEthres, les Crabes et les Eriphies, et caractérisés de la manière suivante :

I. CANCÉRIENS CRYPTOPODES.

Bord externe des régions branchiales se prolongeant de manière à former de chaque côté du corps une espèce de bouclier

qui recouvre les pates et les cache en grande partie; carapace ovalaire.

2. CANCÉRIENS ARQUÉS.

Point de prolongement clypéiforme sur les côtés de la carapace; qui est beaucoup plus large que longue, arquée en avant et fortement tronquée de chaque côté dans sa portion postérieure.

3. CANCÉRIENS QUADRILATÈRES.

Point de prolongement clypéiforme sur les côtés de la carapace, celle-ci terminée antérieurement par un bord fronto-orbitaire très-large et droit, peu ou point arquée sur les côtés, et à peine tronquée en arrière.

On trouvera dans le tableau ci-joint l'indication des caractères comparatifs les plus propres à faciliter la détermination des genres nombreux dont cette tribu se compose.

1. CANCÉRIENS CRYPTOPODES.

Cette première division de la tribu des Cancériens ne se compose que d'un seul genre, celui des OEthres, qui à son tour est formé d'une espèce unique. Dans la classification de M. Latreille, ces Crustacés forment, avec les Calappes, la famille des Cryptopodes; mais le seul caractère important qu'ils aient en commun avec ces derniers, est l'existence de prolongemens lamelleux sur les côtés de la carapace, disposition qui se retrouve aussi chez certains Leuosiens, tandis que tout le reste de leur organisation les rapproche des Crabes.

Genre OETHRE. — *OEthra* (1).

Ce petit groupe générique a de grandes affinités avec le genre Cryptopodie de la famille des Oxirhynques , et établit le passage entre ces Crustacés et les autres Cancériens, en même temps qu'il se rapproche des Calappes , dont la place naturelle est dans la famille des Oxistomes. Toute la surface du corps des OEthres est raboteuse et paraît comme cariée. La *carapace* est d'un tiers plus large que longue , et a la forme d'un ovale assez régulier ; elle est fortement bosselée en dessus, et ses bords latéraux sont dentelés et recourbés un peu en haut. Le *front* est entier et un plus saillant au milieu que sur les côtés ; on y distingue les traces d'une fissure médiane. Les *yeux* sont très-petits et les *orbites* presque circulaires ; leur bord supérieur présente deux petites fissures , et le bord inférieur est séparé du front par un hiatus très-large. Les *fossettes antennaires* sont presque carrées , et l'article basilaire des *antennes internes* les remplit presqu'en entier ; enfin la tige mobile de ces appendices est extrêmement petite et se replie longitudinalement en avant. L'article basilaire des *antennes externes* est très-grand, et s'avance jusqu'au bord inférieur du front, de façon à remplir l'hiatus qui sans cela ferait communiquer l'orbite avec la fossette antennaire ; son extrémité antérieure est étroite, et se trouve sur le niveau du bord orbitaire inférieur ; le second article des antennes externes est très-petit ; il occupe le canthus interne des yeux et supporte une tigelle rudimentaire et très-difficile à distinguer. Les *pates - mâchoires externes* closent complétement le cadre buccal ; le bord interne de leur second et troisième articles est droit ; cette dernière pièce est fortement tronquée à son angle postérieur et interne, et cache presqu'entièrement la tigelle palpiforme qui naît sous son angle antérieur et interne. Le *plastron sternal* est beau-

---

(1) *Cancer.* Linn. Herb. etc. — *OEthra.* Leach ; — Lamk. Hist. des An. sans vert. t. V , p. 624. — Latr. Reg. Anim. 2ᵉ éd. t. IVI , p. 24 ; — Desm. p. 110.

coup plus long que large, et les *pates* antérieures ont environ
une fois et quart la longueur de la portion post-frontale de la
carapace ; leur forme est à peu près la même que chez les
Parthénopes , seulement leur face supérieure et interne est
légèrement concave, de manière à pouvoir s'appliquer exactement contre la portion inférieure et antérieure du tronc.
Les pates de la seconde paire sont beaucoup plus courtes
que la portion post-frontale de la carapace, et les suivantes
diminuent successivement de longueur ; toutes sont surmontées d'une crête tranchante et inégale, et leur tarse
est court et styliforme. Enfin , l'*abdomen* se compose de
sept articles chez la femelle et de cinq seulement chez le mâle.

Les OEthres habitent l'Océan indien et les mers d Afrique ; nous ne savons rien sur leurs mœurs.

1. OEthre rude. — *OE. scruposa* (1).

Région stomacale renflée et creusée en avant d'une gouttière
longitudinale qui se prolonge jusqu'au front ; dix à douze dentelures, en forme de plis, de chaque côté de la carapace ; bord
inférieur des pates de la première paire armé de dents spiniformes, plus distinctes que celles qu'on voit aux pates suivantes. Longueur, 2 à 3 pouces ; couleur grisâtre. (C. M.)

Habite les eaux de l'Ile-de-France et de l'archipel Indien.

2. CANCÉRIENS ARQUÉS.

Dans cette division de la tribu des Maïens, caractérisée, comme nous l'avons déjà dit, par la forme générale de la carapace, les pates antérieures sont en
général de longueur médiocre, mais remarquables par
leur grosseur et par la forme renflée de la main ; enfin
le second article des pates-mâchoires externes se ter-

---

(1) *Cancer scruposus*. Linn. Mus. Lud. Ulr. p. 450; *Cancer poly-
nome*. Herb. t. III, Pl. 53, fig. 4 et 5 ; *OEthra depressa*. Lamk. Hist.
des Anim sans vert. t. V, p. 265; — Desm. p. 110, Pl. 10, fig. 2

mine antérieurement par un bord droit ou presque droit, et l'article suivant est tronqué ou échancré à son angle antérieur interne, de façon à laisser à découvert la tigelle palpiforme qui s'y insère. La couleur de ces Crustacés varie beaucoup, mais presque toujours ils ont les pinces noires.

Ce groupe est très-nombreux, et peut se subdiviser en genres dont la détermination sera facile à l'aide des caractères indiqués dans le tableau placé ci-dessus (*voyez* page 369).

I. GENRE CRABE. — Cancer (1).

Le genre Crabe renfermait jadis tous les Décapodes Brachyures, mais on en a successivement resserré les limites, et afin de faciliter l'étude de ces animaux, nous avons été conduits à pousser plus loin cette réforme.

Le groupe auquel nous conservons ce nom se compose d'un assez grand nombre d'espèces faciles à reconnaître à leur forme générale et à la disposition de leurs pates. La *carapace* (Pl. 16, fig. 1) de ces animaux est très-large (presque toujours au moins une fois et demie aussi large que longue), assez régulièrement ovalaire et très-convexe en dessus ; ses bords antérieurs et latéraux forment une ligne courbe très-régulière, qui de chaque côté se recourbe en arrière et en dedans, de façon à décrire plus que la moitié d'une ellipse dont le contour semble se continuer sur la partie postérieure des régions branchiales pour aller gagner le niveau de la région intestinale. Le *front* est large, très-incliné et peu saillant ; toujours il est divisé sur la ligne médiane par une fissure ou une petite échancrure, et souvent il paraît quadrilobé à cause de la saillie que forme sa partie moyenne, ainsi que les angles externes. Les bords latéro-antérieurs de la cara-

(1) *Cancer.* Linn. — Fabr. — Latr. — Desm. — *Carpilius*; Leach. Ruppell. op. cit.

pace sont très-longs et en général tranchans ; ils se dirigent presque directement en dehors , puis se recourbent en arrière, et enfin reviennent en dedans vers leur extrémité postérieure ; les bords latéro-postérieurs sont très-courts et forment avec le bord postérieur un angle très-ouvert ; en général ils sont un peu concaves. Les diverses régions de la carapace sont ordinairement peu distinctes. Les *orbites* sont presque circulaires ; on n'y distingue pas d'angle externe, mais la portion externe de leur contour paraît comme froncé par l'existence de trois fissures linéaires et presque parallèles, dont deux sont placées en haut et une au-dessous du niveau du bord latéral de la carapace ; enfin au-dessous de leur angle interne , les parois de ces cavités sont interrompues par un hiatus que remplit l'antenne externe. La région antennaire est large, mais très-courte ; les *fossettes antennaires* sont transversales, et l'épistome presque linéaire (Pl. 16, fig. 2). L'article basilaire des *antennes externes* est presque droit et ne touche au bord inférieur du front que par son angle antérieur et interne ; la tige mobile de ces appendices est extrêmement courte, et s'insère dans l'hiatus du bord orbitaire , de façon à pouvoir se reployer dans l'orbite. Le troisième article des *pates-mâchoires externes* (fig. 3) est plus large que long , et presque carré, son angle antérieur et interne est à peine tronqué, et son bord antérieur est entier. Le *plastron sternal* est presqu'une fois et demie aussi long que large , et ses bords latéraux sont presque droits ; le sillon qui loge l'abdomen du mâle est très-profond , et les sutures qui séparent les derniers anneaux thoraciques sont presque transversales. Les *pates* antérieures sont grosses, courtes et disposées de façon à pouvoir s'appliquer exactement contre les régions ptérygostomiennes ; la main présente en dessus une crête plus ou moins tranchante , et les pinces sont cannelées en dehors et en dessus , armées dans toute leur longueur de dents comprimées et tranchantes, et pointues à leur extrémité. Les pates suivantes sont très-courtes, très-comprimées, et garnies en dessus d'une crête tranchante ou d'une rangée de fortes épines qui s'étend jusqu'à l'insertion du tarse, lequel est court, renflé et armé d'un petit ongle corné. Enfin *l'abdomen* ne présente rien de particulier, si ce n'est que chez le mâle les appendices de la première paire sont très-longs et filiformes à leur extrémité, et que l'on n'y distingue ordinairement que cinq articles. La plupart des espèces de ce genre habitent l'Océan indien, et il n'est pas rare d'en trouver à l'état fossile.

§ A. *Espèces dont la carapace est lisse, sans bosselures ni sillons distincts.*

1. CRABE ROSÉ. — *Cancer roseus* (1).

Carapace à bords mousses, ovoïde, une fois et deux tiers aussi large que longue; très-bombée et piquetée partout; ni repli ni tubercule à l'extrémité de ses bords latéro-antérieurs. Crêtes des pates très-élevées, tranchantes et inégales; une crête au bord inférieur de leur pénultième article. Longueur, environ 18 lignes; couleur rougeâtre, avec les pinces noires.

Habite la mer Rouge. (**C. M.**)

2. CRABE TRÈS-ENTIER. — *C. integerrimus* (2).

Carapace entourée en avant et sur les côtés d'un rebord mince et tranchant, ovoïde comme chez le précédent, mais ayant *sur les régions branchiales un repli courbe* qui se continue avec les bords latéro-antérieurs; un peu piquetée antérieurement; pates comme dans l'espèce précédente; *une crête sur le bord inférieur de l'avant-dernier article des postérieures.* Ce Crustacé se distingue de tous les autres Crabes par la disposition des *régions ptérygostomiennes, qui, au lieu d'être convexes, sont ici concaves d'arrière en avant,* et présentent ainsi une large gouttière transversale dans laquelle vient se replier la main. Longueur, environ 2 pouces.

Habite l'océan Indien. (**C. M.**)

---

(1) *Carpilius roseus.* Ruppell. op. cit. p. 13, Pl. 3, fig. 3. *C. orientalis?* Herb. Pl. 20, fig. 117.

(2) Lamk. Hist. des An. sans vert. t. V, p 273.

3. CRABE MARGINAL. — *C. marginatus* (1).

Carapace à limbe latéro-antérieur lamelleux et tran-chant, ovoïde, sans repli ni tubercule à l'extrémité du bord latéro-antérieur; une crête au bord inférieur des pates des quatre dernières paires. Longueur, environ 10 li-gnes. Carapace marron avec une bordure blanchâtre; pates couleur de chair; pinces noires.

Habite la mer Rouge.

4. CRABE OCYROÉ. — *C. ocyroe* (2).

Carapace à limbe latéro-antérieur lamelleux et tran-chant, ovoïde, mais moins large que dans les espèces pré-cédentes et un peu bosselée; une ou deux fissures au bord latéro-antérieur qui se terminent par une petite dent arrondie; crête des pates élevée; *point de crête au bord inférieur de leur pénultième article.* Longueur, environ 2 pouces; couleur blanchâtre, avec une multitude de petites taches jaunes.

Habite les mers d'Asie. (C. M.)

§. B. *Espèces ayant la carapace lisse ou à peine granu-leuse, mais bosselée et creusée de sillons.*
 b. *Régions ptérygostomiennes légèrement convexes.*

6. CRABE LOBÉ. — *C. lobatus*.

Bords latéro-antérieurs de la carapace formant une crête horizontale, tranchante, et divisée seulement en quatre lobes séparés par des sillons linéaires. Carapace ovoïde, fortement bosselée en dessus, excepté dans son tiers

---

(1) *Carpilius marginatus.* Ruppell. op. cit. p. 15. Pl. 3. fig. 4.
(2) Herbst, t. III, Pl. 54, fig. 2.

postérieur, qui est très-rétréci. Mains presque lisses, garnies en dessus d'une crête tranchante très-élevée et de quelques lignes saillantes sur la face externe, pinces très-pointues et cannelées en dehors; pates suivantes courtes, comprimées, lisses, et garnies en dessus d'une crête tranchante. Longueur, environ 9 lignes.

Habite les Antilles. (C. M.)

7. CRABE MAMELONNÉ. — *C. Mamillatus.*

Bords latéro-antérieurs de la carapace découpés en six dents, arrondis et obtus. Carapace ovoïde, entièrement couverte de bosselures élevées, lisses, très-nombreuses; front et orbites beaucoup plus élevés que la terminaison des bords latéro-antérieurs de la carapace; pates toutes couvertes de bosselures; bord supérieur des mains presque tranchant. Longueur, 2 pouces.

Habite l'Australasie. (C. M.)

b. b. Une grande cavité ovalaire sur chaque région ptérygostomienne. (Disposition dont nous ne connaissons pas d'autre exemple chez les Crustacés.)

8. CRABE SCULPTÉ. — *C. sculptus* (1).

Carapace ovalaire, bombée, fortement bosselée, et garnie en dessus de quelques granulations miliaires. Front formé de quatre lobes arrondis, dont les deux médians sont inclinés et très-avancés. Bords latéro-antérieurs très-courbes, granuleux, ne présentant ni dents ni lobes bien distincts, et se prolongeant jusqu'au niveau du milieu de la région cordiale; bords latéro-postérieurs très-concaves; mains surmontées d'une crête

---

(1) *C. esculptus.* Herb. t. I, p. 265, Pl. 21, fig. 121. Savigny, Egypt. Hist. nat. t. II, Cr. Pl. 6, fig. 3.

triangulaire contournée sur elle-même, et d'un aspect vermoulu en dehors ; pinces granuleuses sillonnées en dehors et
légèrement creusées sur leur bord préhensile. Pates des
quatre dernières paires comprimées, surmontées d'une petite
crête, et garnies en dehors de beaucoup de tubercules arrondis
ou pointus. Face inférieure du corps granuleux. Longueur, 2
ou 3 pouces ; couleur blanchâtre ; quelques poils sur les
pates.

Habite la mer Rouge. (C. M.)

§. C. *Espèces dont la carapace est bosselée et couverte de
granulations, mais non épineuse.*

   *c. Un bord lamelleux et tranchant autour de la
moitié antérieure de la carapace.*

9. Crabe bordé. — *C. limbatus* (1).
(Pl. 16, fig. 14.)

Carapace ovoïde, bosselée, et couverte de petites granula
tions miliaires ; front peu saillant et à peine sinueux ; bord latéro-antérieur de la carapace garni d'une crête horizontale,
très-saillante, mince, tranchante, divisée par deux ou trois
fissures, et se continuant jusqu'au niveau du milieu de la région
cordiale ; bords latéro-postérieurs courts et concaves. Pates antérieures granuleuses en dehors ; doigts courts et pointus ; le
supérieur garni de trois crêtes tranchantes. Pates des quatre
dernières paires lisses et surmontées d'une crête tranchante qui
s'étend jusqu'à l'origine du tarse. Longueur, environ un pouce ;
couleur jaune.

Habite l'océan Indien et la mer Rouge. (C. M.)

---

(1) *Xantho granulosus*. Ruppell. Crust. Pl. 5, fig. 3. (Ce nom spécifique étant un double emploi, nous avons préféré celui sous lequel nous avions depuis longtemps désigné ce Crustacé dans la collection du Muséum.)

*c. c.   Point de rebord lamelleux et tranchant autour de
la moitié antérieure de la carapace.*

10. CRABE DE SAVIGNY. — *C. Savignii* (1).

Carapace très-bombée, d'un aspect comme *frambroisé*, et bien moins élargie que dans les espèces précédentes. Les granulations dont elle est couverte sont entassées
les unes sur les autres, et subdivisées en une foule de points
arrondis. Ses bords latéro-antérieurs sont granuleux et pas
distinctement divisés en lobes ou dents, et ses bords latéro-
postérieurs sont très-concaves. Les pates sont courtes et toutes
couvertes de granulations. Longueur, environ 10 lignes; couleur rougeâtre avec des taches brunes et blanches; pinces
brunes.
Habite la mer Rouge et l'océan Indien. (C. M.)

11. CRABE GRAVELEUX. — *C. calculosus.*

*Carapace peu bombée et garnie de granulations assez
grosses, peu saillantes, et non réunies en groupe, peu
bosselée; bords latéro-antérieurs obscurément divisés en
quatre lobes un peu arrondis.* Pates courtes; les antérieures
granuleuses et sans crête; les autres comprimées et surmontées
d'une crête dentelée. Longueur, 6 lignes.
Habite la Nouvelle-Hollande. (C. M.)

12. CRABE SPINIMANE. — *C. spinimanus.*

Carapace peu bombée, médiocrement granuleuse, presque circulaire, tronquée en arrière et bosselée; bords latéro-antérieurs armés de quatre dents triangulaires, entre

---

(1) *Cancer.* Savigny, Egypt. Hist. nat. t. II. Crust. Pl. 6, fig. 2.
C. granulatus. Audouin, Explic. des Pl. de Savigny.

lesquelles on remarque des séries de petites espèces. Mains surmontées d'une crête élevée formée par cinq grosses dents ; pates suivantes épineuses. Longueur , environ un pouce et demi ; couleur blanchâtre avec les pinces brunes.

Patrie inconnue. (C. M.)

§. D. *Espèces dont la carapace est couverte d'épines.*

13. CRABE ACANTHE. — *C. acanthus.*

Carapace ovalaire , très-élargie, fortement bosselée et couverte d'épines ; front peu incliné et divisé en quatre dents ; bords latéro-antérieurs fortement courbés , se prolongeant jusqu'au niveau du milieu de la région cordiale et armés de cinq à six dents, hérissés d'épines ; bords latéro-postérieurs très-concaves. Pates couvertes d'épines ; celles de la première paire ne présentent pas en dessus de crête élevée. Corps finement granulé en dessous, couvert en dessus de poils raides. Longueur, environ un pouce.

Patrie inconnue. (C. M.)

Le CANCER PITHO de Herbst (Pl. 51, fig. 2) me paraît devoir se rapporter à la subdivision A de ce genre ; mais cependant la longueur de ses pates le rapproche des Carpilies. Le CANCER SPECTABILIS, du même auteur (Pl. 37, fig. 5), y appartient probablement aussi. Enfin, c'est dans la division C que devrait prendre place le CANCER MELISSA de Herbst (Pl. 51, fig. 1), qui ne paraît pas devoir être confondu avec le *C. sculpté*, comme cet auteur semble le penser.

On connaît plusieurs Crustacés fossiles qui paraissent également appartenir à ce genre. De ce nombre sont le CRABE DE Bosc, décrit par M. Desmarest (Crust. foss. p. 94, Pl. 8, fig. 3 et 4), et trouvé dans un banc de calcaire grossier à Vérone ; sa forme générale le rapproche du Crabe ocyrœ, mais il se distingue de toutes les espèces vivantes par la forme de son front, etc. : le Crabe de Leach, du même auteur (p. 95, Pl. 8, fig. 5 et 6), qui se rencontre dans les argiles plastiques de l'île Shepy : le Crabe pointillé, Desm. (Knorr et Walch, Monum. du déluge, t. I, Pl. 16 A, fig. 2 et 3 ; — Desm. op. cit. Pl. 7, fig. 3 et 4), qui provient des environs de Vicence : le Crabe quadrilobé (Desmarest, Pl. 8, fig. 1 et 2), très-commun dans les dépôts coquilliers des environs de Dax ; une espèce inédite de la collection de M. Deshayes, remarquable par les bosselures de sa carapace, mais dont ce naturaliste ignore le gisement, etc. Nous sommes portés à considérer le Crabe aux grosses pinces, Desm. (Rhumph, Pl. 60, fig. 3 ; — Desm. Pl 7, fig 1 et 2), comme se rapportant au genre Carpilie plutôt qu'à la division des Crabes proprement dits.

II. genre CARPILIE. — *Carpilius* (1).

Le genre Carpilie, établi par M. Leach, a les rapports les plus intimes avec le genre Crabe. La forme générale du corps (Pl. 16, fig. 9) est absolument la même que chez la plupart de ces Crustacés ; la *carapace* est ovoïde très-bombée ; ses bords latéro-antérieurs sont obtus et terminés en arrière par une espèce de tubercule arrondi. Les *pates* sont plus longues que chez la plupart des Crabes, et ne sont ni comprimées ni garnies en dessus d'une crête ; leur dernier article est grêle, très-allongé et styliforme ; les mains sont plus renflées et d'inégale grosseur, et les doigts, plus gros, plus arrondis, sans cannelures, et obtus au bout, sont armés (au moins d'un côté) de deux ou trois gros tubercules arrondis seulement.

---

(1) *Cancer*. Linn. Fabr. Latr. Desm. etc. *Carpilius*. Leach (Desm. p. 104). — Ruppell. op. cit.

Il est aussi à noter que l'article basilaire des *antennes externes* (Pl. 16 , fig. 10) est plus long , plus oblique et en
contact avec le front dans le tiers de sa longueur , et que
le bord antérieur du troisième article des pâtes-mâchoires
externe est très-oblique.

§. A. *Espèces dont la carapace est parfaitement lisse en
dessus , ne présentant pas de sillons , et n'étant point
divisée en lobes.*

1. CARPILIE CORALLIN. — *C. corallinus* (1).

*Front étroit (sa largeur n'excédant pas la longueur
de l'espace compris entre le plastron sternal et le bord
antérieur des fossettes antennaires) , et divisé en quatre
lobes , dont les deux latéraux sont arrondis et séparés des
médians par une échancrure profonde , et dont les deux
médians sont à peine distincts l'un de l'autre et très-avancés ;* un petit tubercule saillant à l'angle externe de l'orbite ; bords
latéro-antérieurs arrondis , obtus , non carénés , et terminés par
un gros tubercule arrondi situé au niveau de l'angle rentrant du
bord latéral de la région cordiale. Cloison inter-antennaire très-
large ; article basilaire des antennes externes très-oblique ;
épistome lisse ; bord antérieur du cadre buccal à peine saillant
et sans tubercule à ses extrémités ; bord antérieur du troisième
article des pates-mâchoires externes très-oblique , et son bord
postérieur presque droit. Pates antennes très-grosses, renflées ,
et n'ayant pas deux fois la longueur de la carapace. Pates de la
seconde paire un peu plus courtes que celles de la troisième
paire , lisses et arrondies ; leur troisième article dépassant de
beaucoup le bord latéral de la carapace (tandis que dans les es-

---

(1) *C. floridus.* Rumph. Pl. 8, fig. 5? *C. flosculosus.* Seba , t. III,
Pl. 19, fig. 2 et 5? *C. corallinus.* Fabr. Ent. Syst. t. II , p. 445 ; —
Herb. Pl. 5, fig. 40 ; — *C. adspersus.* Herb. Pl. 21 , fig. 119? *C.
maculatus.* Latr. Hist. des Crust. t. VI ; — Desm. p. 104.

pèces suivantes il ne le dépasse qu'à peine). Tarses cylindriques et plus longs que l'article qui les précède. Longueur, 4 à 5 pouces ; couleur rouge jaunâtre avec des vergettures jaunes ; pinces et ongles bruns.

Habite les Antilles. (C. M.)

2. CARPILE MACULÉ. — *C. maculatus* (1).

Front très-large (sa largeur excédant notablement la longueur de l'espace compris entre le bord antérieur du front et le plastron sternal), et formé de quatre lobes, dont les deux latéraux sont arrondis et séparés des médians par une échancrure profonde. Épistome divisé transversalement par un sillon très-profond. Du reste, semblable au précédent. Longueur, environ 2 pouces ; couleur jaune pâle, avec quelques grosses taches circulaires d'un rouge intense sur la carapace.

Habite l'océan Indien. (C M.)

3. CARPILIE CONVEXE. — *C. convexus* (2).
(Pl. 16, fig. 9 et 10.)

Front assez large et formé de quatre lobes, dont les deux latéraux sont presque droits et les deux médians presque confondus et peu saillans. Carapace beaucoup plus convexe que dans le C. corallin ; région hépatique et portion antérieure de la région stomacale piquetées. Du reste, ne diffère pas notablement de la précédente. Longueur, 2 à 3 pouces ; couleur jaune, avec un grand nombre de taches irrégulières de couleur orange.

Habite la mer Rouge. (C. M.)

---

(1) *C. ruber.* Rumph, Pl. 10, fig. 1 ; *C. sexatilis.* Seba, t. III, Pl. 19, fig. 8. *C. maculatus.* Linn. Mus. Lud. Ul. p. 433 ; — Fabr. Ent. Syst. t. II, p. 447 ; — Herb. Pl. 6, fig. 41, Pl. 21, fig. 118, et Pl. 60, fig. 2 ; — Latr. Hist. des Crust. t. V ; — Desm p. 104.
(2) *Cancer convexus.* Forskäl. Descript. Anim. p. 88 ; *Carpilius convexus.* Ruppell. Crust. de l'Égypte, Pl. 3, fig. 2.

§ B. *Espèces dont la carapace est lisse en dessus, mais divisée en lobes par de petits sillons linéaires.*

4. CARPILIE VEINEUX. — *C. venosus.*

Cette petite espèce établit le passage entre les précédentes et divers Crabes dont la carapace est fortement bosselée. Les bords latéro-antérieurs de la carapace sont divisés par des replis en quatre lobes larges, arrondis et peu saillans; la région stomacale est divisée en cinq bandes longitudinales par des sillons, et les hépatiques en trois portions principales par deux sillons obliques qui partent des deux dernières échancrures du bord latéro-antérieur. Enfin, dans sa moitié postérieure, la carapace est lisse. Les pates sont un peu comprimées. Longueur, six lignes.

Habite?. (C. M.)

Le CANCER MARMARINUS de Herbst (Pl. 60, fig. 1), et le CANCER PETRACA, du même auteur (Pl. 51, fig. 4), appartiennent évidemment à cette division générique; le premier a beaucoup d'analogie avec le Carpilie corallin, le second avec le C. convexe.

III. GENRE ZOZYME. — *Zozymus* (1).

Cette petite division générique, extrêmement voisine des deux précédentes, ne s'en distingue guères que par la forme des *pinces*, dont l'extrémité est élargie et profondément creusée en cuillère, disposition qui doit influer sur la manière de vivre de ces animaux. Elle tend aussi à établir le passage entre le genre Crabe et le genre Xanthe, car nous ne trouvons aucun

---

(1) *Cancer*. Linn. Fabr. Latr. Desm. *Zozymus*. Leach (Desm. p. 104.)

caractère bien précis pour en séparer quelques espèces, dont la forme générale est un peu moins ovalaire que chez les Crabes, et dont les bords latéro-postérieurs de la carapace sont presque aussi longs que les bords latéro-antérieurs, qui eux-mêmes deviennent fortement dentelés.

§ A. *Espèces ayant la carapace lisse et sans bosselures notables.*

1. Zozyme très-large. — *Z. latissimus* (1).

Carapace ovoïde extrêmement large, assez bombée; son bord latéro-antérieur très-long, et bordé d'une crête lamelleuse et entière qui ne se termine point par un tubercule, mais se recourbe brusquement sur la région branchiale. Lobes médians du front courbes et très-avancés; pates antérieures fortes; pinces sans crête ni cannelures sur leur face externe; une crête élevée tant sur le bord supérieur que sur le bord inférieur des huit dernières pates. Longueur, 3 pouces; couleur rougeâtre.

Habite la Nouvelle-Hollande. (C. M.)

§ B. *Espèces dont la carapace est granuleuse, mais sans bosselures.*

2. Zozyme pubescent. — *Z. pubescens.*

Carapace régulièrement ovoïde, bombée, très-large, et couverte de petites granulations pointues. Front très-étroit, incliné; bords latéro-antérieurs très-courbes, épais, granuleux, sans crête ni dentelures, et se prolongeant jusqu'au niveau de la région cordiale. Pates des quatre dernières paires arrondies dans leur moitié externe, mais ayant le troisième article com-

----

(1) *C. levis latipes?* Seba, t. III, Pl. 19, fig. 6, *a.*

primé et tranchant. Longueur, environ 10 lignes; corps garni d'un duvet très-fin; couleur blanchâtre.

Habite l'Ile-de-France. (C. M.)

§ B. *Espèces dont la carapace est granuleuse et bosselée.*

3. ZOZYME TOMENTEUX. — *Z. tomentosus.*

Carapace ovoïde, très-large, très-bombée, fortement bosselée en dessus et divisée par un grand nombre de sillons linéaires; région génitale divisée en trois portions par des sillons nombreux. Ses bords latéro-antérieurs granuleux et divisés par quatre fissures qui se prolongent en forme de sillons sur la région ptérygostomienne, laquelle n'est point granuleuse; ses bords latéro-postérieurs concaves et très-courts. Pates courtes et couvertes de granulations; corps couvert d'un duvet noirâtre. Longueur, environ 8 lignes.

Habite l'océan Indien. (C. M.)

4. ZOZYME RIDÉ. — *Z. rugatus* (1).

Cette petite espèce, dont je n'ai observé qu'un individu mutilé, ressemble beaucoup à la précédente, mais les granulations de la carapace sont plus fines et plus serrées, et la région génitale n'est pas divisée; les bords latéro-antérieurs de la carapace sont divisés en quatre lobes arrondis et bien distincts; peu ou point de duvet; pinces lisses. Longueur, 4 lignes.

Habite? (C. M.)

§ D. *Espèces ayant la carapace fortement bosselée, mais non granuleuse.*

5. ZOZYME BRONZÉ. — *Z. Æneus* (2).

Carapace médiocrement large, convexe, très-inégale, forte-

---

(1) *Cancer cochlearis?* Herb. t II, p. 266, Pl. 21, fig. 123. *Cancer rugatus*, Latr. Collect. du Muséum.

(2) *C. incomparabilis.* Seba, t. III, Pl. 19, fig. 18 *C. æneus.* Linn.

ment bosselée, et presque tuberculeuse à sa partie postérieure ; front peu avancé et indistinctement divisé en quatre lobes ; bords latéro-antérieurs de la carapace ne se prolongeant pas au delà du niveau de la région génitale, et armés de quatre dents très-larges, comprimées et réunies en manière de crête. Pates antérieures tuberculeuses en dehors ; les suivantes creusées de sillons sur leur face externe. Longueur, 2 à 3 pouces ; couleur jaune, avec des taches rougeâtres.

Habite l'océan Indien. (C. M.)

IV. Genre LAGOSTOME. —*Lagostoma* (1).

Les Cancériens, dont se compose ce genre, ressemblent beaucoup à certains Zozymes ; mais ce qui les en distingue, ainsi que de tous les autres Crustacés de la même tribu, est l'existence d'une échancrure large et profonde vers le milieu du bord antérieur du troisième article des pates-mâchoires externes (Pl. 16, fig. 4). Leur carapace est un peu ovoïde et bombée dans tous les sens ; le front est incliné et les bords latéro-antérieurs très-recourbés en arrière. L'article basilaire des antennes internes est remarquablement saillant, et l'article basilaire des antennes externes n'arrive pas tout-à-fait jusqu'au front. Les pates antérieures sont comprimées, inégales, et leurs pinces sont creusées en cuillère ; enfin, les pates suivantes sont courtes, comprimées et épineuses en dessus.

Nous ne connaissons encore qu'une seule espèce ayant ce mode d'organisation.

Mus. Lud. Ulr. p. 451 ;   *C. floridus.* Herb. t I, p. 132, Pl. 3, fig. 39, Pl. 21, fig. 120 ; *C. amphitrite.* Herb. t. III, Pl. 53, fig. 1; *C. floridus* et *C. æneus.* Fabr. Suppl. p. 388 et 335. *C. æneus.* Latr. Hist. des Crust. t. V, p. 375 ; — Lamk. Hist. des An. sans vert. , t. V, p. 271 ; — Desm, p. 104 ; — Quoy et Gaimard. Voyage de l'Uranie, Pl. 76, fig. 1.

(1) *Cancer.* Fabr. Suppl. p. 334.

Lagostome perlée. — *L. perlata* (1).

Carapace ovalaire, très-bombée, et couverte de gros tubercules pisiformes; lobes médians du front petits, saillans et arrondis; bords latéro-antérieurs de la carapace garnis d'une douzaine de tubercules dentiformes, et se prolongeant jusqu'au niveau de la partie postérieure de la région cordiale. Pates antérieures tuberculeuses; les suivantes garnies en dessus de poils assez longs, et hérissées d'épines, excepté sur le tarse, qui ne présente point de dentelures notables. Face inférieure du corps lisse. Longueur, environ 15 lignes; couleur brunâtre.

Habite l'océan Atlantique, et paraît se rencontrer quelquefois sur les côtes de la Bretagne. (C. M.)

V. Genre XANTHE. — *Xantho* (2).

Le genre Xanthe, établi par M. Leach pour recevoir quelques Crustacés de nos côtes, a les rapports les plus intimes avec les genres Crabe et Zozyme, surtout lorsqu'on étend ses limites comme nous avons été obligé de le faire, afin ne pas multiplier outre mesure les divisions génériques. Presque tous les points de l'organisation extérieure de ces divers cancériens sont les mêmes; mais cependant les Xanthes sont faciles à distinguer, et ont pour la plupart un aspect particulier qui les fait reconnaître au premier coup d'œil. Leur *carapace* est encore très-large, mais n'est jamais régulièrement ovoïde, et n'est que peu ou point bombée; sa surface est en général tout-à-fait horizontale transversalement, et n'est courbée dans le sens de sa longueur que dans sa portion antérieure. Le *front* est ordinairement

---

(1) *Cancer perlatus*. Herb. t. I, p. 265, Pl. 21, fig. 122; *C. daira*. Herb. t. III, Pl. 33, fig. 2. *C. variolosus*. Fabr. Suppl. p. 338.

(2) *Cancer*. Linn. Fabr. etc. — *Xantho*. Leach. Malac. — Desm. p. 104.

avancé, lamelleux et presque horizontal; une fissure étroite la divise en deux lobes dont le bord est plus ou moins échancré au milieu. Les *orbites* ne présentent rien de remarquable, et ressemblent à celles des Crabes et des Zozymes; les *bords* latéro-antérieurs de la carapace se prolongent en général bien moins en arrière que dans les genres précédens, et n'arrivent ordinairement qu'au niveau du milieu de la région génitale, de façon que la portion antérieure de la carapace n'est guères plus étendue que la portion postérieure; les bords latéro-postérieurs sont presque toujours longs, droits, et dirigés beaucoup moins obliquement en dedans que dans les genres précédens. Les *fossettes antennaires* sont étroites, transversales et séparées par une cloison mince. L'article basilaire des *antennes externes* est placé comme chez les Zozymes, mais est en général plus court. Les *pates-mâchoires externes* ne présentent rien de particulier. Le *plastron sternal* est ovalaire. Les *pates* antérieures sont fortes et en général inégales chez le mâle; les pinces sont tantôt pointues, tantôt arrondies, mais jamais creusées en cuillère comme chez les Zozymes; de même que dans tous les genres précédens, elles sont noires ou brun foncé. Les pates suivantes sont médiocres, plus ou moins comprimées, et terminées par un tarse très-court et armé d'un petit ongle corné. L'*abdomen* présente sept segmens chez la femelle et en général cinq chez le mâle.

Ce genre, assez nombreux en espèces, est répandu dans toutes les mers, et se trouve aussi à l'état fossile.

§ A. *Espèces dont la carapace est granuleuse ou tuberculeuse en dessus.*

    a. *Pates des quatre dernières paires ni épineuses ni dentées.*

        a*. *Carapace couverte de granulations arrondies et isolées.*

1. Xanthe très-poilu. — *X. hirtissimus* (1).

Carapace granuleuse et très-fortement bosselée dans toute son étendue (la région cordiale et la portion postérieure des régions branchiales bosselées et sillonnées comme les parties antérieures de la carapace), *forme générale presque ovoïde* (se rapprochant beaucoup de celle du Zozyme tomenteux). *Bords latéro-antérieurs de la carapace très-courbes et divisés en quatre lobes obtus. Bords latéro-postérieurs très-concaves.* Régions ptérygostomiennes granuleuses et creusées de petits sillons qui se continuent avec les échancrures des bords latéro-antérieurs. Pates médiocres et comprimées. Corps entièrement couvert de petits poils raides. Longueur, environ 7 lignes.

Habite la mer Rouge. (C. M.)

2. Xanthe a points rouges. — *Z. rufopunctatus.*

Carapace granuleuse et bosselée partout, comme dans l'espèce précédente, mais beaucoup moins ovoïde ; sillons de la carapace très-profonds, très-larges et lisses ; bords latéro-antérieurs divisés en cinq dents grosses et arrondies ; bords latéro-postérieurs presque droits. Régions ptérygostomiennes granuleuses, mais sans sillons notables ; pates extrêmement noduleuses et granuleuses. Blanc, avec des taches rouges. Longueur, près d'un pouce.

Habite l'Ile-de-France. (C. M.)

---

(1) Ruppell. op. cit. p. 21, Pl. 4, fig. 8.

3. Xanthe piquant. — *X. asper* (1).

Carapace granuleuse et bosselée partout (comme dans les espèces précédentes), *mais beaucoup moins large ; ses bords latéro-antérieurs très-courts et divisés en quatre dents hérissées à leur extrémité d'une série d'épines acérées.* Pates antérieures comprimées et garnies de plusieurs rangées de tubercules granuleux ; les suivantes lisses. Longueur, 4 à 5 lignes.

Habite la mer Rouge.

4. Xanthe setiger. — *X. setiger.*

Carapace très-granuleuse partout et fortement bosselée en avant, mais sans bosselures ni sillons notables sur la région cordiale et la portion correspondante des régions branchiales ; moins ovoïde que chez le X. très-poilu. Bords latéro-antérieurs très-courbes et divisés en quatre lobes à peine distincts ; bords latéro-postérieurs concaves ; régions ptérygostomiennes comme dans le X. très-poilu ; pates antérieures assez grosses et très-granuleuses ; pinces pointues, tranchantes et cannelées en dehors ; corps couvert de poils. Longueur, environ 9 lignes.

Habite les Antilles. (C. M.)

5. Xanthe raboteux. — *X. scaber* (2).

Carapace comme dans l'espèce précédente, mais moins large, et ayant ses bords latéro-postérieurs droits. Mains plus grosses, et pinces sans cannelures distinctes ; du reste ne différant qu'à peine du X. setiger. Longueur, environ 10 lignes.

Habite les îles de la Sonde. (C M.)

---

(1) Ruppell. op. cit. Pl. 5, fig. 6.
(2) *Cancer scaber.* Fabr. Suppl. p. 336.

6. Xanthe de Lamarck. — *X. Lamarckii.*

Carapace presque lisse dans sa moitié postérieure, et un peu plus large que dans l'espèce précédente. Dents latéro-antérieures plus pointues ; mains très-granuleuses et creusées en dehors de deux sillons longitudinaux très-profonds. Longueur, 4 lignes.

Habite l'Ile-de-France. (C. M.)

a^{**}. *Carapace couverte de petits tubercules soudés entre eux par doubles rangées, et ayant l'aspect vermoulu.*

7. Xanthe vermoulu. — *X. vermiculatus* (1).

Carapace à peine bombée, fortement bosselée, et présentant sur chaque bosselure un grand nombre de tubercules réunis entre eux, de manière à former des lignes élevées et découpées de chaque côté, qui s'unissent à leur tour et donnent à la carapace l'aspect d'une substance vermoulue. Bords latéro-antérieurs divisés en quatre lobes à dents triangulaires dont les bords sont dentelés ; bords latéro-postérieurs concaves. Le front très-incliné ; une échancrure étroite et profonde vers le milieu du bord antérieur du troisième article des pates-mâchoires externes. Pates comme vermoulues en dessus et en dehors ; celles de la première paire médiocres et arrondies en dessus ; pinces sillonnées ; pates des quatre dernières paires à bord supérieur tranchant et poilu. Longueur, environ deux pouces. Couleur blanchâtre.

Habite ? (C. M.)

---

(1) *Cancer vermiculatus.* Lamarck, Hist. des An. s. vert. t. V, p. 271.

a.a. Pates des quatre dernières paires ni épineuses ni dentées. (Carapace tuberculeuse.)

7. Xanthe de Reynaud. — *X. Reynaudii.*

Carapace à régions bien distinctes et bosselées, tuber-culeuse dans toute son étendue, peu convexe, fortement tronquée en arrière et couverte de tubercules peu saillans. Front divisé en deux lobes sinueux et tronqués ; bords latéro-antérieurs ne dépassant que de peu le niveau de la région stomacale, et armés de quatre grosses dents triangulaires et tuberculeuses ; bords latéro-postérieurs un peu concaves et très-longs ; pates antérieures renflées et couvertes en dedans comme en dehors de gros tubercules arrondis ; pinces pointues ; pates suivantes, grêles, assez longues, et portant sur le bord supérieur de leur troisième article une série de six à sept grosses dents. Face inférieure du corps granuleuse. Longueur, environ 2 pouces et demi ; couleur rouge mêlé de jaune et de blanc.

Habite l'océan Indien. (C. M.)

8. Xanthe de Péron. — *X. Peronii.*

Carapace à régions peu distinctes, et peu ou point tuberculeuse dans sa moitié postérieure. Forme générale à peu près de même que dans l'espèce précédente. Pates antérieures grosses et couvertes en dehors de tubercules pointus ; celles des quatre dernières paires hérissées d'épines. Longueur, environ 4 lignes.

Habite la Nouvelle-Hollande. (C. M.)

§ B. *Espèces dont la carapace n'est couverte ni de granulations ni de tubercules.*

    b. *Mains et pates des quatre dernières paires dépourvues de crête tranchante sur leur bord supérieur.*

        b*. *Carapace bosselée dans toute son étendue et piquetée (ses bords latéro-antérieurs fortement dentés).*

8. XANTHE IMPRIMÉ. — *X. impressus* (1).

Carapace à peine bombée et couverte de bosselures dont la surface est inégale et piquetée ; front peu incliné et divisé en quatre lobes arrondis, dont les deux médians sont grands et saillans, et les deux latéraux très-petits. Bords latéro-antérieurs prenant naissance beaucoup au-dessous du niveau de l'orbite, ne se prolongeant pas au delà du niveau du milieu de la région génitale, et divisés en quatre gros lobes arrondis. Pates antérieures courtes, grosses et piquetées ; un gros tubercule bilobé sur le bord interne du carpe ; mains ne présentant ni tubercules ni épines ; pinces pointues et arrondies au bout ; pates des quatre dernières paires arrondies en dessus. Longueur, 2 ou 3 pouces ; couleur jaune lavé de rouge.

Habite l'Ile-de-France. (C. M.)

    b**. *Carapace bosselée antérieurement, mais plane dans sa moitié postérieure (ses bords latéro-antérieurs fortement dentés).*

9. XANTHE LIVIDE. — *X. lividus* (2).

Face supérieure de la carapace notablement bombée ; bord inférieur du hiatus de l'angle interne de l'orbite s'a-

---

(1) *Cancer impressus.* Lamk. op. cit. t. V, p. 272.
(2) *Cancer lividus.* Lamk. op. cit. t. V, p. 272.

vançant jusqu'au niveau du quatrième article de l'antenne externe. Bords latéro-antérieurs de la carapace divisés en quatre dents ; pates antérieures médiocres ; main arrondie en dessus : bord supérieur des pates des quatre dernières paires arrondi , garni d'un grand nombre de petits tubercules, et très-poilu. Longueur, environ 3 pouces ; couleur jaune-rougeâtre.

Habite les mers de l'Ile-de-France. (C. M.)

10. XANTHE FLORIDE. — *X. floridus* (1).

Face supérieure de la carapace horizontale transversalement et à peine courbée d'avant en arrière ; bords latéro-antérieurs armés de quatre gros tubercules dentiformes et presque triangulaires ; pinces arrondies et ne présentant aucune trace de cannelures. Carapace large et assez fortement bosselée dans toute sa moitié antérieure ; front légèrement incliné, peu saillant et presque droit ; bords latéro-antérieurs courbes , et atteignant presque le niveau du bord antérieur de la région cordiale. Pates antérieures renflées et très-grosses : les suivantes courtes, arrondies et garnies de poils sur le bord supérieur de leur troisième article. Longueur, environ 2 pouces ; couleur brun rougeâtre, avec les pinces noires.

Très-commun sur nos côtes. (C. M.)

11. XANTHE RIVULEUX. — *X. rivulosus* (2).

Cette espèce est extrêmement voisine de la précédente, mais s'en distingue en ce que les *pinces sont cannelées en dessus*

---

(1) Montagu, Linn. Trans. t. IX. Pl. 2 , fig. 1; *Xantho florida.* Leach. Malac. Pl. 11 ; — Desm. Pl. 8, fig. 2. Nous ne voyons aucune raison valable pour distinguer de cette espèce le *Cancer poressa* d'Olivi (Zool. adriat. Pl. 2 , fig. 3 ; *Xantho poressa.* Leach , Desm. p. 105).

(2) Risso, Crust. de Nice, p. 14 ; Savigny, Egyp. Cr. Pl. 5, fig. 8. *C. hydrophilius.* Pl. 21, fig. 124 ?

et en dehors ; les bosselures de la carapace sont moins élevées ; le front est plus saillant et plus horizontal ; les bords latéro-antérieurs de la carapace dépassent à peine le niveau de la partie postérieure de la région stomacale, et les pates des quatre dernières paires sont garnies de poils dans toute la longueur de leur bord supérieur. Longueur, 1 à 2 pouces ; couleur jaunâtre maculé de rouge, et avec les pinces brunes.

Habite la Méditerranée et nos côtes de l'ouest. (C. M.)

12. XANTHE PARVULE. — *X. parvulus* (1).

Espèce très-voisine des deux précédentes, mais dont *les bords latéro-antérieurs de la carapace sont minces, tranchans et divisés en quatre lobes tronqués et dentiformes*, et dont la face supérieure de la carapace est simplement ridée et non bosselée en avant. La main du côté droit est beaucoup plus large que l'autre, et on remarque à la base de son doigt mobile une dent tuberculeuse extrêmement forte. Longueur, 4 lignes ; couleur brunâtre.

Habite les Antilles et le Brésil. (C. M.)

13. XANTHE PIEDS VELUS. — *X. hirtipes* (2).

Espèce très-variée du Xanthe rivuleux, mais ayant *la carapace un peu plus bombée, le front marqué d'un léger sillon transversal, et la face externe des mains garnie de plusieurs rangées de petits tubercules perlés.* Longueur, environ 5 lignes.

Habite la mer Rouge. (C. M.)

---

(1) *Cancer parvulus.* Fabr. Ent. Syst. t. II, p. 451

(2) *Cancer hirtipes.* Latr. Coll. du Mus. — Savigny, Egypte, Pl. 6, fig. 1 ?

*b***. Carapace sans bosselures notables, même à sa partie antérieure.*

*b***†. Bords latéro - antérieurs minces et profondément découpés.*

14. Xanthe crénelé. — *X. crenatus.*

Carapace très-élargie et lisse ; front divisé en deux lobes lamelleux très-larges, tronqués, et à bords presque droits ; bords latéro-antérieurs divisés en trois lobes minces et presque carrés, suivies d'une quatrième dent triangulaire ; pates antérieures très-inégales et médiocres ; pinces un peu comprimées et courbées en dedans et au bas ; pates suivantes à peu près comme dans les espèces précédentes, mais plus grêles. Longueur, 10 lignes.

Habite les côtes du **Pérou**. (**C. M.**)

*b***††. Bords latéro - antérieurs épais et entiers, ou ne présentant que deux ou trois tubercules à peine saillans.*

15. Xanthe de Gaudichaud. — *X. Gaudichaudii.*

Front peu avancé, très-étroit, et profondément divisé en quatre lobes arrondis et très-saillans. Forme générale, très-semblable à celle du Xanthe floride. Longueur, environ 2 pouces.

Habite le Chili. (**C. M.**)

16. Xanthe ponctué. — *X. punctatus.*

Front peu avancé, large, sinueux, divisé obscurément en quatre lobes arrondis et peu saillans ; carapace ovoïde, peu large, divisée sur la région hépatique par deux sillons qui se continuent avec des échancrures des bords latéro-antérieurs ; mains amples et lisses. Longueur, 1 pouce.

Habite l'Ile-de-France. (C. M.)

17. XANTHE PLAN. — *X. planus.*

Front très-avancé, droit, horizontal, et divisé en deux lobes par une petite fissure médiane; carapace plane en dessus sans régions distinctes ; bords latéro-antérieurs épais, obtus, très-courbes, se prolongeant jusqu'au niveau du milieu de la région génitale, et présentant en arrière deux tubercules arrondis dont l'antérieur à peine distinct. Pates à peu près comme dans le X. floride, seulement il y existe une dent à l'extrémité du bord supérieur du troisième article. Longueur, 1 pouce et demi ; couleur jaunâtre.

Habite les côtes du Chili. (C. M.)

18. XANTHE FRONT ROND. — *X. rotundifrons.*

Front extrémement avancé, semi-circulaire, sans fissure médiane et inclinée; carapace ovoïde, presque plane ; bords latéro-antérieurs épais, obtus, entiers, très-courbes, et se prolongeant jusqu'au niveau de la région cordiale ; pates comme chez le X. floride. Longueur, environ 10 lignes.

Habite ? (C. M.)

bb. Mains et pates des quatre dernières paires garnies en dessus d'une créte longitudinale.

19. XANTHE INCISÉ. — *X. incisus.*

Face externe des mains garnie de plusieurs rangées horizontales de petits tubercules; carapace très-large, peu bombée, fortement bosselée, et présentant sur les régions stomacale et hépatique plusieurs petites crêtes transversales ; front à peine incliné et divisé en quatre lobes arrondis, dont les deux externes très-petits : bords latéro-antérieurs de la carapace divisés en quatre dents, dont les deux premières arrondies et comprimées, et les deux dernières triangulaires et carénées en dessus. Pates antérieures granuleuses. Longueur, environ 1 pouce; quelques poils sur la carapace et sur les pates.

Habite l'Australasie. (C. M.)

20. XANTHE A HUIT DENTS. — *X. octodentatus* (1).

Face externe des mains ne présentant pas de petits tubercules disposés par rangées horizontales; bords latéro-antérieurs de la carapace armés de dents très-fortes et séparées entre elles par des échancrures très-profondes; carapace légèrement bombée, assez fortement bosselée près du bord antérieur et lisse dans sa partie postérieure; front à peine saillant et divisé en deux lobes; pates antérieures médiocres; carpe garni en dedans de deux gros tubercules; pinces légèrement cannelées; pates suivantes très-comprimées et bordées de poils. Longueur, 2 pouces et demi.

Habite   (C. M.)

21. XANTHE RAYONNÉ. — *X. radiatus* (2).

Face externe de la main granuleuse, mais ne présentant pas de rangées de tubercules; bords latéro-antérieurs de la carapace comme festonnés, armés de trois ou quatre petites dents pointues réunies entre elles par une crête mince; face supérieure de la carapace presque plane, lisse, à régions assez distinctes et légèrement bosselée en avant; ses bords latéro-postérieurs droits; front presque droit divisé par

---

(1) *C. marinus lœvis.* Rumph. Pl. 5, fig. N. — *C. floridus?* Latr. Encyc. Pl. 283, fig. 2. (Mal copiée d'après Rumph.) *Cancer rumphie*, Guérin, Icon. Cr., Pl. 2, fig. 1.
(2) *C. dodone?* Herbst, t. III, p. 37, Pl. 52, fig. 5.

une fissure médiane à peine visible ; pates antérieures assez grosses ; carpe armé en dedans de deux tubercules pointus ; main bordée en dessous comme en dessus d'une crête tranchante ; pates suivantes très-comprimées. Longueur, environ 4 lignes.

Habite l'Ile-de-France. (C. M.)

Plusieurs Crustacés, qui ne nous sont connus que d'après les figures que Herbst en a donné, et qui nous paraissent distincts des précédens, devront probablement prendre également place dans le genre Xanthe. De ce nombre sont :

Le C. ACASTE (Pl. 54, fig. 4), dont la carapace paraît être lisse et les mains armées en dessus d'une crête tranchante.

Le C. CLYMÈNE (Pl. 52, fig. 6), qui ressemble beaucoup au Xanthe rivuleux.

Le C. MÉTIS (Pl. 54, fig. 3), dont la carapace, fortement bosselée en avant, est beaucoup plus étroite et le front plus avancé que chez les autres Xanthes.

Le CANCER MERCENARIA, décrit par M. Say (*Journ. of the Acad. of Philad.*, t. I, p. 448), paraît être aussi un Xante. Le front de ce Cancérien est divisé par une fissure médiocre et légèrement sinueuse ; les bords latéro-antérieurs de la carapace sont divisés par des sinus en quatre dents obtuses, réticulées au bout et à peine saillantes ; enfin, ses pates sont très-poilues. On l'emploie comme aliment à Charlestown.

VI. Genre CHLORODE. — *Chlorodius* (1).

Les Crustacés dont nous formons ce groupe ont une très-grande analogie avec les Xanthes ; mais ils ont la ca-

---

(1) *Cancer* Forskäl, Herbst etc. *Chlorodius*. Leach. — Ruppell op. cit. p. 20

rapace en général moins large, et ce qui les distingue surtout, c'est la disposition de leurs pinces, dont l'extrémité est élargie et profondément creusée en cuillère.

§ A. *Espèces dont la carapace est très-bosselée.*
a. Carapace peu ou point granuleuse.

1. CHLORODE ONGULÉE. — *C. ungulatus* (1).
(Pl. 16, fig. 6-8.)

Carapace à peine bombée, fortement bosselée dans toute son étendue, et peu élargie; front divisé en quatre lobules, mais cependant presque droit et assez large; bords latéro-antérieurs armés de cinq dents triangulaires et très-épaisses; pates antérieures très-longues, leur troisième article dépassant les bords de la carapace dans plus de la moitié de leur étendue; mains très-fortes, inégales et couvertes de tubercules arrondis; pates suivantes épineuses et poilues. Longueur, environ 10 lignes; couleur brun-rouge, avec les pinces noires et bordées de blanc.

Habite l'Australasie. (C. M.)

a.a. Carapace granuleuse.

2. CHLORODE ARÉOLÉ. — *C. areolatus.*

Carapace fortement bosselée et perlée; front large et divisé en quatre lobes bien distincts; bords latéro-antérieurs courts, presque droits et divisés en quatre dents triangulaires; hiatus de l'angle orbitaire interne, étroit et pouvant à peine loger la tige mobile de l'antenne externe. Pates antérieures granuleuses; les suivantes, ainsi que la face inférieure du corps, presque lisses. Longueur, environ 4 lignes.

Habite la Nouvelle-Hollande. (C. M.)

---

(1) Dans la planche 16, où ce Crustacé est figuré, le numéro qui s'y rapporte, ainsi que celui du Carpilie convexe, ont été par erreur désignés comme appartenant au genre Crabe.

§ B. *Espèces ayant la carapace peu bosselée, si ce n'est tout-à-fait en avant, et les mains dépourvues de tubercules.*

3. CHLORODE LONGIMANE. — *C. longimanus.*

Troisième article des pates des quatre dernières paires armé d'épines sur le bord supérieur; carapace aplatie, un peu bosselée en avant, unie à sa partie postérieure et à régions peu marquées; front très-large, presque horizontal, épais, creusé en avant d'un sillon transversal et divisé en deux lobes tronqués; bords latéro-antérieurs à peine courbés, ne dépassant pas le niveau du milieu de la région génitale, et divisés en cinq dents pointues, dont la première constitue l'angle orbitaire externe. Une échancrure arrondie au milieu du bord antérieur du troisième article des pates-mâchoires externes. Pates antérieures (du mâle) grêles et extrêmement longues; leur troisième article plus long que la carapace, et armé sur le bord antérieur de quatre épines mousses; une épine sur le carpe; mains très-longues et s'élargissant vers le bout; pates suivantes courtes, arrondies et couvertes de poils dans leur moitié externe. Longueur, environ 6 lignes.

Habite les côtes de Portorico. (C. M.)

4. CHLORODE NAIN. — *C. niger* (1).

Troisième article des pates des quatre dernières paires non épineux; pates antérieures très-longues, leur troisième article dépassant de beaucoup les bords de la carapace; carapace presque plane en dessus, à régions peu distinctes; front très-large et presque droit; bords latéro-antérieurs armés de quatre dents, à peine courbés, et se dirigeant presque di-

______

(1) *Cancer niger.* Forsk. op. cit. p. 89; *Chlorodius niger.* Ruppell, op. cit. p. 20, Pl. 4, fig. 7.

rectement en arrière, le grand diamètre latéral de la carapace n'étant guères plus long que le bord fronto-orbitaire. Pates lisses. Longueur, environ 4 lignes ; couleur de la carapace, noirâtre ; pinces noires avec une bordure blanche à leur extrémité.

Habite la mer Rouge.

5. Chlorode labourée. — *C. exaratus.*

Troisième article des pates non épineux ; celles de la première paire courtes, leur troisième article dépassant à peine les bords de la carapace ; carapace à peine bombée et très-inégale dans sa moitié antérieure ; bords latéro-antérieurs armés de quatre dents triangulaires, courbes et obliques ; front étroit et formé de deux lobes minces et tronqués, le bord fronto-orbitaire n'occupant qu'environ la moitié du diamètre transversal de la carapace. Pates courtes ; celles de la première paire grosses, renflées et lisses. Longueur, environ 6 lignes ; couleur jaune rougeâtre, avec les pinces noires.

Habite les côtes de l'Inde. (C. M.)

6. Chlorode sanguine. — *C. sanguineus.*

Mêmes caractères que pour l'espèce précédente, si ce n'est que les *bords latéro-antérieurs de la carapace sont armés de six ou sept dents.* Longueur, environ 4 lignes ; couleur blanchâtre mêlée de rouge.

Habite les mers de l'Ile-de-France. (C. M.)

7. Chlorode eudore. — *C. eudorus* (1).

Ne diffère guères de l'espèce précédente que par des bosselures plus élevées et plus nombreuses, et par la forme du front, dont les lobes moyens sont étroits et profondément échancrés, de façon à présenter chacun deux petites dents arrondies.

Habite la Nouvelle-Zélande. (C. M.)

----

(1) *Cancer eudora.* Herb. t. III, Pl. 51, fig. 3.

VII. Genre PANOPÉ. — *Panopeus* (1).

Dans ce petit groupe , qui semble conduire vers le genre
Carcin , la carapace est bien moins ovalaire , même que
dans les genres Xanthe et Chlorode ; les bords latéro-antérieurs sont minces , dentelés , peu courbés , et ne se prolongent que peu en arrière ; les bords latéro-postérieurs sont
au contraire très-longs et forment avec le bord postérieur
un angle presque droit. Ces Cancériens se distinguent aussi
de tous les précédens , par l'existence d'un hiatus au bord
inférieur de l'orbite , au-dessous de l'angle externe de cette
cavité. Du reste , les Panopés ressemblent beaucoup aux
Xanthes.

Ces Crustacés appartiennent à l'Amérique.

§ A. *Bord latéro-antérieur de la carapace atteignant le
niveau du bord antérieur de la région génitale.*

1. Panopé de Herbst. — *P. Herbstii* (2).

Carapace à peine bombée et légèrement bosselée en avant ;
front comme dans le Xanthe rivuleux. Une petite dent à l'angle
orbitaire externe au-dessus de l'hiatus ; bords latéro-antérieurs
armés en outre de quatre dents triangulaires, comprimés et
saillans ; un petit tubercule au-dessous de la base de la première.
Pates antérieures grosses et renflées ; un petit tubercule pointu
au bord interne du carpe ; pinces courtes , fortes et arrondies ;
pates suivantes assez minces , lisses , et de longueur médiocre ;
enfin le second segment de l'abdomen du mâle à peu près
de même longueur que les deux segmens qui l'avoisinent. Lon-

---

(1) *Cancer.* Herbst. Say.
(2) *Cancer panope.* Herb. Pl. 54, fig. 5 : — Say. loc. cit. Pl. 4 ,
fig. 3.

26.

gueur, environ 2 pouces ; couleur jaunâtre mêlée de vert, avec les pinces noires.

Habite les côtes de l'Amérique septentrionale. (C. M.)

§ **B.** *Bords latéro-antérieurs de la carapace ne dépassant guères le niveau du milieu de la région stomacale.*

2. PANOPE VASEUX. — *P. limosus* (1).

Cette espèce est très-voisine de la précédente, mais sa carapace est beaucoup plus large, et ses bords latéro-antérieurs sont dirigés moins obliquement en arrière. Enfin, l'épine placée sur la région ptérygostomienne est rudimentaire, et chez le mâle le deuxième segment de l'abdomen est beaucoup moins long que les deux segmens qui l'avoisinent, et ses bords latéraux sont droits. Longueur, environ 2 pouces.

Habite les côtes de l'Amérique septentrionale. (C. M.)

Le CANCER TRISPINOSUS de Herbst (Pl. 57, fig. 4) me paraît devoir être rapporté à cette division générique.

Le CANCER OCHTODES du même auteur (Pl. 8, fig. 54) pourrait bien y appartenir aussi.

VIII. GENRE OZIE. — *Ozius.*

Ces Cancériens ont, de même que les précédens, les plus grands rapports avec les Xanthes ; en général, cependant, leur carapace est moins large et les bords latéro-antérieurs moins courbes, ne se prolongent pas aussi loin en arrière, et n'attaquent que le niveau du milieu de la région génitale ; la carapace n'est bosselée qu'à sa partie antérieure, et ses bords latéro-postérieurs sont ordinairement

____

(1) *Cancer limosa.* Say. loc. cit. p. 446.

un peu convexes ; mais ce qui caractérise surtout les Ozies ,
est la disposition de l'espace compris entre le bord antérieur
du cadre buccal et la bouche elle-même ; dans tous les Cancériens dont nous nous sommes occupés jusqu'ici, cette
espèce prélabiale est lisse (Pl. 16 , fig. 10), et le canal
efférent de la cavité branchiale ne s'y distingue pas , tandis
que chez les Ozies il existe de chaque côté de l'espace prélabiale , une gouttière profonde qui fait suite à ce canal , et
dont le bord interne est très-saillant, et vient se réunir au
bord antérieur du cadre buccal. (*Voyez* Pl. 16 , fig. 11 *b.*)
La disposition des antennes , des orbites , des pates-mâchoires et des pates , est à peu près la même que chez les
Xanthes. Enfin, dans l'abdomen du mâle ainsi que dans celui
de la femelle, les sept anneaux restent parfaitement distincts et ne se soudent pas entre eux, comme cela a lieu pour
trois de ces segmens chez la plupart des Cancériens déjà
décrits.

§ A. *Espèces ayant les bords latéro-antérieurs de la cara-*
pace armés de cinq ou six dents aiguës.

1. OZIE TUBERCULEUX. — *O. tuberculosus.*

Carapace peu convexe, bosselée et granuleuse à sa partie
antérieure ; front armé de quatre dents arrondies ; orbites dirigées très-obliquement en haut ; bords latéro-antérieurs de la
carapace ne dépassant pas le niveau du milieu de la région
génitale ; bords latéro-postérieurs convexes ; article basilaire des
antennes externes très-oblique ; leur tige mobile rudimentaire,
et l'hiatus qui la renferme très-étroit. Régions ptérygostomiennes granuleuses ; troisième article des pates - mâchoires
externes échancré à son bord antérieur. Pates antérieures très-
fortes, renflées et granuleuses ; les suivantes courtes, cylindriques et légèrement granulées. Longueur, environ 2 pouces ;
couleur brunâtre.

Paraît habiter l'océan Indien. (C. M.)

§ B. *Espèces ayant les bords latéro-antérieurs de la carapace divisés en quatre ou cinq lobes plus ou moins
dentiformes, mais toujours larges et obtus.*
   *b. Front ne présentant pas en avant un sillon trans-
versal.*
   b. Front presque droit, légèrement sinueux.*

2. OZIE TRONQUÉ. — *O. truncatus.*

Carapace peu élargie, presque plane en dessus, et légèrement bosselée en avant; front très-large; orbites sans fissures
distinctes; bords latéro-antérieurs courts. Régions ptérygostomiennes, antennes externes, et pates-mâchoires externes à
peu près comme dans l'espèce précédente (Pl. 11 , fig. 11);
pates moins fortes. Longueur, un pouce et demi; couleur brunâtre.
Habite l'Australasie. (C. M.)

   *b**. Front armé de quatre tubercules arrondis (les
angles internes du bord orbitaire supérieur non
compris.)*

3. OZIE MOUCHETÉ. — *O. guttatus.*

Carapace ovalaire, à peine bombée, lisse en dessus; front
presque droit; orbites avec une fissure en dessus et une petite
dent à l'angle externe; bords latéro-antérieurs à peine découpés; du reste, à peu près comme les espèces précédentes. Longueur, 2 pouces; couleur jaunâtre piquetée de rouge.
Habite la Nouvelle-Hollande. (C. M.)

   bb. Front creusé en avant d'un sillon transversal.

54. OZIE FRONTAL. — *O. frontalis.*

Carapace ovalaire, très-élargie, presque entièrement plane
en dessus, un peu rugueuse à sa partie antérieure; front

cannelé et obscurément divisé en quatre dents. Orbites sans
dent à l'angle externe; bords latéro-antérieurs longs, très-
courbes, et divisés en quatre lobes fort larges, tronqués et à
peine saillans. Article basilaire des antennes externes droit et
très-petit; point d'échancrure au bord antérieur du troisième
article des pates-mâchoires externes. Pates antérieures très-
inégales, fortes et lisses; les suivantes petites et arrondies.
Longueur, environ un pouce; couleur brun jaunâtre, avec les
pinces d'un brun noirâtre.

Habite la côte de Tranquebar. (C. M.)

IX. Genre PSEUDOCARCIN. — *Pseudocarcinus* (1).

La forme générale des Pseudocarcins est la même que
celle de plusieurs Xanthes; la *carapace* (Pl. 14 *bis*, fig. 10)
est légèrement bombée et un peu bosselée près du *front* qui
est presque horizontal; les *bords* latéro-antérieurs sont médiocrement courbés et armés de dents plus ou moins saillantes;
enfin la portion postérieure de la carapace est à peu près de
même étendue que l'antérieure, et ses bords latéraux sont
droits et dirigés très-obliquement en arrière. La principale
différence qui distingue ces Crustacés des genres précédens,
consiste dans la disposition des *antennes externes* (*voyez*
Pl. 16, fig. 12), dont l'article basilaire est très-petit, dont
le second article atteint à peine le front, et dont le troisième, qui est logé dans l'hiatus orbitaire, ne le remplit pas,
de sorte que la *fossette antennaire* n'est pas complète-
ment séparée de l'*orbite;* enfin la tige terminale de ces appendices, au lieu d'être très-courte, est plus de deux fois
aussi longue que son pédoncule. L'espace prélabial n'est
pas canaliculé comme chez les Ozies, et les pates-mâchoires externes ne présentent rien de particulier. Les
pates de la première paire sont remarquables par leur grosseur, chez le mâle surtout; elles ont à peu près la même

----

(1) *Cancer.* Fabr. —Herbst, — Lamarck, etc.

forme que chez les Carpilies, mais sont encore plus fortes; les pinces sont également arrondies et obtuses au bout, inégales et armées de gros tubercules arrondis, lesquels, d'un côté (en général le droit), ne sont qu'en très-petit nombre et d'un volume remarquable : les pates suivantes sont assez longues et ressemblent beaucoup à celles des Xanthes de la section A, si ce n'est qu'elles sont plus étroites, et que leur dernier article est plus long. L'abdomen du mâle est divisé en sept articles bien distincts. (*Voyez* Pl. 14, fig. 13.)

Ce genre appartient à l'Océan indien.

A. *Espèces ayant les bords latéraux de la carapace armés de quatre ou cinq dents.*

    a. Face supérieure de la carapace bosselée antérieurement.

    1. **Pseudocarcin de Rumph.** — *P. Rumphii* (1).

Bords latéro-antérieurs de la carapace armés de quatre dents triangulaires profondément découpées (l'angle orbitaire externe non compris); face supérieure de la carapace légèrement bosselée, presque entièrement lisse, à régions peu distinctes, et présentant près du front quatre tubercules mamillaires. Front profondément divisé en deux dents arrondies et saillantes, en dehors desquelles on remarque de chaque côté deux petits tubercules; orbites marquées d'une fissure au bord supérieur et présentant deux tubercules arrondis à leur angle externe. Pates antérieures extrêmement grosses, renflées et lisses; le bras court, le carpe très-développé et presque globuleux; enfin la main ayant à peu près la longueur du diamètre transversal de la carapace; les pates suivantes de

---

(1) *Cancer Rumphii.* Fabr. Suppl. p. 336; — Herb. t. III, Pl. 49, fig. 2.

longueur médiocre, arrondies et poilues vers le bout. Longueur, 2 à 3 pouces.

Habite la mer des Indes. (C. M.)

2. PSEUDOCARCIN DE BELLANGER. — *P. Bellangerii.*

Bords latéro-antérieurs de la carapace armés de quatre dents à peine découpées et ayant la forme de lobes tronqués (Pl. 14 *bis*, fig. 10). Les tubercules de l'angle orbitaire externe sont moins gros et moins saillans que dans l'espèce précédente, et la tige terminale des antennes externes est plus longue; du reste, ses caractères sont les mêmes. Longueur, 2 pouces; couleur de la carapace, brunâtre mêlée de jaune; pates jaunâtres et pinces noires.

Habite la mer des Indes. (C. M.)

aa. Carapace lisse, sans bosselures notables à sa partie antérieure.

3. PSEUDOCARCIN OCELLÉ. — *P. ocellatus.*

Cette espèce est très-voisine du P. de Rumph, mais le front est plus saillant et divisé en deux lobes tronqués assez larges; la disposition des bords latéro-antérieurs de la carapace est la même que dans le P. de Bellanger. Longueur, environ 3 pouces; couleur de la carapace, jaunâtre, avec une multitude de taches circulaires rouges; pinces noires; pates des quatre dernières paires ornées de bandes rouges et jaunes.

Patrie inconnue. (C. M.)

§ B. *Espèces ayant les bords latéro-antérieurs de la carapace armés de neuf ou dix dents spiniformes.*

4. PSEUDOCARCIN GÉANT. — *P. gigas* (1).

Carapace légèrement bombée et renflée sur les côtés; front

____

(1) *Cancer gigas.* Lamk. Hist. des An. sans vert. t. V, p. 272.

armé de quatre grosses dents pointues, près de la base desquelles on distingue sur la région stomacale autant de tubercules arrondis ; bords latéro-antérieurs obscurément divisés en
quatre lobes, armés chacun de deux ou trois dents spiniformes; orbites divisées par quatre fissures comme chez les
Xanthes; pates antérieures très-grosses; bord postérieur
du bras épineux ; carpe armé en dedans de deux dents;
mains comme dans les espèces précédentes ; pates des quatre
dernières paires arrondies, armées d'épines sur le bord supérieur du troisième article, et recouvertes d'un duvet épais sur
les articles suivans. Longueur, environ 7 pouces; couleur
jaunâtre marbrée de rouge; pinces noires.

Habite les mers de la Nouvelle-Hollande. (C. M.)

X. Genre ÉTISE. — *Etisus* (1).

Ce petit groupe établit le passage entre les Xanthes et
les Platycarcins. La *carapace* des Etises est moins ovalaire et
moins large que chez la plupart des Cancériens arqués. Le
front est large, lamelleux et divisé sur la ligne médiane
par une fissure comme chez les Xanthes; mais les deux
lobes, larges et tronqués, qui en forment la partie principale, sont séparés par une échancrure profonde de l'angle
antérieur et supérieur de l'orbite, qui est arrondi et saillant; les bords latéro-antérieurs de la carapace sont fortement dentés. Les *antennes internes* se reploient presque
longitudinalement, et l'article basilaire des *antennes externes* qui est très-grand, se réunit au front, et présente du
côté externe un prolongement qui remplit l'hiatus de l'angle
orbitaire interne ; enfin la tige mobile de ces antennes, qui est
très-courte, s'insère complétement hors de ce hiatus, au-dessous du front et plus près de la fossette antennaire que de
l'orbite. Les pates-mâchoires externes ne présentent rien de

---

(1) *Cancer*. Herbst.

remarquable ; les pates de la première paire sont assez grosses , et les pinces , très-élargies au bout et arrondies , sont profondément creusées en cuillère.

A. *Carapace à peine bosselée en dessus.*

3. ETISE DENTÉ. — *E. dentatus* (1).

Carapace bombée et à régions distinctes ; front avancé et formé de deux grands lobes aplatis et tronqués , en dehors desquels est un gros tubercule arrondi qui occupe l'angle orbitaire interne. Orbites armées de quatre dents , savoir : une en dessus, une à l'angle externe et deux en dessous. Bords latéro-antérieurs assez fortement courbés , atteignant le niveau de la région cordiale , et obscurément divisés en quatre lobes garnis chacun d'une forte dent arrondie et recourbée en avant ; les deux lobes moyens présentent en outre deux ou trois dents plus petites , de façon que leur nombre total est au moins de huit de chaque côté. Fossettes antennaires plus larges que longues ; article basilaire des antennes externes n'envoyant qu'un prolongement très-étroit dans l'hiatus orbitaire ; pates antérieures médiocres ; mains un peu comprimées ; pates des quatre dernières paires hérissées en dessus d'épines. Longueur, 3 ou 4 pouces ; couleur rougeâtre.

Habite l'archipel Indien. (C. M.)

B. *Carapace couverte de bosselures séparées entre elles par des sillons profonds.*

4. ETISE BOSSELÉ. — *E. anaglyptus.*

Carapace à peine bombée et n'étant pas une fois et demie aussi large que longue ; front et orbites à peu près comme dans l'espèce précédente ; bords latéro-antérieurs peu courbes , à peu

---

(1) *Cancer dentatus.* Herb. t. I, p. 186, Pl. 11, fig. 66.

près de même longueur que les latéro-postérieurs, et armés de quatre grosses dents triangulaires et saillantes (l'angle orbitaire externe non compris). Antennes comme dans l'E. denté ; pates antérieures fortes et garnies de tubercules ; celles des quatre dernières paires comme chez l'E. denté, seulement garnies de plus de poils. Longueur, environ un pouce et demi ; couleur blanchâtre ?

Habite l'Australasie. (**C. M.**)

Le Crustacé figuré par **M.** Savigny (*Egypte*, Pl. 5, fig. 7), et rapporté avec doute par **M.** Audouin au **C.** INÆQUALIS d'Olivier (*Encyc.*, t. **VI**, p. 166), paraît très-voisin de l'Etise bosselé, et devra probablement être rangé dans le même genre ; il s'en distingue par l'absence d'épines sur les huit dernières pates. Habite les côtes d'Afrique.

M. Savigny a figuré (Pl. 5, fig. 6) un autre Cancérien qui se distingue facilement de l'espèce précédente par l'existence de petits tubercules granuleux sur toute la surface de la carapace, ainsi que sur les pates antérieures.

Le **CANCER ELECTRA**, de Herbst (Pl. 51, fig. 6), me paraît se rapporter aussi à ce genre ; il se distingue facilement des espèces précédentes par la disposition du front.

XI. GENRE **PLATYCARCIN**. *Platycarcinus* (1).

Ce genre, de même que les deux précédens, est extrêmement voisin des Crabes et des Xanthes, aussi ont-ils été pendant long-temps tous réunis en une seule division générique. En effet, la forme générale des Platycarcins ne diffère que peu de celle des Xanthes ; la *carapace* est un peu bombée et très-élargie ; le *front* est étroit, presque hori-

---

(1) *Cancer*. Linn. Fabr. Latr. Leach. Desm. etc. *Tourteau*. Latr. Fam. nat. p. 270: *Platycarcinus* Latr. Collect. du Muséum.

zontal et divisé en plusieurs dents , dont une occupe la ligne
médiane. Les bords latéro-antérieurs de la carapace sont
divisés par des fissures en un grand nombre de lobes dentiformes ; leur extrémité postérieure atteint le niveau du bord
antérieur de la région cordiale, et se continue avec une
ligne élevée qui surmonte le bord latéro-postérieur. Les
antennes internes (*voyez* Pl. 16, fig. 15) , au lieu de se
reployer obliquement en dehors, se dirigent presque directement en avant. Les *antennes externes* sont disposées à
peu près comme dans le genre précédent, leur article basilaire est très-développé , et se loge en partie dans l'espace
qui existe entre l'angle interne du bord orbitaire inférieur
et le front ; mais le second article de ces appendices , au
lieu de naître près du bord externe du premier dans le
canthus orbitaire interne, s'insère à peu de distance de
la fossette antennaire , complétement hors de l'orbite ; du
reste, il est petit, cylindrique, et ne présente rien de remarquable. La disposition des pièces de la bouche, des
pates et de l'abdomen , est à peu près la même que dans les
Xanthes.

A. *Espèces ayant l'angle orbitaire externe beaucoup
moins avancé que la portion voisine du bord latéro-
antérieur de la carapace.*

1. PLATYCARCIN PAGURE. — *P. pagurus* (1).

Carapace plus d'une fois et demie aussi large que longue, à
régions peu distinctes, légèrement bombée et très-finement
granulée en dessus. Front très-étroit, peu saillant, et garni de

---

(1) *Cancer mœnas.* Rond. t. II , p. 400. *C. pagurus.* Linn. Syst.
nat. ; — Mus. Adolph. Fred. t. I, p 85. — Fabr. Supp· p. 334, etc.;
— Penn. t. IV, Pl. 3, fig. 7. *C. fimbriatus.* Olivi, Zool. adr.
C. pagurus. Herb. t. I, Pl. 9, fig. 59. — Leach. Malac. Pl. 10;
Desm. p. 103, Pl. 8, fig. 1

cinq dents arrondies, dont les externes constituent l'angle orbitaire supérieur et interne. Orbite présentant deux fissures à son bord supérieur, et ni dent ni tubercule à son angle externe. Bords latéro-antérieurs se dirigeant d'abord en dehors et en avant, puis se recourbant en arrière, se continuant presque sans interruption avec les bords latéro-postérieurs, minces et divisés en neuf lobes légèrement dentiformes, très-larges, à peine saillans et séparés par des plis ; un lobule semblable, mais arrondi, à la partie antérieure du bord latéro-postérieur ; fossettes antennaires beaucoup plus longues que larges ; un tubercule très-saillant à l'extrémité de l'article basilaire des antennes externes en dehors du point d'insertion de l'article suivant ; pates antérieures fortes, arrondies, et ne présentant ni épines ni dents ; pinces pointues, garnies de dents arrondies ; pates suivantes un peu comprimées et irrégulièrement anguleuses ; un sillon profond de chaque côté du tarse. Longueur, 5 à 6 pouces ; couleur rouge-brun en dessus, blanchâtre en dessous, et avec les pinces noires ; des faisceaux de poils bruns, raides et courts sur les pates des quatre dernières paires.

Ce Crustacé, qui est très-commun sur nos côtes, et qui pèse quelquefois plus de cinq livres, est très-estimé comme aliment. On le connaît vulgairement sous les noms de *Tourteau*, de *Poupart*, de *Houvet*, etc. (C. M.)

B. *Espèces ayant l'angle orbitaire externe plus avancé que la portion voisine du bord latéro-antérieur de la carapace.*

2. PLATYCARCIN ARROSÉ. — *P. irroratus* (1).

Carapace légèrement convexe, finement chagrinée en dessus et presque une fois et demie aussi large que longue ; front plus large et armé de dents moins saillantes que dans l'espèce pré-

______

(1) *Cancer irroratus*. Say. op. cit. p. 59, Pl. 4, fig. 2. *Cancer amœneus*. Herb. t. III, Pl. 49, fig. 3?

cédente; bord latéro-antérieur se portant de suite en dehors et en arrière, décrivant une courbure assez forte, et armé de neuf dents plus ou moins distinctes, tronquées, peu saillantes et granulées; une dixième dent plus petite au commencement du bord latéro-postérieur. Pates antérieures comprimées et de grandeur médiocre; carpe armé en dedans d'une forte dent; mains élevées et garnies en dehors de quatre ou cinq lignes longitudinales et élevées; pates suivantes comprimées et dépourvues de dents ou épines. Longueur, environ 3 pouces; couleur rougeâtre, des poils assez longs sur les bords des pates.

Habite les côtes de l'Amérique du Nord. (C: M.)

XII. Genre PILUMNE. *Pilumnus* (1).

Ce genre est extrêmement rapproché des Xanthes et des Pseudocarcins; le seul caractère bien précis que l'en distingue réside dans la disposition des antennes externes; mais l'aspect général de ces animaux offre aussi quelque chose de particulier et ne permet pas de les confondre avec ceux dont nous venons de faire l'histoire.

La *carapace* des Pilumnes est toujours assez élevée, légèrement bombée et sans bosselures ou lignes de démarcation bien notables entre ses diverses régions; son diamètre antéro-postérieur égale en longueur les trois quarts de son diamètre transversal; le contour de sa moitié antérieure est assez régulièrement arqué et se joint aux bords latéro-postérieurs vers le niveau du bord postérieur de la région stomacale; enfin, les régions branchiales sont très-développées, et on remarque entre elles et les régions hépatiques une petite rainure courbe dont la convexité est dirigée en avant, disposition qui est directement contraire à ce qui se voit chez la plupart des Cancériens. Le *front*,

---

(1) Linn. Penn. Herb. etc. *Pilumnus.* Leach, Trans. Linn. Soc. t. XI, p. 322— Latr. Encyc. t. X, p. 124, etc. — Desm. p. 111.

est lamelleux , assez avancé et peu incliné. Les *orbites* sont en général plus ou moins dentelées , et les bords latéro-antérieurs de la carapace sont courts et armés d'épines aiguës. L'article basilaire des *antennes externes* n'atteint pas tout-à-fait le front , et n'est guères plus large à son extrémité que le second article, qui est presque aussi long que le premier , dépasse le front, et n'est pas encaissé dans l'hiatus orbitaire , mais complétement mobile (Pl. 16 , fig. 14); le troisième article est également assez long et la tige terminale est très-allongée , elle atteint en général le milieu du bord-antérieur de la carapace. L'*espace prélabial* est presque toujours légèrement canaliculé; mais les crétes qu'on y remarque sont bien moins saillantes que chez les Ozies. Les *pates-mâchoires* externes ne présentent rien de remarquable ; les *pates* antérieures sont fortes , renflées, assez longues et un peu inégales ; celles des paires suivantes sont médiocres et arrondies ; les secondes sont en général un peu moins longues que les troisièmes, et celles - ci n'ont guères plus d'une fois et demie la longueur de la carapace; quelquefois ce sont les pates de la quatrième paire qui sont les plus longues. Enfin l'*abdomen* se compose de sept articles distincts dans les deux sexes. Nous ajouterons encore que, dans toutes les espèces connues , les quatre dernières paires de pates et la partie antérieure de la carapace, sinon toute sa surface, sont poilues.

Ce genre est un des groupes les plus naturels, et cependant il est répandu dans presque toutes les mers.

§ A. *Espèces ayant les bords latéro-antérieurs de la carapace sans épines.*

1. PILUMNE FRANGÉE. — *P. fimbriatus.*

Carapace peu bombée et à régions plus distinctes que dans les espèces suivantes, à peine poilue en dessus, mais garnie tout autour d'une bordure de poils longs et soyeux. Pates garnies de longs poils, mais sur leurs bords seulement. Bord orbitaire inférieur faiblement échancré en dehors; troisième article des pates-mâchoires externes à peine tronqué. Longueur, 5 lignes. Cette espèce se rapproche beaucoup des Xanthes.

Rapporté de la Nouvelle-Hollande par MM. Quoy et Gaimard. (C. M.)

§ B. *Espèces ayant les bords latéro-antérieurs de la carapace épineux.*

    b. Bord orbitaire supérieur dépourvu d'épines.

        b. Bords latéro-antérieurs de la carapace armés de quatre épines placées sur la même ligne (l'angle orbitaire externe non compris).*

    1. Pilumne hérissé. — *P. hirtellus* (1).

Carapace lisse; front légèrement dentelé sur le bord, divisé par une fissure médiane très-profonde et assez large; bords orbitaires marqués d'une petite fissure en dessus, et armés en dessous d'épines; bords latéro-antérieurs armés de quatre épines acérées assez fortes et dirigées en avant (celle de l'angle orbitaire externe non compris); une petite épine sur la région ptérygostomienne près de l'angle orbitaire externe. Pates antérieures fortes, renflées et très-inégales; mains légèrement tuberculeuses en dessus et en dehors, mais ne présentant point d'épines acérées. Longueur, environ 10 lignes; un peu de duvet sur les régions hépatiques, et quelques poils assez longs sur les huit dernières pates. Couleur brun rougeâtre mêlé de jaune; pinces brunes.

Habite les mers d'Europe. (C. M.)

---

(1) *Cancer hirtellus*. Penn. t. IV, Pl. 6, fig. 15; — Herb. t. I, Pl. 7, fig. 51; *Pilumnus hirtellus*. Leach. Malac. Pl. 12; — Desm p. 111, Pl. 11, fig. 1; — Latr. Encyc. t. X, p. 125.

*b**. Bords latéro-antérieurs armés seulement de trois épines placées sur la même ligne. (L'angle orbitaire non compris.)*

> *b**.   Face externe de la main la plus grosse granuleuse ou tuberculeuse, mais ne présentant pas des rangées horizontales d'épines.*

3. PILUMNE CHAUVE-SOURIS. — *P. vespertilio* (1).

Bords latéro-antérieurs de la carapace armés de trois grosses épines placées sur la même ligne, et présentant au devant d'elles une quatrième épine plus petite qui est située plus bas et appartient à la région ptérygostomienne; bord inférieur des mains lisse. Troisième article des pates-mâchoires externes profondément échancré à son angle antérieur et interne. Corps entièrement couvert de longs poils bruns et d'un aspect laineux; du reste, très-semblable à l'espèce précédente.

Habite les Indes orientales. (**C. M.**)

4. PILUMNE DUVETÉ. — *P. tomentosus* (2).

Ne diffère guères de la précédente, si ce n'est par l'existence *de granulations sur toute la partie inférieure de la main*, et par la nature des poils qui constitue une sorte de duvet très-court; le corps est d'une couleur brun noirâtre, et les pinces sont noirâtres.

Habite la Nouvelle-Hollande. (**C. M.**)

5. PILUMNE DE QUOI. — *P. Quoii.*

Épines latérales de la carapace et front comme dans l'espèce

---

(1) *C. vespertilio.* Fabr. Supp p. 338; *Pilumnus vespertilio.* Leach, Trans. Linn. Soc. t. XI. — Desm., p 112; — Latr. Encyc. t X, p. 125.

(2) Latr. Encyc. t. X, p. 125.

précédente; troisième article des pates-mâchoires externes simplement tronqué à son angle antérieur et interne, et non échancré comme dans les espèces précédentes; pates antérieures très-fortes; *carpe et mains armés en dessus d'épines assez grosses;* toute la face supérieure de l'animal couverte de poils roux, courts, très-raides et espacés. Longueur, environ un pouce.

Trouvé à Rio-Janeiro, par MM. Quoi et Gaimard. (C. M.)

6. Pilumne de Péron. — *P. Peronii.*

Point d'épine située au-dessous et en avant des trois épines du bord latéro-antérieur de la carapace, qui sont très-petites; carapace assez bombée et presque lisse; très-peu de duvet. Longueur, 4 lignes.

Mers d'Asie. (C. M.)

*b**++. Face externe de la main la plus grosse armée de plusieurs rangées horizontales d'épines.*

6. Pilumne de Forskal. — *P. Forskalii* (1).

Carapace couverte de poils très-longs, gros, durs et insérés loin les uns des autres; assez bombée et un peu granuleuse en dessus; du reste, ressemblant beaucoup au **P.** hérissé.

Habite l'Égypte. (C. M.)

7. Pilumne laineux. — *P. lanatus* (2).

Carapace et pates couvertes d'un duvet fin, serré et très-court; carapace peu ou point granuleuse; épines latérales assez fortes. Longueur, 4 lignes.

Habite l'Australasie. (C. M.)

---

(1) *Cancer incanus.* Forsk. p. 92.
(2) Latr. Encyc. t. X, p. 125.

bb. Bord orbitaire supérieur armé d'épines.

8. PILUMNE A PIQUANS. — *P. aculeatus* (1).

Carapace armée en dessus de deux petites épines très-acérées sur chaque région hépatique, près du bord latéro-antérieur, qui est lui-même armé de trois épines placées sur la même ligne, et d'une quatrième placée plus bas sur la région ptérygostomienne, près de l'angle orbitaire externe.

Habite l'Amérique septentrionale. (**C. M.**)

9. PILUMNE SPINIFÈRE. — *P. spinifer* (2).

Point d'épines sur la face supérieure de la carapace; celles des bords latéro-antérieurs fortes et très-aiguës; pates antérieures très-épineuses; les suivantes beaucoup plus longues et plus grêles que dans toutes les espèces précédentes; poils longs, fins et rares. Longueur, environ un pouce.

Habite la Méditerranée. (**C. M.**)

— ❦ —

Le *Pilumnus vilosus*, de M. Risso (Hist. nat. de l'Europe mérid. t. V, p. 10), paraît avoir les bords latéraux de la carapace armés de cinq dents bifides ou trifides, ce qui ne se voit chez aucun autre Pilumne.

XIII. GENRE RUPPELLIE. — *Ruppellia* (3).

Un Crustacé nouvellement décrit par le savant naturaliste-voyageur M. Ruppell, est le type de ce petit groupe

---

(1) *Cancer aculatus.* Say, loc. cit. p. 449. *Pilumnus aculeatus.* Edw. Guérin, Icon. Cr. Pl. 3, fig. 92.
(2) *Cancer velu.* Rond. t. II, p. 408 ; Savigny, Egyp. Pl. 5, fig. 4.
(3) *Cancer.* Ruppell, Crust. de la mer Rouge.

qui conduit des Ozies aux Ériphies. La forme de la *cara-pace* se rapproche beaucoup de celle des Xanthes et d'Ozies ; le bouclier dorsal est un peu courbé et environ une fois et demie aussi large que long. Le *front* est beaucoup plus large que le cadre buccal ; mais il n'occupe pas avec les orbites la moitié du diamètre transversal de la carapace. Les *bords* latéro - antérieurs de la carapace sont moins longs que ses bords latéro-postérieurs avec lesquels ils se continuent sans former d'angle notable ; ils se termi-nent vers le niveau du milieu de la région génitale et sont armés de dents larges et peu saillantes. Les *orbites* sont presque circulaires et sont dirigées en haut et en avant ; leur bord inférieur vient se réunir à l'angle externe du front, de façon à ne laisser dans ce point qu'une simple fissure et non un espace assez considérable comme dans tous les Cancériens dont il a déjà été question. Il ré-sulte de cette disposition que les *antennes externes* sont complétement exclus des orbites ; leur article basilaire, grand et placé obliquement, arrive cependant à très-peu de distance du canthus interne des yeux ; il se soude au front par son bord supérieur qui est très-large, et qui porte vers son milieu la tige mobile de ces appendices, qui est d'une petitesse extrême. Les *antennes internes* se reploient directement en dehors comme chez les Xanthes, etc. L'*espace prélabial* est canaliculé comme chez les Ozies, et le troi-sième article des pates-mâchoires laisse , entre son bord an-térieur qui est très-oblique et le bord du cadre buccal, un espace qui correspond à l'extrémité du canal efférent de l'ap-pareil respiratoire. Du reste, ces Cancériens ne diffèrent pas notablement des Xanthes et des Ozies.

1. RUPPELLIE OPINIATRE. — *R. tenax* (1).

Bord supérieur de l'orbite marqué de deux fissures

---

(1) *Cancer tenax.* Ruppell , op. cit. Pl. 3, fig. 1.

séparées par une petite dent; une fissure à son angle externe et deux dents à son bord inférieur. Carapace bosselée et légèrement granuleuse en avant, lisse et légèrement bombée en arrière. Front armé de six dents arrondies et à peu près équidistantes, dont les externes sont moins saillantes que les autres et occupent l'angle du bord orbitaire supérieur. Bords latéroantérieurs de la carapace armés de 4 ou 5 dents aplaties, trèslarges et à peine saillantes. Bord antérieur du troisième article des pâtes-mâchoires externes échancré au milieu. Pates antérieures grosses, arrondies et très-inégales dans les deux sexes; mains granuleuses; pinces comme chez les Carpilies. Longueur, environ 2 pouces.

Habite la mer Rouge. (**C. M.**)

2. **Ruppellie pates-annelées.** — *R. annulipes.*

Point de fissures ni de dents aux bords orbitaires supérieur et inférieur. Front très-incliné, moins profondément denté que dans l'espèce précédente, et creusé d'un petit sillon transversal; une petite crête horizontale sur les dents des bords latéro-antérieurs de la carapace; pates antérieures lisses. Longueur, 10 lignes; couleur blanchâtre, avec des bandes rosées sur les pates. Patrie inconnue. (**C. M.**)

3. **Ruppellie vineux.** — *R. vinosa.*

Point de fissures ni de dents aux bords orbitaires supérieur et inférieur. Front très-large, horizontal et entier; carapace sans bosselures, plane transversalement et un peu granuleuse; ses bords latéro-antérieurs découpés en cinq dents, lamelleux, dont le premier, formant l'angle externe de l'orbite, est peu saillant.

Patrie inconnue. (**C. M.**)

Peut-être faudrait-il rapporter aussi à ce genre le Cancer calypso de Herbst (Pl. 52, fig. 4).

XIV genre **PIRIMÈLE.**—*Pirimela* (1).

La forme générale des Pirimèles ne diffère que peu de celle de plusieurs Cancériens ; mais sous les autres rapports elle s'en éloigne beaucoup. La *carapace* est régulièrement arquée dans sa moitié antérieure et fortement tronquée de chaque côté de sa moitié postérieure ; elle est un peu plus large que longue , bombée et fortement bosselée ; le front est étroit et armé de trois dents pointues ; les bords latéro-antérieurs se dirigent très-obliquement en arrière et en dehors , et sont armés de quatre fortes dents comprimées et triangulaires. Les *orbites* présentent deux dents et deux fissures en dessus , une dent aiguë à l'angle externe et une quatrième à l'angle interne et inférieur ; les *antennes internes* se reploient longitudinalement comme chez les Platycarcins. Les *antennes externes* sont très-longues ; mais leur premier article , qui est logé dans un hiatus de l'angle orbitaire , est très-court et ne se prolonge pas à beaucoup près aussi loin que l'article basilaire de l'antenne interne ; la tige mobile de ces appendices naît par conséquent dans le canthus orbitaire interne comme chez les Xantes , etc. Les *pates-mâchoires* externes , au lieu de s'emboîter dans le cadre buccal comme dans tous les genres précédens , s'avancent sur épistome , et au lieu de porter l'article suivant à l'angle antérieur et intérieur de leur troisième article , elles y donnent insertion vers le tiers antérieur du bord interne de cet article. Le *plastron sternal* présente la même disposition que chez les Crabes , etc. ; sa longueur n'excède sa largeur que de moitié , et sa suture médiane occupe ses trois derniers segmens. Les pates antérieures sont petites et comprimées ; les suivantes ne présentent rien de remarquable. Enfin l'*abdomen* du mâle ne se compose que de cinq articles.

---

(1) *Cancer*. Montagu , Trans. Linn. Soc. t. IX ; *Pirimela*.Leach. Malac. — Desm. p. 105. — Latr. Reg. Anim 2e. édit. t. IV, p. 38.

Ce genre ne renferme encore qu'une seule espèce qui appartient aux mers d'Europe.

1. Pirimèle denticulée. — *P. denticulata* (1).

Carapace lisse, mais fortement bosselée sur les régions stomacale, génitale et branchiale, concave sur les régions hépatiques; bords latéro-antérieurs minces, et ne dépassant pas le niveau du milieu de la région génitale. Mains garnies d'une petite crête en dessus, et d'une ou deux lignes carénées sur leur face externe. Longueur, environ 6 lignes. Couleur verdâtre.

Habite les côtes de la Manche, de la Vendée, etc. (C. M.)

3. CANCÉRIENS QUADRILATÈRES.

Le petit groupe des Cancériens quadrilatères établit le passage entre les précédens et divers Crustacés de la famille des Catométopes, aussi les genres dont il se compose ont-ils été placés par M. Latreille, tantôt dans la section des *Arqués*, tantôt dans celles des *Quadrilatères*, qui, dans sa méthode, correspond à peu près à notre famille des Catométopes. Ainsi que nous l'avons déjà dit (p. 369), il se distingue des Cancériens arqués par la forme générale du corps ; le bord fronto-orbitaire de la carapace est ici très-large, ses bords latéraux sont peu courbés ou même presque droits, et sa portion postérieure n'est que peu rétrécie; il en résulte que ce bouclier céphalo-thoracique n'est pas régulièrement arqué en avant, ni fortement tronqué en arrière, comme chez les Crabes, les Xanthes, etc.; mais se rapproche par sa forme d'un Quadrilatère

---

(1) *Cancer denticulatus.* Montagu, Trans. Linn. Soc. vol. IX, Pl. 2, fig. 2. ; *Pirimela denticulata.* Leach, Malac. Pl. 3; — Desm. p. 106, Pl. 9, fig. 1; Latr. Encyc., t. X p. 138.

équilatéral : quelquefois il est même plus long que large. Du reste, la structure de ces Crustacés ne présente rien de remarquable ; par la disposition des antennes les uns se rapprochent des Ruppellies, les autres des Pilumnes. Pour les distinguer entre eux il suffit d'avoir égard aux caractères indiqués dans le tableau placé ci-dessus (p. 369).

I. GENRE **ERIPHIE**. — *Eriphia* (1).

Les Eriphies se rapprochent beaucoup des Ruppellies ; mais ils tendent, par la forme générale de leur corps, à établir le passage vers les Thelphuses. Leur *carapace* (Pl. 16, fig. 16) est bien moins élargie et plus quadrilatère que chez les autres Cancériens ; sa longueur dépasse de beaucoup les deux tiers de sa largeur, son bord fronto-orbitaire occupe plus de la moitié et quelquefois même plus des trois quarts de sa largeur, et ses bords latéro-antérieurs, dirigés presque directement en arrière, ne décrivent qu'une faible courbure et ne se prolongent que peu. Les *orbites* sont conformés comme dans le genre Ruppellie ; mais l'espace qui sépare leur bords de l'article basilaire des *antennes externes* est très-considérable (Pl. 16, fig. 17); cet article est peu développé, et n'occupe pas le quart de l'espace compris entre la fossette antennaire et le canthus interne des yeux ; au contraire, la tige mobile des antennes externes est beaucoup plus développée que chez les Ruppellies, et s'insère à peu de distance de la fossette antennaire. Du reste, les Eriphies ne diffèrent pas essentiellement de ces derniers Cancériens.

---

(1) *Cancer*. Fabr. Herb. etc. *Eriphia*. Latr. Reg. Anim. 1re. édit t. III, p. 18, etc. — Desm. p. 125.

§ A. *Espèces ayant les mains tuberculeuses.*
   a. Front armé d'épines.

1. ERIPHIE FRONT ÉPINEUX. — *E. spinifrons* (1).

Carapace à régions peu distinctes, garnie en avant de quelques petites lignes transversales de dentelures. Front divisé
en quatre lobes hérissés d'épines; bords orbitaires épineux;
bords latéro-antérieurs de la carapace armés d'une série de
cinq ou six dents, dont les trois ou quatre antérieures sont
grosses et dentelées sur le bord. Mains couvertes en dessus
et en dehors de gros tubercules arrondis; pinces à dentelures
tranchantes. Longueur, 2 à 3 pouces; couleur verdâtre ou d'un
rouge vineux très-foncé.
Habite toutes nos mers. (**C. M.**)

aa. Front dépourvu d'épines.

2. ERIPHIE GONAGRE. — *E. gonagra* (2).
(Pl. 16, fig. 16 et 17.)

Carapace à régions bien distinctes, inégale et armée de tubercules pointus en avant; le bord fronto-orbitaire occupant
plus des trois quarts de son diamètre transversal. Front divisé
en quatre lobes, dont les deux médians sont avancés et tronqués;
deux fissures sur le bord supérieur de l'orbite, et une dent
aiguë à son angle externe; bords latéro-antérieurs armés de
cinq ou six dents spiniformes; pates antérieures garnies de tubercules arrondis et déprimés. Longueur, environ 1 pouce;
couleur jaunâtre mêlée de rouge et de violet, pinces brunâtres.
Habite les côtes de l'Amérique du Sud. (**C. M.**)

---

(1) *Cancer spinifrons*. Herb. Pl. 11, fig. 65 — Fabr. Suppl. p. 339,
— *Eriphia spinifrons*.—Savigny, Egypte, Cr. Pl. 4, fig. 7.—Desm.
Pl. 14, fig. 1.
(2) *Cancer gonagra*. Fabr. Suppl. p. 337.

§ B. *Espèces ayant les mains lisses , non tuberculeuses.*

3. ERIPHIE MAINS LISSES. — *E. lœvimana* (1).

Cette espèce ressemble beaucoup à l'Eriphie front épineux ;
mais la carapace est moins élargie ; le front est plus incliné et armé
d'épines moins longues ; les bords latéro-antérieurs se dirigent
presque directement en avant, et ne présentent qu'une série de
cinq ou six petits tubercules pointus et isolés ; enfin , il n'existe
à la face supérieure et externe des pates antérieures ni épines
ni tubercules.

Habite l'Ile-de-France. (C. M.)

L'ERIPHIE , figurée par M. Savigny (*Egyp.*, Pl. 5, fig. 1),
et rapportée avec doute par M. Audouin à l'Eriphie front épineux , me paraît être une espèce distincte.

L'ERIPHIE PRISMATIQUE de M. Risso (*Hist. natur. de l'Eur.
mérid.*, t. V, p. 35) n'a pas été décrite avec assez de détails
pour que l'on puisse la rapporter aveo certitude à ce genre.
D'après M. Risso , cette espèce aurait pour caractères : front
armé de huit dents ; bords latéraux armés de quatre épines ;
mains prismatiques.

Le CANCER EURYNOME de Herbst (t. III, Pl. 52 , fig. 7) me
paraît être aussi une Eriphie.

II. GENRE TRAPÉZIE. — *Trapezia* (2).

M. Latreille a établi dernièrement le genre Trapézie pour
recevoir quelques petits Crustacés, qui ressemblent, sous
beaucoup de rapports , aux Eriphies, mais qui conduisent
en même temps vers les Grapses. Leur corps est déprimé,

---

(1) Latr. Coll. du Mus. — Guérin. Iconog. Cr. Pl. 3, fig 1.
(2) Latr. Fam. nat. p. 269, Encycl. t. X, p. 695, etc.

la *carapace* à peu près aussi longue que large, presque carrée, à peine bombée, et sans régions distinctes; son bord fronto-orbitaire occupe presque toute sa largeur; ses bords latéro-antérieurs sont courts, presque droits et dirigés directement en arrière; enfin les latéro-postérieurs sont obliques et très-longs. La disposition des *yeux* et des *antennes* est à peu près la même que chez les Eriphies; mais dans quelques espèces de Trapézies, les *pates-mâchoires* ressemblent un peu à celles des Grapses, car le bord interne de leurs second et troisième articles, au lieu de suivre une ligne droite, forme un angle rentrant, de façon que ces organes ne ferment pas complétement la bouche, et laissent entre eux un espace vide ayant la forme d'un losange; d'autres fois les pates-mâchoires ne présentent rien de particulier, et l'insertion du quatrième article a lieu toujours, comme dans la plupart des genres precedens, par l'angle du troisième article. Les *pates* antérieures sont très-longues et fortes, le bras dépasse de beaucoup la carapace, et son bord antérieur est comprimé et dentelé; la main est plus longue qu'elle, et les pinces sont pointues; les pates suivantes sont de longueur médiocre et arrondies. Enfin l'abdomen du mâle présente en général (sinon toujours) seulement cinq articles.

Les Trapézies sont tous de petite taille, et habitent les mers des pays chauds.

> A. *Espèces ayant la carapace armée de chaque côté d'une dent située à quelque distance derrière celle qui constitue l'angle orbitaire externe.*
> a. *Pates-mâchoires externes fermant complétement la bouche.*

1. Trapézie front denté. — *T. dentifrons* (1).

Carapace aussi longue que large; front armé de quatre dents

---

(1) Latr. Encyc. t. X, p. 695.

séparées par des fissures ; les deux médianes courtes et pointues, les externes larges et tronquées ; orbites dirigées très-
obliquement en arrière ; pinces garnies de grosses dents et se
joignant dans toute leur longueur. Longueur, environ 5 lignes ;
couleur jaune rougeâtre uni ; pinces noirâtres.

Habite l'Australasie. (C. M.)

*aa. Pates-mâchoires externes laissant entre elles un
espace vide en forme de losange.*

2. TRAPÉZIE FERRUGINEUSE. — *T. ferruginea* (1).

Cette espèce ressemble beaucoup à la précédente ; le front
est inégalement dentelé ; on y distingue en général six petites
dents arrondies ; le bord antérieur des bras est fortement dilaté et
dentelé ; les pinces sont faiblement dentées et ne se joignent
pas dans toute leur longueur. On remarque quelques poils
sur le bord supérieur des pates. Enfin, l'abdomen du mâle ne
paraît composé que de cinq articles distincts. Longueur, environ
10 lignes ; couleur jaune ferrugineux.

Habite la mer Rouge.

§ B. *Espèces dont la carapace ne présente point de
dent en arrière de l'angle orbitaire externe.*

3. TRAPÉZIE DIGITAIRE. — *T. digitatis.*

Front armé au milieu de deux petites dents pointues, et
finement dentelé en dehors ; mains comprimées, à bords tranchans, pinces courtes. Très-petite ; carapace d'un brun noirâtre, et pates d'un brun jaunâtre.

Habite la mer Rouge. (C. M.)

---

(1) *Trapezia cymodoce.* Audouin, Savigny, op. cit. Pl. 5, fig. 2 ;
— *T. ferruginea.* Latr. Encyc. t. X, p. 695.

La Trapézie bleue de M. Ruppell (1) a la plus grande analogie avec la T. ferrugineuse ; elle ne paraît en différer que par la forme un peu plus orbiculaire de la carapace, et peut-être ne devrait être considérée que comme une variété de cette espèce.

Le Cancer cymodocé de Herbst (t. III, Pl. 51, fig. 5) appartient aussi à ce genre, et paraît avoir beaucoup d'analogie avec la Trapézie front denté ; mais si la figure que Herbst en a donnée est exacte, elle s'en distinguerait par sa carapace qui est beaucoup plus large.

La Trapézie cymodocé de M. Guérin (Voyez la Coquille, Crust. Pl. 1, fig. 4) ne peut, par la même raison, être confondue avec le Cancer cymodocé de Herbst. Elle ressemble beaucoup à la T. front denté et à la T. ferrugineuse ; cependant son front est seulement sinueux et non garni de dents, ses pates-mâchoires externes ne laissent pas entre elles un espace vide en forme de losange ; l'abdomen du mâle paraît composé de six articles, etc.

Le Cancer rufopunctatus de Herbst (2) est bien certainement une Trapézie, et se reconnaîtra à la grande longueur des pates antérieures et aux six dents pointues dont son front est armé.

M. Latreille rapporte aussi à ce genre le Cancer glaberimus de Herbst (Pl. 20, fig, 115), mais nous sommes portés à croire que ce petit Crustacé appartient plutôt au genre Grapse ; sa forme générale est à peu près la même que celle du *G. minutus*.

____

(1) *Trapezia cœrulea*. Ruppell, op. cit. Pl. 5, fig. 7.
(2) *C. Rufo-punctatus*. Herb. Pl. 47, fig. 6 ; *Trapezia Rufo-punctata*. Latr. Encyc. t. X, p. 695.

III. GENRE MÉLIE. — *Melia* (1).

Ce petit groupe générique, établi dernièrement par M. Latreille, est assez voisin des Pilumnes, mais a aussi de l'analogie avec les Grapses. La *carapace* des Mélies (Pl. 18, fig. 8.) est légèrement bombée et presque carrée ; le bord fronto-orbitaire en occupe presque toute la largeur, et les bords latéraux sont peu courbes. Le *front* est large et légèrement incliné ; les *orbites* sont dirigées obliquement en dehors et ne présentent à leur bord supérieur qu'une petite fissure à peine visible. Les *antennes internes* se reploient presque transversalement, (fig. 9.) et l'article basilaire des *antennes externes* vient se terminer dans l'hiatus qui existe entre le front et le bord orbitaire inférieur ; le deuxième article de ces appendices est complétement libre et dépasse un peu le front. Les *pates-mâchoires externes* et le plastron sternal ne présentent rien de remarquable. Les *pates* antérieures chez la femelle sont plus grêles et plus courtes que les suivantes, qui à leur tour sont beaucoup moins longues que celles de la troisième paire ; les pates de la quatrième paire sont les plus longues de toutes, et ont plus de deux fois la longueur de la carapace ; toutes sont cylindriques. Quant à leur disposition chez le mâle, nous ne la connaissons pas, n'ayant pas eu l'occasion d'observer d'individu de ce sexe.

1. MÉLIE DAMIER. — *M. tresselata* (2).
(Pl. 18, fig. 8 et 9.)

Carapace unie et lisse en dessus; front divisé en deux lobes tronqués; une petite dent occupant l'angle externe de l'or-

---

(1) En classant les Crustacés de la collection du Muséum, j'avais donné à ce genre le nom de *Lybie*, et la planche ou j'ai représenté le Crustacé qui en forme le type était gravée lorsque j'ai appris de M. Latreille que lui-même avait déjà fondé cette division sous le nom de *Mélie*, que dès lors je me suis empressé d'adopter.

(2) *Grapsus tresselatus.* Latreille, Encyc. Pl. 3o5, fig. 2. *Lybia*

TABLEAU SYNOPTIQUE DES PRINCIPAUX CARACTÈRES GÉNÉRIQUES DES PORTUNIENS.

Genres.

TRIBU DES PORTUNIENS.

Tarse des pates postérieures trés-étroit, de forme lancéolée. (Carapace presque aussi longue que large, front avancé, cinq dents latéro-antérieures; pédoncules oculaires courts.) — CARCIN.

Tarse des pates postérieures très-large et plus ou moins ovalaire.

  Pédoncules oculaires très-courts, insérés loin l'un de l'autre, sur la même ligne que les antennes internes, et logés dans des orbites oculaires dont la longueur n'excède pas le quart de la largeur de la carapace.

    Suture médiane du sternum n'occupant que les deux derniers segmens du plastron (carapace peu élargie et armée de 5 dents latéro-antérieures, excepté dans une espèce où il n'en existe que quatre).

      Tige mobile des antennes externes composée de trois articles pédonculaires (le premier article de ces appendices étant mobile et de même forme que les suivans, et inséré au-dessous des yeux et des antennes internes au bord inférieur d'un grand hiatus, par lequel l'orbite communique avec la fossette antennaire. Carapace presque circulaire).

        Pates des deuxième, troisième et quatrième paires point natatoires, le tarse qui les termine étant étroit, surtout celui des pates de la quatrième paire. — PLATYONIQ[ue]

        Pates des deuxième, troisième et quatrième paires natatoires, les tarses qui les termine étant a toutes trés-large et lancéolé. — POLYBIE.

      Tige mobile des antennes externes composée seulement de deux articles pédonculaires, et insérée sur la même ligne que les yeux et les antennes internes: leur article basilaire étant soudé au front et séparant complétement l'orbite de la fossette antennaire. (Tarse des pates des deuxième, troisième et quatrième paires styliforme.) — PORTUNE.

    Suture médiane du sternum occupant les trois derniers segmens du plastron (carapace très-élargie et armée, presque toujours, de plus de cinq dents latéro-antérieures).

      Tige mobile des antennes externes insérée sur le bord de l'article basilaire, de manière à occuper l'angle interne de l'orbite, et a pouvoir se reployer dans cette cavité (front en général beaucoup moins saillant que le bord inférieur ou l'angle externe de l'orbite; carapace très-élargie, neuf dents latéro-antérieures). — LUPÉE.

      Tige mobile des antennes externes insérée sur la face inférieure de l'article basilaire, et non sur le bord de l'orbite dans lequel elle ne peut pas se reployer (front au moins aussi saillant que le bord inférieur et l'angle externe de l'orbite; carapace très-large; quatre à sept dents latéro-antérieures). — THALAMIT[e]

  Pédoncules oculaires extrêmement longs, insérés très-près de la ligne médiane du corps, au-dessus des antennes internes, et se reployant dans des rainures orbitaires creusées dans le bord antérieur de la carapace dont elles occupent toute la longueur. — PODOPHT[halme]

CRUSTACÉS, tome I.

bite et une seconde située sur le bord latéral, vers le niveau du bord postérieur de la région stomacale. Longueur, environ 5 lignes; couleur blanchâtre avec des lignes rouges; quelques poils sur les pates.

Habite l'Ile-de-France. (C. M.)

II. TRIBU DES PORTUNIENS.

Cette tribu correspond à peu près au genre Portune, tel que Fabricius l'avait d'abord établi, et renferme la plupart des Crustacés que M. Latreille a rangés dans sa division des *Brachyures nageurs*. L'analogie la plus étroite unit ces animaux aux Cancériens, dont ils ne se distinguent guères que par la conformation particulière de leurs pates postérieures; caractère qui a beaucoup d'importance, puisqu'il influe sur la manière de vivre, mais qui se retrouve d'une manière plus ou moins marquée dans des espèces appartenant à la plupart des autres groupes naturels de la section des Brachyures.

La forme générale des Portuniens est ordinairement peu différente de celle de la plupart des Cancériens; mais la *carapace* est toujours très-peu élevée, et elle a quelquefois la forme d'un losange (Pl. 17, fig. 1). Les orbites sont dirigées en haut et en avant; les *antennes internes* se reploient transversalement ou du moins très-obliquement en dehors (fig. 11), et l'article basilaire des *antennes externes* est logé en partie dans un hiatus de l'angle orbitaire interne; le troisième article des *pates-mâchoires externes* est tou-

---

tresselata. Edw. Collection du Muséum et Atlas de cet ouvrage, Pl. 18, fig. 8 (*Voyez* la note de la page précédente. *Melia tresselata.* Latr. Encyl. t X, p. 705.

jours plus large que long, et fortement tronqué ou échancré à son angle antérieur et externe pour l'insertion du quatrième article (fig. 6, 12, etc.); le plastron sternal est toujours très-large, et en général le dernier segment thoracique est beaucoup plus développé que tous les autres, même que celui portant les pates antérieures; la suture, qui sépare ce segment du précédent, se dirige très-obliquement en avant et en dedans (fig. 4 et 10); la voûte des flancs est en général presque horizontale, et la selle turcique postérieure très-étroite. Les *pates* antérieures sont en général très-allongées; les suivantes sont quelquefois natatoires et les postérieures le sont toujours, leur tarse étant lamelleux; enfin, celles de la seconde paire ont ordinairement plus d'une fois et demie la longueur de la carapace.

Cette tribu renferme des Crustacés qui sont pour la plupart essentiellement nageurs, et qui vivent souvent en pleine mer. On la divise en sept genres, faciles à distinguer par les caractères indiqués dans le tableau ci-joint.

I. GENRE CARCIN.—*Carcinus* (1).

Ce petit genre établit le passage entre les Cancériens et les Portunes, et se distingue des uns et des autres par la forme du dernier article des pates postérieures qui est aplati et lancéolé, mais cependant très-étroit (Pl. 17, fig. 16). La *carapace* se rapproche par sa forme générale de celle des Panopés. Elle est peu bombée, mais assez élevée et notablement plus large que longue. Les bords latéro-antérieurs, qui sont profondément dentés, forment

---

(1) *Cancer*. Fab. etc. *Carcinus*, Leach, Malac. — Desm. p. 90.

avec le bord orbitaire une courbure régulière qui ne dépasse pas le niveau du milieu de la région génitale ; les
bords latéro-postérieurs sont très-longs et médiocrement
obliques. Les régions branchiales sont très-développées et
arrondies antérieurement. Le *front* est avancé, horizontal
et de largeur médiocre. Les *orbites* sont ovalaires et dirigées en avant ; on remarque une fissure à leur bord supérieur et une à leur bord inférieur ; l'hiatus, qui existe
à leur angle interne, loge la base de *l'antenne externe*
dont le premier article, étroit et cylindrique, arrive jusqu'au front ; la tige mobile de ces appendices est très-
longue et s'insère dans l'hiatus orbitaire. Les *antennes
internes* se reploient obliquement en dehors dans leurs fossettes, qui sont presque circulaires. Le cadre buccal est un peu
plus large en arrière qu'en avant, et le troisième article
des *pates-mâchoires* est fortement dilaté en dehors et
échancré à ses deux angles internes. Le *plastron sternal* est
semblable à celui des Portunes ; il en est de même des
pates, si ce n'est que le tarse des postérieures est peu
élargi et de forme lancéolée, tandis que celui des pates précédentes est styliforme (Pl. 17, fig. 15 et 16). L'abdomen
du mâle ne se compose que de cinq segmens. On ne connaît
encore qu'une seule espèce de ce genre.

CARCIN MÉNADE. — *C. mœnas* (1).

Carapace à régions bien distinctes, légèrement granuleuse
en avant. Front terminé par trois lobes arrondis. Dents latéro-
antérieures très-larges et aplaties. Une forte épine sur le bord
interne du carpe ; mains présentant en dessus un rebord longitudinal arrondi ; pinces assez finement dentées. Tarses des trois

---

(1) *Cancer mœnas*. — Baster op. subs. 2, p. 19, Pl. 2. — Pennant,
Br. Zool. t. IV, Pl. 2, fig. 3 (reproduit dans l'Encyc. Pl. 273, fig. 1).
— Linn. Mus. Lud. Ulr. 436*. — Herbst, Pl. 7, fig. 46. *Carcinus
mœnas*. Leach, Malac. Pl. 5.

paires de pieds suivantes styliformes, gros et très-longs (environ une fois et demie aussi longs que l'article précédent). Longueur, environ 2 pouces. Couleur verdâtre. (C. M.)

Ces Crustacés sont très-communs sur nos côtes ; à marée basse on les trouve entre les pierres ou enfoncés dans le sable ; ils courent sur la plage avec rapidité, et peuvent être conservés hors de l'eau pendant très-long-temps sans périr. On les mange, et pendant l'été on en apporte beaucoup à Paris. Sur les côtes de la Normandie on les appelle des *Crâbes enragés*.

II GENRE PLATYONIQUE.—*Platyonichus* (1).

Les Platyoniques ont la *carapace* plus étroite et plus régulièrement convexe que celle des autres Portuniens ; souvent elle est beaucoup plus longue que large et d'autres fois elle est circulaire. (Pl. 17, fig. 7.) Le front est très-étroit et denté ; les bords latéro-antérieurs sont peu courbés et se dirigent presque directement en arrière ; de même que chez les Carcins, les Polybies et la plupart des Portunes, ils sont divisés en cinq dents : les *orbites* sont peu profondes et dirigées en avant. Les *antennes internes* se reploient obliquement en avant, et leurs fossettes ne sont que très-imparfaitement séparées des orbites. (Pl. 17, fig. 8.) En effet, la disposition des *antennes externes* est différente de celle qui se remarque chez les Carcins, les Portunes, les Thalamites et les Lupées ; leur premier article qui est très-petit ne se soude pas au front, mais reste mobile comme les suivantes, et s'insère entre le bord orbitaire inférieur et la fossette antennaire. Les *pâtes-mâchoires externes* (fig. 9) ne présentent rien de remarquable, si ce n'est que leur troisième article est plus étroit que chez la plupart des Portuniens, et s'avance obliquement jusqu'au noyau des fossettes

---

(1) *Cancer*. Linn Fabr. etc. *Portunus*. Leach, Malac. — Desm. p. 89. *Platyonichus*. Latr. Encyc. t. X, p. 151 : Reg. Anim. 2º. éd. t IV, p. 36.

antennaires. Le *plastron sternal* est ovalaire, étroit et très-rétréci postérieurement (fig. 10) ; de même que chez les Portunes, sa suture médiane n'occupe que ses deux derniers segmens. Les *pates* antérieures sont médiocres et peu inégales ; elles s'appliquent exactement contre la région buccale, et ressemblent en tout à celles des Portunes ; celles de la seconde paire sont assez longues et ont le tarse aplati, un peu élargi, et de forme presque lancéolée ; le tarse des pates suivantes est également un peu aplati, mais plutôt styliforme que lamelleux. Enfin, les pates de la cinquième paire sont complétement natatoires.

§ A. *Espèces ayant les dents frontales en nombre impair (l'une d'elles occupant la ligne médiane), et une seule fissure au bord orbitaire supérieur.*

   a. Tarse des pates postérieures de forme lancéolée.

1. **PLATYONIQUE LATIPÈDE.** — *P. latipes* (1).

Carapace cordiforme, presque aussi longue que large, et fortement rétrécie postérieurement ; dents frontales très-petites ; bords latéro-antérieurs dirigés presque directement en arrière et armés de dents très-petites. Pates antérieures courtes ; le bras dépassant à peine la carapace ; une seule épine sur le carpe ; mains sans dents ni carène marquées. Tarses des pates de la deuxième paire un peu élargis ; les suivans presque styliformes ; abdomen du mâle composé de cinq segmens. Longueur, environ 1 pouce.

Habite nos côtes. (C. M.)

---

(1) *Cancer latipes.* Pennant, op. cit. IV, Pl. 1, fig. 4. — Herb. Pl. 21, fig. 126. *Portunus variegatus.* Leach, Malac. Pl. 4 (reproduite par M. Desmarest, Pl. 4, fig. 2). *Platyonichus depurator.* Latr. Encyc. t. X, p. 151.

aa. Tarses des pates postérieures ovalaires et obtus au bout.

PLATYONIQUE OCELLÉ. — *P. ocellatus* (1).

Carapace presque circulaire, beaucoup plus large que longue; dents frontales et latéro-antérieures très-grandes. Pates antérieures grandes, le bras dépassant de beaucoup la carapace; carpe bidenté. Longueur, environ 2 pouces.

§ B. *Espèces ayant les dents frontales paires (n'en ayant, par conséquent, point sur la ligne médiane), et deux fissures au bord orbitaire supérieur.*

PLATYONIQUE BIPUSTULÉ. — *P. bipustulatus.*
(Pl. 17, fig. 7-10.)

Carapace presque circulaire, bombée et très-finement granulée; front très-reculé et armé de quatre petites dents; dents des bords latéro-antérieurs arquées et très-grandes. Une dent plus ou moins saillante vers le milieu du bord orbitaire supérieur. Pates antérieures médiocres et à peu près de même forme que chez le P. latipède. Tarse des pates de la seconde paire lamelleux, lancéolé et un peu falciforme chez le mâle. Ceux des deux paires de pates suivantes lamelleux, mais de plus en plus étroits. Tarses des pates postérieures ovalaires. Abdomen du mâle composé de sept segmens distincts. Longueur, de 2 à 5 pouces.

Habite l'océan Indien. (C. M.)

---

(1) *Cancer ocellatus.* Herb. Pl. 49, fig. 4. — *Portunus pictus.* Say, Acad. de Philad. t. I, Pl. 1, fig. 4. *Platyonichus ocellatus.* Latr. Encyc. t. XVI, p. 152.

§ C. *Espèces ayant le front avancé en manière de museau triangulaire et simplement ondulé sur ses bords.*

Platyonique muselier. — *P. nasutus* (1).

Carapace bombée au milieu et inégale ; une fissure au bord orbitaire supérieur ; serres petites ; tarse des pates postérieures presque elliptique et accuminé ; très-petit.

Habite les côtes de l'Océan et de la Méditerranée.

M. Leach a donné le nom de *P. monodon* (Lin. Trans. t. XI, p. 314) à une espèce qui diffère de toutes les précédentes par l'existence d'une seule dent de chaque côté de la carapace.

III. genre POLYBIE. — *Polybius* (2).

Le genre Polybie de M. Leach a les rapports les plus intimes avec celui des Platyoniques, dont il ne diffère guères que par la forme des *pates*, qui toutes sont évidemment natatoires ; celles de la deuxième, de la troisième et de la quatrième paires sont très-aplaties et terminées par un article lamelleux très-large et lancéolé, qui a partout la même forme. Les pates postérieures ont la même forme que chez le Platyonique bipustulé, si ce n'est que leur troisième article est extrêmement court et presque globulaire. Le *plastron sternal* est plus large, surtout postérieurement, que

---

(1) *Platyonichus nasutus.* Latr. Encyc. t. X, p. 151. — *Portunus bigultatus.* Risso, Crust. de Nice, Pl. 1, fig. 1.

(2) *Polybius.* Leach, Malac.—Desm. p. 100.—Reg. anim. 2ᵉ. éd., t IV, p. 31. *Platyonichus.* Latr. Encyc. t. X, p. 152.

dans le genre précédent , mais présente la même disposition
quant à sa suture médiane. *L'abdomen* du mâle se compose
comme d'ordinaire de cinq articles.

Polybie de Henslow. — *P. Henslowii* (1).

Corps très-comprimé. Carapace orbiculaire , parfaitement
lisse et plane en dessus. Front armé de cinq dents triangulaires
peu saillantes, surtout les externes , qui occupent les angles orbitaires internes ; deux fissures au bord orbitaire supérieur ;
dents des bords latéro-antérieurs très-larges , mais à peine
saillantes. Longueur, environ 2 pouces; couleur brune.

Habite la Manche , et paraît se tenir toujours à une distance
considérable de la côte. (C. M.)

IV. genre PORTUNE. — *Portunus* (2).

Le genre Portune a été établi par le célèbre entomologiste Fabricius, mais avec des limites bien plus étendues
que celles qu'on y assigne généralement aujourd'hui. Il
établit le passage entre les Carcins d'une part , et les
Platyoniques et les Lupées de l'autre. La *carapace* des
Portunes est à peu près de la même forme que celle
des Carcins ; elle est plus large que longue , mais son diamètre longitudinal est au moins égal aux deux tiers de son
diamètre transversal; le contour de sa portion antérieure
est ordinairement plus courbe que chez les Carcins ; le
bord fronto-orbitaire n'occupe guères plus de la moitié du
diamètre transversal de la carapace , et le *front*, qui est
étroit, s'avance toujours beaucoup au delà de l'insertion
des antennes externes , et dépasse notablement le niveau du
bord inférieur de l'orbite et de l'angle externe de cette

---

(1) *Polybius Henslowii*. Leach, Malac. Pl. 9 B (reproduite par
M Desmarest, Pl. 7, fig. 1).

(2) *Cancer*. Linn. *Portunus*. Fabr. Suppl. p. 63. — Latr. Encyclop.
t. X , etc. — Leach, Malac. — Desm. p. 91.

cavité. Le bord latéro-antérieur de la carapace est mince et armé de quatre ou cinq grosses dents ; les *orbites* sont ovalaires. Les *fossettes antennaires* (Pl. 17 , fig. 11) sont placées sur le même niveau que les yeux, transversales et séparées entre elles par une cloison dont le bord ne se prolonge jamais en forme d'épine. L'article basilaire des *antennes externes* est peu développé, mais il sépare complétement la fossette antennaire de l'orbite et va se souder au front ; la tige mobile qui succède à cet article paraît naître de l'angle interne de l'orbite. La structure de la *bouche* ne présente rien de remarquable, seulement il est à noter que le troisième article des *pates-mâchoires externes* est au moins aussi large que long, et que son angle antérieur et interne est fortement tronqué. Le *plastron sternal* est beaucoup plus long que large et fortement rétréci en arrière ; sa suture médiane ne s'étend que sur les deux derniers anneaux. Les *pates* de la première paire sont de grandeur médiocre, et en général l'une est plus forte que l'autre ; le bras ne dépasse que de très-peu le bord latéral de la carapace et n'est pas toujours armé d'épines comme chez les Lupées ; le carpe présente toujours du côté interne un grand prolongement spiniforme, et la main, dont la longueur n'égale jamais celle du diamètre antéro-postérieur de la carapace, est ordinairement courbée un peu en dedans, de manière à pouvoir s'appliquer exactement contre la portion antérieure et inférieure du corps. Les pates des trois paires suivantes ont à peu près la même longueur ; mais cependant ce sont toujours celles de la troisième ou de la quatrième paire qui sont les plus longues, et les secondes sont plus courtes que les antérieures ; leur dernier article est styliforme et cannelé. Les pates de la cinquième paire sont au contraire très-élargies vers le bout ; leur troisième article est à peu près de même forme qu'aux pates précédentes, et leur dernier article est lamelleux, et ovalaire ou lancéolé. Quant à l'*abdomen*, il ne présente rien de particulier ; sa disposition est à peu près la même que dans les genres précédens , seulement, chez la femelle , il est moins large , et chez le mâle il est toujours triangulaire.

Les Portunes sont des Crustacés essentiellement aquatiques , et ils nagent avec beaucoup de facilité , mais on ne les rencontre pas en haute mer comme les Lupées. Ils habitent assez près du rivage , et dans les grandes marées on en trouve souvent cachés sous des pierres , dans les petites flaques d'eau que la mer laisse en se retirant D'autres espèces se tiennent à des profondeurs plus considérables , sur les bancs d'huîtres , etc. ; jamais on ne les voit courir sur la plage comme les Carcins, et lorsqu'on les retire de l'eau ils périssent dans l'espace de quelques heures. Ils sont très-carnassiers, et se nourrissent en grande partie aux dépens des cadavres des divers animaux qu'ils trouvent dans la mer. Plusieurs espèces sont comestibles ; enfin toutes, à l'exception d'une seule , habitent nos côtes.

§ A. *Espèces ayant le front armé de dents bien distinctes.*

   a. *Front armé au moins de dix dents ou épines.*

   1. PORTUNE ÉTRILLE. — *P. puber* (1).

Carapace très-velue. Front très-large , armé de deux dents médianes assez fortes , suivies de chaque côté de deux ou trois petites dents , et d'un lobe saillant, dont le bord est dentelé. Orbites finement dentelées. Dents des bords latéro-antérieurs fortes, saillantes, et semblables entre elles. Pates antérieures médiocres et couvertes, ainsi que les suivantes, d'un duvet très-serré, interrompu par des lignes élevées longitudinales,

----

(1) *Cancer velutinus.* Penn. Brit. Zool. t. IV, Pl. 4, fig. 8. — Herb. tab. 7, fig. 49 (copié d'après Pennant). *Cancer puber.* Linn. Syst. nat. t. V, p. 2978. *Portunus puber.* Supp., p. 365. — Leach Malac. Pl. 6. — Desm. Pl. 6, fig. 5. — Blainville, Faune française.

qui sont granuleuses sur les mains et lisses sur les pates postérieures. Longueur, environ 2 pouces et demi. Très-commun
sur nos côtes, où on le connaît sous les noms de *Crâbe à
laine*, *Crâbe espagnol*, etc.

aa. Front armé seulement de trois ou de cinq dents.
aa. Carapace ridée, inégale, un peu granuleuse
et couverte de poils.*

2. PORTUNE PLISSÉ. — *P. plicatus* (1).

Front relevé et armé de trois fortes dents triangulaires en
dehors desquelles se voit de chaque côté une petite dent placée
au-dessus de l'angle orbitaire interne. Orbites dirigées obliquement en avant et en haut. Bords latéro-postérieurs de la carapace un peu concaves, mais dirigés presque directement en
arrière ; fissure du bord orbitaire inférieur très-large. Longueur, environ 18 lignes ; couleur rougeâtre.

Habite nos côtes. (C. M.)

*aa**. Carapace presque unie et dépourvue de poils.*

3. PORTUNE MARBRÉ. — *P. marmoreus* (2).

*Dernier article des pates postérieures se terminant en
pointe.* Carapace légèrement granuleuse et moins rétrécie pos-

---

(1) *Cancer depurator var.* Pennant, Br. Zool. t IV, Pl. 4, fig. 6 A.
Portunus plicatus. Risso, Crust. de Nice ; *P. depurator.* Leach,
Malac. Pl. 9. fig. 1. — Latr. Encyc. t. X, p. 193. Le *Portunus lividus* de M. Leach (Malac. Pl. 9, fig. 2), ne paraît qu'une variété de l'espèce précédente.

(2) *Cancer depurator?* Pennant, op. cit t. IV, Pl. 2, fig. 6. *Portunus marmoreus.* Leach, Malac. Pl. 8 (reproduite dans l'Encyc.
p. 304).

térieurement que dans l'espèce précédente. Front étroit et armé de trois petites dents obtuses.

Habite nos côtes. (C. M.)

4. PORTUNE HOLSATIEN. — *P. holsatus* (1).

Dernier article des pates postérieures arrondi au bout. Carapace plus rétrécie postérieurement et plus déprimée que dans l'espèce précédente, à laquelle, du reste, celle-ci ressemble extrêmement.

Habite nos côtes. (C. M.)

§ B. *Espèces ayant le front entier ou divisé seulement en lobes arrondis.*
  b. *Bords latéro-antérieurs de la carapace armés de cinq dents.*
    b*. *Front divisé en trois lobes dont la médiane plus avancée que les latérales.*

5. PORTUNE RIDÉ. — *P. corrugatus* (2).

Carapace bombée et couverte de lignes transversales granuleuses donnant insertion à des poils. Front très-avancé et divisé en trois lobes finement crénelés sur les bords. Dents des bords latéro-antérieurs très-aiguës et à peu près égales. Pates antérieures courtes et comme squammeuses. Mains armées d'une épine placée au-dessus de l'insertion du pouce, et se continuant en arrière sur une ligne saillante granulée. Longueur, environ 2 pouces; couleur rougeâtre.

Habite nos côtes; très-commun dans la Méditerranée. (C. M.)

---

(1) *Portunus holsatus*. Fabr. Suppl. p. 366. *P. lividus*. Leach, Malac. Pl. 9, fig. 3 et 4

(2) *Cancer corrugatus*. Pennant, Brit. Zool. t. IV, Pl. , fig. 9. — Herb. Pl. 7, fig. 5o. *Portunus corrugatus*. Leach, Malac. Pl. 7, fig. 1 et 2. — *P. puber*, Blainville, Faune. Cr. Pl. , fig. 1.

6. PORTUNE NAIN. — *P. pusilus* (1).

Carapace très-bombée et bosselée, mais dépourvue de poils; front très-avancé; dernier article des pates postérieures lancéolé. Longueur, environ 4 lignes.

Habite la Manche. (C. M.)

*b**. Front entier ou divisé seulement en deux lobes symétriques.*

7. PORTUNE DE RONDELET. — *P. Rondeletii* (2).

Pates de la seconde paire moins longues que celles de la première paire et presque aussi longues que celles de la troisième paire. Carapace granuleuse et un peu ridée; front très-régulièrement arrondi; avant-dernière dent latérale beaucoup plus petite que les autres.

8. PORTUNE A LONGUES PATES. — *P. longipes* (3).

Pates de la seconde paire plus longues que celles de la première paire et notablement plus courtes que celles de la troisième paire. Carapace assez bombée; front large, saillant et entier ou légèrement quadrilobé. Bords latéro-antérieurs courts; leur avant-dernière dent à peu près de même grosseur que les autres. Bords latéro-postérieurs très-

---

(1) *Portunus pusilus.* Leach, Malac. Pl. 9, fig. 5 à 8. — **Latr.** Encyc. t. X, p. 192.

(2) *Portunus Rondeletii.* Risso, Hist nat. des Cr. de Nice , Pl. 1, fig. 3. *P. arenatus.* Leach, Malac. Pl. 7, fig. 5 et 6, et *P. marginatus.* Ejusd. *ibid.* fig. 3 et 4. — *P. Rondeletii.* Latr. Encyc. t. X, p. 192.

(3) *P. longipes.* Risso, op. cit. Pl. 1, fig. 5. — Latr. Encyc. t. X, p. 192. *P. infractus.* Otto, Mém. de l'Acad. de Bonn, t. XIV, Pl. 20, fig. 1.

longs et presque droits. Pates très-grêles et très-longues ;
tarse des pates postérieures lancéolé et très-aigu. Longueur,
environ un pouce.

Habite la Méditerranée. (C. M.)

bb. Bords latéro-antérieurs de la carapace armés seule-
    ment de quatre dents.

9. PORTUNE FRONT ENTIER. — *P. integrifrons* (1).

Carapace peu élevée, inégale et pubescente. Front très-large
et arqué. Dents latéro-antérieures peu saillantes et larges. Pates
antérieures inégales, assez grandes ; mains armées d'un grand
nombre de petites granulations spiniformes disposées en petites
lignes transversales. Longueur, environ 2 pouces.

Habite l'océan Indien. (C. M.)

V. GENRE LUPÉE. — *Lupea* Leach (2).

La plupart des Lupées sont remarquables par l'aplatisse-
ment et la grande étendue transversale de leur *carapace*
(Pl. 17 , fig. 1). En général le diamètre transversal de
ce bouclier dorsal a plus du double de sa longueur. Le
front est presque toujours étroit et beaucoup moins saillant
que le bord inférieur ou l'angle externe de l'orbite ; les
bords latéro-antérieurs de la carapace sont au contraire très-
longs et forment en général , avec le bord antérieur , un
segment de cercle très-régulier et très-ouvert ; chacun d'eux
est armé de neuf dents plus ou moins saillantes et spini-

---

(1) Latreille , Encyc. t. X, p. 192. *Cancer navigator* ? Herb. t. II ,
p. 155, Pl. 37, fig. 7.

(2) *Portunus* Fab. — Bosc. Hist. nat. des Crust. t. I , p. 209. —
Latr. Hist. nat. des Crust. et des Insectes, t. VI ; Encycl.
Méthod. t. X, etc. — Lam. Hist. nat. des Anim. sans vert.
t. V. *Lupea*. Leach. Edinb. Encyc. art. Crustaceology, v. 7,
p. 390, etc. — Desm. Considérations sur les Crust. p. 97. — Lat.
Règne animal , 2ᵉ. édit. t. IV, p. 33.

formes, et dans l'état actuel de la science, ce caractère, d'une importance tout-à-fait secondaire , suffit pour distinguer les Lupées de tous les autres Portuniens. Enfin , la dernière de ces épines est en général beaucoup plus grandes que toutes les autres et se porte directement en dehors ; mais quelquefois elle ne diffère pas de celle qui la précède. Les *orbites* sont ovalaires et dirigées obliquement en avant et en haut ; leur paroi inférieure n'arrive pas jusqu'au front , et il existe au canthus interne une large échancrure que remplit l'article basilaire de l'antenne externe (Pl. 17, fig. 2.) ; au bord supérieur de ces cavités on remarque deux fissures. Les fossettes qui logent les *antennes internes* sont peu profondes et à peine recouvertes par le front ; la lame verticale qui les sépare entre elles est armée d'une pointe spiniforme qui se prolonge souvent au devant du bord antérieur de la carapace ; en dehors ces cavités sont complétement séparées des orbites , et la tige des antennes qui s'y insèrent est assez courte pour s'y reployer en entier. L'article basilaire des *antennes externes* se soude au bord inférieur de l'angle supérieur et externe du front ; il a peu de largeur et donne insertion par l'extrémité de son bord interne à la tige mobile formée par des articles suivans, de façon que cette tige, dont la longueur est considérable, paraît naître du canthus interne de l'œil, et que rien ne s'oppose à ce qu'elle se reploie en dehors pour se cacher dans la cavité orbitaire. L'*épistome* est extrêmement étroit, et le cadre buccal est à peu près carrée , mais en général plus large en avant qu'en arrière. Le troisième article des *pates-mâchoires* externes (Pl. 17, fig. 3) est assez fortement tronqué en avant et en dedans. Le *plastron sternal* est presque toujours assez bombé longitudinalement, très-large et à peine resserré postérieurement ; sa suture médiane en occupe les trois derniers segmens (fig. 4). Les *pates* de la première paire sont très-grandes ; on y observe toujours un certain nombre d'épines, et les doigts sont allong's et pas notablement courbés en dedans. Les pates des trois

paires suivantes sont beaucoup moins longues et ont toutes
à peu près la même grandeur ; tantôt l'article qui les termine est grêle, arrondi, styliforme et en général canelé,
d'autres fois il est aplati, lamelleux et natatoire ; dans
le premier cas, ces pates paraissent destinées spécialement à la marche, tandis que dans le second leur disposition est plus favorable à la natation Les pates de la
cinquième sont très-fortes et constituent, par l'élargissement
de leurs deux derniers articles, des rames puissantes ; le troisième article qui entre dans leur composition (ou la cuisse),
est en général gros, mais très-court, et ne présente presque
jamais d'épines comme chez les Thalamites ; enfin, le dernier
article est toujours ovalaire. Chez la femelle, l'*abdomen* ne
présente rien de remarquable, seulement sa longueur est très-
considérable ; chez le mâle sa structure est la même que
dans les genres précédens ; on n'y voit que cinq pinces
distinctes, le troisième, le quatrième et le cinquième anneaux
étant soudés entre eux, les trois premiers segmens sont
toujours très-larges ; mais au niveau du quatrième il y a
un rétrécissement brusque, et les trois derniers sont plus
ou moins étroits.

Les Lupées sont des Crustacés essentiellement Pélagiens et
se rencontrent souvent en pleine mer. Plusieurs voyageurs
en ont vu au milieu de l'océan, n'ayant pour lieu de repos
que des fucus flottans. La facilité avec laquelle ils nagent est
extrême ; et, d'après les observations de Bosc, il paraîtrait
même qu'ils ont la faculté de se soutenir à la surface de
l'eau, dans un état stationnaire et sans exécuter aucun mouvement apparent.

Ce genre peut se diviser en trois petits groupes secondaires faciles à distinguer par les caractères suivans :

AA. Espèces ayant le corps très-épais et bombé en dessus; les pates de la première paire grosses et peu allongées; la main notablement moins longue que la carapace.

LUPÉES CONVEXES.

§ A. Espèces ayant le corps très-comprimé; les pates de la première paire très-allongées; les mains presque toujours plus longues que la carapace.

C. Tarse des pates des deuxième, troisième et quatrième paires aplati, lamelleux, et de forme presque lancéolée.

LUPÉES NAGEUSES.

B. Tarse des pates des deuxième, troisième et quatrième paires étroit et styliforme.

LUPÉES MARCHEUSES.

1er. Sous-genre. LUPÉES CONVEXES.

Les Lupées de cette subdivision diffèrent des suivans par la convexité de leur carapace et la brièveté de leurs pates antérieures, caractère qui les rapprochent des Portunes; aussi est-ce dans ce dernier genre qu'on les a rangés jusqu'ici; mais c'est avec les Lupées qu'elles ont réellement le plus d'analogie.

Ce sous-genre ne renferme encore qu'une seule espèce.

1. LUPÉE DE TRANQUEBAR. — **L. tranquebarica** (1).

La carapace est unie en dessus et assez régulièrement bombée; son diamètre antéro-postérieur égale les deux tiers de son

---

(1) *Portunus tranquebaricus* Fab. Suppl. p. 366. — Latr. Hist. nat. des Crust. et Ins. t. VI, p. 16; Encyc. Méthod. t. X, p. 191; *Cancer olivaceus* Herb. tab. 38, f. 3. *Cancer serratu?* Forsk. Anim. Egyp. p. 90. *Portunus serratus.* Ruppell, op. cit. Pl. 2, fig. 1.

diamètre transversal. Le front est saillant, et armé de six dents triangulaires, larges et courtes ; les bords latéro-antérieurs sont beaucoup moins droits que chez les autres Lupées, et se prolongeant plus loin en arrière. Les neuf dents dont chacun d'eux est garni sont spiniformes, aiguës, dirigées un peu en avant et semblables entre elles. Les pates de la première paire ne sont pas très-longues, mais elles sont très-grosses ; on compte trois épines sur le bord interne du bras, deux sur son bord externe, trois sur le carpe, et trois sur la main, qui est renflée et un peu courbée en dedans. Les pates des trois paires suivantes sont aplaties, mais leur dernier article est épais et plutôt styliforme que lancéolé.

La Lupée de Tranquebar est la plus grande espèce de Portunien connue, elle atteint 6 à 8 pouces de long ; sa couleur est d'un vert grisâtre et elle habite les mers de l'Asie. (C. M.)

2ᵉ. Sous-genre. Lupées nageuses.

Dans cette subdivision du genre Lupée, le corps est en général très-déprimé ; la carapace, plus de deux fois aussi large que longue, est régulièrement arquée en avant ; le front est aussi presque toujours moins saillant que le bord inférieur, ou l'angle extérieur des orbites et les mains beaucoup plus longues que la carapace ; enfin, le dernier article des pates de la seconde, de la troisième et de la quatrième paire est aplati, lamelleux et de forme presque lancéolée ; aussi ces membres sont-ils disposés d'une manière beaucoup plus favorable à la natation que dans le sous-genre précédent.

§ A. *Espèces ayant la dernière épine latérale au moins deux fois aussi grosse que les précédentes et le front peu saillant.*

> a. *Dents médianes du front moins saillantes que les mitoyennes, et quelquefois à peine visibles.*
>
> a*. *Bord supérieur de l'orbite armé d'une épine.*

2. Lupée pélagienne. — *L. pelagica* (1).

Carapace un peu plus de deux fois aussi large que longue, légèrement convexe, toute couverte de petites granulations, et représentant dans sa portion antérieure un segment de cercle très-régulier. Front armé de six petites dents, et dépassé de beaucoup par l'épine inter-antennaire. Dents des bords latéro-antérieurs triangulaires, courtes et pointues, excepté la dernière qui est deux fois aussi grande que les précédentes, large à sa base et dirigée directement en dehors. Pates antérieures très-grandes; trois fortes épines sur le bord antérieur du bas, deux sur le carpe, et trois sur la main, qui est presque prismatique, garnie de plusieurs crêtes longitudinales, et plus d'une fois et demie aussi longue que la carapace. Pates des trois paires suivantes très-longues (en général leur troisième article dépasse de beaucoup l'angle latéral de la carapace), aplaties, ciliées en dessus et un peu sillonnées. Troisième article des pates postérieures presque globuleux. Longueur, 3 à 4 pouces; couleur vert grisâtre avec des taches jaunes.

Habite la mer Rouge et tout l'océan indien. (C M.)

---

(1) *Cancer pelagicus*. Linn. Mus. Lud. Ulr. p. 434. — Forskäl, Descrip. Anim. etc. p. 89. — *Cancer reticulatus*. Herb. Pl. 50, et *Cancer cedo nulli*. Herb. Pl. 39. *Portunus pelagicus*. Fabr. Suppl. p. 367 — Latr. Hist. nat. des Cr. t. VI, p. 16 (Encyc. t. X, p. 188 etc.).—Savigny, Egyp. Cr Pl. 3, fig. 1. *Lupa pelagica*. Leach, Edinb. Encyc. art. Crustaceology. — Desm. p. 98, Pl. 8, fig. 2.

*a**. Bord supérieur de l'orbite sans prolongement spiniforme.*

3. LUPÉE SANGUINOLENTE. — *L. sanguinolenta* (1).

Point d'épine à l'extrémité du bord postérieur du bras.
Carapace plus large et moins granuleuse que dans l'espèce précédente; front très-reculé et armé de six dents, dont les quatre
médianes sont spiniformes et les externes obtuses. Dernière dent
latérale encore plus grande que dans la L. pélagique, mais
de même forme. Pates antérieures beaucoup plus courtes;
mains n'ayant pas une fois et demie la longueur de la carapace,
et ne portant que deux épines. Troisième article des pates suivantes n'atteignant pas l'extrémité de l'angle latéral de la carapace; du reste, très-semblable à l'espèce précédente. Longueur, environ 2 pouces; carapace portant en arrière trois
grandes taches circulaires d'un rouge vif.

Habite l'océan Indien. (C. M.)

4. LUPÉE DICANTHE. — *L. dicantha* (2).

*Une épine très-aiguë à l'extrémité du bord postérieur du
bras.* Carapace plus de deux fois aussi large que longue, et
marquée de quelques lignes granuleuses transversales; front
disposé comme dans l'espèce précédente, si ce n'est que les
quatre dents mitoyennes sont souvent rudimentaires. Dernière

---

(1) *Cancer sanguinolentus.* Herbst. vol. I, p. 161, tab. 8, fig. 56, 57.
Cancer pelagicus. var. Fab. Mant. Ins. t. I, p. 318, etc. — Linn.,
Syst. nat. Ed. Gmelin. *Portunus sanguinolentus.* Fabr. Suppl. Ent.
Syst. p. 365. — Latr. Encyc. Méthod. t. X, p. 190.

(2) *Crabe de l'Océan.* Degeer, Mém. pour servir à l'hist. des In-
sectes, t. VII, tab. 26, fig. 8-11. *Portunus pelagicus.* Bosc, Hist.
nat. des Crust. t. I, p. 220, tab. 5, fig. 3. *Portunus hastatus.* Fab.
Suppl. Entom. Syst. p. 367. — Latr. Hist. nat. des Cr. t. VI, p. 18.
Portunus dicanthus. Lat. Encyc. t. X, p. 190. *Lupa hastata.* Say.
Acad. de Philadelphie, vol. I. p. 65.

29.

dent latérale moins grosse que dans les espèces précédentes, et un peu recourbées en avant. Pates antérieures grosses , mais ne différant guères de celles de la L. sanguinolente que par le caractère déjà indiqué. Abdomen du mâle très-large à sa base, mais devenant tout à coup, à partir du quatrième anneau, presque linéaire, de façon à ressembler un peu à la lettre L renversée. Longueur, environ 4 pouces.

Habite les côtes de l'Amérique. (C M.)

aa. Dents médianes du front petites, mais beaucoup plus saillantes que les deux mitoyennes.

5. LUPÉE CRIBLE. — *L. cribraria* (1).
(Pl. 18, fig. 1.)

Carapace très-aplatie, parfaitement lisse, et à peu près de même forme que chez la L. sanguinolente ; front très-reculé ; épine inter-antennaire courte ; fissures orbitaires très-profondes ; dents latérales à peu près comme dans l'espèce précédente ; abdomen ayant la forme ordinaire. Longueur, 3 pouces ; couleur fauve, avec une multitude de taches blanchâtres.

Habite les côtes du Brésil. (C. M.)

§ B. *Espèces ayant la dernière épine du bord latéro-antérieur de la carapace guères plus grande que les autres.*
b. Bord externe du bras dépourvu d'épines.

6. LUPÉE SPINIMANE. — *L. spinimana* (2).

Carapace guères plus d'une fois et demie aussi large que longue, un peu bombée et très-inégale; front saillant et armé

---

(1) *Portunus cribrarius.* Lamarck , op. cit. t. V, p. 259.
(2) *Portunus pelagicus.* Lat. , Genera, Crust. et Ins. t. I.
Portunus spinimanus. Latr., Encyc. t. X, p. 188. *Lupa spinimana.*
Leach. — Desm., p. 98.

de huit dents dont les quatre médianes sont les plus saillantes ;
dents des bords latéro-antérieurs spiniformes et dirigées un
peu en avant ; pates antérieures armées à peu près comme dans
l'espèce précédente ; un grand nombre de tubercules granuleux
et de côtes longitudinales arrondies sur les mains ; pates suivantes très-comprimées. Longueur, 3 à 4 pouces.

Habite les côtes du Brésil. (C. M.)

bb. Bord extérieur des bras armé d'épines.

7. Lupée front lobé. — *L. lobifrons.*

Carapace aplatie comme dans la Lupée crible, mais plus carrée ; front avancé, divisé en quatre lobes arrondis et armé
d'une petite dent au-dessus de l'angle orbitaire interne ; dents
des bords latéro-antérieurs petites ; pates antérieures très-petites ; mains renflées et moins longues que la carapace. Longueur, 1 pouce.

Habite les Indes orientales. (C. M.)

3e. Sous-genre. Lupées marcheuses.

Les Lupées marcheuses ont beaucoup d'analogie avec les
Thalamites hexagonales ; leur carapace est en général presque
hexagonale ; son bord fronto-orbitaire forme un angle assez
marqué avec les bords latéro-antérieurs, tandis que dans le
groupe précédent la portion antérieure de la carapace représente
ordinairement un segment de cercle ; la longueur de ce bouclier est aussi plus considérable comparativement à la grandeur totale du corps.

§ A. *Espèces ayant la dernière dent du bord latéro-antérieur de la carapace semblable aux autres.*
　　a. Dents des bords latéro-antérieurs alternativement grosses et petites.

8. Lupée rouge. — *L. rubra* (1).

Carapace une fois et demie aussi large que longue ; front très-avancé, fort large, et divisé en huit dents, dont les quatre moyennes sont très-longues et séparées des autres par une échancrure profonde ; bord inférieur et angle externe des orbites moins avancés que le front ; bords latéro-antérieurs de la carapace courts et armés de cinq grosses dents spiniformes séparées entre elles par quatre petites ; pates antérieures de grandeur médiocre ; quatre ou cinq grosses épines sur le bord antérieur du bras et quatre sur la partie supérieure de la main ; troisième article des pates postérieures portant une épine à l'extrémité de son bord inférieur. Longueur, environ 2 pouces ; couleur générale rougeâtre, extrémité des pinces noire.

Habite les côtes du Brésil. (C. M.)

aa. Dents des bords latéro-anterieurs de la carapace semblables entre elles.

9. Lupée granuleuse. — *L. granulata.*

Carapace inégale et granuleuse ; front avancé et divisé en cinq dents, ou plutôt lobes. Des épines sur le bord postérieur du bras aussi bien que sur son bord antérieur ; deux épines et plusieurs crêtes longitudinales et granuleuses sur la main. Longueur, environ un pouce.

Habite l'île de France. (C. M.)

---

(1) *Ciri apoa.* Marggraf, Hist. rerum nat. Bras. p. 183 (copiée par Jonston Exsang. tab. 9, f. 9, et Ruysch, That. Anim. lib. 4, tab. 9, fig. 8). *Portunus ruber.* Lamarck, op. cit. t. V, p. 260.

§ B. *Espèces ayant la dernière dent du bord latéro-anté-rieur de la carapace au moins deux fois aussi grande que les précédentes.*

   b. *Dents médianes du front beaucoup plus saillantes que les latérales.*

10. LUPÉE DE SÉBA. — *L. Sebæ* (1).

Carapace à peine bombée ; front armé de six dents , en gé-néral toutes aiguës et très-grandes. Dents des bords latéro-an-térieurs très-pointues et un peu recourbées en avant ; la der-nière environ deux fois aussi longue que les autres , mais pro-portionnellement plus mince ; pates antérieures longues et épi-neuses. Troisième article des pates postérieures comme dans la **L**. rouge ; même taille.

Habite les côtes du Brésil. (C. M.)

bb. *Dents médianes du front moins saillantes que les autres.*

   bb*. *Mains grosses , de forme ordinaire , et moins lon-gues que le diamètre transversal de la carapace.*

11. LUPÉE HASTÉE. — *L. hastata* (2).

Bord supérieur de l'orbite sans dent médiane. Carapace inégale et pubescente. Front armé de six dents , dont les deux médianes sont pointues et plus petites que les autres ; point d'épine inter-antennaire au-dessous du front ; huit pre-mières dents latérales petites et triangulaires ; la neuvième

---

(1) *Cancer marinis scutiformis.* Seba , Mus. t. III, Pl. 20, fig. 9 (reproduite dans l'Encyc. Pl. 272, fig. 6 , sous le nom de *Portunus sanguinolentus*, par Latreille)

(2) *Cancer hastatus.* Linn. *C. pelagicus?* Herb. t. I, Pl. 8, fig. 55. *Portunus hastatus.* Latr. Encyc. t. X , p. 189. — Dict. class. d'hist. natur. atlas. *Lupa Dufourii.* Desm. p. 99. — Latr. Reg. Anim. 2ᵉ. éd. t. IV, p. 34.

très-longue, étroite, spiniforme, et un peu recourbée en avant. Pates antérieures grandes; quatre petites dents aiguës sur le bord antérieur du bras, une épine terminale sur son bord postérieur, deux sur le carpe, et deux sur la main. Longueur, environ deux pouces.

Habite la Méditerranée. (C. M.)

12. LUPÉE GLADIATEUR. — *L. gladiator* (1).

Bord supérieur de l'orbite armé d'une dent pointue placée entre deux fissures; carapace un peu bosselée et pubescente, mais peu ou point granuleuse. Front très-relevé et armé de six petites dents triangulaires, pointues et toutes dirigées en avant. Orbites presque circulaires et dirigées en haut. Dernière épine latérale très-longue, mais étroite; pates antérieures médiocres; quatre ou cinq épines sur le bord antérieur du bras, deux en dehors, deux sur le carpe, et deux sur la main, laquelle est garnie de plusieurs lignes longitudinales élevées. Couleur rougeâtre; longueur, environ 2 pouces.

Habite l'océan Indien. (C. M.)

*bb**. Mains filiformes et d'une longueur extréme (ayant presque une fois et demie le diamètre transversal de la carapace).*

13. LUPÉE TENAILLE. — *L. forceps* (2).

Carapace très-aplatie et très-rétrécie postérieurement; front très-reculé; orbites dirigées très-obliquement en haut. Dent latérale presque aussi longue que l'espace occupé par les huit premières dents. Pates antérieures très-grêles, et environ

---

(1) *Portunus gladiator.* Fabr. Suppl. —Latr. Encyc. Méth. t. XVI, p. 189, etc. *Cancer menestho.* Herb. Pl. 55, fig. 3.
(2) *Portunus forceps.* Fabr. Suppl. p. 368. — Herb. Pl. 12, fig. 1. — Latr. Encyc. Méth. t. X, p. 190, etc. *Lupa forceps.* Leach. Zool. Mis. t. 1, Pl. 54.—Desm. p. 99.—Latr. Reg. An. 2e. édit. t. IV, p. 34.

quatre fois aussi longues que la carapace ; les suivantes longues
et grêles. Longueur, environ un pouce.

Habite les Antilles. (C. M.)

Il nous paraît probable que le PORTUNUS PONTICUS (1) et le
PORTUNUS HASTATUS (2) de Fabricius appartiennent à cette
subdivision du genre Lupée.

Le P. DEFENSOR du même auteur (Suppl. p. 367), le P. AR-
MIGER (Suppl. p. 368) , et le P. HASTOÏDES (Suppl. 368), sont
aussi des Lupées , et M. Say a donné le nom de *Lupa macu-
lata* à une espèce nouvelle du même genre (op. cit. p. 445).

Enfin le Crustacé fossil figuré par Davilla (Catal. t. III ,
Pl. 3 , fig. 6), et désigné par M. Démarest sous le uom de
PORTUNUS LEUCODON (Cr. Foss. p. 86, Pl. 6, fig. 1 , 3), a de
l'analogie avec la Lupée Tranquebar.

VI. GENRE THALAMITE. — *Thalamita* (3).

Les Thalamites de M. Latreille constituent le type d'un
groupe générique parfaitement naturel et facile à distinguer , qui se lie d'une manière intime aux Portunes et aux
Lupées. Chez beaucoup de ces Crustacés , la forme de la
carapace est tout-à-fait caractéristique ; mais, chez d'autres,
elle se rapproche graduellement de celle propre aux Lupées ;
en effet, tantôt ce bouclier dorsal a la forme d'un carré
allongé , son diamètre transversal est presque le double de
sa longueur , et son bord fronto-orbitaire forme avec les
bords latéro-antérieurs un angle presque droit ; d'autres fois
elle est presque hexagonale , ses six bords forment entre eux
des angles à peu près égaux, et sa largeur n'excède que d'environ moitié sa longueur (Pl. 17, fig. 13). Le *front* est toujours

---

(1) Fabr. Suppl. p. 368 ; Herbst , Pl. 55, fig. 5.
(2) Fabr. Suppl. p. 367; Herbst , Pl. 55, fig. 1.
(3) *Portunus.* Fabr. Suppl. — Latr. Encyc. t. X, etc. *Thalamita.*
Latr. Reg. Anim. 2e. éd. t. IV, p. 33.

très-large , saillant et au moins aussi avancé que le bord inférieur et l'angle externe de l'orbite, disposition qui ne se voit
presque jamais chez les Lupées. Les *bords* latéro-antérieurs de
la carapace sont plus ou moins obliques, mais forment toujours
avec le bord fronto-orbitaire un angle très-prononcé ; on y
compte de 4 à 7 dents, dont la dernière n'est jamais notablement
plus grande que les autres. Les *yeux* sont gros et courts ;
les *orbites* sont ovalaires et complétement séparées des fossettes antennaires ; leur bord supérieur présente deux petites fissures , et leur angle est souvent presque aussi éloigné
de la ligne médiane que l'angle qui termine en arrière le bord
latéro-antérieur. Les *antennes internes* se reploient complétement dans leurs fossettes , et la cloison inter-antennaire est
peu saillante. L'article basilaire des antennes externes est en
général très-large (Pl. 17 , fig. 14) ; il est toujours soudé
au front dans toute l'étendue de son bord antérieur, et
présente en dehors une saillie plus ou moins considérable
qui sépare l'orbite du point d'articulation de la tige mobile
de ces appendices; celle-ci est très-longue et s'insère quelquefois fort loin de la cavité orbitaire. L'épistome est bien distinct et en forme de losange. Le *cadre buccal* est très-large et
les *pates-mâchoires* externes sont déposées à peu près comme
chez les Portunes ; le *plastron sternal* est très-large et sa
suture médiane s'étend sur ses trois derniers anneaux. Les
pates antérieures sont très-grandes et ne peuvent se cacher
sous la portion antérieure du corps, comme cela se voit chez
les Portunes et les Platyoniques ; leur troisième article est
épineux en avant et dépasse de beaucoup la carapace ;
enfin la main est en général hérissée d'un nombre considérable de dents , et sa longueur égale au moins celle de la
carapace. Les pates des trois paires suivantes sont beaucoup moins longues , et se raccourcissent successivement;
leur tarse est en général styliforme. Celle de la cinquième
paire sont comme d'ordinaire les plus courtes de toutes ;
leur troisième article est cependant assez allongé, et on
trouve à l'extrémité de son bord inférieur une épine assez

forte (disposition qui n'existe jamais chez les Portunes ou les Platyoniques, et qui est extrêmemeint rare chez les Lupées); vers le bout, ces pates deviennent très-larges et leur tarse est ovalaire. L'abdomen ne présente rien de remarquable.

Les Thalamites sont pour la plupart des Crustacés de moyenne taille; elles habitent le voisinage des tropiques dans les deux continens. On peut les répartir en deux groupes d'après les caractères suivans :

§ 1. *Bord fronto-orbitaire* n'occupant pas plus des deux tiers de la largeur de la carapace, et formant un angle assez ouvert avec les *bords latéro-antérieurs* qui sont armés de six ou sept dents.

Thalamites hexagonales.

§ 2. *Bord fronto-orbitaire* occupant presque toute la largeur de la carapace, et formant un angle presque droit avec les *bords latéro-antérieurs*, qui ne sont armés que de quatre à cinq dents.

Thalamites quadrilatères.

1er. Sous-genre. Thalamites quadrilatères.

Dans ce groupe, qui correspond au genre Thalamite, tel que M. Latreille l'avait établi, les orbites occupent presque les angles de la carapace, et les deux portions qui constituent le bord latéral de ce bouclier, sont presque confondues.

§ A. *Espèces ayant le front entier ou divisé en lobes, mais point denté.*

1. Thalamite admète. — *T. admete* (1).

Carapace presque plane en dessus; bord fronto-orbitaire

---

(1) *Cancer admete.* Herb. Pl. 57, fig. 1. *Portunus admete.* Latr. Nouv. Dict. d'hist. nat. t. XXVIII, p. 44. *P. admete* et *P. poissoui.*

occupant presque toute la largeur de la carapace, presque droit et divisé en quatre lobes. Bord latéro-antérieur de la carapace presque droit et armé de quatre dents très-aiguës, dont la pénultième est beaucoup plus petite que les autres. Bord inférieur, de l'orbite dentelé mais ne présentant pas de dent spiniforme. Article basilaire des antennes externes garni d'une petite crête dentelée qui dépasse les lobes moyens du front; trois épines fortes et obtuses sur le bord antérieur du bras ; six épines disposées alternativement , et sur deux rangées, sur la face supérieure de la main, qui est granuleuse en dehors. Pates suivantes courtes et grêles ; une série de petites dents spiniformes sur l'avant-dernier article de celles de la cinquième paire, dont le tarse est ovalaire, mais porte à son extrémité un petit ongle conique et pointu. Longueur, environ 1 pouce.

Habite l'océan Indien et la mer Rouge (**C. M.**)

2. Thalamite de Chaptal. — *T. Chaptalii* (1).

Carapace comme dans l'espèce précédente ; front également large, mais plus avancé et à peine divisé ; dents du bord latéro-antérieur larges, obtuses, presque carrées et semblables entre elles. Point de grosses épines sur la main. Longueur, environ 1 pouce.

Habite la mer Rouge.

3. Thalamite camarde. — *T. sima.*

Carapace très-bombée ; son bord fronto-orbitaire notablement plus court que son diamètre transversal ; front avancé au milieu, mais à peine lobe ; bords latéro-antérieurs assez obliques et armés de dents très-aiguës, dont la dernière est plus grosse que les autres. Point d'épines sur le bord inférieur de

---

Audouin, Égypte, Crust. de M. Savigny, Pl. 4, fig. 3 et 4. *Thalamita admete.* Latr. Reg. Anim. 2e. éd. t. IV, p. 33.

(1) *Portunus Chaptalii.* Aud. Crust. de M. Savigny, Égypte, Pl. 4, fig. 1.

l'avant-dernier article des pates postérieures. Longueur, environ 8 lignes.

Habite la côte de Coromandel. (C. M.)

§ B. *Espèces dont le front est armé de dents profondément découpées et aplaties.*

4. THALAMITE CRENELÉE — *T. crenata* (1).

Cinq dents spiniformes et à peu près égales au bord latéro-antérieur de la carapace, dont la forme générale se rapproche beaucoup de celle de la Thalamite admète; les six dents mitoyennes du front à peu près de même grandeur et beaucoup moins grosses que les externes qui occupent l'angle interne de l'orbite. Pates de même forme que chez la T. admète; point d'épines sur le bord inférieur de l'avant-dernier article de celles de la cinquième paire. Longueur, 18 lignes à 2 pouces.

Habite les mers d'Asie. (C. M.)

5. THALAMITE PRYMNE. — *T. prymna* (2).

Dents du bord latéro-antérieur de la carapace très inégales (la troisième peu saillante, et la quatrième rudimentaire). Front divisé comme dans la T. crenelée, si ce n'est que les dents externes sont pointues et peu développées, et que les précédentes sont beaucoup plus petites que les mitoyennes. Une petite épine au côté interne du bord orbitaire inférieur. Du reste, très-semblable à l'espèce précédente. Longueur, environ 1 pouce.

Habite l'Australasie. (C. M.)

§ 2. Sous-genre des THALAMITES HEXAGONALES.

Les Thalamites hexagonales ont en général la carapace plus large, et le front beaucoup plus étroit que dans le sous-genre

---

(1) *Portunus crenatus* Latr. Collect. du Mus. *Thalamita admete.* Guérin, Icon. Cr. Pl. 1, fig. 4.

(2) *Cancer prymna.* Herb. Pl. 5, fig. 2. *Portunus prymna.* Latr. Nouv. Dict. d'hist. nat. t. XXVIII, p. 44.

précédent; aussi les orbites sont-ils loin des angles externes de ce
bouclier dorsal, et les bords latéro-antérieurs sont très-obliques, disposition qui rapproche ces Crustacés de certaines Lupées. Enfin le front est toujours armé de huit dents, et la pièce
basilaire des antennes est en général assez étroite.

§ A. *Espèces ayant le bord latéro-antérieur de la carapace armé de six dents.*

    *a. La dernière dent latérale à peu près de même gran-
deur que les précédentes.*

        a. Pates antérieures armées d'épines, mais du reste
sans granulations élevées.*

1. THALAMITE CRUCIFÈRE. — *T. crucifera* (1).

*Pates des deuxième, troisième et quatrième paires
très-aplaties et sillonnées sur les trois derniers articles.*
Carapace lisse ou à peine ridée, et plus de deux fois aussi longue que son bord fronto-orbitaire. Front profondément échancré et armé de huit dents grandes et obtuses. Dents latérales
de la carapace courtes, larges et comme tronquées; la première
(celle qui constitue l'angle orbitaire externe), échancrée au
bout, de façon à paraître bifide. Mains à peu près de la longueur de la carapace, et armées en dessus de quatre grosses
épines; pinces profondément cannelées et armées de grosses
dents comprimées. Tarse des trois paires de pates suivantes
étroit et lancéolé. Point d'élévation sur la ligne médiane des
deux derniers articles des pates postérieures. Longueur, 3 à 4
pouces; couleur rougeâtre avec des taches et bandes jaunes,
dont les médianes représentent une croix.

Habite l'océan Indien. (C. M.)

---

(1) *Portunus crucifer*. Fabr. Suppl. p. 364; — Herb. Pl. 38, fig. 1
Cancer sexdentatus? ibid. Pl. 7, fig. 52. *Portunus crucifer*. Latr. Hist.
nat. des Cr. t. VI, p. 34; — Encyc. t. X, p. 191, etc.

2. Thalamite annelée. — *T. annulata* (1).

Pátes des deuxième, troisième et quatrième paires cy-
lindriques, marquées de quelques lignes longitudina-
les, et terminées par un article spiniforme. Carapace
à peu près comme dans l'espèce précédente, mais plus lisse ;
les dents latérales sont spiniformes et toutes de même grandeur,
excepté la dernière qui est plus petite que les autres. Pinces
armées de dents tuberculeuses. Longueur, environ 2 pouces.

Habite l'océan Indien et la mer Rouge (C. M).

a**. *Pates antérieures présentant entre les épines dont*
elles sont armées, un grand nombre de tubercules ou de
granulations élevées.

3. Thalamite nageuse. — *T. natator* (2).
(Pl. 17, fig. 13 et 14.)

Face supérieure de la carapace garnie d'un assez
grand nombre de lignes transversales, saillantes et granu-
leuses ; dents des bords latéro-antérieurs très-larges ; les deux
premières obtuses, courtes et beaucoup plus étroites que les
autres, qui sont tronquées et spiniformes à leur angle antérieur.

Habite l'Océan indien. (C. M.)

4. Thalamite tronquée. — *T. truncata* (3).

Face supérieure de la carapace lisse, sans lignes sail-
lantes et légèrement bombée ; son bord fronto-orbitaire éga-

---

(1) *Cancer sexdentatus.* Forsk. *Portunus annulatus.* Fabr. Suppl.
p 364. — Herb. Pl. 49, fig. 5. — Latr. Hist. nat. des Crust. t. VI,
p. 15.

(2) *Cancer natator.* Herb. Pl. 40, fig. 1.— *Portunus sanguinolentus.*
Bosc, Crust. t. I, p 218.

(3) *Portunus truncatus.* Fabr. Suppl. p. 365 — Latr. Hist nat. des
Cr. t. VI, p. 16.

lant presque son diamètre transversal. Front armé de huit dents rudimentaires, et constituant les angles de quatre lobes tronqués. Dents du bord latéro-antérieur de la carapace larges, tronquées, et si courtes, qu'elles ont plutôt la forme de crénelures que de dents ordinaires. Longueur, environ 2 pouces.

Habite l'océan Indien (**C. M.**)

> *aa. La dernière dent latérale plus grosse et beaucoup plus saillante que les autres.*

5. THALAMITE CALLIANASSE. — *T. callianassa* (1).

Carapace fortement ridée en dessus et très-large. Front étroit et armé de huit dents petites, aiguës, et également espacées. Bords latéro-antérieurs, courts, et armés de dents étroites et pointues. Pates antérieures granuleuses et hérissées d'épines courtes. Longueur, environ nn pouce.

Habite l'océan Indien. (**C. M.**)

§ B. *Espèces ayant le bord latéro-antérieur de la carapace armé de sept dents, dont deux rudimentaires.*

6. THALAMITE A DOIGTS ROUGES. — *T. erytho-dactyla* (2).

Carapace à peine ridée en dessus et très-aplatie ; dents frontales longues et aiguës ; bords latéro-antérieurs armés de cinq grosses dents spiniformes et semblables entre elles, et de deux dents rudimentaires cachées dans les échancrures que les premières grosses dents laissent entre elles. Ni granulations ni tubercules entre les dents spiniformes dont la main est armée. Longueur, deux pouces et demi.

Habite l'Australasie. (**C. M.**)

———•◆•———

La CANCER FERIATUS de Linné (Mus. Lud. Ulr., page 437),

---

(1) *Cancer callianassa.* Herb. t. III, Pl. 54, fig. 7.
(2) *Portunus erytho-dactylus.* Lamk, op. cit. t. V, p. 259.

appartenant probablement à cette division du genre Thalamite, et paraît se rapprocher de la T. à doigts rouges.

Le Portunus variegatus de Fabricius (Suppl. p. 364) est évidemment une espèce très-variée de la T. callianasse.

Le Portunus holosericeus du même auteur (Suppl. p. 365) est très-voisine de la précédente.

Enfin, le Portunus lucifer de Fabricius (Suppl. p. 364), me semble devoir être aussi un Thalamite ; mais les caractères que ce naturaliste y assigne ne suffisent pas pour nous le faire distinguer des espèces précédentes.

GENRE. **PODOPHTHALME.** — *Podophthalmus* (1).

De tous les Portuniens les Podophthalmes sont ceux dont l'aspect est le plus remarquable et les caractères distinctifs les plus faciles à saisir ; la longueur démesurée de leurs pédoncules oculaires, qui sont très-courts chez les autres Brachyures nageurs, suffit pour les faire reconnaître au premier abord. Aussi ce petit groupe, établi par Lamarck, est-il un des premiers démembremens qu'on ait fait du genre Portune de Fabricius, et c'est à cause du grand développement des tiges que portent les yeux qu'il a reçu le nom de Podophthalme.

La *carapace* de ces Crustacés a la forme d'un quadrilatère très-allongé, dont les deux côtés latéraux seraient fortement tronqués ; son diamètre antéro-postérieur n'égale pas la moitié de son diamètre transversal, et son bord antérieur, qui est presque droit, a environ quatre fois la lon-

---

(1) *Fortunus.* Fabr., Suppl. Entom. Syst. p. — *Podophthalmus.* Lam., Hist. des An. sans vert. t. V, p 255. — Latr. Hist. nat. des Crust. et Ins. t. VI, p. 53 ; Encyclopédie méthod. Insectes, t. X, p. 166. Règne animal, 2ᵉ. éd. t. IV, p. 33. — Leach, Zoologists miscellany, vol. II. — Desm. Considérations sur les Crustacés, p. 99, etc.

gueur du bord postérieur. Le *front* ou espace compris entre les deux yeux est linéaire (Pl. 17, fig. 5), et de chaque côté le bord antérieur de la *carapace* est creusé dans toute sa longueur d'une gouttière profonde et très-longue, qui constitue les orbites ; enfin, l'angle externe de ces cavités oculaires sépare le bord antérieur de la carapace de son bord latéral, dont la direction, très-oblique, est la même dans toute sa longueur.

Les *yeux* (Pl. 17, fig. 15), des Podophthalmes, comme nous l'avons déjà dit, sont portés sur des pédoncules minces et d'une longueur extrême ; ces tiges osseuses s'insèrent près de la ligne médiane du front, et portent à leur extrémité la seconde pièce oculaire, tandis que chez les Ocypodes où les yeux sont également très-grands c'est du développement de cette seconde pièce et non de la première, que leur longueur dépend. Le bulbe oculaire n'est pas très-grand et atteint l'extrémité latérale de la carapace. Les *antennes internes* sont situées au-dessous de l'origine des yeux, disposition qui ne se rencontre chez aucun autre Portunien, et leur tige ne peut pas se reployer dans la cavité qui les loge. Les *antennes externes* se trouvent également au-dessous des yeux ; elles sont placées entre les fossettes antennaires et les orbites, au côté externe des premières, et leur article basilaire se soude avec les bords de ces deux cavités, de manière à compléter leurs parois et à les séparer entre elles ; la tige mobile qui termine ces antennes est formée de deux petits articles pédonculaires et d'un filet multiarticulé, grêle et assez court. Le *cadre buccal* est extrêmement large, et n'est séparé des fossettes antennaires que par un bord très-mince ; son bord antérieur est environ deux fois aussi long que ses bords latéraux, et ceux-ci se portent obliquement en arrière et en dedans. Les *pates-mâchoires* externes laissent entre elles un espace assez considérable, et leur troisième article est à peu près aussi large que long (fig. 6, *a*); mais il est tellement tronqué en avant et en dedans, que sa forme a été comparée à celle d'une hache dont l'extrémité du bord tranchant donnerait insertion aux articles suivans qui sont très-grands. Les *pates* de la première paire sont grandes et se terminent par une main presque droite ; lorsqu'elles sont reployées elles dépassent encore de beaucoup les bords de la carapace. Les pates suivantes sont beaucoup moins grandes que les antérieures, et celles de la troisième paire sont plus longues que les autres ; l'article qui termine les secondes, les troisièmes et les quatrièmes, est styliforme et un peu aplati ; enfin, les pates de la cinquième paire sont très-élargies et en forme de rames natatoires. *L'abdomen* ne présente rien de remarquable chez les femelles ; mais chez le mâle il est triangulaire et se compose seulement de cinq pièces mobiles.

On ne sait rien sur les mœurs de ces Crustacés. La seule espèce vivante que l'on connaisse habite les mers tropicales.

1. PODOPHTHALME VIGIL. — *P. vigil* (1).

Ce Crustacé a la carapace presque lisse et armée de chaque côté d'une forte épine qui est dirigée transversalement en dehors, et occupe l'angle externe de l'orbite ; en arrière de cette dent, on en voit une autre beaucoup plus petite, mais dans le reste de son étendue le bord latéral n'est que granulé.

Les antennes externes sont beaucoup moins longues que les internes. Les pates de la première paire sont hérissées d'un assez grand nombre d'épines ; on en voit trois sur le bord antérieur du bras, et deux du côté externe du même article ; deux sur le carpe, et deux sur la main. Les pates des trois paires suivantes ont le tarse cannelé. Le cinquième article des

---

(1) *Portunus vigil.* Fabr. Suppl. Entom. Syst. p. 363, nº. 1. — *Podophthalmus spinosus.* Lam., Syst. des Anim. sans vert. p. 152 ; Hist des An. sans vert. t. V, p. 157. — Latr., Gen. Crust. et Ins. t. I, tab. 1 et 2, fig. 1. Hist. nat. des Crust. et Ins. t. VI, p. 54, Pl. 46. Reg. Anim. t. IV, p. 33. Encyc. méth. Pl. 308, fig. 1. — Desmarest, op. cit. Pl. 6, fig. 1. — *Podophthalmus vigil.* LEACH, Zoologist miscellany, vol. II, tab. 118. — Guérin, Iconographie du règne animal Crust. Pl. 1, fig. 3.

pates postérieures est grand et très-élargi postérieurement;
enfin, le dernier article est ovalaire et cilié sur les bords.
Longueur, 2 à 4 pouces.

Habite l'océan Indien. (**C. M.**)

Parmi les Crustacés fossiles que M. Desmarest a fait connaître, il en est un (1) qui appartient évidemment au genre
Podophthalme, et qui paraît différer principalement du Podophthalme vigil par l'absence des épines aiguës qui, chez ce
dernier, terminent les angles latéraux de la carapace; mais,
comme on ne connaît que le moule intérieur de cet animal,
il est bien possible que ce caractère n'existe pas réellement.

On ignore le gisement de ce fossil.

---

(1) *Podophthalmus de Francii*. DESMAREST, Histoire naturelle des
Crustacés fossiles, p. 88, Pl. 5, fig. 6-8.